모든 새를 보았다고 믿은 남자

모든 새를 보았다고 믿은 남자

모든 새를 보았다고 믿은 남자

Kenn Kaufman

켄 코프먼 지음 | 조추희 옮김

The Birds That Audubon Missed

일레븐

일러두기

- 독자의 이해를 돕기 위해 옮긴이주는 별도로 표기하였으며, 옮긴이주 표기가 없는 괄호 안의 설명은 저자의 설명이다.
- 새의 과科를 표기할 때는 '찌르레깃과' 등으로 사이시옷을 표기하는 것이 원칙이나, 가독성을 위해 사이시옷 없이 표기했다.
- 새의 이름(종의 명칭)이 처음 언급되었을 때는 영문을 병기했으며, 한국어명이 없는 경우 영어명을 바탕으로 번역했다.
- 본문에 언급된 도서 중 국내에 번역, 출간된 도서는 한국어판 제목으로 표기하고 미출간된 도서는 원제를 병기했다.
- 본문에 실린 존 제임스 오듀본의 작품 중 국립오듀본협회 홈페이지에서 찾아볼 수 있는 작품은 별도의 QR 코드를 삽입하였다.

나의 매일을 빛내주는
킴벌리 코프먼,
그리고 새로운 눈으로
과거를 바라보는 법을 가르쳐준
J. B. 코프먼에게

이 책에 쏟아진 찬사

새의 이름 뒤에 숨어 있는 많은 것들이 궁금한 조류 애호가라면 꼭 읽어야 할 책. 《모든 새를 보았다고 믿은 남자》는 그저 단조로운 역사서가 아니다. 코프먼이 자신의 경험을 녹여내 묘사한 덕분에, 이 이야기는 그가 그려내는 새들만큼이나 살아 숨 쉬는 것처럼 느껴진다… 모든 발견이 개인적인 것이라면, 위대한 발견의 시대는 절대로 끝나지 않는다. 자연 세계에서 마주한 각자의 신비로운 순간이야말로 진정으로 중요한 발견이다. _크리스천 쿠퍼,《워싱턴 포스트》

코프먼은 존 제임스 오듀본의 예술이 조류 인식에 끼친 깊은 영향을 인정하는 동시에, 그와 함께했던—그러나 종종 잊히거나 뒤로 밀려난—조류학자들의 업적을 정성스럽게 복원한다. 새를 향한 그의 열정과 기쁨은 책 구석구석에 스며들어, 이제는 경이로움에 무뎌진 탐조가에게조차 모든 만남이 선물임을 다시금 일깨운다. _《아메리칸 사이언티스트》

이 책은 현대의 조류 연구 방식과 북미 조류학 초창기 사이의 거대한 간극을, 긴장과 드라마를 잃지 않은 채 이해 가능하게 만든다. 비슷하지만 같지 않은 새들을 구분하려 애쓰는 자연학자들의 모습에서 우리는 자연을 배우고, 코프먼의 집요한 호기심에 이끌린다. 이 책은 새로운 세대에게 경이로움의 불씨를 건네며 끝난다. _《스펙트럼 컬처》

코프먼은 초기 미국 조류학자들의 동기, 업적, 라이벌 관계, 그리고 그들이 북미의 조류를 파악하고 이름 붙이며 직면했던 어려움을 탐구한다. 보전, 기술, 발견의 의미에 대한 코프먼의 사색이 어우러진 이 책은 자연 세계, 특히 조류에 대한 저자의 깊은 유대감과 그 연결을 다른 이들과 나누고자 하는 진심 어린 열정이 가득하다. 《모든 새를 보았다고 믿은 남자》는 결국 누가 무엇을 처음 보았는가가 아니라, 저마다의 새로운 경험이 우리 안의 경이로움을 어떻게 깨우는가에 관한 책이다. _《뉴욕 타임즈》

흥미진진한 격동의 시대를 생생하게 포착했다. 코프먼의 역사, 과학, 예술, 전기, 회고록의 조화는 조류학자는 물론 더 큰 맥락에 매료된 독자들의 시선을 사로잡을 것이다. 모든 문장에 활력이 넘친다. _미국도서관협회, 《북리스트》

코프먼은 품격 있는 작가다. 주제에 대한 그의 헌신이 문장 곳곳에서 빛을 발하며 아름다운 삽화는 새를 사랑하는 이들에게 더없이 큰 기쁨이 된다. 깊고 충만한 책이다. _《커커스 리뷰》

훌륭하다… 오듀본의 과학적 공헌과 치명적인 실수를 높은 수준의 연구를 통해 함께 비행하듯 조망한 책이다. 코프먼은 오듀본의 전기에서

그동안 간과되어온 구석까지 세심한 주의를 기울여 집요하게 비추고, 오
듀본의 여러 허풍적 행보(그는 날개 길이가 3미터라는 독수리의 이야기를
꾸며내 첫 책에 대한 자금을 마련했다)와 윤리적 결함(그는 한때 동료 자연
과학 아카데미 회원의 매 표본을 자신의 것으로 속였다)을 숨김없이 드러낸
다. 코프먼은 오듀본의 화풍을 능숙하고 재치 있게 소환하면서도 자신만
의 감성을 담아 새들의 일러스트를 직접 그려낸다. 《퍼블리셔스 위클리》

저자가 이 책에 자신의 영혼을 쏟아부었다는 사실은 분명하다. 과거
를 현재로 불러오며, 우리가 어떻게 여기까지 왔는지, 그리고 조류학적 발
견이 아직 끝나지 않았음을 설득력 있게 보여주는 최고의 자연사 글쓰기
다. 《쿼털리 리뷰 오브 바이올로지》

코프먼은 자신을 이야기의 중심에 두는 것을 두려워하지 않지만, 언
제나 절제와 겸손으로 독자를 이끈다. 그는 탐조의 역사를 깊이 이해한
진정한 이야기꾼이다. 첨단 장비와 앱을 사용하는 오늘날의 탐조가들과,
모든 것을 맨몸으로 탐색해야 했던 초기 개척자들 사이의 간극을 보여주
며, 평생에 걸쳐 새를 보아왔음에도 우리가 왜 여전히 '발견'을 꿈꾸며 들
판으로 나서는지를 설득력 있게 말해준다. 《브리티시 버즈》

코프먼은 이 책으로 독자들을 매혹적인 탐조 여정으로 이끈다. 조류
학자와 탐조가는 물론, 미국 역사에 관심 있는 이들까지 아우르는 완벽한

책이다. 여러 장을 한 번에 읽을 수 있을 때 가장 빛나는, 아름답고 치밀하게 쓰인 작업에 박수를 보낸다. _**전미조류학회**

켄 코프먼은 이 책에서 그만의 방식(오듀본의 붓이 미처 닿지 못한 종들을 그려냄으로써)으로 오듀본에게 경의를 표한다. 그리고 우리가 새를 이해하는 방식이 여전히 변화하고 있음을 상기시킨다. _《**월스트리트 저널**》

존 제임스 오듀본의 결함과 재능을 균형 있고 섬세하게 그려낸 뛰어난 역사서. 새에 관심 있는 이라면 누구나 깊은 만족을 얻을 수 있는, 생기 넘치는 책이다. _《**웨스턴 버즈**》

전문 지식과 공감 능력, 사려 깊은 해설로 미국 조류학의 초창기를 현대 조류학자들의 공통된 경험과 연관 지어 새롭게 바라보는 켄 코프먼은 그 누구보다 생생하게 역사를 되살려낸다. 훌륭한 콘셉트로 독특하고 매혹적인 책이 탄생했다. _데이비드 앨런 시블리, 《새의 언어》 저자

이 책은 기쁨과 유머, 도덕적 성찰과 지적 긴장을 모두 품고 있다. 예술가의 예리한 눈과 역사가의 넓은 시야가 코프먼 특유의 친근하고 우아한 문체로 하나로 묶인다. _**전미탐조협회**

차례

프롤로그

래브라도에서 들려온 노래

남자는 홀로 갑판에 서 있었다. 벌써 동쪽 수평선 너머로 희미한 회색빛이 번져오고 있었다. 새벽이 다가오는 늦은 시간이었지만 그는 좀처럼 잠을 이룰 수 없었다. 두꺼운 외투 사이로 축축한 냉기가 스며들자 그는 어깨를 움츠리고 몸을 부르르 떨며 주위를 둘러보았다.

안개 너머 북쪽으로는 거대한 바위와 험준한 절벽이 바다를 향해 이어져 있고, 그 위로 몇 그루의 침엽수가 첨탑처럼 서 있는 해안선이 희미하게 보였다. 소금과 가문비나무 향을 머금은 바람은 선체에 부딪히는 작은 파도를 겨우 일으킬 정도로 약하게 불어와 돛을 찬찬히 펄럭였다. 멀리 육지 어딘가에서 희미하게 새소리가 들려왔고, 남자는 그 소리를 더 또렷하게 듣기 위해 안간힘을 썼다. 6월 말이었지만, 춥고 습한 날의 연속이었다.

그의 젊은 동료들은 여전히 평화로운 잠의 이불에 싸인 채 온종일 야외에서 일하느라 쌓인 피로를 달래고 있었다. 당연한 일이었다. 그들은 아직 젊었기에 자기들에게는 시간이 충분하다고 믿는 사치를 누릴 수 있었다. 남자 역시 일에 열심이었지만, 동료들과는 달리 앞날에 대해 여유를 부릴 수 없었다. 남자는 나이가 많았고, 압박감에 시달리고 있었으며, 이번 탐험은 계획보다 뒤처져 있었다. 불안은 마치 수면 위에서 부는 희미하고 서늘한 바람처럼 냉기와 함께 그의 마음속 깊이 스며들어 그를 잠식해 갔다.

그는 이 추운 대자연에서 반드시 새로운 무언가를 발견해 탐험을 성공시켜야만 했다. 그러나 여태껏 그 새로운 발견은 베일에 싸인 듯 도무지 정체를 드러내지 않고 있었다.

지금껏 그의 인생은 얼마나 길고도 기묘한 항해였던가.

1833년 여름. 1803년에 당돌한 10대 소년이 미국에 도착한 지 30년이 지났을 때였다. 프랑스의 부유한 해군 사령관이었던 소년의 아버지는 아들이 나폴레옹의 군대에 징집되는 것을 막기 위해 사업 목적으로 사둔 펜실베이니아의 농장에서 잠시 소년을 살게 했다. 임시방편이었다. 이웃집 딸 루시와 사랑에 빠지지 않았다면, 소년은 곧 프랑스로 돌아가 이 땅으로 영영 돌아오지 않았을지도 모른다.

아, 루시. 멀리 떨어져 있을 때마다 항상 그랬듯, 지금도 그는 루시가 너무 그리웠다. 열여덟 살에 처음 만난 열여섯 살의 루시는 얼마나 아름다웠던가. 그녀는 모든 면에서 여전히 아름다웠다. 어떤 일에도 루시의 굳건한 마음은 흔들리지 않았고, 그녀는 최악의 상황에서도 그를 떠나지 않았다. 그에게 '최악의 시간'이 너무나 많았는데도 말이다. 사업 실패로 인한 불명예, 빚 때문에 감옥에 갇혔을 때의 수치심, 일자리를 구걸하면서 자신의 재능을 푼돈에 팔아야 했던 비참함. 게다가 그는 평범한 아내였다면 당장 남편을 떠났을 정신 나간 소리까지 했다. 바로… '새'에 관한 기념비적인 책을 써서 큰돈을 벌겠다고 선언한 것이다.

아니, 새라니? 구멍가게 주인으로도, 제분소 주인으로도 실패하고, 시간이 남아도는 부자 고객들의 초상화를 그리고 미술을 가르치는 일로 겨우 생계를 유지했으면서, 이제 와 갑자기 새에 관한 책으로 성공을 거두겠다고?

그런데도 기적처럼 루시는 그와 함께했다. 켄터키에서 수년 동안 사업 부진을 겪으면서도 남자는 끈질기게 새를 그리고 채색하는 실력을 키워왔다. 그리고 마침내, 그는 세상에 없던 크고 대담하며 아름다운 새의 초상화를 그려냈다. 루시는 조류 그림의 역사에 대해서는 잘 알지 못했지만, 남편의 작품이 그 누구의 것보다 뛰어나다고 확신했다. 1824년, 루시는 남편이 루이지애나에서 필라델피아로 갈 수 있도록 경비 마련을 도왔고, 둘은 당시 미국의 과학과 인쇄술의 중심지였던 필라델피아에서 새 그림들을 출간해줄 출판사를 부지런히 물색했다.

하지만 일은 생각처럼 쉽게 풀리지 않았다. 필라델피아는 북미 조류에 대한 최초의 종합 연구서《미국 조류학*American Ornithology*》의 저자 알렉산더 윌슨Alexander Wilson의 고향이었다. 윌슨은 1813년에 세상을 떠났지만, 필라델피아에는 여전히 그를 존경하는 추종자가 많았다. 그런데 어느 초짜 이방인이 윌슨을 공개적으로 비난하여 그들의 심기를 건드리는 경솔한 실수를 저지르고 말았다. 한순간에 모든 기회의 문이 닫혔고, 미국에서 출판할 길은 영영 없어진 듯했다.

절망에 빠진 그는 새 그림 포트폴리오를 들고 영국으로 향했다. 그곳에서 그는 예기치 못한 우여곡절을 겪으며 순식간에 명성을 얻었다. 자연주의자, 학자, 예술가, 귀족 들은 그의 그림에 찬사를 보냈고, 몇 달 만에 판화가, 인쇄업자, 채색가 들로 팀이 구성되어 첫 번째 컬러 판화 세트 제작이 시작됐다. 사람들은 그의 화려하고 거대한 삽화를 정기적으로 받아 보려고 구독을 신청했다. 마침내 꿈에 그리던 출판이 눈앞으로 다가왔다.

가슴 벅찬 순간이었을 것이다. 하지만 앞으로 수년 동안 그를 혹사할 대장정의 서막이기도 했다. 그는 1827년부터 1838년 사이에 총 435점의 장대한 컬러 도판을 제작해 출판했으며, 1831년과 1839년 사이에는 삽화가 실린 모든 새에 대한 상세한 설명을 담은 다섯 권 분량의 방대한 책을 출간했다. 여러 권으로 구성된 이 두 대작 《북미의 새*The Birds of America*》와 《조류학 전기*Ornithological Biography*》로 존 제임스 오듀본John James Audubon은 전 세계적인 명성을 얻게 되었다.

하지만 1833년 6월 당시는 아직 그의 성공이 불투명했을 때였다. 컬러 도판은 3분의 1 정도만 완성된 상태였고, 그가 앞으로 출간할 《조류학 전기》는 다섯 권 중 한 권밖에 완성되지 않았다. 오듀본의 명성은 점점 높아져 갔지만, 미국 과학계에서는 알렉산더 윌슨을 넘어서지 못했다. 윌슨은 세상을 떠난 지 20년이 흘렀음에도, 여전히 북미 조류학의 권위자로 인정받았고, 아홉 권 분량의 《미국 조류학》은 여전히 개정과 재발간을 거듭하며 조류학의 표준 참고 문헌으로 확고히 자리 잡고 있었다.

오듀본에게는 동기를 부여하는 두 가지 큰 원동력이 있었다. 하나는 당연히 루시였다. 꼭 성공해서 그녀의 한결같은 믿음에 보답하고 싶었다. 또 다른 하나는 바로 자신의 허영심과 경쟁심이었다. 그는 마치 윌슨의 유령과 씨름하는 듯했다. 하루 빨리 성공해서 지긋지긋한 윌슨의 그늘에서 벗어나고 싶었다.

오듀본은 모든 방면에서 어떻게든 윌슨을 능가하려고 애를 썼다. 그는 윌슨의 《미국 조류학》 같은 딱딱한 어투를 피해 누구나 이해할 수 있도록 자신의 작품에 《북미의 새》라는 쉬운 제목을 붙였다. 학술적인 주제를 원하는 사람을 위해서는 《조류학 전기》라는, 윌슨의 책보다 좀 더 학구적인 제목의 책도 준비했다. 실물 크기로 그려진 오듀본의 새 그림은 윌슨의 그림보다 훨씬 크고 극적이었다.

무엇보다도 그는 윌슨보다 *더 다양한 새 종을 다루고자* 했다.

오듀본은 무모하게도 구독자들에게 400종의 새 그림을 보여주겠다고 약속해버렸다. 하지만 아직 그렇게 많은 새를 찾지 못한 상황이었고, 결국 제 무덤을 판 셈이었다. 그렇게 많은 종류의 새를 찾은 사람은 지금껏 아무도 없었다. 당시 북미 동부에서 알려진 조류가 400여 종에 못 미쳤기에, 약속한 만큼의 새 그림을 그리려면 반드시 새로운 종을 발견해야만 했다.

1년 전, 오듀본은 플로리다 남부의 야생을 탐험하던 중 그때까지 미국에서 보고된 적 없는 새 몇 종을 발견했다. 이제 그는 북쪽으로 향하고 있었다. 캐나다 북동부 본토의 대부분을 차지하는 광활한 지역 래브라도가 그를 향해 손짓했다. 당시 래브라도 근처까지 가본 자연주의자는 거의 없었지만, 어부와 탐험가 들은 이 추운 북쪽 땅과 바다에 새가 풍부하다고 말하곤 했다. 오듀본은 그중에서도 특히 아직 알려지지 않은 새로운 종들을 찾아내 그림의 피사체로 삼을 수 있기를 기대했다.

오듀본은 스무 살의 아들 존 우드하우스 오듀본John Woodhouse Audubon과 야생을 경험하려는 열정에 가득 찬 아들 또래의 혈기 왕성한 청년 네 명으로 탐험대를 꾸렸고, 노련한 선장과 아홉 명의 선원을 고용한 후 두 개의 돛대를 가진 범선 리플리호를 빌렸다. 탐험대는 6월 6일 메인 주의 이스트포트에서 출항하여 노바스코샤 주 끄트머리를 돌아 마들렌 제도에 들른 다음, 폭풍우가 몰아치는 넓은 세인트로런스 만을 가로질러 북쪽으로 향했다. 그리고 드디어 래브라도라는 야생의 해안에 닻을 내렸다.

현재 이 해안은 캐나다 퀘벡 주의 가장 동쪽 지역에 위치한다. 예전만큼 고립되어 있지는 않지만 여전히 외딴곳으로, 오늘날 퀘벡에서 세인트로런스 만으로 이어지는 세인트로런스 강 북쪽의 해안을 따라 북동쪽으로 138번 국도를 천 킬로미터 정도 달리면 이 지역의 끝자락에 도달할 수 있다. 풍경은 점점 야생의 모습에 가까워지며, 도시와 마을은 더 작아지고 서로의 간격도 넓어지다가 나타슈콴 강을 지나 나오는 작은 마을 케가스카에서 도로가 끝난다. 그 이후 동쪽으로 450킬로미터에 걸쳐 배나 페리를 이용해야만 갈 수 있는 마을과 거주지가 흩어져 있다.

1833년, 오듀본의 탐험대가 이 해안에 도착했을 때는 당연히 도로도 정착촌도 거의 없었다. 이 야생에서 오듀본 일행은 자신들이 위대한 발견을 할 수 있으리라는 기대에 부풀어 있었다.

하지만 초반에는 실망스럽기 그지없었다. 확실히 주변에 새들이 많긴 했다. 젊은이들은 매일 해안에서 많은 새 표본을 가지고 돌아왔다. 그 중에는 오듀본이 새롭게 그려야 할 종들도 있었기 때문에, 바다가 잔잔한 날이면 그는 선실의 책상에 앉아 표본들을 자세히 묘사하며 바쁘게 시간을 보냈다. 하지만 그들이 찾아온 새들은 모두 이전의 탐험이나 책, 박물관에서 이미 본 종들로 밝혀졌다. 모든 새가 이미 알려지고, 설명되고, 이름 붙어 있었다.

그러던 어느 날 드디어 행운이 그들을 찾아온 듯했다. 탐험대가 새로운 종을 발견한 것이다. 나중에 다시 이야기하겠지만, 정말 짜릿한 발견이었다. 존 제임스 오듀본은 이듬해 출간된 《조류학 전기》 2권에서 그날의 모험을 다음과 같이 묘사했다.

우리는 이 핀치|Finch, 부리가 짧은 되새류-옮긴이주|를 발견하기 3주 전부터

래브라도에 머물렀다. 어느 날 아침, 태양이 이 우중충한 지역을 활기차게 비추려 애쓰고 있을 때, 나는 여기저기 보이는 작은 계곡 중 하나에 우연히 들어섰다… 물론 아름다운 경치도 내 눈을 즐겁게 했지만, 내가 알고 있는 어떤 미국 핀치의 음색보다 훨씬 더 활기차고 유럽의 카나리아와 숲종다리의 음색을 합친 듯한 소리로 노래하는 이 새의 감미로운 음색이 내 귀에 준 감동에는 비할 것이 못 됐다. 나는 곧바로 멀지 않은 곳에 있던 동료들을 소리쳐 불러 모았다. 우리는 우리를 피해 이 덤불 저 덤불 날아다니는 이 작은 명금ㅣ고운 소리로 우는 새-옮긴이주ㅣ을 쫓았다. 새는 곧 덤불에 앉아 다시 노래를 불렀다. 같은 지역에 서식하는 다른 어떤 종보다 야생성이 강한 이 종을 우리는 어렵사리 잡을 수 있었다. 젊은 동료 토머스 링컨Thomas Lincoln이 기회를 잡았다. 그의 조준 범위로 새가 날아오자 그는 평소처럼 정확하게 새를 맞췄다. 이 새를 보자마자 나는 이전에 본 적이 없는 종이라는 것을 알아챘고, 새로운 종이라는 가정 아래 우리의 친애하는 동료 링컨의 이름을 따서 톰의 핀치Tom's Finch라고 이름 붙였다. 동료들은 링컨에게 환호를 보냈고, 내가 이 보상에 자랑스러움을 느끼며 배로 돌아와 그림을 그리는 동안 아들과 그의 동료들은 다른 표본을 찾기 위한 탐험을 계속했다.

두말할 것 없이 흥미진진한 발견 이야기다. 서양이나 유럽의 엄격한 과학 기준에 따라, 이전에 기록된 적 없는 종이라는 점에서 '새로운 발견'인 것도 틀림없다. 2세기가 지난 지금도 이 새의 최초 발견자는 오듀본으로 인정되고 있으며, 이 새의 공식 명칭은 멜로스피자 린콜니*Melospiza lincolnii*, 혹은 링컨참새Lincoln's Sparrow로 알려져 있다.

오듀본에게 너무나 절실하던 발견이었다. 이로써 오듀본은 구독자들에게 약속한 400종의 새 중 또 하나를 확보한 셈이었다. 알렉산더 윌슨의 저서에서도 찾아볼 수 없는 새로운 종이었다. 조지 오드George Ord, 토머스 너탤Thomas Nuttall, 존 타운센드John Townsend, 그리고 이 분야에서 오듀본의 지위에 도전할 수 있는 그 누구도 알지 못한 새로운 새.

겉보기에는 아주 단순한 이야기다. 탐험대가 잘 알려지지 않은 지역으로 모험을 떠난다. 낯설고 새로운 환경에서, 대가가 예리한 감각으로 이전 어떤 학자도 발견하지 못했던 종을 찾아낸다. 탐험대가 원하고 의도했던 그대로의 전개다.

하지만 이 이야기의 거의 모든 부분이 사실과 다르거나 왜곡되었다면?

링컨참새의 노래가 다른 미국 핀치 종*의 음색보다 '훨씬 더 활기차다'고 볼 수는 없지만, 확실히 감미롭고 특색 있는 건 사실이다. 하지만 앞선 인용문에 적힌 대로, 오듀본이 정말 이 새의 노래를 먼저 듣고 동료들에게 알려줬을까? 그렇지 않았음이 거의 확실하다.

이 위대한 탐험가의 발견 기록을 우리가 의심해야 할 이유가 있을까? 어쨌든 새를 발견한 후 얼마 지나지 않아 아직 기억이 생생할 때 이 글을 썼을 것 아닌가. 하지만 유감스럽게도, 오듀본은 때때로 사실을 과장하거나 아예 허무맹랑한 이야기를 지어내는 등 진실을 지나치게 부풀리거나 왜곡하는 경향이 있었다. 왜곡이 너무 노골적인 일부 사례들은 그의 생전에도 의심받았지만, 이후 역사가들이 당시의 문서를 심도 있게 비판적으로 연구하면서 오듀본의 이러한 경향에 대해 점점 더 많은 증거가 밝혀지고 있다.

---

* 당시 '참새'와 '핀치'라는 용어는 거의 같은 의미로 사용되었고, 이에 대한 명확한 정의는 수십 년이 지나서야 밝혀졌기 때문에 새의 이름이 '톰의 핀치'에서 '링컨참새'로 바뀐 것은 놀랍거나 이상한 일이 아니다.

그의 저서와 편지 들을 보면 마치 자기 역사를 스스로 감추려는 듯 종종 모순되거나 혼란스러운 주장이 쓰여 있다. 1851년 오듀본이 사망한 후, 그의 가족과 후손들은 기록을 바로잡으려는 노력은커녕 오히려 기록을 더욱 은폐하며 진실을 모호하게 만들었다.

오듀본은 평소, 특히 탐험과 여행 중에 상세한 일기를 썼다. 그렇다면 나중에 세상의 시선과 평판을 의식하며 쓴 출판 원고보다, 개인적인 일기에 일상의 사건들이 더 솔직하고 충실하게 기록되어 있으리라고 짐작할 수 있다. 그런 점에서 1897년, 오듀본의 손녀 마리아 오듀본Maria Audubon이 편집하여 출간한 두 권의 《오듀본과 그의 일기Audubon and His Journals》는 원본 정보의 보고로서, 신뢰할 수 있는 1차 기록 자료가 되어야 할 것이다. 하지만 안타깝게도 현실은 그렇지 않다.

마리아 오듀본이 할아버지의 일기와 다양한 편지를 모아 편집한 목적은 분명했다. 존 제임스의 명성을 빛내고 가문의 명예를 지키기 위해서였다. 마리아는 발췌 기록을 출판하기 전 많은 부분을 삭제하고 원본을 폐기했다고 인정했다. "1895년에 제가 직접 태워버렸어요… 모두 훗날 대중에게 공개하려고 복사해둔 기록들이었죠… 당시 상황을 고려할 때, 오히려 불태워 없애버리는 것이 우리 가족에 대한 많은 기록물을 훼손자들에게서 확실히 보호할 유일한 수단이라고 생각했어요."

1800년대 후반 최고의 조류학자로 꼽히던 엘리엇 쿠스Elliott Coues가 마리아의 책 편집을 도왔다. 내 추측일 뿐이지만, 쿠스의 역할 중 하나는 마리아가 기록을 짜깁기한 후에도 새들에 관한 묘사가 여전히 그럴듯한지 점검하는 것이 아니었을까 싶다. 마리아는 단순히 가족과 관련된 자극적인 부분만 생략하는 데 그치지 않았다. 그는 존 제임스의 탐험 기록도 일부 구절을 바꾸거나 추가했다.

이를 단적으로 보여주는 예가 있다. 마리아는 래브라도 탐험 후 10년 뒤 존 제임스가 미주리 강을 따라 서부를 탐험했을 때 한 말인 것처럼 보이는 인용문을 책에 포함했다. 그 글에서 마리아의 할아버지는 광활한 북부 평원의 들소 무리를 보며, 백인 사냥꾼들의 침략에도 들소가 사라지지 않고 개체 수를 유지해온 사실에 대해 경탄하면서 "하지만 이는 오래 지속될 수 없을 것이다. 벌써부터 무리의 규모에 눈에 띄는 변화가 있으며, 머지않아 큰바다오리Great Auk와 같이 들소buffalo도 사라지고 말 것이다. 당연히 이는 절대로 일어나서는 안 될 일이다"라고 적었다.

오듀본이 이미 그때부터 큰바다오리와 들소의 멸종 위기에 대해 경고했다는 점이 인상적이다. 하지만 이 글이 쓰인 것으로 추정되는 1843년 당시, 큰바다오리는 멸종하지 않았을 뿐 아니라 멸종 위기라는 우려조차 제기되지 않았다. 실제로 1844년에 마지막 남은 개체들이 사라졌지만 그들이 마지막 개체들이었다는 사실은 훨씬 후에야 밝혀졌고, 1860년경에는 뉴펀들랜드 연안의 작은 섬에 여전히 이 바다오리들이 둥지를 틀고 있다는 소문이 돌기도 했다. (엘리엇 쿠스는 진실을 알면서도 마리아가 이 구절을 꾸며내 책에 싣는 것을 막지 않았다. 그 점이 매우 놀랍다.)

따라서 들소에 관한 이 구절은 아주 의심스러운 대목이었다. 2008년 이후, 작가 대니얼 패터슨Daniel Patterson이 마리아의 기록 소각에서 살아남은 오듀본의 일기 필사본 일부를 운 좋게 발견하면서, 이 의혹이 사실로 확인되었다. 1843년 8월 5일의 일기를 보면, 필사본의 문장 대부분이 마리아의 책 내용과 같았지만, 들소를 언급한 대목에서는 걱정은커녕 사냥에 대한 흥분에 관해 더 많이 쓰여 있었다. 또, 패터슨이 '큰바다오리 연설'이라고 칭한 앞의 인용구는 필사본에서 찾아볼 수 없었다. 할아버지를 선구적인 자연 보호론자로 묘사하고 싶었던 손녀가 나중에 추가한 것임

존 제임스 오듀본이 그린 링컨참새. 1833년 여름, 오듀본은 래브라도의 해안을 탐험하면서 이전까지 서양 과학계에 알려지지 않았던 이 새를 발견했다. 오듀본은 저서에서 이 새의 독특한 음색을 따라갔더니 발견으로 이어졌다며 아주 극적으로 묘사했지만, 이 이야기의 최소한 일부는 허구일 가능성이 높다.

이 분명해 보인다.

이것이 링컨참새의 발견과 무슨 관련이 있을까? 둘 다 같은 일에 관해 상충하는 설명이 여러 개 존재하는 사례라는 사실이다. 오랫동안 사실로 받아들여진 내용은 앞서 인용한 《조류학 전기》에 쓰인 것으로, 오듀본이 링컨참새의 노랫소리를 듣고 새를 발견했다는 주장이다. 하지만 조류학자이자 역사가인 매슈 핼리Matthew Halley가 지적했듯 이 이야기는 사실 앞뒤가 맞지 않는다.

핼리는 델라웨어 자연과학 박물관의 오래된 보관 기록물 중에서 링컨참새의 이름이 유래된 토머스 링컨이 래브라도 탐험 중에 남긴 일기를 발견했다. 오랫동안 세상에 알려지지 않았던 이 기록을 통해, 핼리는 링컨참새 발견에 얽힌 뒷이야기를 더 자세히 들여다볼 수 있었다.

마리아가 편집한 할아버지의 일기에는 링컨참새를 발견한 날짜가 1833년 6월 27일로 기록되어 있지만, 그 날짜가 특별히 강조되지는 않는다. 이 일기는 아침 안개와 비를 묘사하면서 시작되며, 날이 갠 뒤 해변으로 나갔다고 이어진다. 이후 캐나다어치Canada Jay와 루비상모솔새Ruby-crowned Kinglet에 대해 자세하게 설명한 뒤에 "새로운 종의 핀치를 잡았고, 프링길라 린콜니Fringilla lincolnii라고 이름 붙였다"는 언급이 나온다. 그리고 발견 직후 래브라도 연안의 선상에서 적어 내려간 것이라는 기록이 이어진다. 이 기록에는 다음 해에 오듀본이 세심하게 재구성한 《조류학 전기》의 기록보다도 링컨참새에 관한 더 통찰력 있고 세밀한 내용이 쓰여 있다. 내 생각에 이 부분은 원래 일기에는 없었고, 아마도 수십 년 후 엘리엇 쿠스가 추가한 것으로 보인다.* 또 이날의 일기에는 오듀본 일행이 저녁 식사 시간 전까지 육지에 머물렀다고 적혀있는데, 이는 오듀본이 링컨참새 표본을 확보한 후 "보상에 자랑스러움을 느끼며 배로 돌아와 그림을 그렸

　모든 새를 보았다고 믿은 남자

다”고 했던 책의 내용과 모순된다.

핼리가 지적했듯 오듀본의 일기 중 일부는 마리아의 편집본이 출간되기 30년 전 다른 책에서도 등장했다. 1869년 뉴욕에서 출판된《오듀본의 미망인이 편집한, 자연주의자 존 제임스 오듀본의 생애*The Life of John James Audubon, the Naturalist, edited by His Widow*》에는 오듀본에 대한 루시 자신의 개인적인 관찰과 함께 존 제임스의 일기에서 발췌한 내용이 다수 포함되어 있다. 루시가 발췌한 기록을 보면 1833년 6월 27일의 일기는 마리아의 버전과 똑같이 비가 내리고 안개가 낀 날씨에 대한 설명으로 시작하지만, “온종일 그림을 그렸다”로 끝맺는다. 즉, 동료들이 새를 찾으러 해변으로 나간 동안 존 제임스는 줄곧 배에 남아 있었던 것이다.

그렇다면 토머스 링컨의 일기에는 어떻게 쓰여 있을까?《조류학 전기》에서 오듀본이 소개한 이야기를 생각해보면, 당연히 링컨의 일기에도 흥미진진한 추격전, 표본을 확보한 후 새로운 종임을 확인한 일행의 환희, 그리고 그 자리에서 오듀본이 새를 쏜 자신의 이름을 따서 ‘톰의 핀치’라고 이름 붙인 내용 등이 기록되어 있으리라 예상할 수 있다. 젊은 자연주의자에게는 인생 최고의 경험이지 않았겠는가! 하지만 링컨은 6월 27일이나 그 후 며칠 동안 아무 글도 쓰지 않았다. 7월 4일이 되어서야 이 새에 대해 가볍게 언급한다. “A씨가 에스키모 섬에서 내가 쏜 새로운 핀치 종의 그림을 완성했다.”

오듀본이 새의 노랫소리로 링컨참새를 발견했다는 이야기가 의심 가는 또 다른 이유는 그가 소리로 새를 찾거나 식별하는 데 능숙하지 않았

---

*　예를 들어 이 일기에서 인용한 내용은 “링컨참새의 생김새가 늪참새Swamp Sparrow와 비슷하다”는 것이었다. 쿠스가 마리아의 편집을 돕던 1800년대 후반에는 링컨참새와 늪참새가 가까운 친척으로 여겨졌지만, 오듀본은 그의 저서에서 그런 연관성을 언급한 적이 없으며 오히려 링컨참새가 아예 다른 참새 종들과 관련이 있다고 생각했다.

기 때문이다. '소리로 새를 찾는 능력'은 현대의 탐조가들에게 아주 높이 평가받는 기술이지만, 오듀본의 점수는 아주 낮았을 것이다. 대부분의 역사가들은 이 부분을 간과했다. 《조류학 전기》에서 그는 수백 종의 새 소리를 묘사했지만, 이 새들을 제대로 아는 사람이 읽으면 그 묘사가 얼마나 잘못된 것인지 쉽게 알아챌 것이다. 그가 링컨참새를 카나리아와 유럽의 숲종다리에 비교한 내용도 정확하지 않을뿐더러, 링컨참새의 노래가 다른 새들의 노래보다 "훨씬 활기차다"고 주장한 부분도 의아하다. 보컬리스트로서 링컨참새의 노래는 래브라도의 같은 숲에서 노래했을 여우참새Fox Sparrow만큼 활기차지도 않다.

그렇다면 대체 그날 무슨 일이 있었던 걸까? 확신할 수는 없지만, 추측하건대 토머스 링컨과 일행이 6월 27일에 이 참새의 표본을 배로 가져왔고, 선상에서 온종일 그림 작업을 하던 오듀본은 표본을 연구한 끝에 새로운 종일지도 모른다는 사실을 깨달았을 것이다. 그가 나중에 탐사를 위해 해안으로 나섰을 때 이 새의 노래를 들었을 수도 있고, 아니면 새를 가져온 동료들에게 그 소리가 어땠는지 설명해달라고 부탁했을 수도 있다. 하지만 《조류학 전기》에서 이 새를 설명하면서 오듀본은 발견 현장에 직접 있었던 주연 배우로서 이야기에 등장하고 싶은 유혹을 뿌리칠 수 없었을 것이다.

다시 말하지만, 이건 내 추측일 뿐이고 사실과 다를 수도 있다. 오듀본의 삶을 깊이 들여다보면 마치 희미한 조명이 비치는 거울의 방에 들어선 듯한 기분이 든다. 수많은 이야기와 일화가 우리를 둘러싸지만, 그중 상당수는 서로 모순되며, 검증 가능한 사실은 래브라도의 참새처럼 좀처럼 찾아내기 힘들다.

다행히도 나는 오듀본의 전기를 쓰려고 펜을 든 게 아니다. 오듀본에 대해서는 이미 많은 전기들이 출판되었고, 나는 전기 작가나 역사가를 존경하지만 그들 중 하나가 될 생각은 없다. 사실 나는 오듀본이 발견 당시 현장에 있었든 없었든, 새롭고 낯선 새소리를 실제로 들었든 아니면 나중에 전해 들었든 상관없다. 애초에 그가 탐험단을 꾸리지 않았다면 젊은 탐험가들이 그 거친 북부 해안 근처에도 갈 수 없었을 테니까 말이다. 세부 사항이야 어찌 되었든, 오듀본은 이미 발견에 크게 기여한 셈이다. 그럼에도 그가 거짓말을 해서라도 자신의 역할을 과장하고 싶었다면, 그의 인격에는 오점으로 남겠지만 나와는 상관없는 이야기다.

하지만 링컨참새의 발견은 전혀 다른 이유로 내 호기심을 자극했다. 대부분의 역사가와 전기 작가가 오듀본의 래브라도 여행을 다루면서 이 새의 발견을 언급했지만, 내가 아는 한 그 누구도 이 발견의 가장 흥미로운 측면을 지적하지 못했다. 바로, 링컨참새는 래브라도에만 서식하면서 외딴 황야를 탐험하는 위대한 탐험가의 발견을 기다리던 희귀종이 전혀 아니었다는 점이다. 사실 이 새는 북미 대륙 대부분 지역에 널리 분포한다.

물론, 언제 어디서나 쉽게 볼 수 있는 것은 아니다. 여름에는 북위도와 고지대에만 서식한다. 하지만 현재 알래스카와 캐나다를 포함한 광활한 지역이나 시에라네바다 산맥, 로키 산맥, 애디론댁 산맥 같은 산악 지대에 살았던 선주민들은 오듀본보다 훨씬 이전부터 이 새를 알고 있었을 것이다. 이 새를 부르는 특정한 이름이 있었는지는 알 수 없지만, 선주민들은 개울가 버드나무에서 울려 퍼지는 새의 노랫소리를 알아차렸을 것이다. 그리고 그 소리가 이른 가을에 어디론가 떠나는, 보송보송한 작은 줄무늬 새가 부르는 노래라는 사실도 알았을 것이다.

이 참새들은 서부와 북부의 번식지를 떠나 미국 본토 전체에 걸쳐 남쪽으로 이동한다. 미국 남부의 주들과 멕시코, 그리고 중앙아메리카까지 남하하여 겨울을 난다. 동부는 서부보다 개체 수가 적지만, 전략적으로 이동 시기와 경로를 잘 맞추면 지금도 동부 어느 마을에서나 링컨참새와 마주칠 수 있다.

존 제임스 오듀본은 래브라도 탐험 전까지 링컨참새를 한 번도 본 적이 없었지만, 어쩌면 이 참새들은 여러 곳에서 이미 오듀본을 지켜보았을지 모른다. 어느 봄날, 펜실베이니아 동부에 있는 아버지의 농장을 산책하는 그를 숲속 어딘가에서 봤을 수도 있고, 가을에 그가 말을 타고 켄터키 북부의 덤불이 우거진 초원을 지나갈 때 발밑을 스쳐 날아갔을지도 모른다. 겨울에 그가 루이지애나의 늪지대를 탐험하고 있을 때 근처 덤불 속에 숨어 있었을 수도 있다. 1833년 이전에도 이 작은 새들은 수십 군데에서 오듀본을 지나쳤을 수 있지만, 그는 그들을 알아채지 못했다.

오듀본과 그의 일행이 이 새를 '발견'했을 무렵, 그는 이미 30년 가까이 이 새를 만날 수 있는 장소들에서 지내왔던 것이다. 흥미로운 점은 링컨참새의 발견 그 자체가 아니라, 오히려 이 참새가 '그토록 오랫동안 발견되지 않았다'는 사실이다.

이 새를 알아보지 못한 것은 당연히 오듀본뿐만이 아니었다. 알렉산더 윌슨, 윌슨의 친구이자 팬이었던 조지 오드, 샤를 뤼시앵 보나파르트 Charles Lucien Bonaparte도 놓쳤고, 이전 세대, 즉 1700년대에 남동부 식민지 영토를 탐험하던 영국의 마크 케이츠비 Mark Catesby와 윌리엄 바트람 William Bartram도 알아채지 못했다. 1820년대에 허드슨 만 서쪽을 탐험하던 존 리처드슨 John Richardson도 이 새를 지나쳤다. 그 수많은 열렬한 탐험가들이 미지의 새를 찾아 북미 동부를 누비고 다녔는데, 1833년이 되어서야 이 참새가 발견되었다는 사실은 놀라울 뿐이다.

       모든 새를 보았다고 믿은 남자

오듀본이 링컨참새를 발견함으로써 마침내 북미 동부 조류의 마지막 퍼즐 조각이 맞춰졌는가 하면 전혀 아니었다. 아직 한참 멀었다. 래브라도 여행에서 오듀본 일행은 당시 서구 과학 기준으로 여전히 '발견되지 않은' 다른 많은 종도 알아차리지 못한 채 지나쳤다.

오듀본은 해안을 따라 펼쳐진 숲에서 나지막하게 피리 부는 듯한 소리를 들었을 것이고, 때때로 갈색 등의 수줍은 개똥지빠귀가 땅 위를 깡충깡충 뛰는 모습을 보았을 것이다. 그는 자기가 이 개똥지빠귀의 정체를 안다고 생각했겠지만 틀렸다. 여름철 그 숲에는 당시 이름이 알려지지 않은 두 종의 개똥지빠귀가 서식했고, 이들은 이후 몇 년이 지나서야 과학계에 알려진다.

또 오듀본과 동료들은 딱새라는 작은 새가 덤불에 앉아 날아다니는 작은 곤충을 잡아먹는 모습도 보았을 것이다. 당시 과학계에 알려지지 않은 두 종의 딱새가 그 숲에 서식하고 있었지만, 일행은 새로운 종임을 알아차리지 못했고 이 새들은 이후 10년이 지나서야 이름을 얻었다. 또 당시에는 알려지지 않았던 비레오의 노랫소리도 들렸겠지만, 이미 알고 있던 다른 종의 비레오로 착각하여 무심히 지나치고 말았다.

래브라도 탐험 중 이들이 알아채지 못한 새들이 모두 작고 수줍으며 숲속에 숨어 사는 새들뿐인 것도 아니었다. 일행은 해안가에서 햇빛에 반짝이는 은빛 날개를 펼치며 물 위를 우아하게 날아오르는 커다란 바닷새 제비갈매기를 보았고, 심지어 작은 섬에 둥지를 튼 한 쌍도 찾아냈다. 이 새는 유럽에서는 이미 알려진 종이었지만 대서양 이쪽 편에도 서식한다는 사실은 당시 아무도 몰랐다. 《북미의 새》에 추가할 아주 훌륭한 소재였음에도, 오듀본은 이전에 보았던 다른 제비갈매기들과 혼동하여 삽화를 싣지 않았다.

나는 링컨참새가 이동 철에 잠시 오하이오의 우리 집 뒷마당에 들러 쉬어 갈 때면 이 장면을 떠올린다. 5월에 북쪽으로 이동하는 동안에는 만나기 어렵지만, 뒷마당에 수풀과 잡초가 무성한 9월 말에서 10월에는 어김없이 찾아오는 새. 눈에 잘 띄지 않는 이 녀석들은 내가 짧게 지저귀는 소리를 흉내 낼 때까지 가만히 숨어 있다가, 한두 마리씩 미역취와 층층나무 덤불에서 불쑥 튀어나와 내 쪽을 주시하며 경계심을 늦추지 않는다. 얼핏 보면 줄무늬가 있고 갈색을 띠는 생김새가 1년 내내 이곳에서 흔히 볼 수 있는 멧종다리Song Sparrow와 비슷하지만, 자세히 보면 갈색과 회색, 적갈색이 조화를 이뤄 좀 더 화려한 얼굴을 하고 있다. 지저귀는 소리도 다르고, 이마 깃털이 위로 올라가 머리 꼭대기가 뾰족한 모양이 발랄한 인상을 만든다.

어렸을 적 처음 새를 관찰하기 시작했을 때는 링컨참새와 멧종다리를 구분하는 게 참 어려웠다. 사바나참새Savannah Sparrow나 어린 늪참새와도 헷갈리기 일쑤였다. 솔직히 말하면 그때는 모든 참새를 구분하기가 쉽지 않았다. 하지만 그건 수십 년 전의 이야기고, 운이 좋게도 평생을 북아메리카와 세계의 새, 그리고 자연에 몰입하며 살아온 덕분에 이제는 여러 참새 종을 한눈에 알아볼 수 있다. 그렇다고 내가 특별히 뛰어난 전문가라는 뜻은 아니다. 다만, 내 오랜 경험과 더불어 수천 개의 글과 그림, 그리고 무엇보다 헌신적인 자연주의자들과 학자들의 노력으로 여러 세대에 걸쳐 증류되고 쌓여온 지식을 통해 이 생명들을 바라볼 수 있게 된 것이다.

200년 전 윌슨, 오듀본, 그리고 동시대 사람들이 미처 알아채지 못한 다른 모든 새들도 마찬가지다. 매년 철새들이 오하이오를 지나갈 때나 내가 미국 동부와 캐나다를 여행할 때면, 나는 그들이 지나쳤던 모든 종의

     모든 새를 보았다고 믿은 남자

새들을 만날 수 있다. 링컨참새처럼 수줍음이 많아 눈에 잘 안 띄는 종도 있지만, 남부 습지의 얼룩오리Mottled Duck나 남부 대서양 연안에서 겨울을 나는 긴부리참도요Western Sandpiper처럼 쉽게 눈에 띄는 새들도 있다. 대부분 희귀한 종은 아니어서 이 새들을 목격하는 건 전혀 드문 일이 아니다. 탐조인들에게 이 새들이 발견되기까지 얼마나 오랜 시간이 걸렸는지 얘기하면 다들 아주 놀라워한다.

오늘날 북아메리카 대륙의 진지한 탐조인이라면 누구나 이 새들을 쉽게 알아볼 수 있다. 우리는 이 새들의 독특한 특징이나 울음소리를 알고 있고, 어느 계절에 어느 지역에서 나타나는지도 안다. 그 시기, 그 지역에서 이 새들을 만나기를 기다리면, 실제로도 볼 수 있다. 200년에 걸쳐 축적된 지식의 혜택을 톡톡히 누리고 있는 것이다. 우리는 이렇게나 많은 것을 얻었다. 하지만 잃은 것은 무엇일까?

이제는 사라진 수천 제곱킬로미터의 오래된 숲이나 키 큰 풀이 우거진 대초원, 광대한 들소 떼나 나그네비둘기|Passenger Pigeon, 마구잡이로 멸종된 대표적인 북아메리카의 비둘기 종-옮긴이주| 떼와 같이 이미 멸종해버린, 혹은 멸종 위기에 처한 종들에 관해 이야기하려는 것은 아니다. 언짢을 수 있지만 이해해주시길. 지금 나는 '조류 관찰'이라는 순간적인 경험, 이 엄청나게 좁은 창을 통해 이 질문을 바라보고자 한다. 이제 우리는 마주치는 모든 종을 알아볼 수 있다. 하지만 2세기 전 이곳의 탐조가*들은 어떤 기분이었을까? 가능한 한 많은 조류 종을 찾으려는 열망만은 유지한 채 현재의 내가 아는 모든 것을 싹 지우고, 1800년대 초 당시 알려졌던 정보만 가지고

---

* 당시에는 '탐조인birder'이나 '탐조birding'라는 용어 자체가 없거나 지금과 같은 의미로 사용되지 않았다. 셰익스피어는 1602년 초, 그의 작품 《윈저의 즐거운 아낙네들》에서 새를 쏘는 것을 가리켜 'birding'이라는 단어를 사용했지만, 조류 관찰의 의미로 처음 사용된 것은 1890년대로, 조류학자 플로런스 메리엄Florence Merriam이 처음 언급했다.

200년 전의 이 땅에 다시 발을 디딘다면 어떤 느낌일까? 나는 무엇을 알아내고, 알아볼 수 있었을까?

큰 지식의 격차가 존재하던 시기였다. 북미 동부 자연에 대한 선주민 고유의 깊고 풍부한 지식은 19세기 초에 이르러 대부분 사라지거나 파편화되었고, 식민지 개척자들의 뒤를 이어 이 대륙에 들어온 유럽의 학자들이 이곳의 자연사를 기록하기 시작한 지 얼마 되지 않았던 때였다. 선주민의 지식과 서구 과학의 격차 속에서 많은 새가 '일시적으로' 알려지지 않은 채 발견 또는 재발견되기를 기다리고 있었다.

경이로운 시기였을 것이다. 생각해보면 부럽기까지 하다. 물론, 우리의 시대와 그들의 시대를 단순히 비교할 수 없다는 걸 잘 안다. 오늘날 우리는 새와 자연계에 대해 과거의 자연주의자와 탐험가 들이 상상조차 할 수 없었던 수준의 지식을 축적하고 공유하고 있으니 말이다.

그럼에도 나는 가끔 꿈속에서 200년 전으로 돌아가, 거대한 숲을 누비고 거친 강을 노 저어 내려가는 내 모습을 본다. 꿈속의 미국은 이제 막 세워진 젊은 나라이고, 나는 모든 것이 처음인 어린 소년이다. 왠지 다음 굽이에서 나 말고는 누구에게도 알려지지 않은, 아직 이름도 없는 새로운 새가 날개를 펼치며 나타날 것만 같다. 이런 덧없는 꿈은 나이가 들수록 뜸해지고 희미해져 가지만, 그 꿈이 주는 무한한 가능성의 감각만큼은 여전히 내 마음속에 소중하게 간직하고 있다.

 모든 새를 보았다고 믿은 남자

1장

설명되지 않은 세계

우리는 모두 탐험가로 이 세상에 태어난다. 모든 아기는 새로운 정보를 받아들이고, 발견하고, 탐구하려는 욕구를 지녔으며, 이러한 학습 욕구는 먹고 자고 싶어 하는 본능만큼이나 원초적인 것이다. 흔히 갓난아기의 동그랗고 커다란 눈망울을 순수함의 상징으로 묘사하지만, 사실 그 반짝이는 눈은 강렬한 호기심과 어떤 정보도 놓치지 않으려는 노력이 담긴 것일 수도 있다.

인간뿐 아니라 다른 동물들 역시 비슷한 욕구를 가지고 있다. 굴 밖에서 뛰노는 새끼 여우들은 뒹굴며 장난치는 와중에도 모든 것을 예민하게 감각해 주변 환경에 반응한다. 이리저리 둘러보고, 듣고, 냄새를 맡고, 만지고, 맛을 보면서 마치 목숨이 걸린 것처럼 (실제로 그렇지만) 주변에 대한 정보를 하나하나 흡수한다.

갓 태어난 야생동물과는 달리 인간의 아기들이 목숨을 위협받는 즉각적인 위험에 처하는 경우는 드물다. 하지만 인간에게 언어는 삶과 정체성의 중심이기 때문에, 아기에게는 언어를 배우려는 강한 욕구가 있다. 유아들은 말을 시작하기 몇 달 전부터 특정 소리가 특정 개념에 어떻게 연결되는지 주의 깊게 관찰한다. 그리고 말을 시작하면 사물에 대한 단어를 빠르게 습득하는데, 이때 항상 동사보다 '명사'에 초점을 맞춘다. 이건 뭐야? 저건 뭐야? 유아들은 각 사물에 이름이 있고, 그 이름을 알고 기억하는 것이 중요하다는 사실을 자연스럽게 깨닫는 듯하다.

많은 사람들은 자라면서 사물의 이름을 배우고자 하는 열렬한 욕구를 점차 잊는다. 안타깝게도 이런 열정의 소멸을 성장의 자연스러운 과정으로 받아들이는 이들도 있다. 하지만 인간 문명의 경계를 벗어난 풍요로운 자연과 생명에 매료된 사람들은 이름에 대한 열정을 오래도록 품는다. 내가 바로 그런 운이 좋았던 사람 중 한 명이기에 잘 안다. 자연의 경이로움은 결코 끝이 없고, 우리를 절대 실망시키지 않는다. 새로운 것을 발견할 때마다 그 이름과 본질에 대해 더 자세히 알고 싶어진다. 자연에 매료된 우리는 여전히 어린아이처럼 눈을 크게 뜨고 세상의 구석구석에서 새로운 기적을 기대하며 살아간다.

나는 어린 시절부터 생물들의 이름에 푹 빠져 있었다. 마당에 나가 달팽이나 벌레, 꽃이 핀 잡초들을 찾으며 시간을 보냈고, 그럴 수 없을 때는 큰 동물과 나무 들에 관한 그림책을 뒤적였다. 여섯 살 무렵 새에 빠지게 되면서, 세상의 모든 새를 찾아 그 이름을 알고 싶다는 열망이 생겼다. 새로운 것을 하나씩 배울 때마다 호기심이 충족되기는커녕 오히려 점점 더 커져만 갔다.

나는 '발견'에 푹 빠져 있었고, 말할 때마다 그 단어를 자주 썼다. 잔디밭을 돌아다니는 검은 새들의 생김새가 비슷해도 꼬리가 짧은 건 찌르레기이고 꼬리가 긴 건 찌르레기사촌이라는 별개의 종임을 발견했고, 일곱 살짜리 남자아이가 둥지로 올라가려고 하자 지빠귀들이 거칠게 공격하

    모든 새를 보았다고 믿은 남자

는 장면을 발견한 적도 있었다. 울타리에서 들려오는 울음소리는 고양이가 아니라 회색개똥지빠귀Gray Catbird의 소리라는 사실도 발견했다.

부모님, 그리고 내가 좋아하던 선생님은 내가 새에 대해 발견한 사실을 신이 나 떠들 때면 재밌다는 듯 웃어주었다. 보세요, 제가 치핑참새Chipping Sparrow라는 새를 발견했는데 이 책에 그 사진이 있어요! 보세요, 학교 운동장에서 뿔종다리Horned Lark를 발견했는데 여기 사진이 있어요. 보세요!—나는 나무 꼭대기에서 들려오는 풍성한 소리를 듣고 한참을 고생한 끝에 푸른 잎 사이에 숨어 있던 짙은 밤색과 검은색 생명을 어렵사리 발견했다. (쌍안경이 없던 아이에게는 어려운 일이었다.)—이건 과수원찌르레기Orchard Oriole예요. 볼티모어꾀꼬리Baltimore Oriole는 아니에요. 제가 들어본 적이 있는데, 얘들이 내는 소리랑은 달랐어요. 과수원찌르레기가 분명해요. 책에도 나와 있어요! 제가 *발견한* 거예요.

그러던 어느 날, 학교 선생님의 무심한 한마디가 내 사고방식을 근본적으로 바꿔놓았다. "넌 그걸 발견한 게 아니야. 과학계에 알려지지 않은 새로운 게 아니라면 발견이라고 할 수 없어."

"과학계에 알려지지 않은 것", "과학계에 새로운 것". 도대체 그게 다 무슨 뜻일까? 그 말은 어린아이의 자연스러운 호기심에 찬물을 끼얹는 것처럼 들렸다. 물론 호기심 넘치는 아이들 가운데 언젠가 새로운 무언가를 발견하고 싶다는 꿈을 품는 경우도 있다. 하지만 그런 생각은 대개 '발견'이라는 개념을 먼저 접한 뒤에야 생기는 게 아닐까. 적어도 선생님의 그 말은, 나를 발견에서 한 걸음 물러서게 만들었다. 내가 어떤 새를 '발견했다'고 말하려면, 그것은 책에 실리지 않은 새여야만, 어디에도 기록되지 않은 새여야만 했기 때문이다.

스즈키 순류는 "초심자의 마음에는 많은 가능성이 있지만, 숙련자의 마음에는 그 가능성이 아주 적다"고 했다. 당시 내 '초심자의 마음'은 극도의 열정에 사로잡혀, 아주 약한 근거만으로도 수많은 가능성을 만들어냈다. 저기 이상한 모양의 꼬리를 달고 날아다니는 찌르레기는? 새가 꽁지털을 털갈이한다는 사실을 전혀 몰랐던 나는 그게 알려지지 않은 새로운 종일 수 있다고 생각했다. 날개에 흰 반점이 있는 저 참새는? 도서관의 어떤 책을 펼쳐도 똑같은 그림이 없었으니 미지의 새임이 틀림없다고 확신했다.

그렇게 한동안은 매일매일 새로운 발견이 이어졌다. 발견했다고 생각한 새들을 스케치하며 내가 과학적 발견을 했다는 생각에 가슴이 벅차올랐다. 하지만 다시 새들을 찬찬히 살피다 보면 의심이 일기 시작했다. 이 새들이 정말로 새로운 종인지 확신하기가 너무 어려웠다.

비록 미숙하긴 했지만, 나도 모르는 사이에 생물을 분류하려는 모든 과학자의 고군분투를 나만의 방식으로 겪어보고 있었던 것이다. 우리 주변의 다양한 생명체를 자세히 관찰해보면 새든 동물이든 식물이든 어느 하나 똑같이 생긴 개체는 없다. 각각 미묘한 차이가 있다. 그렇다면 이 서로 다른 개체들을 어떻게 유형별로 분류할 수 있을까? 개체가 얼마나 달라야 별개의 종류라고 할 수 있을까? 그리고 정말 구별되는 특징이 있다면, 이전에 아무도 알아채지 못한 종이라고 어떻게 확신할 수 있을까?

'내게 새로운 것'과 '모든 사람에게 새로운 것' 사이에는 큰 도약이 있다. 전자는 배우고자 하는 순수한 열망에서 비롯된 것이지만, 후자는 자존심과 경쟁, 심지어 갈등을 불러오기도 한다. 발견의 동기는 순수할 수도, 그렇지 않을 수도 있지만, 그런 동기가 없다면 이 책의 이야깃거리는 없었을 것이다.

어떤 새가 '과학계에 알려졌다'는 것은 무슨 의미일까? 어렸을 때 나

     모든 새를 보았다고 믿은 남자

는 이에 대해 아주 막연하게만 생각했다. 명확한 정의가 없어도 문제 될 게 없었기 때문이다. 하지만 이 책의 주제에 관해 이야기하려면 다음과 같은 질문을 생각해봐야 한다. 우리는 '누구의' 과학에 대해 이야기하고 있는가? 그 이유는 무엇인가?

10대 시절, 생물학과 생태학에 관한 책을 읽으면서 나는 진정한 과학이란 시간이 지나며 기록되고, 공유되고, 다듬어진 사실과 이론 그리고 개념을 의미한다고 생각했다. 그러나 나중에야 나는 기록된 과학뿐 아니라 말로 전해 내려오는 과학의 전통도 유효함을 알게 되었다. 오늘날에도 그렇듯, 과거 전 세계의 선주민 문화는 주변 동식물에 대한 귀중한 지식을 가지고 있었다. 문자가 없던 문화에서도 아주 상세한 정보가 구전되었고, 각 세대가 선조들의 지식을 바탕으로 이를 발전시켜 나갔다.

의심할 여지없이 방대한 (하지만 대부분 사라지고만) 전 세계 선주민들의 지식 창고에서 우리가 알고 있는 것은 몇 가지 단편적인 부분뿐이다. 미국 서부의 건조한 땅에는 어둠 속에서 부드럽고 애잔한 휘파람 소리를 내는 작은 야행성 새, 푸어윌쏙독새Common Poorwill가 살고 있다. 호피Hopi족은 이 새에 횔초코Hölchoko라는 이름을 붙였는데, 이는 '잠자는 새'라는 뜻이며, 아키멜 오오담Akimel O'odham족과 토호노 오오담Tohono O'odham족의 설화에서는 이 새에게 잠들게 하는 마법의 능력이 있다고 전해진다. 그저 신비롭고 원시적인 이야기일까? 아니다. 1940년대 후반, 현대 과학자들은 푸어윌이 겨울에 동면한다는 사실을 우연히 발견했고, 이로써 동면하는 것으로 알려진 최초의 새가 되었다. 또 다른 예로, 뉴기니 산기슭 열대우림에 서식하는 선명한 검은색과 주황색의 후디드 피토휘Hooded Pitohui가 있다. 1800년대 후반, 호주의 한 탐험가는 현지 선주민 사냥꾼들이 유일하게 이 새를 먹지 않는다는 흥미로운 사실을 알아냈다. 단지 이상한 미신 때문이었을까? 이번에도 아니다. 1990년, 서양의 과학자들은 피토휘가 깃털, 피부, 몸에 강력한 독을 지니고 있다는 사실을 발견했다. 이는 이전의 어떤 새에게서도 알려지지 않은 특성이었다.

특정 종에 대한 이러한 깊은 통찰 외에도, 많은 선주민들은 주변의 온갖 동식물을 놀랍도록 정교하게 분류하고 이들에게 이름을 붙이는 능력이 있었다. 서구 문화와 선주민 문화 사이에 접촉이 일어나면 대개 선주민 문화가 즉각적으로 부정적인 영향을 받기 때문에 현대 과학으로 선주민의 분류 체계를 분석하기는 어렵다. 축적된 지식의 세세한 내용은 외부인이 분석하기도 전에 사라지기 시작하는 경우가 많기 때문이다.

그럼에도 일부 민족·조류학자들은 문화가 비교적 온전히 보전된 선주민 집단을 찾아 존중의 자세로 접근함으로써 선주민들의 전통적인 분류에 관한 단서를 얻을 수 있었다. 예를 들어, 호주 북부의 한 섬에 사는 선주민들은 75종의 새에 고유한 이름을 붙이고 있었다. (대조적으로, 오늘날의 일반 시민은 지역에 서식하는 새 75종을 구별하고 이름을 댈 수 없는 경우가 대부분이다.) 알래스카 남동부의 틀링깃Tlingit족은 제비나 솔새처럼 특정 계절에만 이 지역을 찾는 다양한 철새들에게는 포괄적인 용어를 사용했지만, 박새와 어치 등 지역 토착 새와 뇌조, 올빼미, 오리 같은 그룹에 대해서는 각 종에 구체적인 이름을 붙였으며 관련 지식이 풍부했다. 뉴기니 동부 고지대 숲에 사는 포레Fore족 사람들은 모든 종류의 동물을 분류하는 놀랍도록 정교한 체계를 가지고 있었다. 그들은 지역에 서식하는 대부분의 새 이름을 알고 있었고, 심지어 조류학자들이 식별하기 어려운 작고 칙칙한 새도 멀리서부터 알아보았다. 게다가 다른 지역에서 온 낯선 새를 보았을 때, 이미 알고 있는 종 중에 어떤 것과 관련이 있는지 정확하게 파악하는 등 맥락에 맞게 새를 구분할 수 있었다.

이 모든 문화권에서는 유럽인들이 그 땅에 발을 들이기 훨씬 전부터 조류에 대한 탄탄한 지식과 나름의 과학적인 체계를 갖추고 있었다. 조금이라도 눈에 띄는 새가 있다면, 주변의 선주민들은 이미 그 새를 잘 알고 고유한 이름을 붙여두었을 것이다.

예를 들어, 북반구에 널리 퍼져 서식하는 크고 검은 새를 생각해보자. 여러 문화권에서 이 새를 부르는 다양한 이름이 있지만, 여기에서는 전미조류학회의 위원회에서 부여한 공식 영어 이름, '큰까마귀Common Raven'라고 부르겠다.

온몸이 광택 나는 검은색에, 매만 한 커다란 몸집으로 넓은 대지에서 대담하게 살아가는 이 인상적인 생명체를 못 보고 지나치기란 쉽지 않다. 까마귀는 평생 짝짓기를 하는 경향이 있으며, 흔히 한 쌍이 앞뒤로 나란히 비행하며 자기들의 영역을 순찰한다. 이들은 추격, 다이빙, 연속 회전 등 공중 곡예를 즐기기도 하는데, 이는 단순히 재미를 위한 것으로 보인다. 큰까마귀의 울음소리는 800미터나 떨어진 곳까지 울려 퍼질 정도로 풍성하다. 한 쌍의 까마귀가 서로, 혹은 다른 까마귀들과 때론 거칠고 때론 음악적인, 여러 가지 의미를 지니는 다양한 음색으로 의사소통한다. 뛰어난 지각력과 호기심을 가진 까마귀는 자기들의 영역에 새로운 것이 나타나면 재빨리 날아와 살펴본다.

인간이 다른 생명체를 판단할 때 사용하는 불완전하고 서투른 척도로 보자면, 까마귀는 모든 새 중에서 가장 영리하다. 적응력도 확실히 뛰어나다. 까마귀의 식단에는 찾거나 잡거나 주워서 먹을 수 있는 거의 모든 것이 포함된다. 다른 큰 새들의 둥지에서 알을 훔치고, 큰 곤충이나 쥐, 도마뱀 등 작은 동물을 크고 뾰족한 부리로 내려쳐 잡아먹기도 하며 땅에서 견과류와 곡물을 주워 먹고 무화과나무와 선인장에서 과일을 따 먹기도 한다. 바위가 많은 해안가에서는 연체동물의 껍데기를 깨고, 사막에서는 전갈을 잡으며, 초원에서는 늑대나 다른 대형 포식자 무리를 따라다니며 그들이 남긴 동물의 사체를 먹는다. 또 경계심을 늦추지 않으면서도 인간 거주지로 들어와 사람들이 버린 음식물을 먹어치우기도 한다.

이 타고난 적응력 덕분에 까마귀는 캐나다, 그린란드, 스칸디나비아, 시베리아 남쪽의 북극해 가장자리에서부터 중앙아메리카의 고지대, 북아프리카의 사막, 인도 북서부의 대평원, 네팔의 히말라야 산비탈까지, 북반구의 광범위한 지역에서 서식할 수 있었다. 큰 무리를 지어 다니는 경우는 드물지만, 전 세계의 광활한 지역에 한 쌍 또는 한 마리씩 흩어져 활동하는 모습을 쉽게 볼 수 있다. 까마귀의 서식 범위에 속하는 야외에서 많은 시간을 보내는 사람이라면 누구나 쉽게 까마귀를 발견할 것이다. 그리고 가까이 다가가면, 소름 끼칠 정도로 우리와 비슷한 지각을 가진 듯한 눈빛을 하고 당신을 응시하고 있음을 깨닫게 될 것이다.

시선을 사로잡는 이 새는 북반구 전역의 많은 선주민들의 세계관에서도 중요한 위치를 차지했다. 특히 북아메리카 북서부나 아시아 북동부의 일부 문화권에서는 까마귀를 세상의 창조 이야기와 연관시키거나, 빛을 가져다주는 존재로 인식하거나, 인류의 조상과 연결 짓기도 했다. 때로는 영리한 사기꾼이나 악당으로 묘사되기도 했다. 그리고 까마귀의 서식 범위에 속하는 모든 언어 그룹에는 이 새에 대한 고유한 이름이 있다.

북아메리카 지역만 해도 아주 다양하다. 예를 들어, 레나페Lenape족과 델라웨어Delaware족은 이 새를 윙케오퀫winkeòhkwèt이라 불렀다. 쇼쇼니Shoshoni족은 토궈리카to-gwo'-ri-ka, 체로키Cherokee족은 카알라누Kâ'länû, 틀링깃족은 예일ye'il, 포타와토미Potawatomie족은 카각시kagakshi, 크리Cree족은 카흐가구kachgagoo 등 이 대륙에 존재하는 수백 가지의 다양한 언어로

     모든 새를 보았다고 믿은 남자

이 새의 이름이 존재했다. 까마귀가 특히 흔해서 전통 설화에 자주 등장하는 일부 지역에서는 이 새에 대한 명칭이 지역 방언으로 여섯 가지가 넘는 곳도 있다.

500년 전, 식민지 확장이 수많은 선주민과 그들의 언어를 휩쓸어버리기 전에 까마귀의 이름은 아마 수천 가지였을 것이다. 오늘날에도 이탈리아어로 꼬르보 임페리알레Corvo Imperiale, 독일어로 콜크라베Kolkrabe, 아제르바이잔어로 쿠즈군Quzgun, 프랑스어로 그랑 꼬르보Grand Corbeau, 아이슬란드어로 흐라픈Hrafn 등 수십 가지의 이름으로 불리고 있다.

하지만 현대 과학계에서는 단 하나의 공식 명칭만 사용된다. 전 세계 모든 조류학자들은 자기의 모국어와 관계없이 큰까마귀를 코르부스 코락스Corvus corax라고 부른다.

어떻게 코르부스 코락스라는 이름이 보편적으로 받아들여진 걸까? 이상하게 들릴지 모르지만, 약 3세기 전 스웨덴의 괴짜 자연학자, 칼 폰 린네Carl von Linne가 그렇게 이름을 붙이기로 정했기 때문이다.

동물학자들은 1758년을 현대 동물 분류의 원년으로 여긴다. 코르부스 코락스, 즉 큰까마귀는 그해 린네의 저서 《자연의 체계Systema Naturae》 제10판에서 공식 명칭이 기록된 수백 종의 새 중 하나였다. 1758년 이전에 적용된 동물의 학명은, 린네 체계로 다시 공식 발표되지 않는 한 유효한 것으로 여겨지지 않는다.

전 세계 생물학자들은 1700년대에 린네의 분류 체계가 도입된 이후 여러 차례 수정을 거친 현재의 버전을 사용하고 있다. 이 체계의 특징은 분류에 계층 구조가 있다는 점과, 과학계에 알려진 각 동식물 종에 대해 두 단어로 된 고유한 이름을 부여하는 점이다. 예를 들어 큰까마귀를 단순하게 분류하면 다음과 같다.

> 계: 동물계(모든 동물)
>
> 문: 척삭동물문(등뼈가 있는 모든 동물과 일부 기타)
>
> 강: 조鳥강(새. 일부 기관에서는 새를 파충류로 분류하기도 한다.)
>
> 목: 참새목(앉는 새, 연작류)
>
> 과: 까마귀과(까마귀과 전체)
>
> 속: 까마귀속*Corvus*(큰 까마귀와 작은 까마귀)
>
> 종: 큰까마귀*corax*(큰까마귀)

각 카테고리는 더 큰 상위 범주에 속한다. 까마귀속에는 큰까마귀 외에도 43종의 다른 까마귀 종이 포함된다. 참새목에는 까마귀속 외에도 약 24개의 속이 있으며, 여기에는 어치, 까치, 까마귀 등이 모두 포함된다. 그리고 참새목이 포함된 조강에는 참새, 개똥지빠귀, 제비, 종다리 및 '명금류' 등 여러 목이 있다. 이 체계의 목적은 가장 밀접한 형태들을 점점 더 넓은 범위로 묶는 것이다. 그러나 대부분의 사람들은 대체로 생물의 기본 '종류'로 인식되는 가장 좁은 범주, '종'에 주목한다.

관례에 따라 속과 종은 라틴어로 표기되며, 때로는 그리스어나 다른 언어를 라틴어식으로 변형해 사용하기도 한다. 라틴어 코르부스 코락스는 큰까마귀의 고유 식별자가 된다. 속과 종이라는 두 항목의 이름을 합친 이항 체계를 사용하는 것이 린네 체계의 핵심이다.

또 다른 중요한 특징은 '우선순위'를 중시한다는 점이다. 한 종의 정식 학명은 린네 체계에 따라 그 종에 '가장 먼저 붙여지는' 이름으로 결정된다. 그 이름이 얼마나 적절한지, 제대로 묘사를 하고 있는지, 또는 발견에 기여한 사람이 누구인지는 중요하지 않다. 중요한 것은 오직 발표된 순서, 즉 우선순위다.

이런 이유로 지난 200년 동안 자연주의자와 과학자 들은 새로운 종을 가장 먼저 발견하고 이름을 붙여 과학계에 알리기 위해 치열하게 경쟁해왔다.

공식 출판물에서 종의 명칭에는 '코르부스 코락스 린네 1758'과 같은 식으로, 처음 종을 설명한 사람의 이름과 출판 연도가 함께 기재된다. 이런 정보는 의사소통이 훨씬 느렸던 과거에 특히 유용했다. 당시에는 다른 사람이 (심지어는 같은 사람이) 다른 종에 같은 이름을 붙이거나 하는 경우도 종종 있었기 때문이다. 예를 들어 '작은'이라는 뜻의 푸실라*pusilla*는 같은 조류 그룹 내에서 몸집이 작은 종에 흔히 적용될 수 있는 명칭이었지만, 창의력이 풍부한 어떤 학자는 크기가 아닌 다른 특징으로 이름을 붙이고 싶었을 수도 있다. 이처럼 이름이 같지만 종은 같을 수도, 다를 수도 있는 혼란 속에서 조류 서적 편집자들은 자기가 누구의 설명을 따르고 있는지 파악하는 것이 필수였다. (이 무스키카파 푸실라*Muscicapa pusilla*는 무슨 종이지? 아, 1811년에 알렉산더 윌슨이 설명한 종이구나. 알겠다, 하는 식이다.)

조류 학명의 역사에서 혼란을 초래한 또 다른 원인은, 처음 기술된 속이 아닌 다른 속으로 재분류되는 경우였다. 특히 학명 체계 초기에 명명된 새들의 경우 이런 일이 더 빈번했다. 린네는 자신이 기술한 조류에 대해 한정된 수의 속으로만 분류했는데, 근본주의적 사고방식을 가진 일부 린네 추종자들은 이 제한된 수의 속이 관리하기 어려울 정도로 많은 종을 포함하게 되었음에도 새로운 속을 만드는 것을 주저했다. 그러나 이후 탐험가와 여행자 들이 기존의 범주에 속하지 않는 새들의 표본을 잇따라 가져오면서 이러한 태도도 점차 바뀌었다. 과학자들은 새로운 속을 서서히 명명하기 시작했고, 때로는 정의를 지나치게 좁힌 나머지 거의 모든 종이 고유한 속으로 분류되기도 했다!

속의 정의는 엄밀한 기준이 있는 것이 아니라 대부분 의견의 문제이기에, 자연에 대한 지식이 늘어나면서 분류에 대한 태도가 변하고 분류 방식도 여러 번 바뀌었다. 오랜 세월에 걸쳐 자연의 다양성을 점점 이해하게 되면서 몇몇 새들은 속이 두 번 이상 바뀌기도 했다. 린네는 (그가 한 번도 본 적이 없는) 북아메리카의 동부파랑새Eastern Bluebird에 모타킬라 시알리스Motacilla sialis라는 학명을 붙였다. 이후 이 새는 실비아 시알리스Sylvia sialis, 삭시콜라 시알리스Saxicola sialis, 암펠리스 시알리스Ampelis sialis로 불리다가 1827년 윌리엄 스웨인슨William Swainson이 파랑새속Sialia을 정립한 이후 현재의 이름인 시알리아 시알리스Sialia sialis로 바뀌었다. 이렇게 속명은 여러 번 바뀌었지만 시알리스라는 종명은 그대로 유지되었고, 여전히 린네가 이 새의 명명자로 인정받고 있다.

린네가 제시한 속 대부분은 오늘날에도 여전히 사용되고 있지만, 그 정의는 훨씬 더 세분화되었다. 여러 종의 까마귀들은 여전히 까마귀속에 속하지만 어치, 까치, 파랑새, 삼광조 등은 다른 분류군으로 옮겨졌다. 따라서 에드거 앨런 포Edgar Allan Poe가 말했듯이 큰까마귀는 "결코 날아가지 않고", 지구상의 다른 생물, 혹은 이 린네 체계 내에서 비슷한 이름을 가진 다른 생물들과 혼동되지 않도록 '코르부스 코락스 린네 1758'이라는 영구적인 표식을 단 채 "여전히 앉아 있다."|에드거 앨런 포의 《갈까마귀》에 나오는 "갈까마귀는 결코 날지 않고, 여전히 앉아 있네, 여전히 앉아 있네"를 인용한 구절-옮긴이주|

그런데 왜 이 분류 체계를 린네 체계라고 부르는 걸까? 1700년대 당시 생물의 과학적 분류가 그렇게 혁신적인 아이디어였을까? 아니면 린네의 분류 방식이 그 정도로 독창적이었던 걸까? 둘 다 아니다. 생물을 분류하고 이름 붙이려는 시도는 아주 오래전부터 존재했다. 이러한 노력은 예로부터 입으로 전해 내려오는 전 세계 선주민들의 전통적 방식은 물론, 수천 년 전 서구 문명*에서 기록된 문서에서도 찾아볼 수 있다.

기원전 4세기 그리스의 아리스토텔레스Aristotles는 수백 종의 동물을 분류하는 체계를 만들었으며, 그의 제자 테오프라스토스Theophrastos는 식물을 더욱 상세하게 분류했다. 몇 세기 후 또 다른 그리스인 디오스코리데스Dioscorides는 수백 종의 식물을 의학에 사용할 목적으로 분류했다. 그후 수 세기 동안 동물학보다 식물학이 자연학을 선도했는데, 이는 야생 식물이 야생 동물보다 조사하기 쉬웠고 잠재적으로 의학에 응용될 가능성도 높았기 때문이다. 1500년대와 1600년대 유럽에서는 수천 종의 식물을 분류한 출판물들이 우후죽순 등장했다. 이런 책들을 집필한 연구자에는 스위스의 식물학자 카스파르 바우힌Caspar Bauhin, 이탈리아의 의사이자 자연주의자인 피에트로 안드레아 마티올리Pietro Andrea Mattioli, 프랑스의 식물학자 조제프 피통 드 투르네포르Joseph Pitton de Tournefort, 영국의 목사이자 자연주의자인 존 레이John Ray 등이 포함된다.

이처럼 1707년 스웨덴 남부에서 칼 린네가 태어났을 때 식물학은 이미 탄탄한 기반이 있는 과학 분야로 자리 잡고 있었다. 린네의 아버지는 교육을 많이 받은 성직자이자 넓은 정원을 가진 아마추어 식물학자로, 아들이 어릴 때부터 라틴어, 지리 등 여러 과목과 함께 식물의 이름을 가르쳤다. 전해지는 이야기로는 린네가 갓난아기였을 때 울기 시작하면 부모가 꽃을 건네주며 달랬다고 한다.

---

* 중국의 고대 문헌에서도 자연 분야, 특히 식물에 대한 상세한 지식이 드러나지만, 당시 중국의 학자들은 분류 체계에 큰 중점을 두지 않은 것으로 보인다.

설명되지 않은 세계

학창 시절 린네의 성적은 기복이 심했다. 고등학교 시절에는 성적이 너무 형편없어서 선생님들이 린네에게 학자로서의 미래가 없으며 육체노동이나 해야 할 것이라고 단언할 정도였다. 하지만 린네는 자신의 남다른 정신 에너지를 식물과 다른 생명체들에게 쏟아부었다. 모순적이게도 자연계 분류 체계에 질서를 부여하려 했던 린네는 정작 잘 짜인 정규 교육의 질서에는 맞지 않는 천재성을 가졌던 것이다.

어쨌든 무사히 고등학교를 마친 린네는 스톡홀름 북쪽 웁살라에 있는 대학에 진학하여 당시엔 밀접하게 연관된 학문이었던 식물학과 의학을 공부했다. 그의 학업 과정은 고난과 희열의 연속이었다. 처음에는 수강료를 마련하느라 돈을 박박 긁어모은 후 먹을 것을 살 돈이 없어 종종 굶기도 했고, 신발 밑창이 닳아 없어지는 바람에 종이를 채워 넣기도 했다. 하지만 그의 별난 재능은 사람들의 이목을 끌 수밖에 없었다. 한 노교수는 린네에게 깊은 인상을 받아 자기 집에서 무료로 숙식을 제공하고 교수들만 사용할 수 있는 과학 서적 도서관을 이용할 수 있게 해주었다. 당시 웁살라의 교수진에는 결원이 많았는데, 오히려 그 덕분에(그리고 물론 린네의 뛰어난 지식 덕분에) 린네는 2학년 때 강의를 맡게 되었고 그의 수업은 꽤 인기를 끌었다. 그는 여가 시간에 심심풀이로 식물의 번식에 관한 논문을 썼는데, 그 내용이 워낙 획기적이어서 학생들과 교수들 사이에 사본이 돌았고 심지어 출판하려는 움직임까지 있을 정도였다. 이 기간에 린네는 수천 점의 식물 표본, 곤충, 조개껍데기 및 기타 자연물을 수집하면서 개인 컬렉션을 계속 쌓아나갔다. 비록 평범한 방식은 아니었지만, 엄청난 지식적 발전을 이룬 시기였다.

린네는 약 7년을 웁살라에서 지냈다. '모험가'가 되려는 열망은 거의 보이지 않았던 그였지만, 어느 여름 스웨덴의 라플란드를 거쳐 북쪽으로 약 5천 킬로미터를 여행하며 북부 지역의 식물에 관한 논문을 썼고 몇 년 후 출간도 했다. 그는 영향력 있는 사람들에게 점점 더 많은 지원을 받았고, 수업을 듣는 시간보다 강의를 하는 시간이 훨씬 많아졌다. 웁살라에 머무는 동안 린네는 시험도 거의 치르지 않았고 대학에서 정식 학위를 받지도 못했지만, 끊임없이 공부하고 연구하며 글을 썼다. 스물여덟 번째 생일을 앞둔 1735년 봄, 네덜란드에서 의학 학위를 받기 위해 웁살라를 떠날 때 린네에게는 막 시작한 원고부터 완성을 앞둔 원고까지, 작성 중인 과학 원고가 열두 편 이상 있었다.

그 가운데 하나는 곧 출판될 예정이었다. 그해 여름 네덜란드의 라이덴이라는 곳에 정착한 린네는 현지의 지식인들과 활발히 교류했는데, 그중 두 사람이 린네의 《자연의 체계》에 깊은 감명을 받아 인쇄비를 지원하기로 했다.

지금 보면 이 책이 당시 생물학계를 뒤흔들 수 있었다는 것이 믿기지 않을 정도다. 전부 라틴어로 쓰인 이 책은 여섯 쪽의 빽빽한 표와 다섯 쪽의 설명과 정의 등으로 구성된, 고작 열한 쪽짜리의 논문이었다. 린네는 이 한정된 지면 안에서 자연계 전체를 동물계, 식물계, 광물계로 구분하여 분류하고 정리하려는 대담한 시도를 한 것이다.

이 짧은 논문이 어떻게 그토록 큰 영향을 미칠 수 있었을까? 자연의 체계를 분류하는 것이 그렇게 뜨거운 관심을 받을 만한 주제였을까? 맞다. 당시 유럽 전역의 부유한 가정에서는 조개껍데기, 압착 식물 표본, 돌, 나비 표본, 박제 새 등 주변 지역과 먼 나라에서 수집한 온갖 자연물 컬렉션을 집에 전시하는 경우가 많았다. 이런 컬렉션을 모아둔 장소는 '호기심의 방Cabinet of Curiosities'이라고 불렸는데, 장식장뿐 아니라 방 전체가 컬렉션으로 가득 채워진 경우도 있었다. 다양하고 희귀한 물건을 소장하는 것은 부유층 사이에서 자부심의 상징이었다. 암스테르담의 약제사 알베르트 세바Albert Seba가 여행과 무역으로 모은 자연물 컬렉션은 1717년 러시아의 피터 대제Peter the Great가 그 전체를 사들여 상트페테르부르크로 보냈을 정도로 경탄의 대상이었다. 린네가 암스테르담을 방문했을 때쯤인 1735년, 세바는 이전보다 훨씬 더 인상적인 컬렉션을 다시 꾸리고 있었다.

부와 영향력을 가진 사람들은 자연에서 채집하고 가져온 것들을 모은 자랑스러운 컬렉션에 라벨을 붙이고 소장품을 분류하고 싶어했다. 그때까지 여러 분류 체계가 제안되었지만, 보편적으로 받아들여진 것은 아직 없었다. 따라서 이 젊고 대담한 스웨덴 청년이 자신만의 새로운 분류 체계로 기존의 모든 체계에 도전장을 내밀었을 때 세간의 이목을 끌 수밖에 없었다.

당시 생명체를 분류하는 모든 체계는 새롭게 발견되는 종들로 인해 점점 확장되고 있었다. 세계 과학의 중심지였던 유럽에서 1700년대 이전에 새를 연구하던 사람들은 기껏해야 200~300종의 유럽 토종 조류에만 초점을 맞췄다. 하지만 1700년대에 들어 탐험가와 여행자 들이 가져온 수많은 표본들 덕분에 더 많은 이국적인 조류 종들이 알려지기 시작했다. 예를 들어 이전까지는 그저 극락조, 큰부리새, 앵무새로만 알려졌던 새들이 실은 42종의 극락조, 36종의 큰부리새, 350여 종의 앵무새로 나뉜다고는 아무도 짐작하지 못했다. 유럽 중심 세계관을 가진 과학계로서는 유럽 밖 세계에 이렇게 다양한 생물이 존재한다는 사실을 도저히 이해하기도 받아들이기도 어려웠을 것이다.

린네는 스웨덴의 기후와 환경을 바탕으로, 전 세계 식물 종이 약 1만 종에 달할 것으로 추정했다. 하지만 당시의 다른 사람들과 마찬가지로, 그 역시 열대 지방의 눈부시게 다양한 생태계에 대한 이해가 부족했다.

유럽 대륙의 9분의 1 크기인 남아메리카 국가 콜롬비아에만 4천여 종의 난초를 포함해 약 3만 종의 식물이 서식할 것이라고는 상상도 못 했다. 오늘날 알려진 전 세계 식물 종 수가 30만 종을 훌쩍 넘어섰고, 여전히 새로운 종이 발견되고 있다는 사실을 알았다면 린네는 아마 놀라 자빠졌을 것이다. 새, 딱정벌레, 연체동물, 그리고 그 밖의 많은 생물 종의 다양성 또한 분명히 그를 큰 충격에 빠뜨렸을 것이다.

오늘날 우리는 유럽의 생물 다양성이 상대적으로 빈약하다는 사실을 잘 알고 있다. 남극 대륙을 제외하면 유럽은 다른 대륙들보다 조류와 나비 종을 포함하여 대부분의 생물 그룹의 수가 적다. 어쩌면 유럽의 초기 분류학자들에게는 그 정도의 생물 다양성에 그친 것이 다행이었을 수도 있다. 만약 젊은 린네가 단 몇 제곱킬로미터의 땅에 유럽 대륙 전체보다 더 많은 생물이 서식하는 아마존 상류 유역에서 자연학 연구를 시작했다면, 방대한 규모의 《자연의 체계》 초판을 끝내기 전에 지쳐 쓰러졌을지도 모른다.

1700년대 유럽의 과학자들은 전 세계 생물 다양성을 엄청나게 과소평가했지만, 머지않아 그 다양성에 압도당하게 된다. 1700년대 중후반, 식민주의와 착취라는 슬픈 시대의 부산물로 전 세계의 동식물 표본이 유럽으로 쏟아져 들어왔다. 이러한 표본을 바탕으로 문헌을 편집하고 출판하려는 사람들은 생물을 분류하고 이름을 붙이는 기존의 체계를 따르거나 직접 새롭게 만들어내야 했다. 이런 배경에서 린네 체계가 최후의 승자가 된 것이 당연하게 느껴질 수도 있지만, 지금 돌아보면 꼭 필연적인 결과라고는 할 수 없다.

사실 린네가 1735년 《자연의 체계》 제1권에서 저술을 멈췄다면, 그의 체계는 곧 다른 것으로 대체되었을 것이다. 하지만 린네는 이후 40년 동안 놀라운 저술을 쏟아냈다. 라플란드 연구와 같은 다양한 지역의 식물 생태계에 대한 기록에서부터 유명한 식물원에 서식하는 식물들에 대한 분석, 스웨덴의 동물 생태계에 관한 논문, 질병과 의약품의 사용에 관한 연구, 식물학의 기초를 다루며 식물학에 대한 그의 접근 방법과 원칙을 제시한 철학적 기록까지 연구의 내용도 다양했다. 게다가 린네는 《자연의 체계》를 계속해서 개정하면서, 새로운 판이 나올 때마다 이전 판을 철저하게 수정했다. 1758년 제10판에서 그는 린네 체계의 가장 큰 특징이자 오늘날까지 이어져 오는 이항 체계 방식을 정립했다.*

하지만 궁극적으로 린네 체계가 성공할 수 있었던 가장 중요한 요인은 바로 그의 넘치는 자신감이었다. 그는 아무 거리낌 없이 자기의 생각이 다른 모든 사람의 생각보다 우월하다고 믿었다. "신은 창조했고, 린네는 분류했다"는 말을 린네가 처음 얘기한 건 아니지만, 그는 이 말에 진심으로 공감했고 종종 자기가 자연을 정리하고 분류하기 위해 전능자의 선택을 받은 사람이라고 말하기도 했다. 그는 식물학자들을 '식물의 군대Flora's Army'라 부르며 자신은 그 군대를 이끄는 장군이라 칭했다. 1741년 교수로 임명된 후 수년간 교단에 섰던 웁살라 대학에서, 린네는 학생들에게 세계 곳곳에서 새로운 종을 찾아 그 표본을 자신에게 보내거나 린네 체계에

---

* 린네와 다른 저자들은 이전에도 이항 명칭을 사용한 적이 있었지만 일관되게 사용하진 않았다. 속명은 한 단어로 쓰고, 그 뒤에 해당 종을 관련 종들과 구분할 수 있도록 단어들을 덧붙이는 것이 관행이었다. 《자연의 체계》의 제4판(1744)에서 회색왜가리Gray Heron는 '잿빛' 또는 '회색'이라는 뜻의 키네레아cinerea를 써서 아르데아 키네레아Ardea cinerea로 불렸는데, 한 단어로 된 종명으로도 다른 왜가리 종 또는 비슷한 새들과 구분하기에 충분했다. 그러나 혹이 하나 달린 낙타는 혹이 둘 달린 낙타, 즉 카멜루스 토피스 도르시 듀오부스Camelus tophis dorsi duobus와 구별하기 위해 카멜루스 토포 도르시 우니코Camelus topho dorsi unico라고 명명되었다. 제10판(1758)이 되어서야 학명이 종에 대한 완벽한 묘사일 필요가 없다는 인식이 받아들여져 이 두 종의 이름은 카멜루스 드로메다리우스Camelus dromedarius와 카멜루스 박트리아누스Camelus bactrianus라는 이항 명칭으로 바뀌었고, 이전의 네 단어로 된 이름은 본문 설명에 포함되었다.

 모든 새를 보았다고 믿은 남자

따라 설명하도록 독려했다. 그는 그렇게 한 학생들을 자신의 '사도'라 불렀다. 그에게서는 어떤 거짓 겸손도 찾아볼 수 없었다.

1700년대 후반이 되자 과학의 중심지 유럽으로 점점 더 많은 동식물 표본이 흘러들어 갔다. 스웨덴은 제국을 건설하려던 시도가 곧 실패로 끝나 식민지 강국이 되지 못했지만 스페인, 프랑스, 네덜란드, 영국, 포르투갈과 같은 나라에서 수많은 배들이 탐험가, 상인, 식민지 개척자 들을 가득 태우고 전 세계로 뻗어갔다. 신비롭고 새로운 생물들에 관한 관심이 높아지면서 더 많은 여행자들이 먼 땅에서 표본을 가져오거나 보내왔다. 물론, 이 표본들이 항상 온전한 상태로 도착하지는 않았다. 여행자들은 죽은 새나 작은 동물을 종종 브랜디 병에 담아 보존했는데, 긴 항해에 지루함을 느낀 선원들이 브랜디를 모조리 마시는 바람에 표본들이 썩는 일도 있었다. 그럼에도 린네와 그의 제자들은 유럽으로 속속 들어오는 수많은 표본을 연구하여 종을 설명하고 분류하며 바쁜 나날을 보냈다.

린네 체계의 운명, 즉 그것이 장기적인 영향력을 얻게 될 것인가 하는 문제는 1700년대 후반에 걸쳐 유럽 전역에서 서서히 판가름났다. 식물학자들은 린네의 분류법을 빠르게 받아들였지만,* 조류에 관한 출판물에서는 여전히 통일된 체계가 사용되지 않았다.

프랑스인 마투랭 자크 브리송Mathurin Jacques Brisson이 1760년에 출간한 여섯 권 분량의 저서 《조류학Ornithologie》은 린네 분류 체계에 힘을 실어주

---

* 아이러니하게도, 린네 체계로 식물을 분류하는 방법은 기본 틀만 남고 곧 사라졌다. 린네는 꽃밥, 수술 등 꽃의 생식기관 수에 따라 식물 종을 그룹으로 묶었다. 이 분류법은 꽃을 펼쳐 생식 기관의 수만 세면 되는 간단한 방법이라 처음에는 인기를 끌었으나, 점차 서로 관련이 없는 식물이 한데 묶이고 가까운 친척 종들이 다른 그룹으로 분리되는 등 부자연스러운 결과를 낳았다. 결국, 이 방법은 1830년경에 보다 자연스러운 분류법으로 대체되었다. 또한 원래 린네는 《자연의 체계》에서 자연을 식물계, 동물계, 광물계라는 '세 왕국the three kingdoms'으로 분류하여 설명했는데, 과학자들은 곧 광물은 생물과 같은 방식으로는 분류할 수 없다고 결론지었다.

었다. 《자연의 체계》 제10판이 나온 지 2년 후 나온 이 책에는 《자연의 체계》에 비해 세 배에 가까운 1,500여 종의 조류가 수록되어 있었다. 브리송은 유럽 최고 수준의 자연물 컬렉션이자 특히 풍부한 조류 표본을 보유한 프랑스의 과학자 르네 레오뮈르René Réaumur의 컬렉션을 관리하는 큐레이터였기 때문에, 린네보다 훨씬 더 많은 조류 표본을 접할 수 있었다. 브리송의 《조류학》은 레오뮈르가 소장했던 모든 조류 표본에 더해 파리의 다른 컬렉션에서 연구한 일부 표본까지 한데 모아 분류하고 목록화한 '레오뮈르 컬렉션 확장판 카탈로그'라고 할 수 있다. 이 저서에서 브리송은 전부는 아니지만 많은 조류에 라틴어 이항식 이름을 붙였다.

브리송의 《조류학》은 당시로서는 놀라울 정도로 정확하고 상세했으며, 그로 인해 많은 새들이 새롭게 소개되었다. 그 영향력을 반영하듯 린네는 1766년 《자연의 체계》 제12판을 출간하면서 10판에는 없던 400여 종의 새를 추가했는데, 그중 3분의 2가 브리송의 연구에 기초한 것이었다. 린네는 추가한 새의 대부분에 새로운 공식 명칭을 붙이긴 했지만, 미국의 찌르레기 익터루스Icterus, 검독수리Golden Eagle와 그 친척을 포함하는 아킬라Aquila, 숲에 서식하는 매 악키피테르Accipiter 등 브리송이 지은 수십 개의 이름이 오늘날에도 사용되고 있다.

영국의 의사 존 레이섬John Latham은 1781년부터 1785년까지 총 세 권의 《새의 총론A General Synopsis of Birds》을 출간했다. 그는 이 책에서 "지금까지 학계에 알려진 모든 새에 대해 간결하게 설명하고자 했다. 최근 몇 년간 이런 식으로 새의 개요를 영어로 설명한 작업은 이뤄지지 않았다"면서 편찬 의도를 설명했다. 레이섬은 겸손하게 브리송이나 다른 학자들의 업적에 경의를 표하며 린네의 권위를 인정했지만, 당시 전 세계의 표본이 영국으로 쏟아져 들어오던 시기에 여러 박물관과 컬렉션에 쉽게 접근할

　모든 새를 보았다고 믿은 남자

마투랭 자크 브리송의 《조류학》 제1권(1760년)에 실린 두 종의 제비갈매기. 삽화는 프랑수아 니콜라 마르티네François Nicolas Martinet의 작품이다. 브리송의 책에 언급되고 삽화가 실린 많은 새들은 이후 린네에 의해 공식적으로 이름이 붙여졌다.

수 있었기에 그 누구보다 더 많은 종을 다룰 수 있었다. 오늘날 북아메리카 전역에서 친숙하게 볼 수 있는 붉은꼬리말똥가리Red-tailed Hawk에 대한 최초의 설명을 쓴 사람이 바로 레이섬이다. 그는 이 새를 한 번은 미국 본토의 성체 표본을 바탕으로 하여 '미국독수리American Buzzard'로, 또 한 번은 자메이카에서 보내온 어린 새의 표본을 바탕으로 하여 '크림색독수리Cream-coloured Buzzard'로, 두 번 나눠서 묘사했다.

하지만 레이섬은 붉은꼬리말똥가리의 최초 설명자로 인정되지 않는다. 왜일까? 그가 라틴어 학명을 붙이지 않고 영어 이름만 기록했기 때문이다. 그는 린네 체계에서 이항 명칭과 우선순위 규칙이 얼마나 중요한지 제대로 이해하지 못했다. 결국 린네 사후 10년이 지난 1780년대 후반 독일의 과학자 요한 프리드리히 그멜린Johann Friedrich Gmelin이 《자연의 체계》 제13판을 편집하면서 레이섬이 기술한 대부분의 새로운 새를 책에 포함하고, 린네 체계에 따라 공식 학명을 부여했다. 오늘날 붉은꼬리말똥가리의 공식 학명을 찾아보면 1788년에 그멜린이 기술한 부테오 야마이켄시스Buteo jamaicensis로 되어 있다.

그멜린은 아메리카 대륙을 여행한 적도, 살아 있는 붉은꼬리말똥가리를 실제로 본 적도 없다. 이는 레이섬도 마찬가지였으며, 브리송이나 린네 역시 자기들이 이름 붙인 새 대부분을 직접 보지 못했다. 1700년대 후반에는 동식물을 실제로 발견한 탐험가와 이를 기록으로 남긴 편찬자, 즉 발견자와 서술자 사이의 단절이 흔히 발생했다. 하지만 이런 상황은 1800년대 초, 특히 북아메리카에서 자신의 발견을 직접 기록하고 발간하려는 탐험가들이 등장하며 판도가 바뀌게 된다.

미국의 자연주의자들에게 발견과 기록에 대한 영감을 준 중요한 인물은 당시 유럽에서 영향력을 떨쳤던 다작의 편집자, 조르주루이 르클레르Georges-Louis Leclerc였다. 1707년, 린네와 같은 해에 태어난 그는 프랑스 왕 루이 15세로부터 백작 콩트 드 뷔퐁Comte de Buffon으로 임명받았고, 18세기 후반에 이르러서는 '뷔퐁Buffon'이라는 명칭만으로도 모든 곳에서 알아주는 명성을 얻게 된다.

젊은 시절부터 뷔퐁은 수학과 과학에 두각을 나타내며 20대 중반에 파리 지식인 커뮤니티의 일원이 되었고, 30대 초반인 1739년에는 왕실 정원의 책임자로 임명되었다. 그는 평생 그 직책을 맡으며, 왕실 정원을 박물관이자 자연과학 연구 기관으로 탈바꿈하는 데 주도적인 역할을 했다. 뷔퐁은 이 직책 덕분에 당시 누구와도 견줄 수 없는 방대한 자원에 접근할 수 있었다. 그는 1749년부터 1788년 사망할 때까지 《박물지*Histoire Naturelle*》라는 대작 시리즈를 서른여섯 권이나 출간했고, 이 책은 엄청난 인기를 끌면서 여러 언어로 번역되었다. 1700년대 후반 유럽에서 교육을 받은 사람이라면 누구나 이 책을 접했을 것이다.

백과사전 분량의 방대한 《박물지》 중, 1770년부터 1783년까지 발행된 아홉 권의 책은 조류를 이전에는 볼 수 없었던 세밀한 수준으로 다루고 있다. 브리송 등 다른 편찬자들과 마찬가지로 뷔퐁도 각 조류 종의 형태와 생김새를 자세히 묘사하면서, 새의 행동과 자연 서식지에 관한 정보도 자세히 설명했다. 뷔퐁이 직접 새를 관찰했다는 증거는 거의 없고 대부분 다른 사람들의 기록을 바탕으로 작성된 것이긴 했지만, 그는 조류학에서 이런 행동적 측면이 필수적이라고 보았다. 뷔퐁은 새의 외모만으로는 종 사이의 진정한 관계를 판단할 수 없다고 보고, 새를 분류할 때 '행동'을 분류의 중요한 기준으로 삼았다.

놀랍게도 아홉 권의 《조류에 관한 박물지*Histoire Naturelle des Oiseaux*》 어디에서도 린네의 학명을 찾아볼 수 없다. 뷔퐁과 린네는 오랫동안 지독한 라이벌 관계였다. 뷔퐁은 책에서 린네를 겨냥해 이렇게 말했다. "다른 사람을 따르기 위해 스스로를 굴복시키고 싶지 않으며, 자연의 섭리에 대하여 그들 멋대로 지어낸 생각과 구조를 표현하는 하찮은 표 따위로 서로 어울리지도 않는 존재들을 우스꽝스럽게 연관 짓는 명명론자들의 어설픈 현학을 모방하고 싶지도 않았다."

라틴어 이항 명칭을 사용하지 않았던 뷔퐁은 린네 체계를 통해 새로운 종을 설명한 인물로는 기억되지 않을 것이다. 하지만 그는 여러 면에서 시대를 앞서 있었다. 지질학에 관한 책에서 뷔퐁은 우주의 나이가 성경적 분석으로 제시된 약 6천 년이라는 주장이 틀렸으며, 지구의 나이가 당시 받아들여지던 인식보다 훨씬 더 오래되었을 것이라고 주장했다. 그리고 다윈이 《종의 기원》을 출간하기 약 1세기 전에, 뷔퐁은 생명의 발달 과정에 대해 진화론과 놀랍도록 유사하게 들리는 견해를 언급했다.

그렇다고 뷔퐁을 진화 생물학자로 볼 수는 없다. 그는 창세기에 기록된 천지창조설을 믿는다고 주장했다. 그러나 그는 창조로 만들어진 최초의 종이 생각보다 적었을 수 있으며, 그로부터 오늘날의 다양한 종의 형태가 파생되었을 수 있다고 보았다. 예를 들어 말, 당나귀, 얼룩말은 모두 같은 종의 후손일 수 있다는 것이다. 뷔퐁은 기후나 서식지의 여러 조건으로 인해 시간이 지남에 따라 동물의 종이 변할 수 있다고 하면서, 특히 더 나쁜 방향으로 변화할 가능성에 주목했다. 내용 그 자체뿐 아니라 주장을 펼치는 방식이 하도 도발적이어서, 그의 생각이 틀렸음을 증명하려는 사람들까지 나올 정도였다.

뷔퐁은 미국을 여행한 적이 없지만 스스로 미국에 대해 충분히 알고 있다고 생각했다. 그는 파리와 비슷한 위도에 있는 퀘벡이 겨울에는 눈과 얼음으로 뒤덮인다는 사실에 주목하면서(당시 서유럽을 따뜻하게 만드는 해류의 작용 원리는 제대로 알려지지 않았다) 신대륙이 구대륙보다 평균적으로 더 춥고 습하다고 결론 내렸다. 그는 북아메리카 동부의 푸른 숲을 긍정적이기보다 부정적인 시각으로 바라보며 이렇게 썼다. "사방이 나무, 관목, 잡초로 덮여 있어 땅이 절대 마를 일이 없다. 서로 밀착된 수많은 식물이 증산|식물체 안의 수분이 수증기가 되어 공기 중으로 나오는 현상-옮긴이주|을 통해 엄청난 양의 축축하고 유독한 숨을 내뿜는다. 이 우울한 지역에서 자연은 낡은 옷 속에 숨어 있다."

뷔퐁은 미국이 춥고 습하며 건강한 삶에 적합하지 않다면서 "미국의

                           모든 새를 보았다고 믿은 남자

뷔퐁의 《조류에 관한 박물지》 제1권(1770년)에 실린 검독수리. 뷔퐁은 열세 쪽에 걸쳐 이 새를 설명했으나, 린네 체계의 학명은 사용하지 않았다.

생물계는 더 약하고 덜 활동적이며 생식 면에서도 더 한정적이다. 미국에 서식하는 동물은 종의 수가 적을뿐더러 일반적으로 구대륙의 동물보다 훨씬 작다. 미국의 어느 동물도 코끼리, 코뿔소, 하마와 비교할 만한 종은 없다"고 했다. 그는 이어서 유럽이 원산지였던 종들이 신대륙으로 옮겨 간 뒤 원래의 형태보다 퇴화했으며, 유럽에서 미국으로 건너간 가축들도 같은 결과를 겪을 것이라고 주장했다.

즉, 뷔퐁은 미국의 자연이 퇴화했고 다른 지역에 비해 열등하다고 여겼다. 동물들은 더 작고, 약하며, 덜 다양하고, 덜 활기차다는 것이다. 유럽의 독자들은 대부분 이러한 생각을 당연하게 받아들였다.

하지만 미국에서는 달랐다. 뷔퐁이 새에 관한 마지막 책을 출간한 1783년, 미국에서 혁명이 성공하고 파리 조약이 체결되어 영국으로부터 독립하면서 과학 전반, 특히 조류학이 이 새로운 나라에서 서서히 자리를 잡기 시작했다. 이후 수십 년 동안 미국의 자연주의자들을 움직인 주요한 동력 중 하나는 뷔퐁이 틀렸다는 것을 증명하려는 열망, 즉 아메리카 대륙의 자연이 실은 웅장하며 탐험할 만한 가치가 있다는 것을 보여주려는 의지였다.

 모든 새를 보았다고 믿은 남자

2장

이름과 번호

호기심 많은 구경꾼들이 모여들었다. 남자의 친구들은 군중의 궁금증 가득한 시선으로부터 그를 보호하려 애를 썼다. 관리들은 형벌이 제대로 집행되는지 확인하려고 현장에 나왔던 것이지만, 어쨌든 조금이나마 사람들의 시야를 가리는 데는 도움이 되었다. 그 어떤 말도, 시인으로서 일생의 가장 치욕적인 순간을 앞둔 이 남자에게 별다른 위로가 되지 못했다. 1793년 2월, 알렉산더 윌슨은 스코틀랜드 페이즐리의 중앙 광장에서 자신이 쓴 시를 공개적으로 불태우라는 형을 선고받았다.

그의 시가 형편없어서 내려진 처벌은 아니었다. 오히려 윌슨의 시는 전도유망해 보였다. 익명으로 발표한 그의 장편 발라드 중 하나는 사람들이 영국의 유명한 시인 로버트 번스Robert Burns의 작품으로 착각할 정도였다. 하지만 윌슨은 시인인 동시에 지역 방직공장 노동자의 처우에 분노한 활동가이기도 했다. 그는 막강한 권력을 가진 공장주들을 비판하는 시를 쓰기 시작했고, 이 때문에 한 공장주로부터 명예훼손 혐의로 고소를 당했다. 또 어느 공장주를 협박하려는 계획에 그가 쓴 비판적인 시가 연루

되면서 더 큰 곤경에 처하고 말았다. 2년 동안 네 번이나 수감되며 권력자들의 미움을 사게 된 그는 페이즐리에서 평화롭게 사는 삶은 꿈도 꿀 수 없음을 깨달았다. 1794년 5월, 스물일곱 살의 알렉산더 윌슨은 스코틀랜드를 영영 떠나 미국으로 향했다.

윌슨이 신대륙에 정착하기까지는 시간이 좀 걸렸다. 그는 시를 완전히 포기하지는 않았지만 이후 10년 동안 새에 대한 열정이 점점 더 깊어졌고, 마침내 미국 조류학에 엄청난 영향을 끼치게 된다.

수천 년 동안 북미의 선주민들은 지역 조류에 대해 잘 이해하고 있었다. 하지만 유럽의 정복자들과 식민지 개척자들이 이 대륙에 도착한 후, 질병과 강제 이주 등으로 선주민의 문명이 붕괴되면서 여러 세대에 걸쳐 전승되고 발전되어 온 연결 고리가 끊어졌다. 그 결과 방대한 지식이 한순간에 사라졌고, 유럽식 과학이 이 손실된 지식을 따라잡기까지는 수 세기가 걸렸다.

1700년대 후반, 북미 조류에 대한 거의 모든 정식 학명은 유럽에서 발표되었다. 린네는 1758년에 출간한 《자연의 체계》를 통해 라틴어 이항 체계라는 현대 학명의 기초를 마련했고, 브리송, 그멜린, 레이섬 등 다른 학자들은 린네 체계 속에서 조류학 확장에 기여했다. 비록 뷔퐁은 린네의 학명 체계를 거부했지만, 그의 연구는 새에 대한 출판 정보의 양을 비약적으로 늘렸다.

이들 중 북아메리카에 직접 발을 디딘 사람은 아무도 없다. 이들은 신대륙을 탐험한 사람들이 보낸 메모, 그림, 표본 등을 바탕으로 새에 관해 기술했다. 이 지역을 방문했던 스페인이나 프랑스의 탐험가들 대부분은 새들의 풍부한 개체 수나 식용 가능성 말고는 새들에 관해 별다른 언

　　　　　　　모든 새를 보았다고 믿은 남자

급을 하지 않았지만, 영국의 탐험가들은 신대륙의 자연사를 좀 더 구체적으로 관찰하고 기록했다.

예술가 존 화이트John White는 1580년대에 지금의 노스캐롤라이나 지역인 로어노크에 영국 식민지를 건립하려는 시도에 참여했다. 지금은 '잃어버린 식민지'로 불리는 이곳에서 화이트는 주로 아메리카 선주민과 그들의 풍습을 수채화로 그렸고, 얼마 후 영국에서 그림들을 재생산하여 출간했다. 다양한 동물과 함께 30종이 넘는 새를 그린 화이트의 그림은 출간 당시에는 큰 주목을 받지 못했지만, 훗날 그 정확성이 인정되면서 재평가되었다. 영국의 성직자 존 배니스터John Banister는 1679년부터 1692년까지 버지니아에서 살았는데, 새에는 큰 관심이 없었지만 식물, 곤충, 달팽이에 대한 귀중한 관찰 기록을 남겼다. 영국의 작가 존 로슨John Lawson은 1700년 캐롤라이나 식민지에 도착해 몇 년 동안 이 지역을 탐험한 후, 1709년 런던에서 《캐롤라이나로의 새로운 여정A New Voyage to Carolina》을 출간했다. 자연사에 관한 방대한·내용을 담고 있는 이 책의 새에 관한 장에는 120여 종의 조류 목록이 간단한 설명과 함께 실려 있는데, 오늘날 읽어도 설명을 통해 해당 조류를 식별할 수 있을 만큼 구체적이다.

세계적으로 저명한 영국의 과학 단체, 왕립학회The Royal Society는 1660년대에 설립되었다. 회원들은 전 세계 과학의 발전을 열렬히 신봉하며, 영국 식민지의 자연을 목록화하는 데 각별한 책임감을 느꼈다. 비록 직접 아메리카 대륙까지 여행하지는 않았지만, 그곳으로 탐험을 떠나는 이들을 적극 지원했다. 회원들은 학술지 〈왕립학회 회보Transactions〉에 배니스터가 버지니아에서 관찰한 많은 내용을 실었고, 《캐롤라이나로의 새로운 여정》 출간 뒤 로슨이 이 지역에 대한 더 상세한 자연사를 집필하겠다고 발표하자 그 작업에 관심을 보였다. 하지만 불행히도 로슨은 1711년, 투스카로라Tuscarora 전사들을 성급하게 공격했다가 전투에서 목숨을 잃고 말았다.

이듬해 마크 케이츠비라는 젊은 영국인이 북아메리카에 도착했다. 그는 물려받은 유산 덕분에 여행의 자유를 누릴 수 있었고, 버지니아에서 명망 있는 의사와 결혼하여 사는 누나 덕에 좋은 인맥도 얻을 수 있었다. 어렸을 때 영국의 저명한 자연주의자 존 레이를 만난 적이 있는 케이츠비는 레이의 제자이자 연구 협력자인 새뮤얼 데일Samuel Dale과 지속적인 우정을 쌓아왔다. 아마도 케이츠비에게 식물학과 원예의 기초를 가르쳐준 사람이 바로 데일이었을 것이다. 덕분에 케이츠비가 버지니아로 항해할 무렵에는 신대륙의 식물과 동물을 관찰하고 싶은 열망은 물론, 그 기회를 최대한 활용할 수 있는 충분한 배경지식도 갖추고 있었다.

케이츠비는 7년 동안 버지니아에서 지내며 자메이카와 카리브 해의 여러 섬을 여행했다. 그는 꼼꼼히 그림과 메모를 남기고, 표본 보존법을 익히고, 표본이나 살아 있는 식물을 데일이나 영국의 다른 사람들에게 보내는 등 자연주의자로서의 기술을 연마해 나갔다. 1719년 영국으로 돌아왔을 때, 그는 이미 왕립학회 회원을 비롯한 과학자들 사이에서 이름이 알려져 있었다. 얼마 지나지 않아 왕립학회는 케이츠비에게 캐롤라이나의 자연사를 상세하게 집필하려던 존 로슨의 프로젝트를 맡아보지 않겠느냐고 제안했다.

그리하여 1722년 케이츠비가 다시 대서양을 건너 신대륙의 찰스턴으로 돌아왔을 때는 중요한 후원자들에게서 받은 자금과 함께, 미국의 동식물을 연구하고, 글을 쓰고, 그림을 그리는 임무를 부여받았다.

케이츠비가 완전히 미지의 땅으로 들어가는 것은 아니었다. 그는 이미 존 화이트의 초기 삽화들과 존 로슨이 주석을 덧붙인 조류 목록을 접했고, 버지니아에 머물면서 (비록 그때는 주로 식물에 관심을 두고 있었지만) 어느 정도의 자연 연구 경험도 쌓아둔 상태였다. 그러나 이제 그의 시선은 새에게도 향하고 있었다. 그는 이렇게 썼다. "새는 (적어도 주변에서 볼 수 있는) 다른 어떤 동물들보다도 종류가 다양하며 색채의 아름다움도 뛰어나다. 더구나 식물과 가장 밀접한 관계가 있다." 새들은 동물 세계에서 가장 눈에 잘 띄는 존재였다. 쉽게 볼 수 있지만 언제든 날아가버릴 수 있기에 날카로운 주의력도 필요했다. 구부러진 오솔길의 끝에서 색색의 형체가 반짝하고 나타나거나 갑작스러운 노랫소리가 들려올 때마다, 여태껏 그 누구도 발견하거나 그려보지도 기록하지도 못했던 경이로운 새를 마주칠지 몰랐다. 현대의 탐조가들은 상상할 수 없는 가능성들로 넘쳐나는 시기였다.

케이츠비는 1700년대 후반 유럽의 (서재에 앉아 표본으로 받은 생물에 학명을 붙이던) 학자들이 결코 경험하지 못했을 방식으로, '발견의 짜릿함'을 몸소 체험하고 있었다. 물론 그들도 새로운 생물에 학명을 짓기 위해 여러 출판 기록을 살피거나 멀리서 보내온 표본 상자를 열며 흥분했을 수도 있다. 하지만 그들은 초원과 숲을 누비며 동물들을 쫓을 때의 태양과 바람도, 케이츠비처럼 총으로 표본을 직접 쏠 때의 쾌감도 느낄 수 없었다.

케이츠비는 그의 글에서 새를 쏘는 것에 대해 거의 언급하지 않았다. 아마 자연 연구의 당연한 부분으로 여겨져 굳이 언급할 필요를 못 느꼈기 때문일 것이다. 그는 큰아메리카솔새Yellow-breasted Chat에 대해 "큰아메리카솔새는 대단히 수줍음이 많고 몸을 잘 숨기는 새라서 몇 시간 동안 사냥을 시도하다 결국엔 인디언의 도움을 빌릴 수밖에 없었다. 그의 기술이 없었다면 결코 잡을 수 없었을 것이다"라고 말한 적이 있다. 하지만 대부분의 경우 새의 무게나 형태의 세부 사항, 뱃속의 내용물에 대해서만 설명했을 뿐, 왜 그리고 어떻게 이 새를 잡았는지는 설명하지 않았다. 때로는 짧은 시간에 몇 마리를 잡을 수 있었는지 묘사함으로써 그 새가 얼마나 흔한 지를 나타내기도 했다. 그는 쌀먹이새Bobolink 무리의 수컷과 암컷의 비율을 알기 위해 '수십 마리'의 배를 열어 장기 구조를 확인했다고 기록했다. 당시의 독자라면 이러한 설명에 관해 눈 하나 깜짝하지 않았을 것이다.

반면 오늘날의 독자들이라면 아마 민감하게 반응할 것이다. 나도 그렇다. 나는 집 안에 들어온 말벌이나 파리, 거미조차 되도록 죽이지 않고 밖으로 내보내려고 애쓰는 사람이다. 나는 새 한 마리 한 마리의 죽음에 슬픔을 느낀다. 탐조와 조류학의 초기 역사에 대해 폭넓게 조사하다 보니, 연구의 필수적인 부분이라는 사실은 이해하면서도 새들을 죽이는 일이 너무 아무렇지 않게 언급되는 것은 당혹스러웠다.

1700년대와 1800년대 초의 야생 조류에 대한 태도는 오늘날과는 크게 달랐다. '사냥감 새'라는 카테고리는 따로 존재하지 않았고, 개똥지빠귀부터 독수리까지 모든 새가 사냥감이 되었으며 자주 잡아먹혔다. 저녁 식사를 위해 새 몇 마리를 사냥하러 나가는 것은 오늘날 패스트푸드점 드라이브 스루에 들러 감자튀김을 주문하는 것과 별반 다를 바 없는 일이었다. 따라서 연구를 위해 새를 쏘았다는 것은 딱히 잔인하거나 유별난 일이 아니었다.

새를 잡은 것은 연구뿐 아니라 새의 그림을 그리기 위해서이기도 했다. 마크 케이츠비는 100종이 넘는 북미 조류를 세밀하게 묘사한 그림을 남겼다. 그로부터 1세기 뒤 알렉산더 윌슨, 존 제임스 오듀본 등은 훨씬 더 많은 조류 종을 더 정교하게 묘사한 그림을 그렸다. 이 정도의 정밀한 묘사는 새를 산 채로 포획하거나, 사냥하여 죽은 새를 눈앞에 두고 자세히 관찰하지 않았다면 불가능했을 것이다.*

1722년 5월부터 1725년 1월까지 케이츠비는 해안에서부터 애팔래치

     모든 새를 보았다고 믿은 남자

아 산자락까지 여행하며 지금의 사우스캐롤라이나 지역을 탐험했다. 때로는 찰스턴의 친구나 플랜테이션 농장 주인의 집에 머물렀고, 야생 지역을 통과할 때는 안전을 위해 치카소Chickasaw족이나 체로키족 사냥단과 함께 산을 타고 이동하면서 그 지역의 동식물에 대해 배우기도 했다. 그는 채집한 표본을 세밀하게 수채화로 그린 후 꼼꼼하게 메모했고, 영국의 후원자들에게 보내기도 했다. 그 후 바하마에서 약 1년간 비슷한 활동을 하다가 1726년 귀국했다.

영국으로 돌아온 케이츠비는 출판 준비에 몰두했다. 《캐롤라이나, 플로리다, 바하마 제도의 자연사*The Natural History of Carolina, Florida, and the Bahama Islands*》는 1731년부터 1743년까지 총 열 부로 나뉘어 출판되었는데, 각각 스무 개의 컬러 판화와 설명이 포함되어 있었다. 1747년에는 11부가 '부록'의 형태로 출간되었다. 이처럼 18~19세기의 자연사 연구자들은 종종 출판물을 시리즈 형식으로 제작하여 구독 판매를 통해 자금을 조달하곤 했다. 구독자가 충분히 모이지 않을 때도 있었지만, 유익하고 매력적이기도 했던 케이츠비의 작품은 성공을 거두었다. 1부부터 5부까지는 각 컬러 판화에 한 마리 이상의 새가 등장했다. 새 그림에는 일반적으로 튤립나무 잎사귀 사이에 있는 볼티모어꾀꼬리(케이츠비는 이를 '볼티모어새Baltimore Bird'라고 불렀다)와 같이 연관된 식물이 함께 등장했고, 삽화의 옆 쪽에는 새와 식물에 대한 정보가 자세히 쓰어 있었다. **

케이츠비는 109종의 새를 포함하여 약 400종의 동식물을 그리고 설

---

* 깃털 하나하나까지 정교하게 표현된 오듀본의 새 그림을 본다면, 그가 총으로 새를 잡았다는 사실에 충격받는 사람들의 반응이 오히려 이상하게 느껴질 정도다. 쌍안경이나 카메라가 없던 시대에 어떻게 그렇게 세세한 부분까지 묘사할 수 있었겠는가? 당연히 새를 사냥한 뒤 표본을 앞에 두고 그렸던 것이다. 초기의 조류학자들은 때때로 필요 이상으로 많은 새를 사냥했는데, 그걸 두고 단지 그 시대의 관행이었다고만 치부하는 것은 바람직하지 않다. 또 오듀본이 노예를 사고팔았다는 사실은 외면한 채, 새를 사냥했다는 사실에만 분노하는 사람들도 나는 이해할 수 없다.

마크 케이츠비의 캐롤라이나앵무Carolina Parakeet, 《캐롤라이나, 플로리다, 바하마 제도의 자연사》 제1권(1731년)에서 발췌.

명했는데, 이 중 상당수가 그때까지 유럽 과학계에 알려지지 않은 것들이었다. 그럼에도 케이츠비는 이 생물들에 대한 공식적인 최초 설명자로 인정되지 않는다. 그의 연구가 린네의 학명 체계가 등장한 1758년 이전에 출판되었기 때문이다. 하지만 린네는 《자연의 체계》 10판과 12판에 수록된 조류 중 70종 이상을 직접적으로*** 케이츠비의 연구에 근거하여 분류했고, 많은 새들이 케이츠비가 지은 이름과 비슷한 명칭을 가지게 되었

** 이처럼 그림과 설명이 좌우 양쪽에 실리는 형식은 1705년에 출간된 마리아 지빌라 메리안 Maria Sibylla Merian의 저서로 남미 네덜란드령 기아나(현재 수리남)의 자연사에 대해 훌륭하게 설명한 《수리남의 곤충의 변태*Metamorphosis Insectorum Surinamensium*》의 영향을 받았을 가능성이 높다. 오늘날에는 잘 알려지지 않았지만, 독일의 자연주의자이자 과학 삽화가인 메리안은 자연과학, 특히 곤충학 분야에서 주목할 만한 선구자였다.

    모든 새를 보았다고 믿은 남자

다. 케이츠비는 모든 생물 종에 라틴어 이름을 붙이긴 했지만, 린네 체계가 정립되기 전이라 이름 길이에 대한 제한이 없었다. 예를 들어 그가 노랑배수액빨이딱따구리Yellow-bellied Sapsucker에 붙인 학명은 *피쿠스 바리우스 미노르 벤트레 루테오Picus varius minor ventre luteo*였다. 이항 체계를 고집했던 린네는 이를 *피쿠스 바리우스Picus varius*로 줄였다. 현재는 *스피라피쿠스Sphyrapicus* 속으로 옮겨졌지만 종명은 여전히 *바리우스*이며 린네가 최초 설명자로 인정되고 있다.

불공평하지 않느냐고? 맞다. 린네는 자연학의 게임에서 규칙을 만들었고 최종 승자가 되었다. 린네 체계 때문에 마크 케이츠비는 공식 학명에 있어서 주석에만 머무르는 인물로 남았지만, 그의 연구는 이후 미국 조류학자들에게 큰 영향을 미쳤고 오늘날까지도 몇몇 새의 이름에서 그의 흔적을 찾아볼 수 있다.**** 3장에서 다루겠지만, 케이츠비는 본의 아니게 약 150년 동안 이어진 '개똥지빠귀'에 대한 혼란의 씨앗을 심은 장본인이기도 했다. 새로운 분야를 최초로 개척한 사람이었기에 가질 수 있는 영향력이라 할 수 있겠다.

케이츠비의 주요 후원자 중 한 명은 런던의 부유한 상인이자 열정적

*** 직접적인 영향뿐 아니라 간접적인 영향도 있었다. 역사학자 릭 라이트Rick Wright는 린네가 케이츠비의 작품의 전체 사본을 소장하지 않았을 수도 있다고 주장했다. 그 대신, 린네는 또 다른 영국의 자연주의자 조지 에드워즈George Edwards의 저서를 통해 케이츠비의 연구에 대한 정보를 간접적으로 얻었던 것 같다. 에드워즈는 1743년부터 1764년 사이에 새에 관한 일곱 권의 책을 출간했는데, 여기에는 케이츠비가 처음으로 다뤘던 많은 새들이 포함되어 있었고, 린네는 북미 새들에 대한 자료로 에드워즈의 책을 참고했다.

**** 철새인 여름풍금조Summer Tanager는 따뜻한 계절에만 북미 동부에서 볼 수 있다. 이 새 이외에는 공식 영어 이름에 '여름'이라는 단어가 들어간 새는 없다. 그 이유는 케이츠비의 연구로 거슬러 올라간다. 그는 온몸이 붉은색인 두 마리의 새를 그렸는데, 오늘날 북부홍관조Northern Cardinal와 여름풍금조로 알려진 종의 수컷 새였다. 1년 내내 볼 수 있는 친숙한 홍관조에게 케이츠비는 단순히 '홍조Red Bird'라고 이름 붙였고, 철새인 풍금조는 '홍조'와 구분할 수 있도록 '여름홍조Summer Red-Bird'로 명명했다. 이후 분류는 여러 번 바뀌었지만 '여름'이라는 수식어는 계속 남아 여름풍금조라는 이름으로 이어졌다.

인 정원사, 피터 콜린슨Peter Collinson이었다. 신대륙의 식물 표본을 간절히 원했던 콜린슨은 케이츠비뿐 아니라 1730년대 필라델피아에서 독학으로 식물학을 공부한 존 바트람John Bartram도 후원하여 북미 자연사에 중요한 공헌을 했다. 바트람은 후원을 받기 전부터 이미 필라델피아 외곽 스쿨킬 강 인근의 개인 식물원에서 토착 식물을 연구하고 있었지만, 콜린슨 덕분에 이 연구를 취미에서 사업으로 전환할 수 있었다. 그가 식물 표본, 묘목, 씨앗을 모아 런던으로 보내면 콜린슨은 이를 다른 사람들에게 배포했다. 이 대가로 바트람은 재정적 지원뿐 아니라 참고 서적과 유럽의 주요 과학자들과의 교류 기회도 얻을 수 있었다.

존 바트람은 북미 최초의 전문 식물학자로 여겨진다. 존은 새에 별다른 관심을 보이지 않았지만, 그의 셋째 아들 윌리엄은 자연에 대한 폭넓은 관심을 키우며 자랐고 이후 북미 조류학에 큰 영향을 미쳤다. 1750년대 10대였던 윌리엄 바트람은 식물과 새를 그리는 데 뛰어난 재능을 보여 아버지의 동료들에게 격려를 받았다. 피터 콜린슨은 그에게 좋은 도화지를 보내주었고, 영국의 저명한 조류학자인 조지 에드워즈는 윌리엄에게 저서 《새의 자연사Natural History of Birds》 두 권을 보내주었다. 이런 응원은 어린 윌리엄에게 자신감과 도전 정신을 불어넣었다. '아버지가 이 지역에서 유럽의 과학자들에게 아직 알려지지 않은 식물을 찾아냈다면, 나도 새로운 새를 발견할 수 있지 않을까?' 그는 예민한 감각으로 무장한 채 정원과 농장, 스쿨킬 강둑 사이의 숲을 누비며 새로운 새들을 탐색했다.

그리고 윌리엄은 정말로 참고 서적에서 찾아볼 수 없던 새를 여러 종 발견했다. 1756년, 열일곱 살의 윌리엄은 14종의 새 표본과 상세한 기록을 에드워즈에게 보냈고, 대부분이 당시 서양 과학계에 알려지지 않은 종으로 밝혀졌다. 에드워즈는 《자연사 모음집Gleanings of Natural History》 2부에 이 새들에 대한 기록을 실으며, 기꺼이 윌리엄의 모든 공로를 인정해주었다. 오늘날 노랑죽지솔새Golden-winged Warbler라고 불리는 새에 관한 부분에서 에드워즈는 이렇게 적었다. "위에서 설명한 새는 내 친구 윌리엄 바트람 씨가 보내준 것인데, 그의 기록에 따르면 4월에 펜실베이니아에 나타난 뒤 북쪽으로 이동한다고 한다… 곤충을 먹는 것으로 관찰된다." 청회색휘 파람새Blue-gray Gnatcatcher에 관해서는 "이 새는 내 믿음직한 친구 윌리엄 바트람 씨가 둥지와 함께 보내준 것이다. 그의 기록에 따르면 이들은 3월 쯤 남쪽에서 펜실베이니아로 날아오며 4월쯤 둥지를 짓기 시작한다… 여 름 내내 둥지에서 지내다가 겨울이 다가오면 사라진다"라고 적었다. 이런 기록들은 바트람이 새들을 얼마나 꼼꼼하게 관찰하여 습성을 파악했는 지 잘 보여준다.

《자연사 모음집》은 1760년, 윌리엄 바트람이 스물한 살이 되던 해에 출간되었다. 국제적인 명성을 얻은 책에서 종의 발견자로 인정받는 것은 분명 벅찬 경험이었을 것이다. 하지만 그는 곧바로 자연사 연구에 본격적 으로 뛰어들지는 않았다. 바트람은 펜실베이니아와 노스캐롤라이나를 오 가며 지냈고, 1765~1766년에는 아버지와 함께 플로리다 북부로 여행을 떠났으며, 몇 번의 사업에도 실패했다. 이런 '휴식기'는 1770년대 또 다른 영국의 식물 수집가 존 포더길John Fothergill에게서 남쪽으로 새로운 동식 물을 찾아 떠나는 탐험 자금을 지원받으며 끝난다. 1773년부터 1776년까 지 윌리엄 바트람은 캐롤라이나, 조지아, 플로리다를 여행하며 당시 서양 과학계에 알려지지 않았던 새를 포함해 그가 관찰한 모든 것을 착실히 기록했다.

바트람은 1777년에 필라델피아로 돌아왔다. 1775년에 시작된 미국 독립 혁명으로 영국 자연물 수집가들의 지원이 줄어들자, 윌리엄은 이곳에 정착하여 가족 농장과 '바트람의 정원'을 관리하는 일을 도왔다. 그는 자신의 탐험에 관한 책을 썼는데, 제목이 자그마치 54개의 단어로 이루어져, 그냥 《윌리엄 바트람의 여행기*The Travels of William Bartram*》라고 불린다. 1791년에 출간된 이 책은 세부적인 과학적 사실과 인상 깊은 문장들로 찬사를 받으며 곧바로 성공을 거두었다. 풍경, 식물, 악어, 날씨, 아메리카 선주민 문화 등 다양한 주제에 관한 자세한 설명은 물론, 새에 관한 풍부한 정보도 담겨 있었다. 이로써 바트람은 1790년대 미국 조류학자로서의 입지를 굳혔다.

하지만 그 시대에 바트람이 유일하거나 가장 널리 알려진 조류학자였던 것은 아니다. 그 명성은 바로 토머스 제퍼슨*Thomas Jefferson*에게 돌아간다.

우리가 아는 그 토머스 제퍼슨? 맞다. 미국 독립선언문의 주 저자이자 훗날 미국의 3대 대통령이 된 제퍼슨은 조류학자이기도 했다. 제퍼슨은 세상 거의 모든 것에 대해 왕성한 호기심을 가지고 있었다. 특히 자연사에 대한 그의 열렬한 관심은, 부분적으로 '미국의 생물은 구대륙의 이상적인 형태보다 작고 약하며 다양성도 떨어진다'는 콩트 드 뷔퐁의 이론에 대한 반발에서 비롯된 것일 수 있다. 뷔퐁의 주장은 제퍼슨의 애국적 자긍심을 자극했고, 그는 대서양 건너 파리에 사는 뷔퐁에게 반박하기 위해 커다란 퓨마 가죽과 거대한 무스*Moose* 박제를 보내는 등 극단적인 방법까지 동원했다. 1780년대에 출간한 저서 《버지니아 주에 관한 노트*Notes on the State of Virginia*》에서 그는 뷔퐁의 주장을 반박하며 북미의 자연이 절대 열등하지 않음을 입증하느라 가장 긴 장을 할애했다.

제퍼슨의 책에는 미국 최초로 발간된 지역 조류 목록도 포함되어 있었다. 이 표는 버지니아 주의 조류 125종을 린네 학명과 다른 출처의 이름 등과 비교하여 일목요연하게 정리하고 있다. 조류학자이자 역사가인 매슈 핼리는 제퍼슨이 진지하게 조류 연구에 임했음을 보여주는 미공개 원고들을 발견했다. 여기에는 그가 당시 과학계에 알려지지 않았다고 생각한 두 종의 새에 관한 자세한 기록도 포함되어 있었다. 그중 한 마리는 실제로 알려지지 않은 종이었기 때문에 이 기록이 출판되었다면 제퍼슨이 오늘날 손바닥솔새Palm Warbler의 최초 설명자로 인정받았을 것이다.

1790년대에 제퍼슨은 당시 미국의 수도였던 필라델피아에서 많은 시간을 보냈는데, 특히 또 다른 천재이자 다재다능했던 찰스 윌슨 필Charles Willson Peale과 자주 교류했다. 필은 1791년에 제퍼슨의 가장 유명한 초상화* 중 하나를 그린 예술가이자 과학자였으며, 아메리카 대륙 최초의 대규모 자연사 박물관을 설립한 사람이기도 했다. 만약 필이 그의 초기 연구 결과들을 출판했다면, 위대한 연구자들의 이야기 속에서 각주에만 등장하는 과소평가된 인물이 아닌, 당당히 미국 조류학의 주요 인물로 기억되었을 것이다.

필은 필라델피아에 훌륭한 박물관을 세우며 문명국가들 사이에서 미국의 위상을 높이고자 많은 노력을 기울였다. 그의 박물관은 다양한 주제에 관해 전시를 개최했는데, 주요 테마는 자연사, 특히 조류였다.** 박물관에 방대한 조류 컬렉션을 구축하는 것은 필 가족 전체의 프로젝트였다. 필의 딸 소포니스바Sophonisba와 아들들이 조류 표본을 구하고 전시를 준비하는 데 힘을 보탰다. 1800년대 초, 필은 박물관에 760종의(또는 그가 개별 종이라고 생각한) 새를 140개의 진열장에 배치했다고 기록했다.

---

* 그의 아들 중 한 명인 렘브란트 필Rembrandt Peale은 현재 가장 잘 알려진 제퍼슨 초상화 두 점을 1800년과 1805년에 그린 인물이다.

** 제퍼슨과 마찬가지로, 필 역시 부분적으로 '신대륙의 자연은 퇴보했다'라는 뷔퐁의 이론을 반박하려는 열망에 이끌렸을 가능성이 있다. 제임스 매디슨James Madison은 이전에 필에게 뷔퐁의 연구를 참고할 정보원으로 추천했다. 필은 뷔퐁의 책이 표본을 식별하는 데 유용했다고 인정하면서도 "나는 이 나라의 자연에 대한 그의 성급한 오류를 지적해야 할 의무가 있다"고 덧붙였다.

지역 토착 조류와 북미 전역의 새들로 시작한 그의 컬렉션은 유럽 자연주의자들로부터 사들인 다양한 외국종을 점차 추가하면서 확장되었다. 그 결과, 미국 중부 대서양 지역을 중심으로 전 세계 조류에 관한 놀라운 연구가 이뤄질 수 있었다.

수년 동안 필은 이 컬렉션을 바탕으로 카탈로그나 책을 출판할 계획을 세웠다. 완성되었더라면 대단히 중요한 업적이 되었을 것이다. 1700년대 유럽에서 가장 저명한 조류학 문헌 중에는 레오뮈르 컬렉션을 기반으로 한 브리송의 《조류학》, 파리의 왕실 정원 컬렉션을 기반으로 한 뷔퐁의 《박물지》, 영국의 다양한 컬렉션을 기반으로 한 존 레이섬의 《새의 총론》 등이 있었다. 필 컬렉션의 규모를 생각하면 그의 출판물도 이들과 비슷한 위상을 가졌을 것이다. 1794년부터 필은 프랑스 자연주의자 팔리소 드 보부아Palisot de Beauvois와 협력하여, 일부를 먼저 출판하고 구독을 통해 자금을 조달하는 방식으로 카탈로그를 준비했다. 하지만 1796년, 56쪽 분량의 첫 번째 도감이 나온 후 이 프로젝트는 흐지부지 중단되고 말았다. 구독을 통한 자금 조달에 실패한 필은 다른 자금원을 계속 찾았다.

보부아와 필은 조류 표본을 린네 분류법으로 정리하고 각 종에 네 자리 숫자를 부여했으며, 린네 체계에 따라 알려진 모든 종에 대해 영어, 프랑스어, 라틴어 이름을 상호 참조했다. 이 조류 목록 초안은 기획하던 출판물의 귀중한 기초 자료가 되었을 것이다. 하지만 안타깝게도 이 초안은 분실되었고, 역사가들도 끝내 찾아내지 못했다. 만약 출판되었더라면 오늘날 우리는 미국 조류학의 초창기 문헌으로 필과 보부아를 인용하고 있었을지도 모른다. 하지만 필은 결국 책 인쇄를 포기했다. 1803년, 그는 당시 열일곱 살로 이미 표본 수집과 제작에 능숙했던 딸 소포니스바에게 그의 데이터를 좀 더 실용적으로 정리하는 일을 맡겼다. 소포니스바는 박

 모든 새를 보았다고 믿은 남자

물관 조류 갤러리의 각 진열장 액자에 세 가지 언어로 된 이름과 각 종에 대한 '필 번호'를 표시했다.

세심하게 배열된 140개의 진열장이 길게 늘어서 있는 필 자연사 박물관의 긴 전시실은 마치 미국 조류학 그 자체를 옮겨놓은 것 같았다. 그리고 아직 책이 출간되기까지는 몇 년이 더 걸리겠지만, 미국으로 갓 이주해온 한 반항적인 스코틀랜드의 시인으로부터 이미 미국 조류학의 역사가 태동하고 있었다.

미국에서 태어난 윌리엄 바트람, 토머스 제퍼슨, 찰스 윌슨 필과는 달리, 알렉산더 윌슨은 미국 태생이 아니었다. 하지만 1794년 미국에 도착한 이후 그는 새롭게 정착한 이 나라의 모든 것, 특히 조류에 대한 열렬한 지지자이자 이 분야의 선구자가 된다.

윌슨은 이전부터 자연에 깊은 관심을 갖고 있었다. 스코틀랜드에서 흔히 볼 수 있는 새들을 잘 알았고 종종 들판에서 사냥을 하기도 했다. 1794년 7월 말 미국에 도착한 후 처음으로 부모님께 보낸 편지에는 이렇게 쓰여 있었다. "필라델피아로 향하면서 숲을 지나는데, 스코틀랜드에서 보았던 새는 한 마리도 볼 수 없었습니다. 이곳의 새들은 모두 훨씬 더 풍부한 색을 띠더군요. 수많은 다람쥐와 약 1미터 길이의 뱀, 그리고 붉은 새들을 봤는데, 호기심에 그중 몇 마리를 사냥해 돌아왔습니다."

윌슨이 필라델피아 일대를 전전하며 여러 일을 하다 마일스타운 학교의 교사가 되기까지 몇 해 동안, 새에 대한 그의 호기심은 한동안 뒤로 밀려나 있었다. 5년간의 교직 생활은 그에게 안정된 생활과 지역 주민으로부터의 존경을 안겨주었다. 1801년에는 토머스 제퍼슨의 대통령 취임 기념 행사에서 연설해달라는 요청을 받았고, 윌슨의 연설은 여러 신문에 실릴 정도로 호평 일색이었다. 모든 것이 순조롭게 흘러가는 듯했지만, 몇 달 뒤 윌슨은 갑작스레 마일스타운을 떠나 자취를 감췄다.

무슨 일이 있었던 걸까? 역사학자들은 당시 윌슨이 친구들에게 보낸 편지에서 깊은 불안 외에는 뚜렷한 단서를 찾지 못했다. 유부녀와의 불륜(그것이 실제였는지, 아니면 그의 상상 속에서만 벌어진 일인지는 알 수 없지만)이 얽혀 있을 가능성도 있었다. 어찌 되었든, 이는 윌슨의 삶에 또 한 번의 전환점을 남겼다. 1802년 초, 그는 필라델피아 남서쪽 그레이스 페리의 유니온 학교에서 다시 교직을 맡았다. 그 학교 바로 옆에는 바트람의 정원이 붙어 있었다.

당시 63세였던 윌리엄 바트람은 자연사 분야에서 존경받는 인물이었고 찰스 윌슨 필을 포함하여 필라델피아 과학계의 주요 인물들과도 긴밀히 교류하고 있었다. 서른다섯 살의 알렉산더 윌슨은 사교성은 없었지만(이런 성격은 평생 변하지 않는다), 지성과 야망을 펼칠 기회를 갈망하고 있었다. 미국 자연사의 대가 바트람은 그의 서투르고 부족한 사교성도 포용하면서 자연에 대한 윌슨의 열정을 응원했다.

하루는 윌슨이 식물과 새에 관해 질문하고 자연 삽화에 대한 조언을 얻기 위해 이웃 바트람의 문을 두드렸다. 처음에는 윌리엄의 조카 낸시 바트람Nancy Bartram이 방문의 이유였을지도 모른다. 하지만 시간이 지날수록 그는 점점 새에 몰두했고 바트람과 더 많은 시간을 보냈다. 1803년 6월, 친구에게 보낸 편지에서 윌슨은 이렇게 썼다. "스코틀랜드를 떠나 이곳에 와서 수학, 독일어, 음악, 그림 등등 많은 것들을 공부해왔는데, 이제는 우리의 가장 훌륭한 새들을 모두 모아서 도감을 만들어보려고 하네."

결심을 굳힌 윌슨은 본격적으로 작업에 착수했다. 반세기 전, 과학을 처음 접한 10대 소년 윌리엄 바트람이 새를 찾으며 쏘다녔던 바로 그 숲을

 모든 새를 보았다고 믿은 남자

이제는 윌슨이 탐험하며 노인이 된 바트람에게 수많은 질문을 쏟아냈다. 윌슨은 다양한 새를 포획하고 관찰했으며, 그림 실력을 키우기 위해 매일같이 촛불 아래서 수많은 새를 그렸다. 그러던 어느 날, 그는 시내의 필 박물관에 들러 소포니스바 필이 정리한 수많은 표본과 전시물, 그것에 하나하나 붙은 라벨들을 보았다. 그가 얘기한 "우리의 가장 훌륭한 새들을 모두 모은" 컬렉션이 바로 눈앞에 있었다. 새에 대한 기록과 그림을 모으며 조류 종을 총망라하는 책을 만들겠다는 윌슨의 꿈이 점점 구체화되었다.

컬러 삽화가 포함된 대작을 출판하는 일은 비용이 많이 들었지만, 케이츠비 등 선배들처럼 윌슨도 책을 여러 권으로 나누어 발행하고 구독을 통해 자금을 조달하기로 했다. 운 좋게도 1806년, 교사직을 그만둔 그는 한 대형 출판사의 백과사전 편집 일을 맡게 되었다. 윌슨이 새에 관한 원대한 책 아이디어를 설명하자 출판사 사장은 이를 열렬히 지지하며 당장 제작하자고 맞장구쳤다. 그리하여 윌슨은 필라델피아로 이주해 백과사전을 편집하면서, 동시에 《미국 조류학》의 기획과 집필을 시작했다.

오늘날의 조류학자나 열렬한 탐조가들은 대부분 알렉산더 윌슨이 북미 조류에 관한 선구적인 연구를 저술한 적이 있다는 사실을 어렴풋이나마 알고 있지만, 이 책의 일부라도 읽어본 사람은 드물다. 이제 윌슨은 조류학계에서 그저 배경에 머무는 희미한 인물로 밀려나버렸다. 하지만 《미국 조류학》은 뛰어난 문헌이었다. 1808년 9월에 출간한 제1권은 아홉 개의 수채화 판과 34종의 새를 묘사하고 설명하는 158쪽의 텍스트로 이루어져 있었다. 그 정확성과 정보의 깊이는 그때까지 유럽에서 출간된 어느 책에도 뒤지지 않았으며, 이후 여러 권이 시리즈로 출간되면서 미국 조류 연구의 탄탄한 토대를 마련했다.

1808년에 출간된 이 첫 번째 책은 윌슨이 조류학을 얼마나 빨리 배웠는지를 보여주는 놀라운 증거였다. 불과 5년 전만 해도 윌슨은 바트람에게 그림을 보내면서 "여기 대략적인 밑그림을 보내드립니다. 혹시 어떤 새인지 아신다면 이름 좀 알려주세요"라고 요청했다. 그로부터 1년 후에는 "선생님, 심심풀이 겸 이 동네의 새 그림을 몇 장 보내드립니다… 3, 4번 그림 말고는 제가 아는 새가 없으니, 이름을 적어서 보내주세요"라고 부탁하기도 했다. 하지만 《미국 조류학》 1권을 준비할 무렵 윌슨은 개인적인 경험을 바탕으로 모든 종에 대해 자신 있게 설명할 정도로 발전했다. 책 속의 거의 모든 종에 관한 설명에서 윌슨은 존 레이섬, 토머스 페넌트Thomas Pennant, 조지 에드워즈, 뷔퐁, 심지어 위대한 린네까지, 조류학에 관련하여 글을 쓴 이전 자연주의자들의 오류를 반박하고 수정했다. 스코틀랜드에서 그를 곤경에 빠뜨렸던, 권위주의에 도전하는 성향은 이제 과학계에서도 자신이 틀렸다고 생각하는 모든 주장에 거리낌없이 이의를 제기하는 모습으로 이어졌다.

특히 윌슨은 뷔퐁에 대해 혹독한 비판을 서슴지 않았다. 윌슨이 우상으로 여겼던 토머스 제퍼슨이나 찰스 윌슨 필처럼 그 역시 신대륙의 동물이 유럽의 동물보다 퇴화했다는 프랑스인의 주장을 용납할 수 없었기에, 기회가 있을 때마다 뷔퐁을 신랄하게 비판했다. 크고 화려한 쇠부리딱따구리Northern Flicker에 관한 설명에서도 마찬가지였다. 그는 린네와 다른 학자들이 이 새를 뻐꾸기의 일종으로 잘못 분류한 것을 정중하게 바로잡은 뒤, 뷔퐁을 향한 비판을 거침없이 쏟아냈다. "뷔퐁 백작은 그 유창한 언변으로 딱따구리 종 전체를 터무니없이 깎아내리며, 비참하고 퇴화한 특성을 묘사했다. 하지만 그 어느 설명도 지금 우리 앞에 있는 이 우아하고 기품 있는 새에 들어맞지 않는다." 그는 이어서 뷔퐁의 묘사, 즉 딱따구리가 얼마나 "비열하고 우울한 삶을 살며", "그 지루한 삶을 둘러싸는 나무의 좁은 둘레에 갇혀", "무미건조한 존재를 이끌고 살아가야 하는지" 등의 표현을 인용하며 조롱했다. 그러고는 이렇게 결론지었다. "정말 우스꽝스럽고 놀라울 정도다… 뷔퐁은 종종 자기의 이론에 너무 집착한 나머지 알게 모르게 잘못된 길로 빠지곤 했다. 그리하여 딱따구리 종 전체를 슬프고 시무룩하며 비참한 존재로 단정 짓고, 그래야만 한다고 믿었다. 이런 엉뚱한 철학자의 상상력이 이 새를 그렇게 보이도록 만든 것이다."

아메리칸레드스타트American Redstart에 관한 설명에서도 윌슨은 뷔퐁의 "구세계에서 신대륙으로 건너온 모든 동물에 관한 이 끝없이 이어져 오는 설명"을 또다시 비난했다. 윌슨은 특유의 냉소적인 말투로, 뷔퐁의 논리를 따르자면 밤에 미국의 나무에서 시끄럽게 울어대는 베짱이도 원래는 유럽의 명금 나이팅게일이었을 수 있으며, 그 새가 "신대륙의 음식과 기후의 열등함으로 인해 퇴화"된 것이 분명하다고 비꼬았다. 캐나다어치에 대한 글에서는 "프랑스의 저명한 자연주의자의 이론에 따라 추론하자면, 이 새는 캐나다의 황량하고 추운 기후의 영향으로 퇴화한 미국의 블루제이Blue Jay의 후손이라고 할 수 있을 것이다"라고 했다. 뷔퐁이 사망한 지 이미 20년이 지났지만, 신참 애국자 윌슨의 미국에 대한 자부심에 입은 상처는 여전히 생생했다.

이런 거칠고 냉소적인 비평은 윌슨이 여행 중에 친구들에게 보낸 편지에서 자주 찾아볼 수 있지만*《미국 조류학》에서는 거의 등장하지 않았다. 책은 주로 자신의 관찰, 조사한 표본, 그리고 다른 사람들의 신뢰할 수 있는 기록을 기반으로 각 조류 종에 대한 풍부하고 확실한 정보를 전달하는 데에 중점을 두었다.

시인, 교사, 편집자로 활동했던 뛰어난 작가 윌슨의 글은 특히 대상을 묘사할 때 독창적인 표현으로 빛났다. 그는 한겨울 작은 새들의 무리를 보고 "숲속에서 그들은 마치 개척자 군단처럼, 나무에서 나무로 질서정연하게 오간다… 곡예사와 줄타기 광대들이 끝없이 자세를 바꾸듯, 재빠르게 던져지는 그들의 몸놀림과 저마다의 독특한 재잘거림, 한데 모여 분주하고 활기차게 움직이는 모습은 보는 이에게 더할 나위 없는 즐거움을 준다"고 썼다. 동부가면올빼미Eastern Screech-Owl에 대해서는 "우아함이라고는 찾아볼 수 없는, 무덤덤하고 고루한 이 밤의 방랑자의 모습을 떠올릴 때, 만약 이 새가 자연으로부터 노래하는 능력을 부여받아 근엄한 모습으로 경쾌한 곡조를 지저귀었다면 얼마나 우스꽝스러웠을지, 상상만 해도 웃음이 난다"고 적기도 했다. 그는 동부파랑새와 동부타이란새Eastern Kingbird처럼 몇몇 종에 대해 시를 지어 책에 싣기도 했다. 윌슨의 글은 사실에 충실하면서도, 전혀 지루하지 않았다.

그는 삽화 실력도 뛰어나 새의 구조와 특징을 정확하게 묘사했다. 책의 지면과 인쇄 비용을 절약하기 위해 보통 한 판화에 여러 종을 함께 그렸는데, 이 과정에서 때로는 새가 부자연스러운 위치에 배치되기도 했지만 지나치게 욱여넣지는 않았고, 불필요한 배경은 최소한으로 줄였다. 현대의 탐조 현장 가이드에서 볼 법한, 예술 작품이라기보다는 실용성을 위한 그림이었다.

물론 책에 오류가 없지는 않았다. 정보가 단편적이었던 시대였기 때

---

* 뉴잉글랜드에서 쓴 편지에는 이렇게 적었다. "변호사들이 메뚜기 떼처럼 마을마다 몰려다녀. 대부분의 문에는 사무실이라고 적혀 있는데, 꼭 거미가 숨어 먹잇감이 찾아들길 기다리고 있는 거미줄 같다네." 보스턴에서는 "어딜 가든 사방에서 어떤 불쌍한 사람이 바퀴에 깔려 죽어가는 듯이 울부짖는 끔찍한 소리가 들리는데, 사실은 짐마차꾼이 말에게 외치는 소리일 뿐일세"라고 썼으며, 조지아에서는 "남부 지방의 여관 주인들은 도시 주위를 맴도는 독수리 같아. 독수리들이 썩은 고기를 대하듯 손님들을 대하지. 손님을 보면 금방 잡아먹을 것처럼 반가워한다니까"라고 썼다. 하지만 이런 냉소적인 글 사이사이에서 자신이 만난 사람들이나 방문한 아름다운 장소들에 대한 감탄도 자주 찾아볼 수 있다.

 모든 새를 보았다고 믿은 남자

문에 어쩔 수 없었다. (특히 윌슨 자신이 잘 알지 못하는 새를 다루었던 후기의 책에서 오류가 자주 나타났다.) 오늘날의 탐조가라면 누구나 그의 책에서 실수를 발견할 수 있다. 우리는 동부가면올빼미가 적갈색 또는 회색의 두 가지 색을 띠며, 같은 무리에서 이 두 색의 새끼가 부화하기도 한다는 사실을 안다. 그러나 예전의 자연주의자들은 이 둘을 서로 다른 종으로 분류했다. 윌슨은 붉은색 깃털의 올빼미는 1년 내내 필라델피아 근처에 서식하는 반면, 회색 깃털의 올빼미는 북쪽에서 가끔 찾아오는 겨울 철새라고 주장했다. (이는 조금 의아하게 들리는 대목이다. 동부가면올빼미는 철새가 아니며, 오늘날 필라델피아 근처에는 회색 올빼미가 붉은 올빼미보다 더 흔하기 때문이다. 물론 과거에는 상황이 달랐을 수 있다.) 하지만 전반적으로 윌슨의 책은 정확한 정보를 모아 정리하고 있었고, 이전 출판물의 수많은 오류를 정정했다.

1808년 첫 번째 권의 완성은 윌슨에게 큰 성취이자 도전이었다. 첫 권의 인쇄 비용은 출판사가 부담했지만, 시리즈를 계속 이어가려면 최소 200명의 구독자를 확보해야 했다. 이제 윌슨은 조류학자이자 작가이며 새 삽화가인 동시에, 책 출간을 위해 직접 발품을 파는 세일즈맨까지 되어야 했던 것이다.

그래서 그는 동부의 여러 주를 수차례 여행했다. 뉴잉글랜드를 거쳐 북쪽으로, 남쪽으로는 메릴랜드, 버지니아, 캐롤라이나를 거쳐 조지아까지 여행했고, 서쪽으로 애팔래치아 산맥을 넘어 피츠버그, 켄터키와 테네시를 거쳐 다시 남쪽으로 미시시피와 뉴올리언스로 향했다. 윌슨은 어디에서든 그의 책에 포함할 새로운 종을 찾고 싶어했지만, 무엇보다 중요한 목표는 작업을 계속하기 위해 더 많은 구독자를 확보하는 것이었다. 그다지 외향적인 사람이 아니었던 윌슨에게, 대부분의 사람이 거절할 것을 알

《미국 조류학》 1권(1808년)에 실린 알렉산더 윌슨의 과수원찌르레기. 윌슨은 공간과 비용을 절약하기 위해 보통 각 판화에 여러 다른 종을 담았는데, 깃털 색이 다양한 이 찌르레기의 구분에 대해서 이전 자연주의자들이 너무 혼란스러워했기 때문에 이 그림에서는 한 종을 네 가지 깃털로 구분해서 그렸다.

면서도 낯선 이들의 문을 두드리며 책을 보여주는 것은 큰 용기가 필요한 일이었다. 그래도 그는 계속 노력했고, 마침내 시리즈를 계속할 수 있을 만큼 많은 구독자를 확보해냈다.

1808년 12월, 워싱턴 D.C.를 지나던 윌슨은 당시 '대통령의 집'이라고 불렸던 백악관의 문을 두드리며 대통령을 만나고 싶다고 요청했다. 약속은 잡지 않았지만, 윌슨은 토머스 제퍼슨이 자신을 알아볼 것이라고 확신했다. 윌리엄 바트람 덕분에 제퍼슨과 몇 번 편지를 주고받기도 했고, 이미 제퍼슨도 《미국 조류학》의 초기 구독자 중 한 명이었기 때문이다. 몇 분 후 윌슨은 안내를 받아 제퍼슨을 만날 수 있었다. 불과 몇 년 전 스코틀랜드에서 범죄자처럼 감옥에 갇혀야 했던 이 시인은, 오후 내내 미국의 대통령과 새에 대해 열띤 대화를 나눴다.

흥미롭게도 윌슨은 새로운 종을 발견했을 때 차분하고 침착한 태도를 보였다. 그는 이전까지 서양 과학에 알려지지 않았던 (혹은 이미 알려진 종이지만 깃털이 달라 새로운 종으로 착각한) 새들을 꽤 많이 발견했고 이름을 붙였다. 하지만 그는 《미국 조류학》이나 지인들에게 보낸 편지에서 이러한 발견에 대해 호들갑을 떨거나 들뜬 모습을 보이지 않았다.

고기잡이까마귀Fish Crow*를 예로 들어보자. 이 종은 미국 남동부 해안과 주요 강 상류에 널리 서식하고 있다. 이 새는 널리 퍼져 있는 아메리칸까마귀American Crow보다 조금 작고 신체 구조상 미묘한 차이가 있지만, 숙련된 탐조가들도 울음소리를 듣지 않고는 이 새를 확실하게 식별하기 어렵다. 윌슨은 조지아 해안에서 이 새의 울음소리를 듣고 수중 성향을 관찰하여 아메리칸까마귀와는 다른 종임을 알아챘다. 이후 미시시피 강

---

* 조지아 주의 자연주의자 존 애벗John Abbot도 비슷한 시기에 고기잡이까마귀를 발견하고 출판사로 표본을 보냈지만, 윌슨이 이미 그 종을 그리고 관련 설명을 출판하려던 때에 도착했다.

하류에서 이 새를 다시 만났고, 집 근처인 뉴저지의 케이프 메이 주변에도 서식한다는 사실을 알아냈다. 그는 울음소리를 듣고 델라웨어 강 하류와 스쿨킬 강 하류를 따라, 심지어 바트람의 정원을 지나가는 고기잡이까마귀 무리를 확인했다. 그런 뒤에야 윌슨은 《미국 조류학》 5권에서 이 종을 공식적으로 기술하며, 오늘날까지 사용되는 '고기잡이까마귀, 코르부스 오시프라구스*Corvus ossifragus*'라는 이름을 붙였다. 하지만 그의 글은 차분하고 신중한 톤으로 쓰여 있었다. "이전의 어떤 출판물에서도 이 새에 관한 설명을 찾을 수 없다… 이 나라의 많은 지역에서 직접 보고 조사한 결과 여러 곳에서 똑같은 새를 발견할 수 있었기 때문에, 나는 주저 없이 이 새가 지금까지 설명되지 않은 새로운 종이라고 선언하고자 한다."

화려한 문체도, 극적인 묘사도 없다. 윌슨은 새 자체에 대해서는 서정적으로 글을 쓸 수 있었지만, 자신의 '발견'에 관해서는 그렇게 하지 않았다. 윌슨은 화려하게 자기를 과시하는 이들과는 정반대에 서는 인물이었다. 그의 작품과 업적의 훌륭함은, 포장된 문체가 아니라 업적 그 자체로 증명된다.

역사에는 늘, 당시에는 알아차리지도 못할 만큼 작은 사건이 미래를 완전히 뒤바꾸는 순간들이 있다. 북미 조류학의 역사에서 그러한 순간 중 하나는 1802년 2월, 알렉산더 윌슨이 우연히 그의 훌륭한 스승이 되어 줄 윌리엄 바트람의 옆집으로 이사한 때일 것이다. 또 다른 순간은 1810년 3월, 윌슨이 구독자를 모집하고 새의 표본을 구하러 다니다가 켄터키 주 루이빌의 한 가게에 들어섰을 때다.

윌슨은 이 가게의 젊은 주인이 《미국 조류학》을 구독할 가능성이 있다고 미리 짐작했던 것 같다. 몇 주 전 피츠버그에서 윌슨은 지역의 부유한 사업가 벤저민 베이크웰Benjamin Bakewell을 만났다. 그때 베이크웰은 그의 조카 루시가 새를 그리기 좋아하는 어느 프랑스인과 결혼했다는 사실을 윌슨에게 이야기해주었을 가능성이 크다. 따라서 윌슨이 존 제임스 오듀본과 그의 사업 파트너 페르디낭 로지에Ferdinand Rozier가 운영하는 개업한 지 채 2년도 안 된 가게에 들어간 것은 우연이 아니었다.

가게에 들어선 윌슨이 발견한 것은 그의 예상 밖이었다. 이 만남에 대해 윌슨은 짧은 메모밖에 남기지 않았고, 오듀본은 모든 이야기를 과장하거나 꾸며내는 경향이 있었기 때문에, 이들의 첫 만남에서 정확히 어떤 일이 있었는지 확신하기는 어렵다. 몇 년 후 오듀본은 이 만남에 대해 "길고 조금 휘어진 코, 날카로운 눈매, 두드러진 광대뼈가 그의 얼굴에 독특한 개성을 만들어냈다"고 회고했다. 그는 이 방문객의 외모에 먼저 놀랐고, 이어서 방문객이 카운터에서 펼쳐 보인 《미국 조류학》에 실린 글과 그림에 더 큰 충격을 받았다고 썼다.

새에 열광하는 변방의 한 청년, 배움에 대한 열망은 있었지만 참고 자료가 부족했던 오듀본에게 윌슨의 책은 마치 기적처럼 보였다. 오듀본의 기록에 따르면, 그가 구독 신청서에 서명하려고 하자 파트너 로지에가 프랑스어로 이렇게 말했다고 한다. "오듀본, 친구여. 왜 굳이 이걸 구독하려고 하나? 내가 보기엔 자네의 그림이 훨씬 더 훌륭하다네. 또 자네는 이 신사만큼 미국 새들을 잘 알고 있지 않은가?" 이 주장에서 그림에 관한 부분은 사실이었을지 모르지만, 미국 새를 잘 안다는 부분은 적어도 당시에는 사실이 아니었다. 어쨌든 오듀본은 펜을 내려놓았고 결국 구독하지 않았다. 윌슨이 로지에의 프랑스어를 알아들었는지, 혹은 몇 주 전 베이크웰의 언급을 기억했는지는 모르지만, 그는 오듀본에게 새 그림을 보여달라고 요청했고, 오듀본은 자신의 그림들을 꺼내 보여주었다. 나중에 오듀

이름과 번호

본은 이 포트폴리오가 이미 200여 점의 새 삽화로 가득 차 있었다고 주장했다.* 두 사람은 그림을 하나씩 찬찬히 살펴봤고, 윌슨은 일기에 "A씨가 크레파스로 그린 그림을 살펴봤는데 아주 훌륭했다. 그중 두 마리는 처음 보는 것들이었는데, 둘 다 할미새류였다"고 간결하게 기록했다. 오듀본은 윌슨이 자신 외에 이 정도의 새 연구와 그림 작업을 할 수 있는 사람이 있다는 사실에 "놀라움을 금치 못했다"며 반응을 묘사했다.

이어서 오듀본은 "그는 내게 출판할 의향이 있는지 물었는데, 내가 아니라고 대답하자 더더욱 놀라워했다. 그때 나는 정말 출판할 생각이 전혀 없었고, 내 노력의 결실을 세상에 어떤 식으로든 내놓을 생각은 조금도 하고 있지 않았다"고 적었다.

이 이야기가 실제를 얼마나 제대로 반영하고 있는지는 알 길이 없고, 또 오듀본이 언제부터 진지하게 출판을 생각하게 됐는지도 알 수 없다.** 하지만 나는 이 만남이 오듀본으로 하여금 출판을 생각하게 된 계기가 되었다고 생각한다. 만약 내 추측이 맞다면, 이 순간은 19세기 가장 주목할 만한 출판물의 씨앗을 심은 사건이라 할 수 있다. 오듀본은 윌슨을 보고 미국에서 새 그림과 글을 담은 작품을 출판하고, 구독권을 판매하여 자금을 조달하는 것이 가능하다는 사실을 깨달았을 것이다.

오듀본이 출판을 위해 제대로 자료를 수집하기 시작한 것은 이 만남으로부터 10년이 지난 1820년이었고, 첫 번째 책은 1827년에야 발행되었다. 1827년에서 1839년 사이, 네 권의 방대한 컬러 판화집과 다섯 권의 책

---

* 과장일 가능성이 높지만, 만약 사실이었다면 아마 중복된 새 그림이 많았을 것이다. 1810년까지는 오듀본이 200여 종이나 되는 새들을 알고 있지 못했기 때문이다.
** 오듀본은 1824년 샤를 보나파르트를 만나기 전까지 출판에 대해 생각해본 적이 없었다고 주장하기도 했다. 하지만 그 이전에 쓰인 오듀본의 일기와 편지에서 출판에 관한 생각이 여러 번 언급되었기 때문에 이는 사실이 아니다.

     모든 새를 보았다고 믿은 남자

이 출판되었으며, 이후 수많은 판본이 뒤따랐다. 첫 출판 이후부터 오늘날까지 절판된 작품은 거의 없다. 오듀본의 명성은 빠르게, 그리고 완벽하게 윌슨의 명성을 넘어섰다. 오늘날 탐조가는 물론 미국의 일반인들도 존 제임스 오듀본을 모르는 사람이 없다. 하지만 이들에게 알렉산더 윌슨이 누구인지 물으면 백 명 중 한 명이나 정답을 말할 수 있을까?

두 사람 중 윌슨이 단연 뛰어난 과학자이자 더 훌륭한 작가였다. 하지만 윌슨의 그림은 라이벌의 새 그림과 경쟁이 되지 않았다. 대중의 눈에는 오듀본의 작품이 주는 시각적 효과가 다른 모든 평가 요소를 덮어버렸다.

오늘날 사람들은 오듀본을 예술가로 여기곤 하는데, 사실 그의 목표는 예술가가 되는 게 아니었다. 오듀본은 윌슨이 훨씬 먼저 새 연구를 시작한 만큼 엄청나게 유리한 지위를 선점했다고 생각했고, 가능한 모든 방면에서 윌슨을 능가하려고 노력했을 뿐이다. 윌슨은 종의 생김새를 상세히 묘사하려 노력했고 그의 삽화는 그 실용적인 목적에 충분히 부합했지만, 오듀본은 한 걸음 더 나아갔다. 그는 거대한 종이에 새를 실물 크기로, 살아 움직이는 것처럼 생동감 있고 극적인 포즈로 그렸다. (초기에는 그의 새 그림이 지나치게 화려해서 과학적 가치가 떨어진다는 비판을 받기도 했다.) 오듀본은 '죽은 나뭇가지 위 새 한 마리'를 그리는 초기 자연주의자들의 방식에서 벗어나, 마크 케이츠비처럼 배경이 되는 지역의 식물을 정밀하게 묘사하고 그 위에 새를 배치하거나 때로는 다른 동물을 곁들이기도 했다. 또한 더 극적인 배경을 그려 넣거나 인상적인 구도를 만들기 위해 여러 방법을 모색했다. 반면 윌슨은 종종 나뭇잎 사이 혹은 아름다운 배경에서 움직이는 새를 그리곤 했지만 대부분 간결하고 단순했다.

무엇보다도 오듀본은 윌슨보다 '더 많은 종'을 그리기 위해 노력했다. 오듀본은 예술 작품을 만들어내려고 하지 않았다. 만약 예술적 열정이 그의 주된 동기였다면 그림에 대한 접근 방식이 달랐을 것이다. 오늘날 살아 있는 가장 위대한 새 화가 중 한 명으로 꼽히는 라르스 욘손Lars Jonsson과 비교해보자. 라르스는 탐조가이자 예술가로서 전 세계를 여행하며 다양한 종의 새를 그렸다. 초기에는 현장 가이드를 위해 유럽의 모든 종을 그렸지만, 지금은 자기가 가장 좋아하는 주제로 돌아와 스웨덴의 집 근처에서 쉽게 볼 수 있는 솜털오리와 제비갈매기 같은 새를 수채화나 유화로 아름답게 그린다. 오듀본이 새 그림을 연습하던 초창기에 이런 식으로 작업했다는 증거는 거의 없다. 그는 본격적으로 새를 그리기 시작한 이후로 새롭고 다양한 종을 묘사하기 위해 끊임없이 노력했다. 그저 가능한 한 많은 종을 그리기 위해 서로 관련 없는 여섯 마리 이상의 새를 한 그림에 욱여넣기도 했고, 그가 비판했던 '죽은 나뭇가지 위에 새를 올리는' 방식으로 그리기도 했다.

오듀본은 편지나 글에서 지극히 수數적인 관점으로 윌슨과 자신을 비교했다. 얼마나 많은 종을 발견하고 이름을 붙이고 기술했는지 등을 따졌다. 오듀본의 작품은 굉장한 가치를 지닌 진정한 예술이지만, 그 동기는 순전히 숫자였다.

이 모든 것은 1810년 루이빌에서의 운명적인 만남 이후 한참 뒤의 일이었다. 당시 오듀본의 그림이 상당히 수준급이긴 했어도 훗날 그가 성취하게 될 탁월함에는 미치지 못했다. 윌슨과 오듀본은 함께 사냥을 나갔고, 훗날 오듀본은 그날 윌슨이 "한 번도 본 적 없는 새를 잡았다"고 주장했다. 그는 윌슨의 우울한 분위기와 다소 차갑고 냉담한 태도를 묘사하면서도, 공통의 관심사를 가진 두 사람의 만남은 따뜻했다는 인상을 받은 것 같다.

반면 윌슨의 생각은 달랐다. 그는 냉소적인 말투로 쓴 일기에서 루이빌을 "추천받은 사람들 중 단 한 명의 구독자도 얻지 못했고, 단 한 마리의 새로운 새도 발견하지 못한 곳"이라면서 "과학이나 문학은 이곳에서 단 한 명의 친구도 만날 수 없을 것"이라고 혹평했다.

월슨이 루이빌에서 망친 기분은, 그다음 달에 동쪽으로는 렉싱턴, 남서쪽으로는 내슈빌로 여행하면서 머무는 곳마다 새로운 구독자를 확보하며 점점 나아졌을 것이다. 게다가 그는 솔새에 속하는 작고 영리한 새 세 종을 발견했고, 발견한 지역을 기념하여 각각 켄터키솔새Kentucky Warbler, 내슈빌솔새Nashville Warbler, 테네시솔새Tennessee Warbler라는 이름을 붙였다. (그는 내슈빌솔새와 테네시솔새가 캐나다의 스프루스 습지로 가는 봄철 철새라는 사실을 알 방법이 없었기 때문에, 숲속 어디에서나 쉽게 찾아볼 수 있는 켄터키솔새와는 달리 희귀해 보인다고 묘사했다.) 월슨은 미시시피 주 내치즈로 이동하여 더 많은 구독자를 모았고, 나무 위를 우아하게 날며 공중에서 곤충을 잡아먹는 아름다운 새, 미시시피솔개Mississippi Kite라는 맹금류도 발견했다. 그 후 강을 따라 뉴올리언스로 내려가 배를 타고 멕시코 만과 플로리다 남쪽 끝을 돌아서 다시 동부 해안으로 올라와 늦여름에 집으로 돌아왔다.

그 후 3년 동안 월슨이 내놓은 성과는 가히 초인적이었다. 서부로 여행을 떠나기 전에는 《미국 조류학》 1, 2권만 출간한 상황이었고, 1810년 8월 필라델피아로 돌아올 때까지 3권을 위한 별다른 진전을 이루지 못했다. 하지만 그때부터 1813년 8월까지 펜실베이니아와 뉴저지의 여러 곳을 여행하는 동안, 월슨은 3권부터 7권까지의 내용을 완성하고 8권의 대부분과 9권의 일부 작업을 마무리했다. 작업에는 각 종에 대한 메모를 정리하고 본문을 작성하며, 과학적으로 처음 소개되는 종에 대해서는 상세한 설명과 이름을 붙이고, 새로운 종이 아닌 새에 대해서는 이전에 출판된 많은 기록을 참고하여 정리하는 일이 수반되었다. 모든 종에 대한 삽화를 준비하고, 이를 인쇄하기 위해 동판을 조각하며 수백 장의 인쇄본을 수작업으로 채색하는 과정을 감독하는 작업까지도 포함되었다.

그러나 이런 경이로운 생산성 뒤로는 절망적이고 슬픈 기운이 감돌았다. 책을 준비하고 출판하는 데 드는 비용이 구독자들에게서 들어오는 돈을 넘어섰고 현금 흐름이 점점 문제가 되었다. 한때 윌슨은 더 많은 구독자를 모집하기 위해 뉴잉글랜드를 거쳐 북쪽으로 여행했지만, 1812년 미영전쟁이 다시 발발하면서 긴장이 고조되었고, 뉴햄프셔 주 하버힐에서 스파이 혐의로 체포되기까지 했다. 곧 풀려나긴 했지만, 이 일은 스코틀랜드에서의 암울한 기억을 떠오르게 했을 것이다. 다른 시련도 찾아왔다. 채색가가 그만두고 대체할 사람을 찾지 못하자 윌슨은 인쇄된 판에 직접 색을 입히기 시작했고, 작업 시간이 엄청나게 늘어났다.

같은 시기, 필라델피아의 성공한 사업가 조지 오드가 윌슨의 작업에 관심을 보였다. 처음에는 금전적 목적보다는 윌슨과 함께 표본을 사냥하면서 출판 프로젝트에 참여하기를 원했다. 조류학에는 문외한이라 큰 도움이 되지는 않았지만 이런 관심은 윌슨을 기쁘게 했다. 하지만 어떤 면에서는 더 큰 부담이 되기도 했다.

또한 더 많은 종을 발견해야 한다는 심리적 압박과 신대륙의 조류에 대해 가능한 모든 것을 배우고 싶다는 열망도 있었다. 알아내야 할 것이 너무 많았다. 윌슨은 남쪽으로 한 번 더 여행을 떠나 아직 알려지지 않은 종을 더 발견하고 싶었지만, 그럴 시간이 없었다. 그즈음 필라델피아 외곽에서 새로운 솔새 (혹은 딱새였을지도 모르는) 종을 발견했다. 뉴저지 해안선을 여러 번 방문하면서 윌슨은 헷갈리기 십상이던 도요새와 물떼새를 구분할 수 있게 되었고, 유럽 최고의 조류학자들을 난감하게 했던 문제들에 대한 해답의 실마리를 찾아내기 시작했다. 훨씬 더 많은 것을 이해하기 직전이었다. 해답에 닿기까지는 '시간 문제'였다.

하지만 그에게는 바로 이 '시간'이 부족했다. 1813년 7월, 윌슨은 친구에게 보낸 편지에 "난 지금 건강한 상태와는 거리가 멀어. 연구에 집중하다 보니 몸이 많이 상했어"라고 썼다. 말 그대로 그는 죽을 만큼 일했다. 그는 계속 원고를 쓰다가 8월 19일 유언장을 작성하기 시작했고, 1813년 8월 23일 아침, 마흔일곱의 나이에 미완성의 책을 남기고 세상을 떠났다.

윌슨은 몰두하던 마지막 작업을 완성하려는 방편으로, 유언장에 자신의 추종자인 조지 오드를 유산의 공동 집행인으로 지명했다. 오드는 기꺼이 이 임무를 받아들였다. 그는 《미국 조류학》 8권의 인쇄 준비를 끝내고, 9권의 원고를 편집하여 1814년에 두 권 모두 출판했다. 이후 오드는 유능한 조류학자로 성장했고, 필라델피아 자연과학 아카데미의 임원으로 수년간 활동하며 지역 과학 커뮤니티의 리더가 되었다. 그는 1820년대에 《미국 조류학》의 새 판을 준비하며 알렉산더 윌슨의 명성을 지켜내기 위해 누구보다 많은 노력을 기울였다.

물론 윌슨은 이런 미래를 알 수 없었다. 열병에 시달리던 윌슨은 루이빌에서 만났던 그 어설픈 프랑스 청년이 자신의 업적을 뛰어넘을지 궁금해했을지도 모른다. 하지만 그 시절에는 그럴 가능성이 전혀 없어 보였다. 젊은 오듀본은 예술과 조류학에 여전히 관심이 있었지만, 켄터키 주에서 더 멀리 떨어진 곳으로 이사하여 사업가로서 성공을 거두지 못한 채, 몇 년의 허송세월을 보내게 된다.

막간

새를 그린다는 것

상상을 행동으로 옮길 때

새를 그리는 화가나 삽화가라면 누구나 존 제임스 오듀본과 비교되기 마련이다. 이를 반기는 이는 없겠지만, 어쩔 수 없는 일이다.

오듀본은 역사상 가장 유명한 새 화가로, 그 누구도 근접할 수 없는 위치에 올랐다. 1838년, 실물 크기의 역동적인 새의 컬러 판화 435점이 담긴 거대한 《북미의 새》 시리즈 전 4권이 완성되었을 때 그의 명성은 보장된 것이나 다름없었다. 다른 새 화가들이 오듀본보다 더 뛰어난 작품을 남겼다 해도, 거의 200년 동안 이 한 사람이 쌓아온 세계적 명성을 뛰어넘지는 못했다.

새를 관찰하고 그림을 그려온 나에게도 오듀본은 당연히 무시할 수 없는 존재였다. 나는 우리 집 뒷마당에서 발견한 새의 매력과 도서관에서 우연히 발견한 몇 권의 책에 이끌려 이 분야에 입문하게 되었다. 당시 친척으로부터 《오듀본*Audubon*》이라는 오래된 잡지를 한 묶음 받았는데, 그때 나는 '오듀본'이 사람의 이름이라는 사실조차 몰랐고, 그저 어느 이상한 단어인 줄 알았다. 나를 처음 사로잡은 새 화가는 로저 토리 피터슨

Roger Tory Peterson이었다. 그는 1930년대에 새에 대한 혁신적인 현장 가이드를 개발하고 삽화를 그렸으며, 그로부터 30년 뒤인 내 소년 시절에도 왕성히 활동하던 예술가였다. 나는 오래된 《오듀본》에 실린 피터슨의 칼럼과 기사를 읽고, 그의 현장 가이드에 실린 삽화를 따라 그리며 시간을 보내곤 했다. 그러다 피터슨이 '20세기의 오듀본'이라고 불린다는 것을 알고 나서야 '오듀본'이라는 이름을 진지하게 받아들이기 시작했다.

예술을 배우는 많은 학생들은 대가들의 작품을 모방하면서 여러 기법을 익힌다. 하지만 나는 한 번도 오듀본 작품을 모방하고 싶다고 생각한 적이 없었다. 10대 시절 여러 방식을 실험하면서 처음으로 진지하게 그린 새 그림은 종 간의 차이를 보여주어 탐조가들이 새를 식별할 수 있도록 돕기 위한 것이었다. 내가 처음으로 쓴 책 《전문 조류 탐사를 위한 피터슨 현장 가이드Peterson Field Guide to Advanced Birding》에는 피터슨에게 직접 지도를 받으며 펜과 잉크로 그린 삽화를 실었다. 1980~1990년대에는 조류 식별에 관한 잡지 기사를 위해 투명도가 낮은 수채 물감인 구아슈를 이용해 그림을 그렸다. 이 그림에는 탐조가들이 현장에서 쌍안경을 통해 볼 수 있는 정도의 디테일을 담았는데, 깃털의 실제 색상을 보여주는 것이 중요했기 때문에 빛과 그림자의 효과는 최소화했다.

나중에 내 이름을 단 현장 가이드 시리즈를 제작할 때는 그림 대신 컴퓨터로 편집한 사진을 사용했다. 하지만 점점 붓을 휘두르는 창작 과정이 그리워져 유화로 다시 새를 그리기 시작했다. 더는 새 식별을 위한 목적으로 구체적인 부분을 묘사하는 그림을 그릴 필요가 없어지면서, 나는 깃털의 세세한 묘사는 최소화하고 다양한 빛의 방향을 실험하며 입체적인 음영을 그려보기 시작했다.

이렇게 내 그림은 19세기 초 새 삽화가들이 중시했던 깃털 하나하나의 섬세한 디테일과 사실적인 색채 묘사에서 점점 멀어졌다. 만약 내가 그 시대 조류학 역사와 관련된 아주 구체적인 질문 하나에 집착하게 되지 않았더라면, 아마도 이 방향으로 영영 돌아오지 않았을 것이다.

그 질문이 떠오른 것은 우연에 가까웠다. 삶이 때때로 우리를 출발점으로 되돌려 하나의 순환을 완성하듯, 잡지 《오듀본》에 빠져 있던 어린 소년 켄 코프먼은 수십 년 뒤 국립오듀본협회National Audubon Society의 현장 편집자가 되었다. 나는 내게 새로운 세계를 열어준 바로 그 잡지와 웹사이트의 자료를 편집하고 있었다. 이 협회는 조류 보호에 헌신하는 단체로, 오듀본이라는 인물을 기리는 데 목적을 둔 곳은 아니었다. 웹사이트에는 《북미의 새》에 수록된 435개의 컬러 도판 전체를 볼 수 있는 갤러리가 있었다. 어느 날 나는 이 온라인 갤러리를 훑어보다가 몇몇 새들이 보이지 않음을 발견했다. 이토록 방대한 컬렉션임에도 북아메리카의 많은 새들이 오듀본의 화폭에 담기지 못한 것이다.

그중 몇 종은 쉽게 이해할 수 있다. 대륙 서부에 널리 퍼져 있는 북아메리카대초원매Prairie Falcon는 의심할 여지없이 수천 년 동안 선주민들에게 잘 알려진 새였다. 이 새들은 항상 적은 개체 수로 나타나며 넓은 평원을 빠르게 날아다닌다. 초기 유럽에서 건너온 탐험가들도 이 새를 목격했을 수 있지만, 새로운 종으로 인식하지 못했고 1850년까지 과학계에 설명되지 않았다. 주로 동부에서 활동한 오듀본 역시 이 종을 포함해 다른 많은 서부 및 남서부의 조류를 발견하지 못했다. 그렇지만 필라델피아비레오Philadelphia Vireo, 회색뺨지빠귀Gray-cheeked Thrush, 붉은부리큰제비갈매기Caspian Tern처럼 동부에 널리 서식하는 새들은 어떨까? 미국의 자연주의자들은 어떻게 1800년대 중반까지 이 새들을 놓쳤던 걸까?

이런 의문이 나를 사로잡았다. 그리고 이 질문은 더 엉뚱한 질문으로

　　　모든 새를 보았다고 믿은 남자

같은 새, 다른 예술가: 삽화가에 따라 얼마나 그림의 스타일이 다를 수 있는지 보여주기 위해 백로의 두 가지 모습을 실었다. 위는 켄 코프먼, 아래는 존 제임스 오듀본의 작품이다.

이어졌다. 만약 오듀본이 이 종들을 발견하고 그림으로 남겼다면, 그 작품들은 어떤 모습이었을까?

처음에는 그저 뜬구름 같은 생각이었다. 하지만 그 생각은 몇 달이 지나도록 마음 한구석에 남아 있다가 가끔씩 떠올랐다. 그 전까지는 다른 사람의 미완성 작품에 대해 완성된 모습을 상상해본 적도, 그런 의문을 가져본 적도 없었다. 호기심이 깨어난 듯했다. 오듀본이라면 어떻게 그렸을까?

나는 분석을 시작했다. 오듀본은 우렁이솔개Snail Kite를 그린 적은 없지만 다른 종의 매를 그린 적이 있다. 히코리나무에 앉아 있는 두 마리의 넓적날개말똥가리Broad-winged Hawk 그림에서 한 마리는 날개를 활짝 편 채 자세하게 묘사되었다. 붉은꼬리말똥가리 두 마리가 공중에서 날고 있는 그림에서 한 마리는 날카로운 발톱으로 불쌍한 토끼를 움켜쥐고 있다. 진흙탕 습지에서 황소개구리를 막 잡은 어린 붉은어깨말똥가리Red-shouldered Hawk의 그림도 있다. 나는 많은 시간을 들여 오듀본의 색채 사용과 그의 스타일을 정의하는 공통 요소를 연구하기 시작했다.

몇 가지 분명한 특징이 있었다. 오듀본은 모든 새를 실물 크기로 그렸기 때문에 60×90센티미터 이상의 큰 종이 사이즈임에도, 일부 몸집이 큰 종은 다소 이상하고 왜곡된 자세로 억지로 종이에 욱여넣었다. 모든 새는 눈높이에서 바라본 시점으로 그렸고, 흰 새를 그릴 때 배경을 파란색이나 회색으로 그린 경우를 제외하면 대부분 배경은 흰색이었다. 새, 나뭇잎, 꽃, 곤충, 조개껍데기 등 그림 속 모든 정물은 정교하고 세밀하게 묘사되어 있다. 연구하면 할수록 오듀본이 자신의 그림을 채색화가 아닌 드로잉이라고 불렀던 이유를 이해할 수 있었다. 모든 작품은 색을 입히기 전에 아주 세밀하게 묘사됐으며, 새들의 자세나 행동은 비현실적일 때도 있지만, 깃

 모든 새를 보았다고 믿은 남자

털 하나하나의 드로잉은 현실을 충실히 반영하고 있다.

이처럼 오듀본의 스타일과 구도를 분석하면서, 그가 직접 본 적 없는 새를 어떻게 묘사했을지 상상하며 많은 시간을 보냈다. 하지만 이 상상을 종이에 옮겨보지는 않았다. 코로나19라는 세계적 보건 위기가 일어나기 전까지, 나는 관성에서 벗어나지 못한 채 그저 생각에만 머물러 있었다.

그러다 2020년 3월, 미국인들은 밀려드는 환자로 포화 상태인 병원, 늘어나는 사망자, 일상 속 극심한 불확실성, 수많은 휴업과 갑작스러운 계획 취소 등 코로나19의 다양한 위협을 마주했다. 나 역시 수많은 일정과 여름휴가 계획이 중단되었다. 쏟아지는 뉴스에 시달리며 지친 나는, 여전히 미루고만 있던 19세기 풍의 그림에 다시 사로잡혔다.

대체 뭘 기다리는 거야? 나는 스스로를 다그쳤다. 아무것도 하지 않고 생각만 하고 앉아 있을 작정이야? 그렇게 나는 나만의 오듀본 스타일 새 그림을 위한 첫걸음을 뗐다. 봉쇄 정책으로 오하이오의 집에 틀어박히게 되면서 2세기 전 위대한 예술가가 새 삽화 세계에 첫발을 내디딘 과정을 따라가 보기로 했다.

프랑스에서는 장 자크 오듀본Jean Jacques Audubon으로 불리던 젊은 존 제임스 오듀본은 1803년 8월 미국에 도착했는데, 마침 그해 유행한 황열병에 걸려 쇠약해지고 말았다. 그때 두 명의 퀘이커 교도 여인이 그를 간호하면서 기초적인 영어를 가르쳐주었다. (그 영향으로 오듀본은 평생 이들이 자주 쓰던 예스러운 말투 '그대thee, thou'를 자주 사용했다.) 이후 그는 필라델피아 서쪽 밸리 포지 지역에 있는 아버지의 소유지, 밀 그로브Mill Grove로 향했다.

프랑스의 해군 장교이자 사업가, 노예 상인, 기업가였던 그의 아버지는 몇 년 전 아이티의 부동산을 매각한 수익으로 115만 제곱미터 규모의 밀 그로브 땅을 사들였다. 숲과 농지, 제재소, 제분소뿐 아니라 광산으로서의 잠재력도 있는 곳이었다. 그는 아들이 나폴레옹의 군대에 징집되지 않도록 미국으로 보내면서, 밀 그로브의 소작농 관리인을 도우며 사업을 거들도록 하려고 했던 것 같다. 하지만 존 제임스는 농장이나 제재소와 제분소, 광산 운영에 별다른 관심을 보이지 않았다.

그가 18세 또래 소년에 비해 특별히 더 이기적이거나 자기중심적이었던 것은 아니었다. 다만 특권을 누리며 자랐기 때문에 흥미를 느끼는 것에만 집중하고 세세한 일들은 하인들에게 맡기는 데 익숙했다. 존 제임스는 펜실베이니아에서 승마, 사냥, 낚시, 바이올린 연주, 춤, 각종 사교 행사 참석, 그리고 이웃의 아름다운 딸 루시와의 연애로 바쁘게 지냈다. 또한 수많은 시간을 새를 관찰하고 그리는 데 할애했다.

그는 프랑스에서 지내던 소년 시절부터 새에 푹 빠져 있었고 시간이 날 때마다 새를 그리는 연습을 해왔다. 하지만 이제는 자신의 작품을 더 냉정하게 바라보면서, 정확하고 세밀한 묘사를 위해 노력하겠다고 결심했다.

그림을 많이 그려보지 않은 사람들은, 예술가에게는 타고난 재능이 있어서 대상을 한번 보면 바로 쓱쓱 스케치한다고 생각할지 모른다. 하지만 기억력에는 한계가 있다. 내가 아는 모든 새 삽화가들은 새의 디테일을 제대로 살리기 위해 실물이나 사진, 표본을 참고하며 밑그림을 그린다.

새는 끊임없이 움직이고 언제든 날아갈 수 있기 때문에, 살아 있는 새를 보면서 스케치하는 건 까다로운 일이다. 하지만 이 방식이 새의 진정한 형태나 자세를 포착하는 가장 좋은 방법이다. 오늘날 세계적으로 존경받는 새 화가 데이비드 시블리David Sibley나 킬리언 멀라니Killian Mullarney는 현장에서 망원경으로 관찰하며 새를 스케치하는 데 수많은 시간을 투

  모든 새를 보았다고 믿은 남자

자했다. 1800년대 초 오듀본에게는 이런 광학 장비가 없었지만, 어쨌든 그는 살아 있는 새를 그리려고 노력했다.

밀 그로브를 지나 흐르던 스쿨킬 강의 지류|支流, 강의 원줄기로 흘러들거나 원줄기에서 갈려 나온 물줄기-옮긴이주| 퍼키오멘 크리크Perkiomen Creek에는 그가 휴식처로 자주 찾던 작은 동굴이 있었다. 동굴 입구 바로 안쪽에는 동부피비새Eastern Phoebe 한 쌍이 둥지를 틀었다. 이 온순한 회색과 흰색의 명금은, 오듀본이 가만히 앉아 그들의 행동을 관찰하는 동안 그를 익숙하게 여기게 되었다. 어느 날 문득 오듀본은 이 피비새들이 그의 이상적인 피사체가 될 수 있겠다는 생각이 들었다.

자연을 표현하고자 하는 나의 열렬한 욕망을 충족시킬 수 있는 것은, 결국 나만의 방식으로 살아 움직이는 자연을 있는 그대로 베끼는 방법밖에 없다는 생각이 섬광처럼 스쳐 지나갔다! 그 후 내가 가장 좋아하는 피비새를 수백 번 그리기 시작했다. 이 그림들이 얼마나 좋은지 나쁜지는 알 수 없지만, 내 앞의 높은 산에 한 발짝 올라간 것만 같았다. 나는 몇 달 동안 새가 하강하거나 날아가는 모습을 관찰하면서 간단히 윤곽을 그리는 작업을 계속했지만, 결국 그 어느 스케치도 완성하지 못했다.*

"결국 그 어느 스케치도 완성하지 못했다." 살아 움직이는 피사체의 디테일을 완벽히 포착하여 묘사하는 것은 그만큼 어려운 일이었다. 그는 결국 피비새가 아닌 다른 새를 사냥하여, 갓 죽은 새의 표본으로 작업을 시

---

* 이때의 노력을 생각하면 《북미의 새》에 실린 그의 피비새 그림이 20년 후인 1820년대 중반에야 완성되었다는 점, 그리고 피비새의 일반적인 형태나 자세를 제대로 담아내지 못했다는 점이 의아하다. 피비새를 수백 번 스케치하는 것은 좋은 연습이었을지 모르지만, 거기서 얻은 통찰이 결과로 이어지지는 못한 것 같다.

작했다. (가장 좋아했던 피비새만큼은 큰 애착 때문인지 절대 쏘지 않았다.)

그는 새의 발을 하나로 묶어 거꾸로 매단 뒤 날개를 완전히 펼쳐 깃털 하나하나를 그리기 시작했다. 하지만 결과물은 살아 있는 새와 전혀 닮지 않았고, "이런 식이라면 고작 가금류 판매상이나 좋아할 멋진 간판일 뿐이지 않은가!"라며 절망했다. 오듀본은 표본의 여러 부분에 끈을 연결하여 꼭두각시처럼 매달아보기도 했지만 결과는 여전히 좋지 않았다. 또 나무, 코르크, 철사로 모형 새를 만들어보기도 했는데, 어찌나 형편없었는지 친구가 보고 큰 소리로 비웃자 모형을 부수고 내다버렸다고 한다.

오듀본은 밤낮으로 이 문제에 집착했다. 어느 날 새벽, 날이 밝아오기도 전부터 새로운 아이디어가 그를 깨웠다. 몇 년이 지나 쓴 글에서도 그때의 흥분이 고스란히 느껴진다. "나는 찾고 있던 답을 얻었다는 확신에 가득 차 침대를 박차고 나왔다… 말에 안장을 채우라고 시켰고, 쏟아지는 질문들엔 대답하지 않고 그대로 말을 타 5마일|약 8킬로미터-옮긴이주| 정도 떨어진 작은 마을 노리스타운을 향해 질주했다… 도착했을 때 문을 연 상점은 아무 곳도 없었고, 날도 아직 밝지 않았다." 그는 일단 강으로 가서 목욕한 뒤, "마을로 돌아와 가장 먼저 문을 연 상점에서 다양한 굵기의 철사를 몇 개 샀다. 말을 타고 다시 내달려 아주 짧은 시간에 밀 그로브로 돌아왔다. 아마 내가 미쳤다고 생각했을 한 소작인의 아내가 내게 아침 식사를 권유했지만, 나는 식사 대신 총을 가져오라고 부탁했다."

누구라도 그날 새벽의 오듀본을 봤다면 미쳤다고 생각했을 것이다. 하지만 그는 열정에 사로잡혀 있었다. 그는 퍼키오멘 크리크로 내려가 처음 마주친 새인 목도리물총새Belted Kingfisher를 사냥해 집으로 가져왔다. "나는 밀러에게 부드러운 나무판을 가져오라고 했다. 그가 판자를 가져오는 동안 나는 철사를 날카롭게 깎기 시작했다… 철사로 물총새의 몸통을

     모든 새를 보았다고 믿은 남자

관통해서 판자 위에 고정했고, 또 다른 철사를 부리 위로 통과시켜 머리를 꽤 그럴듯한 자세로 고정했다… 마지막 철사로 새의 꼬리를 들어 올려 고정하자 마침내 내 앞에 물총새가 진짜 같은 모습으로 서 있었다!"

이것은 《북미의 새》 판화를 포함하여 그가 평생 사용하게 될 방법이었다. 나무판과 철사, 핀을 활용해 아직 부드럽고 유연한 갓 죽은 새를 적절한 위치와 자세로 고정하고, 나무판의 격자를 이용해 전체적인 비율을 확인하여 그림을 그리는 방식이었다. 오듀본은 새들을 실물 크기로 그렸기 때문에 예술용 나침반과 구분선을 사용하여 날개의 너비, 발톱의 길이 등 새의 디테일을 측정하고 이를 그림에 그대로 반영했다. 이 과정을 통해 오듀본은 정확하면서도 정교한 그림을 완성할 수 있었다.

나는 이 모든 사실을 오듀본에 관한 여섯 권의 전기와 그의 에세이 《내가 새를 그리는 법My Style of Drawing Birds》을 읽고 알아냈다. 하지만 그의 방법을 안다고 해서 그 기법을 바로 따라 할 수 있는 것은 아니었다. 오늘날 새를 사냥하여 그림의 피사체로 사용하는 것이 만일 합법이었다고 해도(당연히 합법이 아니다), 새를 쏘는 일은 절대 선택지로 고려하지도 않았을 것이다. 오듀본처럼 새의 형태와 디테일을 정확하게 표현하기 위한 다른 방법이 필요했다.

나는 붉은부리큰제비갈매기와 회색뺨지빠귀, 이 두 새에 초점을 맞춰 실험해보기로 했다. 제비갈매기는 여러 가능성을 고려해서 선택한 것이지만, 회색뺨지빠귀는 우연히, 오히려 새가 나를 선택한 경우다.

우아하고 긴 날개를 가진 붉은부리큰제비갈매기는 은회색과 흰색 몸통에 진홍색 부리를 가진, 제비갈매기류 중 가장 큰 새로, 일반적인 갈매기 크기 정도이다. 남극 대륙을 제외한 모든 대륙과 많은 해양 섬에 널리 분포하며 쉽게 볼 수 있는 새이기도 하다. 1770년, 프로이센의 과학자

페터 시몬 팔라스Peter Simon Pallas가 유라시아의 카스피 해에서 이 새를 발견하고 이름을 붙였다. 봉쇄 기간 동안 머물렀던 오하이오의 집으로부터 16킬로미터 정도 떨어진 이리 호湖 인근에서 붉은부리큰제비갈매기를 쉽게 관찰하고 연구할 수 있었기 때문에 내게는 완벽한 실험 대상이었다.

놀랍게도, 오듀본은 래브라도를 포함해 여러 곳에서 크고 눈에 잘 띄며 개체 수도 많은 이 새를 분명 보았을 것임에도 알아보지 못하고 지나쳤다. 오듀본과 윌슨을 비롯한 동시대 사람들은 이 새를 남동부 해변에서 흔히 볼 수 있고 크기가 거의 비슷한 아메리카큰제비갈매기Royal Tern와 혼동했다. 게다가 이 두 종의 제비갈매기를 남미의 다른 비슷한 새에 붙여진 이름이었던 '카옌제비갈매기Cayenne Tern'로 한데 묶어 부르기도 하여 혼란을 가중했다.

1840년대에 윌리엄 갬벨William Gambel이 아메리카큰제비갈매기가 별개의 종이라는 사실을 알아냈고, 1850년 5월에 조지 로런스George Lawrence가 지금까지 '카옌제비갈매기'로 알려진 종이 사실은 갬벨이 말한 아메리카큰제비갈매기와 당시 유럽에서 잘 알려진 붉은부리큰제비갈매기 두 종을 포함하고 있음을 발표하면서 혼동은 정리되었다. 어쨌든 오듀본은 붉은부리큰제비갈매기를 구별하지 못했고, 그리지도 않았다. 나는 이 새를 오듀본이 자신의 스타일로 그린다면 어땠을지 상상하며 작업에 착수했다.

일단 세밀하고 정확하며, 실물 크기여야 했다. 크기에 대한 조건이 있다 보니 그림 속 새의 자세에 제약이 생겼다. 오듀본은 날고 있는 작은 제비갈매기 종을 여러 번 그렸지만, 붉은부리큰제비갈매기는 한쪽 날개 끝에서 다른 날개 끝까지의 길이가 120센티미터 정도로, 내가 사용하던 초대형 수채화 용지 한 장에는 날고 있는 모습을 온전히 담아낼 수 없었다.

                 모든 새를 보았다고 믿은 남자

결국 오듀본의 (카옌제비갈매기로 불렸던) 아메리카큰제비갈매기 초상화에서처럼 땅에 서 있는 모습을 그리는 수밖에 없었다.

살아 있는 새를 관찰하며 스케치하는 일은 내가 가장 큰 만족을 느끼는 활동 중 하나다. 두 손을 자유롭게 사용할 수 있도록 튼튼한 삼각대 위에 탐조용 망원경 필드스코프를 올려놓는다. 새를 발견하면, 왼손엔 단단한 판으로 받친 스케치북을, 오른손엔 연필을 들고 스코프를 통해 새를 관찰한다. 새가 시야에 들어오기까지 기다렸다가, 스코프와 스케치북을 오가며 그림을 그리기 시작한다. 새가 움직이면 먼저 윤곽선을 그리며 형태와 자세를 재빨리 포착하려 노력한다. 새가 가만히 앉아 있으면 디테일을 더 자세히 묘사한다. 시선에서 손으로 이어지는 움직임이 물 흐르듯 매끄러워지면 새의 형태와 무늬를 종이 위에 선으로 표현하는 것이 무의식적으로 이뤄진다. 마치 새라는 시각적 감각에 온전히 몰입한 명상 같다.

붉은부리큰제비갈매기는 하늘을 가로지르거나 물고기를 잡기 위해 물속으로 뛰어들지 않을 때면 탁 트인 해변에 앉아 많은 시간을 보낸다. 고개를 돌리거나 날개를 축 늘어뜨리기도 하고, 깃털을 살짝 손질할 때도 있지만 대체로는 가만히 서 있다. 덕분에 제비갈매기가 다른 위치로 이동하거나 새로운 자세를 취할 때까지는 스코프와 스케치북을 오가며 그림을 다듬고 세부 묘사를 추가할 수 있었다.

코로나19 초기, 정부 관계자들은 여러 시행착오를 겪으며 대응책을 마련하고 있었고 그 과정에서 일부 야생동물 보호구역과 주립공원에는 일반인의 출입이 금지되었다. 하지만 나는 그런 제한이 없는 이리 호 인근 지역을 알고 있었고, 5월 초에 홀로 그곳에 가서 제비갈매기의 인상적인 모습을 스케치북에 가득 담아왔다. 좋은 광학 장비가 없었던 오듀본은 이런 방식으로 그릴 수 없었다. 가끔 배를 타고 탐험할 때 선장의 망원경을 빌

저자가 실물 새를 보면서 스케치한 붉은부리큰제비갈매기.

러 먼 모래톱의 생명체들을 희미하게 관찰할 수 있었겠지만, 1800년대 초반에는 새의 세부적인 부분을 관찰할 수 있는 고성능 망원경이 없었다. 이 점에서는 내가 오듀본보다 유리했다고 할 수 있겠다. 며칠의 시도 끝에 작업이 잘 풀리는 듯했지만, 결국 이리 호 인근 지역도 봉쇄되었고 붉은부리큰제비갈매기를 스케치할 수 있는 장소를 잃고 말았다.

며칠 후, 어떻게 해야 할지 계속 고민하던 중 기적처럼 새 한 마리가 내 앞에 나타났다. 만약 내가 미신을 믿는 사람이었다면, 이를 하늘의 계

　　　모든 새를 보았다고 믿은 남자

시로 받아들였을 것이다. 아내 킴벌리가 마당 뒤편에서 개똥지빠귀를 봤다면서 뺨이 회색인 것 같다고 이야기해준 것이다.

우리 집에서 북쪽에 위치한 이리 호를 따라 우거진 숲에서는, 5월이면 다섯 종의 갈색개똥지빠귀가 봄철 이동 중에 잠시 쉬는 모습을 관찰할 수 있다. 하지만 농경지로 둘러싸여 있고 나무 몇 그루 있는 게 전부인 우리 집 작은 마당에 개똥지빠귀와 같은 숲새가 멈췄다 가는 일은 흔치 않았다. 가끔 덤불이 우거진 구석에서 갈색지빠귀Hermit Thrush나 스웨인슨지빠귀Swainson's Thrush를 볼 수 있지만, 회색뺨지빠귀는 더 깊은 숲속을 선호하는 경향이 강한 종이다. 하지만 킴벌리의 말처럼 정말 회색뺨지빠귀가 우리 집 마당을 중간 휴식처로 선택한 듯했고, 이틀 동안 머물렀다.

새가 머무르는 동안, 이 새를 스케치하는 게 내 목표가 되었다. 개똥지빠귀는 제비갈매기처럼 가만히 앉아 있지 않기 때문에 관찰에 더 많은 노력이 필요했다. 이 새는 마당 곳곳을 돌아다니며 수줍음이 많은 일반적인 회색뺨지빠귀에 비해 더 자주 모습을 드러냈다. 꽃밭이나 울타리 밑에 숨어 잠시 시야에서 사라졌는가 하면, 얼마 안 가 조심스럽게 경계하면서 목을 길게 빼고 눈을 크게 뜬 채 주위를 살피며 멈춰 서 있었다. 그때 나는 깨달았다. 집 안에서 가만히 바라보면, 새를 겁주지 않으면서 충분히 관찰할 수 있다는 사실을.

그렇게 스케치북을 채워가기 시작했다. 대부분 거칠고 단순한 윤곽선으로 순간적인 포즈를 그렸다. 날개의 구조, 혹은 머리나 가슴의 패턴이 잘 보일 때는 더 자세히 그리려고 애썼다. 하지만 어린 존 제임스가 사랑하는 피비새를 그리려고 노력했을 때처럼, 나 또한 그 어느 스케치도 완성하지 못했다.

실물 스케치는 새 그림의 구도를 잡는 데는 유용했지만, 오듀본 스타

저자가 실물 새를 보면서 스케치한 회색뺨지빠귀.

일로 그림을 완성하는 데 필요한 깃털 하나하나의 세세한 묘사는 불가능했다. 추가적인 작업 단계가 필요했다.

회색뺨지빠귀의 날렵한 우아함과 미묘한 얼굴 표정을 포착해서 그림으로 옮기려 애쓰는 동안, 한 가지 생각이 줄곧 내 머릿속을 맴돌았다. 오듀본이 회색뺨지빠귀의 이동 경로였던 켄터키에서 몇 년을 보냈음에도 이 새를 완전히 놓쳤다는 게 얼마나 이상한 일인가, 하는 생각이었다.

3장

개똥지빠귀의 덤불

　10대 시절의 끝 무렵까지, 나는 미국의 50개 주 중에 48개 주를 방문했다. 모든 주를 가보겠다는 목표를 세웠던 것은 아니었다. 북미에서 볼 수 있는 모든 새를 찾아보고 싶다는 일념으로 북미 전역을 히치하이크로 다니다 보니 자연스럽게 그리 된 것이다. 몇 년 후, 호주로 가는 길에 경유지로 들른 하와이가 내가 방문한 49번째 주가 되었다. 마흔 살 생일이 다가오던 해, 나는 마침내 50번째이자 마지막 주에 방문했다. 바로 켄터키였다.

　어떻게 그때까지 켄터키가 빠져 있었을까? 초창기 히치하이크 여행에서 나는 주로 알래스카 이남의 미국 48개 주 구석구석을 가로지르는, 미국 여행의 대동맥이라 할 수 있는 주간州間 고속도로를 따라 이동했다. 사실 고속도로에서 차를 세워 태워달라고 부탁하는 것은 불법이었지만 장거리 여행객이 많은 고속도로라 나를 태워줄 운전자를 만날 확률이 높았기 때문에, 들키면 체포될 위험이 있어도 도전할 만하다고 생각했다. 나는 주 사이를 가장 직접적으로 연결하는 고속도로를 골라 이동했다. 동부 주를 횡단할 때는 걸프 해안을 지나는 10번 주간 도로, 테네시 주를 관통하는 40번 도로, 인디애나와 오하이오 주를 통과하는 70번 도로를 따라 이동했다. 북쪽이나 남쪽으로 이동할 때는 서부 해안을 따라 5번 도로를, 중부 지역의 주를 관통하는 35번 도로를, 대서양 연안을 따라 이어지는 95번 도로를 이용했다. 이 중 다섯 개 도로의 일부가 켄터키를 통과하긴 했지만, 당시 어렸던 내게 그곳은 굳이 내려야 할 경유지나 목적지처럼 느껴지지 않았다. 켄터키를 싫어했다기보다는 단지 내 탐험의 주요 경로에 포함되지 않았을 뿐이었다.

하지만 과거에는 켄터키가 많은 사람들의 주요 경로이자 확실한 목적지였다. 1700년대에 여러 가지 모호한 조약과 토지 매입으로 이로쿼이Iroquois, 체로키 등 여러 선주민 부족들이 이 지역의 대부분을 영국에 넘겨야 했고, 독립전쟁 이후 미국이 이곳을 차지했다. 1780년대에는 대니얼 분Daniel Boone이 컴벌랜드 고개를 가로질러 황야 길을 개척했다. 이곳이 풍요롭고 비옥한 기회의 땅이라는 소문과 더불어, 토지 투기꾼들이 땅값을 올리려고 쏟아낸 찬사에 이 지역에 대한 관심이 높아졌고 많은 이들이 몰려들어 정착하기 시작했다. 그런 투기꾼 중 한 명인 존 필슨John Filson은 켄터키에 관한 책을 쓰며 대니얼 분의 화려하고 낭만적인 이야기를 실었다. 이 책의 해적판 번역본과 복사본이 유럽과 미국 전역으로 퍼졌고, 시골뜨기 양반 대니얼 분은 일약 스타덤에 올랐다.* 이와 동시에 켄터키는 찬란한 풍요의 땅으로서 국제적인 명성을 얻게 되었다. 이 지역은 1792년, 미국의 열다섯 번째 주로 편입되었다.

한편 미주리 주의 북쪽 경계를 이루는 오하이오 강은 당시 사람들의

---

* 나중에 대니얼 분의 전설에 많은 이야기가 덧붙여졌다. 그중 두 가지는 오듀본의 글에서 유래했다. 하나는 켄터키의 숲에서 둘이 함께 사냥할 때 분이 보여준 훌륭한 소총 실력이고 또 하나는 그의 놀라운 기억력에 관한 이야기였다. 그러나 오듀본이 분을 만났다고 주장했던 시기에 분은 약 80세의 나이로 미주리에 살고 있었다.

 모든 새를 보았다고 믿은 남자

주요 이동 경로였다. 펜실베이니아 주 피츠버그에서 미시시피 강까지 약 1,600킬로미터에 걸쳐 흐르는 이 강은 그 당시의 '주간 고속도로'이자 애팔래치아 서부의 상업과 여행의 대동맥이었다. 토머스 제퍼슨은 1781년에 오하이오 강을 두고 "지구상에서 가장 아름다운 강"이라고 표현했는데, 사실 그때 제퍼슨은 이 강을 직접 본 적이 없었다. 아마 이 말은 강의 시각적 매력에 대한 찬사라기보다는, 교통과 무역에 대한 강의 가치를 높이 평가한 표현일 것이다. 1800년대 초 증기선이 등장하여 상류에서도 하류처럼 쉽게 이동할 수 있게 되면서 이 강의 역할은 더욱 커졌다.

젊은 존 제임스 오듀본과 그의 아내 루시도 켄터키를 매력적인 정착지로 여겼다. 1808년 4월, 펜실베이니아에 있는 아버지의 저택에서 결혼한 두 사람은 피츠버그로 이동한 후, 오하이오 강을 따라 나룻배를 타고 (루시는 이를 "아주 지루하고 원시적인 여행 방식"이라고 생각했다) 서부로 향했다. 그곳 루이빌에서 2년을 지낸 후(1810년에 알렉산더 윌슨을 처음 만난 게 바로 이때다), 강을 따라 200킬로미터를 더 내려가 켄터키 주의 헨더슨으로 이동했다. 헨더슨은 작은 마을이었지만 거친 대지의 루이빌보다는 이 예술가의 취향에 더 잘 맞았다. 오듀본은 잡화점을 열었는데, 처음에는 장사가 잘되지 않았다. 끼니를 위해 숲과 들판에서 사냥하거나 강에서 낚시하는 것은, 오히려 오듀본에게 야외에서 자연을 관찰하며 시간을 보낼 수 있는 완벽한 핑계가 되어주었다. 그는 끊임없이 새를 그리고 그 특성을 기록했다.

헨더슨에서의 나날은 오듀본이 북미 조류에 대한 다양한 지식을 쌓는 토대가 되었고, 그가 1820년 이후 더 많은 지역을 여행하기 시작할 때 비교 기준이 되었다. 다양한 조류 집단의 계절적 출현과 활동을 알기 위한 가장 좋은 방법은 한곳에 계속 머물면서 그들의 이동과 행동을 관찰하는 것인데, 헨더슨은 이를 실천하기에 이상적인 환경이었다.

오듀본은 오하이오 강에서 겨울을 보내기 위해 가을쯤에 도착하는 오리 떼와, 그들을 사냥하기 위해 북쪽에서 날아오는 송골매Peregrine Falcon의 멋진 비행을 보았다. 그는 다양한 명금들이 남쪽에서 긴 겨울을 보낸 후 이곳으로 날아오는 것을 관찰했고, 그중 일부는 북쪽으로 가는 도중 잠시 이곳에서 휴식하는 것임을 알아냈다. 오듀본은 여름 내내 머물렀던 많은 새들의 알 품기 습성에도 주목했다. 3월에는 켄터키 북부의 들판에서 검은가슴물떼새Golden Plover가, 9월에는 오하이오 강에서 제비갈매기와 도요새 등의 무리가 여름과 겨울 서식지로 이동하는 도중에 이곳을 거쳐 간다는 사실도 알게 되었다. 또한 수줍음이 많은 다우니딱따구리Downy Woodpecker처럼 어떤 새들은 1년 내내 이동하지 않고 한결같이 이 지역에 머문다는 것도 알아냈다.

켄터키에서의 아름다운 시절은 1819년 오듀본이 경제적인 파탄을 겪으면서 끝났지만, 이 젊은 가족은 한동안 이곳에서 풍족한 삶을 누렸다. 이 시기는 오듀본의 가족이 '평범하고 안정적인 삶'에 가장 가까이 다가간 시절이었다. 먼 훗날 그는 회상했다. "헨더슨과 그 통나무집 지붕 아래에서 느꼈던 행복은 죽을 때까지 내 마음에서 지워지지 않을 것이다."

헨더슨에 대한 오듀본의 애정은 현대에 이르러 여러 방식으로 보답받고 있다. 인디애나를 통과하는 69번 주간 고속도로를 타고 시내에 들어오면, 외곽에서 오듀본 크라이슬러 대리점 간판이 여행객을 맞이한다. 시내를 달리다 보면 전당포, 인쇄소, 치과, 철물점 등 오듀본의 이름을 딴 다양한 사업체의 간판이 눈에 들어온다. 시내 강변의 공원에는 오듀본의 동상이 세워져 있고, 그의 가장 유명한 그림들을 표현한 조각품들이 거리를 따라 늘어서 있다. 그가 이곳을 떠난 지 200년이 넘었지만, 그에 대한 기억은 여전히 이곳에 생생하게 살아 있다.

그중에서도 특히 오듀본이 마치 살아 숨 쉬는 듯한 곳은 마을 북쪽의 숲이 우거지고 약간 언덕진 '존 제임스 오듀본 주립공원'이다. 이 공원에는 오듀본이 헨더슨에서 보낸 시간과 시대적 배경, 전 생애와 업적에 대한 개요 등을 소개하는 훌륭한 전시관이 자리하고 있다. 나는 그 전시관에서도 많은 시간을 보냈지만, 이곳을 방문하면 머무는 시간 대부분을 야외에서 보내곤 한다. 완만한 언덕과 계곡을 지나는 산책로는 단풍나무, 너도밤나무, 참나무, 단풍나무, 튤립나무 등 활엽수가 자생하는 아름다운 숲을 통과한다. 그중 거대한 몇 그루는 수령이 족히 200년은 넘었으리라 짐작할 수 있다. 그리고 큰 도가머리딱따구리Pileated Woodpecker부터 작은 흰가슴딱따구리White-breasted Woodpecker에 이르기까지, 이 숲의 텃새 중 일부는 오듀본이 살던 시절 이 숲을 날아다니던 새들의 직계 후손일지도 모른다.

5월 초 아침에 이곳을 찾는다면, 나는 텃새보다는 이동 중인 나그네새들, 그중에서도 특히 열대 지방에서 날아오는 명금들에게 주목할 것이다.

1800년대 초의 자연주의자들은 새들의 이동에 대해 거의 이해하지 못했다. 계절과 새들의 이동 방향의 관계성을 조금씩 알아채기 시작했지만, 철새의 규모나 이동 거리는 알 방법이 없었다. 첨단 기술과 방대한 탐조 네트워크가 갖춰진 오늘날에도, 우리는 여전히 이 놀라운 현상의 면면을 밝히기 위해 노력을 이어가고 있다.

매년 봄과 가을, 미국 동부를 거쳐 남북으로 이동하는 작은 철새들의 수는 수십억 마리에 이른다. 이 새들 대부분은 밤에 이동하기 때문에 그 움직임은 눈에 잘 띄지 않는다. 계절이 절정에 달하고 바람이 알맞게 부는 맑은 날 저녁이면, 수많은 철새들이 해가 진 직후 이륙하여 별과 지구 자기장 그리고 여러 단서를 따라 밤하늘을 날며 경로를 찾는다. 새벽이 되면 지상으로 내려와 숲이나 초원, 습지 등으로 흩어져 하루 또는 며칠 동안 휴식을 취하며 먹이를 구한다.

봄이나 가을의 밤에는 100만 마리의 새가 헨더슨 상공을 지나며 이동한다. 새벽을 틈타 한 번에 수천 마리씩 이 지역으로 내려오기도 한다. 하지만 이 새들은 곧장 여러 곳으로 퍼져 나가기 때문에 일부러 새를 찾아다니는 탐조가가 아니라면 직접 보기 힘들다.

5월 초, 철새 이동이 절정에 이를 때쯤 도착하는 새들 대부분은 아주 먼 거리를 이동하는 철새들이다. 참새나 방울새와 같이 추운 날씨에도 씨앗을 먹으며 지낼 수 있는 단거리 여행자 새들은, 북미 중부와 남부에서 겨울을 보낸 후 이른 봄에 미국 북부나 캐나다로 이동한다. 그 후 곤충을 먹는 다양한 새들이 멕시코, 카리브 해, 중앙아메리카, 남아메리카 등 먼 열대 지방에서부터 북쪽의 여름 보금자리까지 찾아온다. 5월에 헨더슨에서 잠시 머무는 스웨인슨지빠귀는 페루의 안데스 산맥 동쪽에서 겨울을 보내고 알래스카 중부 어딘가로 향하는 놀라운 여정의 한가운데에 있을지도 모른다.

200년에 걸친 세심한 관찰과 연구 덕분에, 오늘날 우리는 철새의 경로에 관해 많은 사실을 알게 되었다. 우리가 새를 관찰할 때 보이는 것은 단편일 뿐이지만, 그동안 축적되어 온 지식의 틀 속에 내가 관찰한 것을 끼워 적용하면서 지금 보고 있는 현상이 무엇인지 파악할 수 있다.

하지만 현재가 아닌 1811년 5월의 어느 날 아침, 오듀본의 부츠를 신고 헨더슨 주변의 숲으로 걸어 나간다고 상상해보자. 쌍안경도, 참고 서적도, 루이빌에서 마주쳤던 윌슨의 책도 없이 말이다. 어떤 느낌이었을까? 우리가 아는 사실이라고는 지금이 봄이고 일부 새들이 북쪽으로 이동하는 중인 것 같다는 막연한 생각뿐이다. 이들의 이동 시기를 예상할 수 있는 단서는 아무것도 없다. 오늘 아침 숲에서 지저귀는 새들이 과연 어제의 새들과 같은 개체일까? 새들이 덤불과 나무 사이를 날아다니는 것은 계절 이동의 과정일까, 아니면 그저 일상의 한 장면일까?

아무리 노력해도 200년 전 탐조가의 마음을 상상해보는 건 쉽지 않다. 수십 년 동안 조류를 관찰하다 보니, 당시 사람들이 했을 법한 질문을 떠올리려 해도 머릿속이 자동으로 빈칸을 채워버린다. 다행히도 봄 철새의 이동은 정말 기적과도 같은 현상이라 아무리 많은 사실을 안다 해도 그 경이로움은 줄지 않는다.

동도 트지 않은 어스름한 새벽, 나는 존 제임스 오듀본 주립공원의 가장자리에 앉아 있다. 머리 위로는 스웨인슨지빠귀가 지저귀는 소리가 들려온다. 야행성 철새들은 종종 특별한 이유 없이 날면서 짧게 우짖는데, 이동이 활발한 밤이면 어두운 하늘에서 이런 울음소리가 별처럼 쏟아져 내린다. 대부분의 참새와 솔새는 그저 짹짹거리지만, 지빠귀들은 좀 더 독특한 소리를 낸다. 스웨인슨지빠귀의 아름다운 울음소리는 마치 부드러운 종소리나 숲속 웅덩이에 떨어지는 물방울 소리처럼 청아하다. 하늘이 점점 밝아질수록 새들은 더 낮게 날고, 다른 새소리와 함께 지빠귀의 울음소리가 더 선명하게 들려온다. 셀 수도 없이 많은 새가 오하이오강과 가까운 나무에 내려앉는다.

새벽에 새를 관찰하려면 나무 꼭대기에 햇빛이 가장 먼저 닿는 숲 가장자리가 좋다. 하지만 나는 그늘진 숲 안쪽에 숨어 있는 지빠귀들을 보고 싶어서 날이 밝자마자 숲속으로 걸어 들어간다. 얼마 지나지 않아 숲길 가장자리로 지빠귀 한 마리가 통통 뛰어다니는 것이 보인다.

날씬한 몸통과 뾰족한 날개. 참새보다는 크고 울새보다는 작은 새. 만약 눈앞의 새가 방금 도착한 철새 무리 중 한 마리였다면 밤새 날아왔을 텐데도 여전히 활력이 넘친다. 몇 번 더 탄력 있게 통통 뛰더니, 빠르고 경쾌한 날갯짓으로 멀리 날아간다. 쌍안경으로 본 이 새는 전체적으로 갈색을 띠고, 녹갈색의 등과 날개가 눈에 띄며 옅은 회색 가슴에 갈색 반점이 흩어져 있다. 목에는 황갈색의 털이 풍성하게 나 있고, 양쪽 눈 주위에는 마치 안경처럼 황갈색의 굵은 고리가 있다. 스웨인슨지빠귀 같다.

이렇게 추측하기는 어렵지 않았다. 헨더슨을 거쳐 이동하는 갈색 등의 지빠귀는 다섯 종이 있는데, 오늘처럼 5월에 가장 많이 관찰되는 건 스웨인슨지빠귀다. 조금 떨어진 덤불 속에서는 아까 새벽녘 하늘에서 들려오던 울음소리보다 더 부드럽고 낮은, 다른 개체의 울음소리가 들려온다. 그 후 한 시간 동안 산책로를 걸으며 스웨인슨지빠귀 여섯 마리를 더 만났고, 몇 마리의 지저귀는 소리가 멀리서 들려왔다. 노랫소리도 몇 번 들을 수 있었다. 깨끗한 음으로 시작해 잠시 멈췄다가 고음으로 올라가는 아름다운 음률이었다. 가장 가까운 번식지로부터 아직 800킬로미터 이상 떨어져 있지만, 미리 연습하듯 조심스레 몸의 악기를 조율하며 먼 북쪽 숲에서의 공연을 위해 최고의 기량을 아껴두고 있는 듯했다.

숲길을 따라 스웨인슨지빠귀를 만난 다음, 멀리 떨어진 빽빽한 덤불 속에서 또 한 마리 지빠귀를 발견했다. 이번에는 뭔가 달랐다. 새가 깊은 숲속으로 날아가기 전에 자세히 살펴보았다. 스웨인슨지빠귀와 크기나 모양이 비슷하지만 이 새가 조금 더 날씬해 보였다. 더 밝은 얼굴에, 눈 주위에 뚜렷한 고리가 없고 목 옆쪽은 더 차가운 회갈색이었다. 또 다른 종, 회색뺨지빠귀였다.

회색뺨지빠귀는 스웨인슨지빠귀보다 개체 수는 적지만 드물지 않다. 서식지도 스웨인슨지빠귀가 있는 미국 동부의 모든 곳에서 나타나지만, 평균적으로 그들보다 더 멀리 이동한다. 멕시코나 중앙아메리카를 지나

미국자리공 위에 앉아 있는 스웨인슨지빠귀. 켄 코프먼의 작품. 오듀본과 알렉산더 윌슨, 그리고 그 동시대 사람들이 발견하지 못한 새 중 가장 의외의 종은 스웨인슨지빠귀다. 북아메리카 동부 전역에서 흔히 볼 수 있는 철새로, 초기 자연주의자들도 분명 이 새를 보았을 것이다. 그러나 갈색 등의 작은 지빠귀들과 관련한 오랜 혼란 탓에 이 새가 별개의 종이라는 사실을 깨닫지 못했다.

쳐 겨우내 남아메리카 전반에서 번식하며, 여름철의 번식지 범위는 더 멀리 캐나다의 북극 지역, 툰드라 끝자락의 고사목까지 뻗어나간다. 아한대 기후 지역의 숲에서는 두 종의 노래를 한꺼번에 들을 수 있다. 스웨인슨지빠귀의 은은한 휘파람 소리는 음계를 타고 올라가고, 회색뺨지빠귀는 더 얇은 소리로 음을 타고 내려오는 소리를 낸다. 스웨인슨지빠귀의 번식지 너머 알래스카 극서부 지역인 놈 근처, 황량한 개울을 따라 버드나무와 오리나무가 무성히 자라는 그 덤불에서 회색뺨지빠귀의 노래를 들을 수 있다. 일부 회색뺨지빠귀는 베링 해협을 건너 시베리아로 이동하는데, 이는 몸무게가 30그램이 채 안 되는 새가 브라질에서 겨울을 보낸 다음 떠난 대장정의 마지막 단계라고 할 수 있다.

회색뺨지빠귀는 스웨인슨지빠귀와 거의 같은 계절에 이동하며, 북미 동부의 우거진 숲에서 잠시 쉬어 간다. 하지만 더 비밀스럽게 덤불 깊숙이 숨는 회색뺨지빠귀는 스웨인슨지빠귀보다 눈에 덜 띈다. 스웨인슨지빠귀의 이동이 활발한 날에는 덤불 속 회색뺨지빠귀를 스웨인슨지빠귀로 착각하기 쉽다. 그래서 이 종은 열성적인 탐조가들조차 알아보지 못하고 지나치는 경우가 많다.

회색뺨지빠귀를 알아보지 못한 조류학자들을 목록으로 만들면 아주 길어진다. 존 제임스 오듀본도 그중 하나다. 트레킹을 마치고 공원의 전시관에 들러도, 그의 작품을 재현한 전시물 중에는 회색뺨지빠귀가 없다. 그는 이 종을 그린 적도 없었고, 존재조차 몰랐다.

하지만 이상한 점이 있다. 현대 탐조가들과 달리, 오듀본이 회색뺨지빠귀를 알아채지 못한 건 스웨인슨지빠귀와 헷갈렸기 때문이 아니었다. 오히려 그는 이 두 새를 전혀 연관 짓지 않았다. 선배이자 라이벌이었던 알렉산더 윌슨을 포함해 1800년대 초 북미 동부에서 새를 연구했던 자연

 모든 새를 보았다고 믿은 남자

주의자들 모두 마찬가지였다. 이 두 종은 모두 1840년대에야 과학적으로 설명되었는데 스웨인슨지빠귀는 태평양 연안에서, 회색뺨지빠귀는 남아메리카의 월동지에서 처음 '발견'되었다. 그 후에도 오랫동안 이 새들은 북미 동부의 조류로 인식되지 않았다.

이 흔한 두 종의 새가 오랫동안 과학자들의 눈을 피해온 것은 조류학 역사상 가장 기묘하고 복잡한 이야기 중 하나다.

어떻게 된 일일까? 이를 이해하려면 켄터키, 펜실베이니아 등 미국 동부 전역에서 흔히 볼 수 있는 갈색 등 지빠귀 5종에 대해 오늘날 알려진 사실을 먼저 살펴보는 것이 도움이 될 것이다.

가장 잘 알려진 것은 숲지빠귀Wood Thrush다. 이 종은 다른 지빠귀보다 약간 크고, 가슴에 동그란 검은 반점이 있으며, 등은 밝은 적갈색을 띤다. 동부 전역, 남쪽으로는 걸프만 연안까지 둥지를 틀기 때문에 많은 사람들에게 친숙한 여름새다. (오늘 아침 헨더슨의 주립공원에서 숲지빠귀 몇 마리를 봤는데, 스웨인슨지빠귀보다 훨씬 큰 목소리로 짧지만 풍부한 음색의 노래를 반복해서 부르고 있었다. 아마도 여름철 자신의 영역을 주장하는 수컷일 것이다.) 주로 멕시코와 중앙아메리카에서 겨울을 보낸다.

활동 범위와 시기가 독특한 종은 갈색지빠귀다. 갈색지빠귀는 스웨인슨지빠귀나 회색뺨지빠귀처럼 몸집이 작고, 주로 먼 북쪽 지역에서 여름을 난다. 하지만 갈색지빠귀는 단거리 이동성으로 미국 남부와 중부 전역에서 겨울에도 볼 수 있으며, 다른 갈색 등 지빠귀들보다 봄에 더 일찍, 가을에 더 늦게 이동하는 것이 특징이다. 이곳 헨더슨에서는 소수의 갈색지빠귀가 겨우내 머무르며, 다른 사촌 종들이 도착하기 전인 4월경 이동이 절정에 이른다. 숲의 그늘 속에서는 잘 보이지 않지만 밝은 곳에서 보면 칙칙한 녹갈색 등이 밝은 적갈색 꼬리와 대조를 이루어 다른 종과 쉽게 구별할 수 있다.

세 번째와 네 번째 종은 앞서 설명한 스웨인슨지빠귀와 회색뺨지빠귀다. 다섯 번째는 비어리Veery로, 이름은 약간 다르지만 가슴의 무늬가 옅고 등이 약간 더 적갈색을 띤다는 점만 빼면 다른 지빠귀 종들과 매우 비슷한 친척이다. 비어리는 남아메리카의 깊은 곳에서 겨울을 난 후, 여름에는 다른 지빠귀들만큼 북쪽으로 멀리 가지 않고 캐나다 남부와 미국 북쪽 가장자리에 서식한다.

이 다섯 종의 갈색 등 지빠귀들은 맑은 휘파람 소리, 경쾌한 지저귐, 플루트 같은 음색으로 아름다운 노래를 부른다. 숙련된 탐조가들은 각 종을 노랫소리로 식별할 수 있지만, 이들의 노래를 대충, 피상적으로 묘사한다면 그 설명은 모든 종에 적용될 수 있을 만큼 비슷하게 들린다.

생김새가 독특한 숲지빠귀를 제외한 네 종(갈색지빠귀, 스웨인슨지빠귀, 회색뺨지빠귀, 비어리)은 차이가 너무 미묘하고 생김새가 비슷해서, 얼핏 보면 모두 같은 종으로 보일 수 있다. 바로 이것이 미국 조류 연구의 초기에 발생했던 문제였다.

1720년대, 지금의 사우스캐롤라이나에 해당하는 지역에서 새를 연구하던 마크 케이츠비는 많은 새로운 종을 찾아내는 뛰어난 안목을 가지고 있었지만, 자신이 지빠귀 종에 관해 헷갈렸다는 사실을 인지하지 못했다. 그의 착각은 이후 150년 동안 조류학계에 큰 영향을 미쳤다.

케이츠비가 영국으로 돌아온 후, 1731년에 《캐롤라이나, 플로리다, 바하마 제도의 자연사》 제1권이 출간되었다. 이 책에는 '작은지빠귀Little Thrush', 투르두스 미니무스*Turdus minimus*라는 새에 대한 설명이 포함되었다.

존 제임스 오듀본이 그린 갈색지빠귀. 이 그림은 갈색지빠귀의 표본을 보고 그린 것이 분명하지만, 새에 대한 오듀본의 설명은 다른 갈색 등 지빠귀 종에 더 잘 들어맞는 내용이었다.

그는 이 새를 다음과 같이 설명했다.

모양과 색은 유럽의 마비스Mavis 또는 노래지빠귀Song Thrush와 거의 일치하며, 크기만 약간 달라서 무게는 1.25온스 | 약 35그램-옮긴이주 | 를 넘지 않는다. 단 하나의 음만 낼 수 있어서, 마비스의 겨울 노랫소리와 같은 노래는 부르지 않는다. 이 새는 캐롤라이나에서 1년 내내 서식하지만, 거의 눈에 띄지 않고, 가장 울창한 숲과 늪의 어두운 구석에서만 발견된다. 주요 먹이는 호랑가시나무와 산사나무 등의 열매이다.

큰 특색이 없는 모습의 지빠귀 채색화가 글과 함께 실렸다. 갈색 몸통에 반점이 있고 호랑가시나무 잎 사이에 숨은 모습이었다. 케이츠비와 영국의 독자들은 아메리카울새American Robin와 꽤 비슷한 크기로, 갈색 등에 가슴에는 검은 반점이 많은 노래지빠귀를 잘 알고 있었을 것이다. 미국에서 '노래지빠귀와 거의 일치하지만, 크기만 약간 작은 새'라고 하면 갈색 등 지빠귀의 어느 종에나 해당할 수 있다. 그렇지만 케이츠비의 이 간략한 설명은 그 어떤 종에도 완벽히 들어맞지 않는다. 이 종들 중에서 '캐롤라이나에서 1년 내내 서식'하는 종은 없다. 숲지빠귀는 여름에 캐롤라이나의 숲에서 지내고, 갈색지빠귀는 겨울에 흔하며, 다른 종들은 모두 봄과 가을에 이곳을 지나쳐 간다. 그러므로 애초에 케이츠비의 '작은 지빠귀'는 여러 종의 합성물이었던 것이다.

앞서 언급했듯, 케이츠비의 연구는 린네의 분류 체계가 시작된 1758년 이전에 출판되었기 때문에 그가 붙인 새의 이름 중 어느 것도 '공식적'인 것으로 간주되지 않는다. 하지만 그의 훌륭한 연구와 설명은 후대 연구자들이 출판한 책들의 기초가 되었다. 1760년, 영국의 과학자 조지 에드

마크 케이츠비의 《캐롤라이나, 플로리다, 바하마 제도의 자연사》 제1권, "작은지빠귀"에서 발췌. 이 책이 다루는 지역에서는 최소 다섯 종의 갈색 등 지빠귀들이 이동하지만, 케이츠비는 이들을 한 종으로 여겼다. 그의 설명에는 여러 종의 특징이 섞여 있지만, 새의 그림은 그 어떤 종과도 정확히 일치하지 않는다. 그 후 100년이 넘는 기간 동안 조류학자들은 케이츠비의 '작은지빠귀'와 자신들이 발견한 여러 종의 지빠귀를 조화시키려 애썼다.

워즈는 《자연사 모음집》 제2권에 '작은지빠귀'에 대한 설명을 실었다. 에드워즈는 케이츠비의 서적뿐만 아니라 필라델피아의 열성적인 젊은 특파원, 윌리엄 바트람이 그에게 보낸 이 새의 표본도 가지고 있었다.

에드워즈는 바트람의 표본이 케이츠비가 묘사한 새라고 확신했다. 그는 이 새들이 4월쯤 필라델피아 지역에 도착해 여름 내내 머물렀다는 바트람의 설명과, 1년 내내 캐롤라이나에서 지낸다는 케이츠비의 설명을 인용했다. 그러나 갈색 등 지빠귀들 중 캐롤라이나에서 1년 내내 머무는 종은 없다. 갈색지빠귀는 겨우내 그곳에 머물지만, 여름에는 필라델피아 주변에 나타나지 않는다.

에드워즈는 설명과 함께 바트람의 표본을 직접 그린 삽화를 실었다. 케이츠비의 그림보다는 더 세세했지만, 여전히 정확한 종을 판별할 수 있는 정도는 아니었다. 전체적인 색상은 비어리에 가까워 보이지만 가슴이나 얼굴의 무늬는 회색빰지빠귀를 떠올리게 한다. 하지만 그의 설명과 그림 어디에도 서로 다른 두 종 이상의 지빠귀가 관련되어 있다는 암시는 없었다. 에드워즈는 자신이 묘사한 새에 학명을 붙이지 않았고 '작은지빠귀'는 약 30년이 지나서야 공식적인 종으로 등록되었다.

1780년대 후반, 독일의 과학자 그멜린은 린네의 연구를 계승하여 《자연의 체계》 13판을 출간하면서 290종의 새로운 새를 설명했다. 여기에 '작은지빠귀'도 포함되었는데, 그멜린은 이 새에 투르두스 미노르*Turdus minor*라는 정식 학명을 붙였다. 그멜린은 이 새에 대한 참고 자료로 케이츠비와 에드워즈의 출판물 외에 토머스 페넌트의 《북극 동물학*Arctic Zoology*》에 실린 1766년 래브라도에서 채집된 '작은지빠귀'에 대한 기록도 활용했다. 페넌트와 마찬가지로, 그멜린도 이 새가 케이츠비가 언급한 '작은지빠귀'라고 생각했다. 그는 이전 저자들의 기록을 종합하여 새의 특징으로 "눈꺼풀 주위가 흰색이다"라고 덧붙였다. 이는 스웨인슨지빠귀나 갈색지빠귀의 특징에는 들어맞지만, 여전히 식별을 위한 단서로는 충분하지 않다. 이렇듯 '작은지빠귀'에 점점 여러 종의 요소가 추가되고 뒤섞여 갔다.

다행히도 그멜린은 숲지빠귀가 다른 지빠귀들과 다르다는 것을 인식했고, 이를 따로 설명하고 이름을 붙였다. 덕분에 그로부터 10여 년 후인 1800년대 초, 알렉산더 윌슨이 북미 동부의 새들을 조사하기 시작했을 때, 갈색 등 지빠귀가 한 종 이상 존재한다는 가정에서 출발할 수 있었다.

그러나 모두가 윌슨의 가정을 받아들인 것은 아니었다. 1791년에 숲지빠귀에 관해 글을 썼던 윌리엄 바트람조차 이 새가 '작은지빠귀'와 다른 종이라고 확신하지 못했다. 윌슨이 50년 전 바트람 자신이 직접 채집한 표본을 바탕으로 에드워즈가 그린 '작은지빠귀' 삽화를 다시 살펴봐줄 것을 요청한 뒤에야 마침내 이 새들이 서로 다른 종임을 인정했다!

윌슨은 1808년에 출간된 《미국 조류학》 제1권에서 숲지빠귀에 대해 설명했다. 그는 이 새를 잘 알고 있었고, 여름철 필라델피아 주변의 숲에서 지내는 이 새의 습성과 둥지의 특성을 정확하게 묘사했다. 시인 출신의 윌슨은 숲지빠귀의 노래를 다음과 같이 표현했다. "그 새는 일종의 황홀경 속에서, 단순하지만 명료한 선율을 선보인다. 독일 플루트 소리처럼 짧게 끊어지는 음색에 딸랑거리는 작은 종과 비슷한 멜로디로 연주하는 전주곡 혹은 교향곡 같다. 노래는 대여섯 부분으로 구성되어 있는데, 각 부분의 마지막 음은 끝맺기를 미루는 듯한 곡조다. 섬세하게 연주되는 곡의 피날레는 듣는 이의 마음을 진정시키고 평온하게 하며, 들을 때마다 매번 더 달콤하고 부드럽게 느껴지는 매력이 있다."

윌슨은 숲지빠귀가 '작은지빠귀'와는 분명 다른 종일 것이라고 주장했다. 윌슨은 '작은지빠귀'의 몸집이 더 작을 뿐만 아니라 숲지빠귀와 달리 겨울에도 캐롤라이나에서 관찰된다고 설명했다. 또한 '작은지빠귀'는 노래를 부르지 않으며, "드물게 어미를 잃은 닭의 울음과 비슷한 소리를 한 번씩 낸다"고 주장했다. 윌슨은 "케이츠비 씨가 발견한 새가 봄과 여름에 소리를 내지 않는다면, 그것은 숲지빠귀가 아니다"라고 단언했다.

4년 후, 윌슨은 《미국 조류학》 제5권에서 갈색지빠귀라고 이름 붙인 새를 설명하면서, 등 부분이 "짙은 올리브빛 갈색"을 띠는 데 반해 "칼깃 |새의 꽁지깃의 기부基部를 덮는 깃털-옮긴이주|과 꼬리는 붉은 여우와 비슷한 색을 띤다"는 구체적인 특징을 묘사했다. 그는 이 새가 바로 케이츠비와 에드워즈가 말했던 '작은지빠귀'라고 주장했는데, 흥미롭게도 두 사람 모두 등과 꼬리의 색 대비에 대해서는 언급하지 않았다. 이어서 윌슨은 그가 새로운 종이라 주장한 '황갈색지빠귀Tawny Thrush'에 관해 설명했다. 사실 에드워즈가 묘사하고 그린 '작은지빠귀'의 모습은 갈색지빠귀보다 오히려 '황갈색지빠귀'에 더 가까웠지만, 당시 윌슨에게 반박할 수 있는 사람은 아무도 없었다.

윌슨의 분류는 1820년대 오듀본이 본격적으로 대륙을 여행하기 전인 헨더슨 시절 후반에 표준으로 자리 잡았다. 오듀본은 기회가 있을 때마다 윌슨의 의견에 반대하긴 했지만, 그의 기본적인 입장은 당시 표준으로 통용되던 《미국 조류학》의 내용을 따르는 것이었다. 그러므로 오듀본이 북미에 서식하는 지빠귀가 숲지빠귀, 갈색지빠귀, '황갈색지빠귀' 세 종이라는 전제를 계속 유지한 것은 그리 놀라운 일이 아니다.

대개 오듀본은 실제 표본을 바탕으로 새를 그렸다. 그의 그림을 보면, 비록 오듀본 자신은 새의 종을 혼동했더라도 오늘날 우리는 그림 속의 새 대부분을 식별할 수 있다. 그의 숲지빠귀 그림(《북미의 새》 73판)은 묘사가 정확했다. 또 《조류학 전기》에서는 이 새를 헨더슨 주변에서 여름에 흔히 볼 수 있기 때문에 잘 알고 있다고 썼다. 그러면서 그는 숲지빠귀를 "숲속의 깃털 달린 종족 중에서 내가 가장 좋아하는 생명체"라고 불렀고, 이 새의 아름다운 노래에 자신의 영혼이 어떻게 고양되는지 감동적으로 묘사했다. 한편, 그는 겨울철에 루이지애나에도 이 새가 많이 있다고 주장하기도 했다. 11월 이후 멕시코 북쪽으로는 뒤처진 소수의 새들만 남아 있기 때문에, 그의 묘사는 오늘날의 기준으로는 사실이 아니며 그 당시에도 사실이 아니었을 가능성이 높다. 아마도 남부 주에서 겨울철에 흔히 볼 수 있는 갈색지빠귀를 숲지빠귀로 착각한 것 같다.

하지만 상황은 점점 더 꼬여간다. 오듀본의 갈색지빠귀 그림(《북미의 새》 58판)은 상세하고 대체로 정확했다. 하지만 《조류학 전기》에 실린 이 새에 대한 설명은 이상할 정도로 부정확했다. 그는 "남부 주, 특히 미시시피와 루이지애나의 텃새로, 겨울철에 개체 수가 아주 많아지며 봄과 여름에도 상당수를 볼 수 있다"고 썼다. 겨울철 남부 주에 갈색지빠귀가 많이 서식하는 것은 사실이다. 그러나 이들은 4월이 끝나기 전에 그곳을 떠나고 여름 내내 머물지 않는다. (여름에 걸프 연안 주에서 나타나는 갈색 등지빠귀 종은 숲지빠귀가 유일하다.)

그는 갈색지빠귀의 둥지를 여러 개 발견한 것처럼 썼고, 이 새가 루이지애나에서 매년 두 개의 알을 낳는다고 주장했다. 그러나 갈색지빠귀가 루이지애나 근처에서 번식하는 것은 발견된 적이 없으며 둥지를 만드는 장소, 둥지나 알의 특징에 대한 그의 설명도 사실과 거리가 멀었다. 오듀본이 이 모든 세부 내용을 지어낸 것이 아니라면(그의 이력을 고려하면 충분히 있을 법한 일이지만), 다른 종의 둥지를 발견하고 그 둥지가 갈색지빠귀의 둥지라고 착각한 것 같다. 이 새의 목소리에 대해서 "노래는 가끔씩은 들어줄 만하다"라고만 했는데, 오늘날 갈색지빠귀가 새 가운데 최고의 가수로 꼽히는 점을 생각하면 의아한 평가다.

오듀본이 그린 세 번째 갈색 등 지빠귀는 '황갈색지빠귀'로, 그는 '윌슨지빠귀Wilson's Thrush'라고도 불렀다. 대부분의 현대 조류학자들은 이 새가 비어리일 가능성이 크다고 본다. 그러나 매슈 핼리가 지적했듯 《북미의 새》에 실린 판화나 원본 수채화를 보면 동부에서 관찰되는 어떤 비어리보다 칙칙한, 차가운 회갈색으로 그려져 있어 오히려 회색뺨지빠귀에 더 가까운 색감을 보인다.

오듀본이 《조류학 전기》에서 '황갈색지빠귀'의 행동과 둥지 습성에 관해 기술한 내용은 어느 갈색 등 지빠귀 종에나 적용될 수 있는 대략적이고 일반적인 설명이었다. 그는 이 새의 이동에 관해 "루이지애나에서는 봄철에 발견된 적이 없다"고 했지만, 비어리는 봄철에 루이지애나를 거쳐 가는 흔한 나그네새이며, 이는 스웨인슨지빠귀, 회색뺨지빠귀, 갈색지빠귀도 마찬가지다. 이 새의 노래에 대해서는 앞선 갈색지빠귀의 노래보다는 더 후하게 평가했지만, 이 역시 어느 지빠귀 종에라도 적용될 수 있을 만큼 모호했다.

이상하게도 오듀본은 《북미의 새》라는 대규모 프로젝트가 끝날 무렵, 마지막 컬러 도판 중 하나에 갈색지빠귀를 다시 그렸다. 그러고선 이 새를 '작은 황갈색지빠귀Little Tawny Thrush'라고 기록했는데, 《조류학 전기》에서는 이 새를 새로운 종으로 판단하고 '난쟁이지빠귀Dwarf Thrush', 투르두스 나누스Turdus nanus라고 명명했다. 이는 존 타운센드가 태평양 북서부에서 채집하여 보낸 표본을 바탕으로 한 것이었는데, 오듀본은 대서양 연안에서도 이 새로운 새를 관찰했다고 주장했다. 오늘날 나누스라는 이름은 알래스카 남동부와 브리티시 컬럼비아 연안에서 번식하는 갈색지빠귀의 작은 아종|亞種, 생물 분류학상 종의 하위 단계로, 새로운 종으로 독립할 만큼

다르지는 않지만 같은 종이라기에는 서로 다른 점이 많고 사는 곳이 차이 나는, 한 무리의 생물을 일컫는다-옮긴이주|을 지칭하는 명칭으로 남아 있다.

오듀본이 지빠귀의 실체를 밝혀낸 것은 여기까지였다. 그의 작품 어디에도, 심지어 1840년대에 출간한 간결한 개정판에서도, 스웨인슨지빠귀나 회색뺨지빠귀에 대한 묘사는 없었다. 이 두 종은 여전히 황갈색지빠귀, 혹은 윌슨지빠귀라는 개념에 가려져 있었다.

당시 이 새들에 대해 더 잘 파악한 사람은 아무도 없었다. 토머스 너탤은 1830년대 초에 《미국과 캐나다의 조류학 안내서_A Manual of the Ornithology of the United States and of Canada_》를 발간하면서 숲지빠귀, '작은지빠귀 혹은 갈색지빠귀', '윌슨지빠귀 혹은 비어리' 세 종을 포함했다. 너탤은 매사추세츠 동부에서 세 번째 종을 관찰했고, '비어리'라는 이름을 최초로 출판물에 사용한 사람 중 한 명이다. 너탤은 비어리의 둥지 습성이나 노래에 대해서 비교적 잘 설명했지만, 발성 변화를 언급한 부분을 보면 아마 다른 지빠귀 종의 울음소리도 함께 듣고 묘사한 것 같다. 너탤은 주로 식물에 관심이 많았지만, 비어리에 대한 기록은 그의 독창적인 조류 관찰 기록 중 하나다. 나머지 두 지빠귀 종에 대해서는 윌슨과 오듀본의 정보를 그대로 옮겨 적었다.

정확성 면에서 주목할 만한 출판물로는 1831년에 출간된 스웨인슨과 리처드슨의 《영국령 아메리카 북부의 동물학_Fauna Boreali-Americana; or the Zoology of the Northern Parts of British America_》 제2권이 있다. 영국의 의사 존 리처드슨은, 1819~1822년, 1825~1827년 두 차례에 걸쳐 허드슨 만에서 북서쪽 북극해 연안까지 이어지는 광활한 지역을 탐험한 존 프랭클린_John Franklin_의 원정에 외과의 겸 자연학자로 참여하여 조류에 관한 풍부한 정보를 수집했다. 그는 영국의 조류학자 윌리엄 스웨인슨과 함께 모피 무역

존 제임스 오듀본의 비어리. 이 그림은 갈색 등 지빠귀 중 한 종임이 분명하며, 그동안 비어리로 추정되어왔다. 그러나 매슈 핼리가 지적했듯 공개된 판화와 원본 수채화 모두 비어리라기엔 너무 회색빛이 돈다는 점에서 오듀본이 다른 지빠귀의 표본을 가지고 작업했을 가능성이 제기된다.

회사 허드슨베이컴퍼니Hudson's Bay Company 관계자들이 보내온 조류 표본과 정보를 모아 신중하게 분류했다.

리처드슨은 지빠귀 종들의 서식 범위를 직접 탐사했지만 여전히 지빠귀에 대한 여러 혼란을 명확히 밝히지 못했다. 그들은 "북미의 작은 지빠귀 종들의 명명법이 오랫동안 큰 혼란을 겪어왔다"면서, "케이츠비의 '작은지빠귀'에 대해서는 어떤 한 종으로 식별하는 것이 거의 불가능해 보인다"고 타당하게 지적했다. 그렇지만 한계도 있었다. 그들이 탐험했던 북극 캐나다 지역에 서식하지 않는 숲지빠귀는 책에서 다루지 않았고, 갈색지빠귀에 대한 간략한 설명은 일부만 정확했다. 이들은 '작은황갈색지빠귀'와 '윌슨지빠귀'에 대해 좀 더 상세히 기술했지만, 두 종 모두 실제로는 비어리 혹은 다른 종일 가능성이 높다. 또한 스웨인슨의 멕시코 표본을 바탕으로 '고요지빠귀Silent Thrush'라는 새에 대한 설명을 덧붙였다.

한편 캐나다 북부에서 가장 흔한 두 종류의 지빠귀, 스웨인슨지빠귀와 회색뺨지빠귀는 여전히 정식으로 설명되지 않은 채 남아 있었다. 이 중 한 종에 이들의 발견과 분류에 아무런 기여도 없었던 윌리엄 스웨인슨의 이름이 붙었다는 건 아이러니하다.

북미 동부를 이동하는 지빠귀의 실체는 점진적으로 밝혀지게 된다. 1840년, 토머스 너탤은 태평양 연안에서 관찰한 표본과 목격담을 바탕으로, '서부지빠귀Western Thrush'라는 이름을 달아 스웨인슨지빠귀를 설명했다. (하지만 매슈 핼리가 나중에 지적한 것처럼 원래 표본은 갈색지빠귀였을 가능성이 크다.) 1848년, 프랑스의 과학자 프레데릭 드 라프레네Frédéric de Lafresnaye가 남아메리카의 월동지에서 확보한 표본을 토대로 회색뺨지빠귀를 설명했고,* 1858년 스펜서 베어드Spencer Baird가 일리노이와 미주리 강 상류에서 사냥한 표본을 바탕으로 회색뺨지빠귀를 '앨리스지빠귀

Alice's Thrush'라는 이름으로 다시 설명했다. 라프레네의 설명과 이름이 먼저 발표되었음이 밝혀지기까지 이후 몇 년이 걸렸다.

새에 대해 설명하고 이름 붙인다고 해서 지빠귀에 대한 혼란이 해소되지는 않았다. 1872년 말, 조류학자 엘리엇 쿠스는 회색뺨지빠귀(그는 앨리스지빠귀라고 불렀다)를 스웨인슨지빠귀의 한 종류로 설명했다. 하지만 이런 혼란도 시간의 흐름에 따라 잦아들었고, 과학자들이 세부적인 차이를 밝혀내면서 점차 분류와 이름이 안정되었다.

이제는 혼란이 전부 해소되었을까? 아니다. 빅넬지빠귀Bicknell's Thrush를 예로 들어보자. 1881년에 뉴욕의 캐츠킬 산맥에서 처음 발견된 빅넬지빠귀는, 1882년에 회색뺨지빠귀의 아종으로 분류되었다. 그러다 1940년대에 이르러 이 새가 뉴잉글랜드의 산악 지대와 뉴욕 북부, 퀘벡 지역에서 번식하며, 주로 도미니카 공화국을 중심으로 카리브 해에서 겨울을 난다고 밝혀져 그 서식 범위가 확인되었다. 하지만 빅넬지빠귀의 생김새가 회색뺨지빠귀와 너무 비슷해서 대부분의 탐조가들은 이 새를 새로운 종으로 알아보지 못하고 지나쳤다. 1995년에 정밀한 연구를 바탕으로 완전한 종의 지위를 인정받게 되자 그제야 빅넬지빠귀를 관찰하기 위해 탐조가들은 갖은 노력을 다했다.

이런 노력은 현재도 진행 중이다. 봄과 가을, 빅넬지빠귀와 회색뺨지빠귀가 대서양 연안 평원을 이동하는 동안, 눈에 띄게 구별 가는 빅넬지빠귀를 찾는 것은 여전히 어렵다. 노랫소리가 다소 차이 나기 때문에 봄철에 노래하는 개체를 찾는 것이 가장 가능성 있는 구분법이다. 하지만 실제로 봄철에 이 새와 마주치기보다는, 여름철에 이 새의 번식지인 뉴욕

---

* 라프레네는 이 새에 117년 전 마크 케이츠비가 이름 붙인, 신원 불명의 '작은지빠귀'의 비공식 학명 투르두스 미니무스를 그대로 사용해서 혼란을 키웠다.

　　　　모든 새를 보았다고 믿은 남자

붉은 매발톱꽃 가지에 앉은 회색뺨지빠귀. 켄 코프먼 작품. 이 새는 스웨인슨지빠귀과 마찬가지로 북미 동부에서 흔히 볼 수 있는 철새이지만, 오랜 시간 자연주의자들에게 발견되지 않았다. 회색뺨지빠귀와 거의 똑같은 빅넬지빠귀가 서로 정말 다른 종인지에 대한 논쟁이 계속되고 있어, 이 새의 분류학적 지위는 아직도 불확실하다.

북부나 뉴잉글랜드의 산악 지대를 순례한 끝에 만나게 되는 경우가 대부분이다.

일부 과학자들은 빅넬지빠귀가 별개의 종이 아니며 회색뺨지빠귀와 다시 통합되어야 한다고 주장하기도 한다. 스웨인슨지빠귀가 태평양 연안의 붉은 갈색을 띠는 새와 더 동쪽에 있는 올리브빛 갈색을 띠는 새, 두 종으로 분리될 가능성도 제기되고 있다. 이렇듯 지빠귀 종 분류의 불안정성은 '발견의 시대'가 결코 끝나지 않았음을 잘 보여주는 사례다.

1800년대 후반, 헨더슨에서 가게를 운영하며 생계를 꾸려가던 존 제임스 오듀본에게 이런 새의 분류나 연구는 아직 상상도 할 수 없는 먼 이야기였다. 그저 여가 시간에 새를 관찰하던 아마추어 조류학도로서, 봄과 가을에 동네 숲에서 지빠귀를 보며 당시 일반적으로 받아들여지던 지빠귀 분류에 모순되는 증거를 찾았더라도 굳이 의문을 제기할 이유가 없었다.

오하이오 강을 떠다니는 평평한 배처럼, 또는 5월의 밤 따뜻한 남풍을 타고 날아가는 철새처럼, 대부분의 사람들은 시대의 흐름에 순응한다. 재능이 뛰어나고 의지가 강한 사람들조차 별생각 없이 쉬운 길을 택하곤 한다. 오듀본도 자리 잡은 곳에서의 생활이 충분히 편안했기에, 어쩌면 그곳에 영원히 머물렀을지도 모른다.

그러나 시대의 흐름에 휩쓸려 모든 것이 뒤바뀌게 된다. 몇 차례의 잘못된 투자가 그에게 부메랑처럼 재앙으로 돌아왔고, 금융 위기가 전국을 덮쳐 1819년에는 공황이 절정에 달했다. 30대 중반의 나이에 파산한 오듀본은 빈손으로 처음부터 시작해야 했다. 그 암울한 시기에 그는 새로운 사명을 품고 다시 일어섰다. 새를 연구하고 그리는 일은 더는 단순한 취미가 아니었다. 새는 그의 일생의 업이자, 그의 정체성이 되었다.

    모든 새를 보았다고 믿은 남자

새를 그린다는 것

깃털 문제

깃털은 알면 알수록 경이롭다. 사람의 머리카락이나 손톱과 마찬가지로 케라틴이라는 단단한 단백질 물질로 만들어진 깃털은 일반적으로 중앙의 깃대와 그 양쪽에서 뻗어 나오는 평평한 날개판으로 이루어져 있다. 날개판은 빳빳한 종이처럼 단단해 보이지만 실제로는 그렇지 않다. 날개판은 길고 가는 깃가지로 구성되며, 각 깃가지는 다시 작은 깃가지로 나뉜다. 작은 깃가지 끝에는 작은 갈고리가 있어 서로 맞물리며 날개판 표면을 고정한다. 날개판은 서로 쉽게 떼어지기도 하고, 갈고리 덕분에 금세 하나로 다시 붙기도 한다. 놀랍도록 가벼우면서도, 깃털 중 가장 긴 날개깃이나 꽁지깃은 펠리컨이나 독수리와 같은 거대한 새를 공중으로 들어 올릴 만큼 튼튼하다.

대부분의 새는 깃털로 완전히 덮여 있는데, 깃털의 배열은 무작위가 아니다. 거의 모든 깃털은 정밀하게 배열된 구조로 자라며, 깃털 사이 맨살 부위를 덮도록 퍼져 있다. 새의 날개, 꼬리, 등에는 깃털이 더욱 정밀하게 배열되어 있다. 아메리카올새의 경우 각 날개에 열아홉 개의 긴 날개깃과 열두 개의 꽁지깃이 있으며, 모든 깃털은 깔끔하게 배열된 덮깃이 보호하고 있다. 각 깃털은 명확한 모양을 가지고 있는데, 그 모양은 나이나 성별에 따라 달라질 수 있지만 이런 차이와 변화는 예측 가능하다. 각 깃털의 무늬와 색깔 역시 예상할 수 있으며, 이 모든 요소가 모여서 새 전체의 색과 무늬를 구성한다.

깃털의 이러한 복잡한 정밀성은 아름다움과 동시에 경이를 느끼게 한다. 새 삽화가에게 깃털은 속여 그리기 정말 어려운 대상이다. 어떤 것이든 제대로 그리려면 기술이 필요하지만, 일반적으로 개나 고양이를 그릴 때는 털을 감각으로 그릴 수 있고, 무엇보다 아무도 털을 하나하나 세지 않을 것이다. 하지만 새를 그릴 때는 깃털의 수, 모양, 위치 등을 잘못 그리면 새를 잘 아는 사람들이 바로 알아챌 수 있다. 특히 오듀본처럼 실물 크기로 새의 세밀화를 그릴 때, 각 종의 특징을 제대로 재현하려면 최고 품질의 참고 자료가 필수다.

오듀본은 갓 죽은 새를 실물과 같은 자세로 고정하여, 하나하나 확인하고 측정하면서 깃털의 디테일을 종이 위에 구현했다. 책 작업 후반에는 종종 딱딱하게 굳은 박제 새를 활용해야 했는데, 이때 오듀본은 자신의 경험에 의존해 새의 포즈를 상상하고 표본에서 깃털의 세부 사항을 알아내야 했다. 예전에 나 역시 깃털 패턴을 확인하기 위해 박물관에 직접 가곤 했지만, 코로나19로 봉쇄령이 내려진 상황에서는 이런 방법이 불가능했다. 깃털의 정밀한 디테일을 살리기 위해 나는 전적으로 사진에 의존해야 했다.

다행히도 최근 수십 년간 자동 초점, 손 떨림 보정, 고해상도 디지털 카메라, 초망원 렌즈 등 기술의 발달로 새 사진에 혁신이 일어났다. 나는 전문 사진작가는 아니지만, 수백 종의 새 사진 수천 장을 축적해왔고 그

     모든 새를 보았다고 믿은 남자

중 일부는 깃털 하나하나까지 섬세하고 선명하게 표현되었다. 또한 다행히도 내 사진뿐 아니라 참고할 만한 다른 출처도 넘쳐났다. 촬영 기술이 뛰어난 몇몇 친구들이 내 작업을 위해 그들의 사진을 참고할 수 있게 허락해주었다.

오듀본은 갓 죽은 새를 눈앞에 두고 깃털 하나하나를 사진보다 훨씬 더 직접적으로 살펴볼 수 있었다. 이는 큰 장점이었지만, 갓 죽은 새 표본은 오래 보관할 수 없기 때문에 아주 빠르게 작업해야 했다. 특히 더운 날씨에는 더욱 그랬을 것이다. 오늘날의 삽화가는 깃털의 모양을 자세히 파악하기 위해 세심하게 사진을 들여다봐야 하지만, 일주일이나 한 달 후에 다시 찾아보려고 했을 때 상하고 냄새날 표본을 걱정하지 않아도 된다.

4장

숨겨진 정체성

차 뒷좌석에 올라탄 나는, 운전자 아주머니 옆에 앉아 있던 장발의 10대 소년이 아주머니의 손자일 거라고 생각했다. 하지만 아니었다. 그도 나처럼 히치하이커였고, 몇 킬로미터 전에 아주머니가 태워준 것이었다.

소년은 자신을 체이스라고 소개했다. 당시 열일곱 살이었던 나와 동갑쯤 되어 보였는데, 나는 그 히치하이크 여행 동안 내 나이를 열아홉 살이라고 얘기했다. 체이스는 며칠 전 아버지와 크게 다툰 후 조지아에 있는 집을 나와 가출 중이라고 했다. 나는 플로리다 남부에서 몇 주를 보낸 뒤 서쪽으로 향하고 있었다. "그냥 놀러 가는 거예요." 나는 거짓말을 했다. "마이애미 분위기 끝내주잖아요, 아시죠?" 사실 나는 마이애미 같은 도심은 피하면서, 다채로운 새들이 많은 플로리다를 탐험하고 있었지만 낯선 사람에게 그런 얘기까지 털어놓고 싶지는 않았다.

달리는 내내 운전하는 아주머니 목소리만 들렸다. 마른 몸에 백발이 성성했으며 인자한 주름이 가득한 얼굴의 아주머니는 끊임없이 예수님에 관해 이야기했다. 줄곧 백미러로 나를 쳐다봤다가 체이스를 흘끗 봤다가 다시 도로로 시선을 돌리면서, 한 손으로는 열정적으로 제스처를 더했다. 체이스와 나는 예의 바르게 자란 소년들처럼 고개를 끄덕였고, 아주머니의 모든 말에 중얼거리며 동의하는 척했다.

우리는 플로리다의 북서쪽 해안을 따라 서쪽으로 이동하고 있었다. 지금이라면 시내와 분리된 10번 주간 고속도로를 따라 매끄럽게 달릴 수 있지만, 1970년대 초반만 해도 도로의 많은 구간이 미완성이었고, 대신 시골 중심부를 가로질러 지역 사회에 깊숙이 들어가는 2차선의 90번 국도가 나 있었다. 플로리다 남부의 번화한 도시와는 아예 다른 세계처럼 느껴져 점점 불안해졌다. 하나둘 보이기 시작한 낡은 픽업트럭과 총, 그리고 남부연합기│The Confederate flag, 미국 남북전쟁 당시 노예 제도를 지지한 남부연합 정부의 공식 국기. 현재 미국에선 백인 우월주의와 인종 차별의 상징으로 통하지만, 남부의 일부 지역에서는 아직도 남부연합기가 사용되고 있다-옮긴이주│는 이곳이 '다른 플로리다'임을, 그리고 내가 이곳에 어울리지 않음을 알려주고 있었다.

고속도로를 벗어난 곳에 있는 여동생의 집으로 가던 아주머니는 다른 차를 잡을 수 있을 만한 마을 외곽에 우리를 내려주셨다. 친절함이 가득했던 아주머니의 차에서 내리자 낯섦과 두려움이 더욱 커졌다.

얻어 탈 다음 차를 찾기는 쉽지 않을 것 같았다. 허름한 주유소 앞 벤치에서 체이스와 나는 이다음에 어떻게 할지 상의했다. 시내로 난 국도에서 차를 잡으면 거의 모든 차량이 그 지역 주민일 터였다. 그렇다고 마을 외곽 고속도로를 따라 서쪽으로 걸어가기엔, 미지의 영역으로 위험한 모험을 떠나는 셈이었다. 어느 쪽이든 위험해 보였지만, 그렇다고 여기 죽치고 있는 것도 안전하지 않아 보였다.

그때 검은색 포드 페어레인이 천천히 지나가면서, 안에 있던 네 명의 젊은 남자가 우리를 힐끔 쳐다보았다. 그 시선에 친근함이라곤 없었다. 그

　　　　　모든 새를 보았다고 믿은 남자

들은 사라지는 듯했지만, 몇 분 뒤 반대편에서 다시 나타나 우리를 뚫어지게 쳐다보았다. 이어서 파란색 엘 카미노를 탄 세 명의 남자가 나타나 똑같이 차가운 눈빛과 떨떠름한 표정으로 우리를 바라보았다. 우리는 페어레인과 엘 카미노가 길 바로 아래 주차장에 차를 세웠음을 알아차렸다. 그들끼리 무언가를 얘기하는 것 같았다. 아마도 우리 얘기였을 것이다.

나는 어쩌면 예상했던 것보다 더 빨리 예수님을 만나게 될지도 모른다는 생각이 들었다. 벤치에 앉아 있는 동안 주유소에는 자동차 몇 대가 있을 뿐이었는데, 주유소의 소년과 대화하는 모습을 보니 모두 지역 주민인 것 같았다. 그러다 한 캐딜락이 들어섰다. 단박에 우리는 이 차가 이 근처에서 온 게 아니라는 느낌을 받았다.

10여 년 전만 해도 고급 승용차였을 빛바랜 은녹색 캐딜락은 그동안 온갖 풍파를 겪은 듯 거칠고 낡아 보였다. 차에서 내려 경멸 섞인 눈으로 주변을 둘러보던 두 남자도 마찬가지였다.

이상한 한 쌍이었다. 한 남자는 찢어진 티셔츠 아래로 근육이 불룩했고, 어두운 피부색에 뚜렷한 광대뼈, 긴 검은 머리를 한 것이 아메리카 선주민의 후손처럼 보였다. 다른 한 남자는 키가 작고 마른 체격에 갸름한 얼굴, 짧은 스포츠머리를 하고 있었고, 움푹 들어간 눈매가 어딘가 수상하고 비열해 보였다. 말할 때는 얼굴만큼이나 가느다란 목소리로, 어렴풋이 영국 억양이 섞여 있었다. 둘 다 야성적인 날카로움을 뿜어냈다.

체이스가 일어섰다. "차 좀 태워달라고 해볼게."

"뭐?" 내가 물었다. "진심이야?" 하지만 체이스는 이미 그들을 향해 걸어가고 있었다. 나는 몇 걸음 뒤에서 어정쩡하게 따라갔다. 체이스가 말을 걸자 덩치 큰 남자가 주먹을 날릴 듯이 몸을 휙 돌리더니, 이내 긴장을 풀고 재미있다는 듯 우리를 바라보았다. "어디 가는 길인가 보지?" 배낭을

멘 채 불편하게 서 있는 우리를 보고 그가 물었다. "어디까지 가냐?"

"서쪽이요." 내가 말했다. "뉴올리언스요." 체이스가 말했다.

"기름값으로 10달러만 내면 뉴올리언스까지 태워주지." 덩치 큰 남자가 말했다.

여행이 끝날 무렵이었던 나는 거의 파산 상태였지만 얼른 그 도시를 벗어나고 싶었다. 체이스와 나는 5달러씩 그 남자에게 건네고 짐을 챙겨서 캐딜락 뒷좌석에 올라탔다.

몇 년 동안 히치하이크를 해왔지만, 그때만큼 불안하고 긴장된 적은 없었다. 두 사람은 우리에게 이름을 묻고 자기들의 이름은 말하지 않았다. 입 밖으로 내뱉지는 않았지만 나는 맘속으로 마른 사람을 생쥐, 근육질의 남자를 호크아이라고 이름 붙였다. 생쥐가 운전했고 호크아이는 조수석에 드러눕듯 앉아 앞 좌석 서랍에서 권총을 꺼내 두어 번 닦았다.

그들이 말을 걸면 우리는 예의 바르게 대답했지만, 대부분은 우리를 무시하고 생쥐와 호크아이 둘이서 대화했다. 몇 번 그들이 저지른 강도 사건에 관해 이야기하는 것 같더니 말을 끊고 휙 하고 우리를 돌아보았다. 나는 창밖을 응시하며 아무것도 듣지 못한 척하려고 애썼다. 도중에는 둘이 말싸움을 하다가 서로 고함을 지르고 욕을 퍼붓기 시작하더니 급기야 도로 갓길에 차를 세워 뛰어내리기도 했다. ("야, 꼼짝 말고 가만히 있어." 체이스가 내게 속삭였다.) 둘이 맞붙어 싸우려는데 생쥐가 호크아이가 자기보다 두 배는 크다는 사실을 늦게나마 깨달았는지 사과하고 다시 차에 올라탔다. 우리는 서쪽으로 계속 달렸다.

생쥐와 호크아이가 한적한 길가에 멈춰서 우리의 빈약한 소지품을 뺏고, 심지어 우리를 죽인 다음 길가에 내버렸다고 해도 전혀 놀랍지 않았을 것이다. 하지만 그런 일은 일어나지 않았다. 자정이 가까워진 시간,

 모든 새를 보았다고 믿은 남자

우리는 뉴올리언스의 활기찬 중심부를 향해 들어갔다.

10대 끝 무렵 약 4년 동안 나는 길 위에서 잠을 청하며 최소한의 경비로 북미 전역을 여행했다. 도시는 일부러 피했다. 내 여행의 목적은 최대한 많은 새를 관찰하는 것이었다. 도시에는 새도 별로 없었을 뿐 아니라 예상치 못한 위험이 도사렸기에, 오히려 야생 지역이 더 편하게 느껴졌다.

하지만 뉴올리언스는 달랐다. 이 도시만큼은 꼭 보고 싶었다. 그 유명한 마디 그라 축제|Mardi Gras, 기독교의 사순절을 기념하는 뉴올리언스의 세계적인 축제-옮긴이주|나 재즈의 발상지 버번 스트리트 때문은 아니었다. 사실 그런 것들에 대해서는 알지도 못했다. 내가 뉴올리언스를 방문하고 싶었던 이유는 조류 연구의 역사에서 이 도시가 중요한 역할을 해왔기 때문이었다.

1800년대 초, 뉴올리언스는 남부에서 가장 중요한 대도시였다. 이곳은 1718년 프랑스에 의해 설립된 후, 1700년대 후반 스페인의 지배를 받다가 다시 프랑스로 반환되었고, 1803년 루이지애나 매입 당시 함께 미국 영토가 되었다. 1815년, 뉴올리언스 전투에서 앤드루 잭슨Andrew Jackson이 영국군을 물리치면서 대중적 인기를 얻었고, 이는 불가능해 보였던 잭슨의 정치권력 상승의 첫걸음이 되었다. 그의 명성과 함께 뉴올리언스도 더욱 유명해졌다. 1820년대에도 인구의 절반 이상이 여전히 프랑스어를 사용했으며 스페인어, 영어, 아프리카-카리브 지역 언어가 혼재하는 등 다양한 문화가 어우러져 마치 '미국 남부의 파리' 같았다.

이곳은 1800년대 초반, 여행자들의 필수 경유지이기도 했다. 애팔래치아 산맥 서쪽에 사는 사람이 동쪽으로 이동하기 위해서 험난한 육로를 통해 동쪽으로 느리게 이동하거나, 배를 타고 오하이오 강과 미시시피 강을 따라 뉴올리언스로 이동한 다음, 멕시코 만을 거쳐 플로리다 반도를 돌아 이동해야 했다. 후자가 더 길긴 해도 훨씬 수월했다. 토머스 제퍼슨이 1801년 대통령 임기 초, 뉴올리언스를 미국 영토로 사들이거나 최소한 미국인의 영구적인 접근을 명문화하기 위한 협상을 시작할 정도로 매우 중요한 경로였다. 그렇기에 나폴레옹이 걸프 만에서 현재의 몬태나까지 이어지는, 당시 신생 미국 영토의 두 배에 달하는 루이지애나 영토 전체를 매각하겠다고 제안했을 때 제퍼슨은 깜짝 놀랄 수밖에 없었다.

미국의 영토로 편입된 뉴올리언스는 여행자들의 주요 기착지로 확고히 자리 잡았다. 알렉산더 윌슨은 1810년 봄에 오하이오 강을 따라 켄터키 주 루이빌까지 여행한 후 육로를 통해 테네시 주와 현재의 미시시피 주를 거쳐 6월에 뉴올리언스에 도착했다. 윌슨은 그곳에서 18일 동안《미국 조류학》의 구독자를 모집한 후 배를 타고 대서양 연안으로 향하는 먼 길을 떠났다. 토머스 너탤을 비롯한 다른 자연주의자들도 뉴올리언스에서 많은 시간을 보냈다. 특히 이곳을 열렬히 사랑한 인물이 존 제임스 오듀본이었다. 1835년경, 그가 아들들을 위해 쓴 자서전을 살펴보자.

나의 아버지는 산토도밍고에 큰 부동산을 소유하고 있었고, 루이지애나라는 이름으로 알려진 남부 주를 자주 방문하곤 했던 것 같다… 그때 스페인 출신의 부유하고 아름다운 여성과 결혼했다고 들었다… 어머니는 내가 태어난 직후 아버지와 함께 산토도밍고 섬에 있는 오카이|Aux Cayes, 현재 아이티 레카이Les Cayes 지역의 옛 이름-옮긴이주| 영지로 이주했고, 이후 그 섬에서 벌어진 비극적인 흑인 반란의 희생자가 되었다… 아버지는 충실한 하인들의 도움을 받아 많은 재산을 가지고 오카이를 탈출할 수 있었고, 나와 이 믿음직한 친구들과 함께 뉴올리언스에 무사히 도착했다. 그 후 아버지는 나를 프랑스로 데려갔다.

 모든 새를 보았다고 믿은 남자

극적인 이야기지만, 오듀본의 다른 많은 이야기와 마찬가지로 이것 역시 사실 몇 가닥을 엮어 만든 허구에 가깝다.

그의 아버지 장 오듀본Jean Audubon 대위가 카리브 해의 산토도밍고에 오카이 영지를 비롯하여 토지를 소유한 것이나, 노예로 살던 흑인들이 봉기를 일으킨 것은 사실이다. 이 혁명은 전 세계를 놀라게 했고, 아이티라는 독립 국가를 탄생시켰으며, 서반구 전역의 노예제 폐지를 앞당겼다. 그러나 반란이 일어난 것은 1791년이어서 어린 오듀본의 아름다운 (하지만 가상의) 스페인 출신 어머니가 반란으로 희생될 수는 없었다. 반란이 일어났을 무렵 오듀본은 여섯 살이었고, 1788년 혹은 1789년에 이미 오카이에서 프랑스로 건너와 살고 있었다.

1700년대 후반의 출생 기록은 불분명한 경우가 많은데, 특히 외국에서 태어난 선원들의 사생아에 대한 기록은 더더욱 그렇다. 하지만 전기 작가 프랜시스 호바트 헤릭Francis Hobart Herrick은 오듀본 대위가 프랑스로 가져온 의사의 항목별 청구서 등 오래된 문서를 추적하여, 존 제임스 오듀본이 1785년 4월 26일에 오카이 제도 또는 그 근처에서 태어났다고 추정할 수 있는 증거를 찾아냈다. 여러 증거에 따르면 소년의 어머니는 잔 라뱅Jeanne Rabin이라는 스물일곱 살의 프랑스 가정부였으며, 출산 후 몇 달 만에 사망한 것으로 보인다.

이것이 확실한 사실로 입증된 것은 아니다. 오듀본의 생애 전반이 그렇듯 이 가설도 의심의 여지와 다른 해석의 가능성이 존재한다. 하지만 현재로서는 가장 신뢰할 만한 증거에 기반한 설명으로, 오늘날 역사가들이 보편적으로 받아들이고 있는 내용이다.

헤릭의 오듀본 전기는 1917년에야 출판되었다. 따라서 1800년대 후반부터 1900년대까지 많은 이들은 오듀본이 루이지애나에서 태어났다는 이야기를 사실로 받아들였다. 어떤 이들은 특정 저택을 콕 집어 오듀본의 출생지라고 주장하기도 했다. 가장 널리 알려진 설은 뉴올리언스 북쪽, 폰 차트레인 호수의 북쪽에 위치한 퐁텐블로의 마리니 저택이었다. 하지만 헤릭이 상세한 연구를 통해 마리니 저택에서의 출생은 시기적으로 불가능하다는 것을 밝혀내면서 이 설을 잠재웠다.

이처럼 오듀본의 출생지는 루이지애나라고 할 수 없다. 하지만 그가 1821년 1월 초 뉴올리언스에 도착했을 때, 그곳에서의 새로운 삶은 마치 다시 태어난 것과 같았다고 말할 수 있을 것이다. 당시 그는 인생의 가장 괴로운 시기를 지나고 있었다. 켄터키에서 10년 동안 풍족하게 살았지만 모든 것을 잃었다. 오듀본에 대한 피상적 전기를 보면 그가 새만 쫓아다니는 바람에 사업에 실패했다고 쓰여 있지만, 사실 헨더슨에서 보낸 몇 년 동안 오듀본은 상점 주인으로서 꽤 성공을 거두었고, 그림과 새 연구는 여가 시간으로 미뤄두었다. 몇 번 잘못된 투자를 하긴 했지만, 1818년부터 1819년까지 미국을 휩쓸었던 경제 불황이 아니었다면 회복할 수 있었을지도 몰랐다. 하지만 파산해서 모든 것을 팔아넘기고, 빚 때문에 감옥까지 가야 했던 오듀본은 빈손으로 다시 시작해야 했다.

빈털터리 그에게 남은 것이라곤 수년간 차근차근 쌓아온 자연에 관한 지식과 예술적 재능, 그리고 1810년에 알렉산더 윌슨을 만난 이후 마음 한구석에 잠들어 있던 한 가지 생각뿐이었다. 가족을 부양하는 데 집중하던 오듀본에게 새에 관한 위대한 출판물을 만드는 것은 한가로운 공상이자 실현 불가능한 꿈이었다. 그러나 더는 잃을 것이 없게 된 그는 조심스러움을 버리고, 마침내 원대한 꿈을 향해 한 발짝 나아가기로 했다.

딱히 갈 곳이 없었던 오듀본은 1820년 10월, 신시내티에서 미술을 가르쳤던 10대 조수 조지프 메이슨Joseph Mason을 데리고 오하이오 강과 미시시피 강을 따라 뉴올리언스로 향했다. 식물 그림에 남다른 재능을 보였던 메이슨에게 새 그림 속 식물을 그리게 할 계획이었다.

증기선이나 개인 화물선을 이용할 여유가 없었던 두 사람은, 물건을 싣고 강을 따라가는 평저선|배 밑이 평탄한 구조의 선박-옮긴이주|을 타고 여행을 떠났다. 최소한의 경비조차 감당할 수 없었던 오듀본은 야생동물을 사냥해 배에 탄 다른 승객들에게 식량으로 제공하며 여행비를 충당했다.

여정은 느리고 불편했지만 오듀본은 점차 활력을 되찾았다. 혼잡한 배 위에서도 틈날 때마다 새를 그리고, 매일 관찰한 새에 대한 메모를 남겼다. "…아메리카까마귀 코르부스 아메리카누스*Corvus Americanus*를 한 마리 사냥하고 그림을 그렸다. 숲에는 많은 지빠귀와 수천 마리의 흰멧새 Snow Bunting, 엠베리자 니발리스*Emberiza Nivalis*가 있었고, 몇 마리의 붉은가슴밀화부리Rose Breasted Grosbeak도 보았다. 꿩 두 마리, 자고새Partridge 열다섯 마리, 쇠오리Teal 한 마리, 흑꼬리도요Godwit 한 마리, 작은논병아리Small Grebe 한 마리를 사냥했는데, 이들은 내가 다른 곳에서 관찰했던 것과 똑같았다. 수리부엉이는 그 속에서도 가장 많은 개체 수를 보였다. 오늘은 온종일 속이 좋지 않았고, 배에서는 똑바로 설 수 없을 정도로 심한 두통이 느껴졌다." 그는 학명, 각 종의 개체 수, 특징에 대한 설명을 자세히 기록했다. 이는 단순한 관찰을 넘어 정식 출판을 위해 자료를 체계적으로 수집하려는 의도가 있음을 보여준다. 모든 것을 잃고, 가족과도 멀리 떨어져 평저선을 타고 모험을 떠난 무명의 오듀본은 모든 역경을 헤쳐나가기 위한 집중력과 사명감으로 넘쳐났다.

뉴올리언스에 도착하기까지 3개월이 걸렸다. 오듀본은 여정 내내 새를 관찰하며 기록했다. 예전처럼 그저 취미로만 새를 관찰했다면 모르는 새가 있어도 그냥 지나쳤겠지만, 이제 그에게는 강한 동기와 새로운

숨겨진 정체성

발견에 대한 간절한 기대가 있었다. 1821년 1월, 그는 이 지역에서 알렉산더 윌슨이 보지 못했던 새를 발견하리라 확신했다. 그의 기대는 계속 커져만 갔다. 새는 어디에나 있었다. 그는 미시시피 강변이나 도시 북쪽의 습지와 숲에서 새를 관찰하거나, 시장에 가서 총잡이들이 매일 가져오는 수백 마리의 새를 조사했다. 그는 대략 어떤 새가 몇 마리나 팔리고 있는지도 기록했다. "녹색 날개와 푸른 날개를 가진 수많은 쇠오리, 수백 마리의 도요새와 청도요Solitary Snipe, 녹색 등을 한 제비가 있었다. 하지만 지빠귀는 보이지 않았다." 그는 그림의 피사체로 사용하기 위해 가끔 시장에서 표본을 사기도 했지만, 자주 "시장에서 많은 아메리카자줏빛쇠물닭Purple Gallinule을 보았지만 모두 너무 망가져서 그림으로 그릴 만한 것은 없었다"라거나 "시장에서 도요새의 새로운 종인 큰백로White Heron 두 마리를 보았지만 깃털 일부가 뽑혀서 그릴 수 없었다" 같은 불평을 남겼다.

그는 가능한 모든 시간을 새를 그리는 데 쏟고 싶었지만 돈을 벌어야만 했다. 마지못해 오듀본은 강변을 떠나, 거리로 나서서 고객을 찾아다니며 초상화를 그리기 시작했다.

10대 시절, 내가 뉴올리언스를 처음 방문했을 때는 원하는 만큼 새 관찰에 집중하지 못했다. 대신 나는 체이스, 그리고 각자 다른 지역에서 온 세 명의 친구들과 어울리며 시간을 보냈다. 돌이켜 보면 우리 모두 나이, 이름, 배경에 대해 서로 조금씩 거짓말을 했던 것 같다. 길 위에서 우리는 새로운 정체성을 시험하고, 인생에서 다음 목적지와 방향은 어디일지 알아내려고 노력했던 것 같다. 그때 도시 상공을 날아다니는 갈매기 몇 마리를 보긴 했지만, 그게 다였다.

다행히도 그게 내 마지막 기회는 아니었다. 수십 년이 지난 후, 나는 조류학자이자 뉴올리언스에 대한 깊은 지식을 가진 역사학자 친구, 데이비드 머스David Muth와 함께 이곳을 찾았다. 데이비드는 오듀본이 강 너머로 철새와 다양한 새들을 관찰했을 미시시피 강 북쪽을 내게 보여주었다. 그리고 뉴올리언스 도시가 형성되기 전부터 오랫동안 사용되어 왔던 옛길, 미시시피 강에서 폰차트레인 호수 가장자리까지 이어지는 길도 알려주었다. 아마 오듀본도 여러 번 그 길을 거닐면서, 3월쯤에는 수천 마리의 미국검은가슴물떼새American Golden-Plover가 하늘을 나는 모습을 목격하기도 했을 것이다.

우리는 강둑 근처의 야외 시장을 방문했다. 데이비드는 "내가 어렸을 때만 해도 여기는 옛 정취가 물씬 풍기던 곳이었어. 약간의 상상력만 발휘하면 1820년대의 악취와 번잡함 속에서 뗏목과 바지선을 하역하고 길거리에서 물건을 파는 사람들의 모습을 떠올릴 수 있었지"라고 말했다. 악취는 사라졌지만, 시장은 기념품을 사러 온 관광객들로 여전히 북적이고 있었다.

옛 모습을 더 쉽게 상상할 수 있는 곳은 프렌치 쿼터 부근이다. 좁은 길을 따라 빽빽이 늘어선 주택과 건물 들이 인도 가장자리까지 다닥다닥 붙어 있고, 치장 벽토로 마감된 외벽에는 나무 셔터가 달린 높은 창문이나 있었다. 뉴올리언스의 발상지인 이곳의 역사적 특성을 보존하기 위한 노력은 1920년대로 거슬러 올라간다고 데이비드는 말했다. 많은 거리 이름과 주소가 200년 전 그대로였다. 오듀본과 메이슨은 1821년 1월, 배럭스 거리 706번지에 방을 빌렸다. 이 주소의 건물로 찾아가니 외벽에 그 역사를 기념하는 현판이 걸려 있었다.

이 허름한 숙소에서 오듀본은 마을의 더 부유한 지역으로 걸어갔다. 그는 인맥을 충분히 쌓아 초상화 한 장당 (1820년대 당시 큰돈이었던) 25달러의 작업료를 받았고, 그림 수업을 할 기회도 몇 번 얻었다. 이를 통해 그는 기본 생활비를 충당하면서, 신시내티에 있는 루시와 아들들에게 돈을 보내고 새를 그리는 여유도 가질 수 있게 되었다.

뉴욕과 필라델피아에서 지낸 적이 있던 오듀본에게 도시는 익숙했지만, 그럼에도 뉴올리언스는 낯설었다. 다양한 문화와 언어가 혼재되어 있었고, 부유층부터 극심한 빈곤층까지 여러 경제 계층이 존재했다. 당시 오듀본은 후자의 극단에 가까웠고, 자신의 남루한 옷차림과 지위에 자괴감을 느끼고 있었다. 그러던 중 그가 겪은 한 특이한 만남은 자존심을 더 자극했을 것이다.

어느 날, 작품집을 들고 길을 걸어가던 그에게 한 아름다운 젊은 여성이 다가와 프랑스어로 "프랑스의 아카데미에서 미국의 새를 그리라고 보낸 화가가 맞으시냐"고 물어왔다. 오듀본은 단지 취미로 새를 그리고 있다고 답했지만, 여인은 "당신이 바로 검은 분필로 그토록 놀랍도록 강렬한 형상을 그려내는 분이군요"라며 "30분 후에 루 아무르 거리 26번지 위층으로 올라오세요. 기다릴게요. 지금 바로 따라오지는 말고요"라고 했다.

오듀본은 당황했지만 요청대로 그 장소로 갔고, 여인의 방에 앉아 이야기를 나눴다. 오듀본이 나중에 회상하기를, 자신이 사시나무처럼 떨며 불안해하자 여인이 "당신을 해칠 생각은 없어요"라고 그를 놀리며 진정시키려 애썼다고 했다. 하지만 여인이 원하는 바를 듣게 된 오듀본은 더욱 당혹스러웠다. 오듀본은 여인의 거주지, 그리고 혹시라도 그가 그녀의 이름을 알게 된다 하더라도 비밀을 지키겠다는 맹세를 해야 했다. 여인은 고급 종이와 고운 색분필을 주면서 얼굴 초상화가 아니라 전신을, 그것도 누드로 그려달라며 "프랑스 여인처럼 아름답게 그려달라"고 했다. 그의 부탁에 충격을 받은 오듀본은 잠시 산책하면서 진정하고 한 시간 후에 다

     모든 새를 보았다고 믿은 남자

시 돌아와 시작하게 해달라고 말했다.

약 열흘 동안 오듀본은 거의 매일 누드화를 그렸다. 오듀본은 그를 '미지의 여인'이라 부르며 그가 오듀본 옆에 앉아 그림을 비평할 때마다 긴장했다. 오듀본이 마침내 그림을 완성하자 미지의 여인은 아름다운 고급 총을 선물로 주면서 두둑이 보상했다. 이상한 점은 그가 일기에는 이 일을 슬쩍 언급하고선, 나중에 아내 루시에게 보낸 편지에는 아주 자세하게 묘사했다는 점이다. 아마 편지를 보냈을 무렵에는 이 강렬한 충격에서 회복되어 상세히 묘사할 수 있을 만큼 대담함을 되찾았던 것 같다.

이 미지의 여인의 정체는 아마 영원히 베일에 싸인 채로 남을 것이다. 일부 역사가들은 오듀본이 초상화를 그려준, 도시에서 가장 부유한 남성의 정부로 추측하기도 한다. 어찌 됐든 이러한 부유층과의 교류는 오듀본에게 큰 도움이 되었다.

마침 부유하고 권위 있는 피리Pirrie 가문이 세인트프랜시스빌 인근 오클리 플랜테이션 농장에서부터 뉴올리언스를 방문하던 때였다. 가문의 대모인 루크레시아 피리Lucretia Pirrie는 오듀본의 재능에 깊은 인상을 받아 딸 엘리자 피리Eliza Pirrie에게 미술, 음악 등을 과외해주는 대가로 한 달에 60달러에 더해 오듀본과 메이슨의 숙식을 제공하겠다는 파격적인 제안을 했다. 매일 몇 시간의 과외를 마친 후에는 오클리 주변의 숲과 강어귀를 자유롭게 돌아다니며 새를 그릴 수 있었다. 그렇게 1821년 6월, 화가와 그의 젊은 조수는 3개월 반 동안 강 상류로 거처를 옮기게 된다.

오클리 하우스는 주립 사적지*로 보존되어 있으며 오늘날에도 한 번쯤은 방문할 만한 가치가 있는 곳이다. 하얀 기둥의 저택이나 영화 〈바람과 함께 사라지다〉의 분위기를 기대한다면, 비교적 소박하고 우아한 단순함에 놀랄지도 모른다. 자연주의자 방문객이라면 이곳의 숲이 뉴올리언스 주변의 숲과 다르다는 사실에 놀랄 수도 있다. 세인트프랜시스빌 인근 지역은 루이지애나의 다른 지역과는 생태학적으로 다르고 남동부 해안 평야 전체에서 생물 다양성이 가장 풍부한 지역으로, 다른 곳에서는 보기 힘든 동식물이 서식하고 있다. 오듀본이 이곳에 온 것은 순전히 우연이었지만, 그 자신도 행운을 깊이 느꼈고 일기에 이렇게 적었다. "내게는 너무나 새로운 시골의 모습이다… 향기로운 꽃으로 뒤덮인 목련나무, 호랑가시나무, 너도밤나무, 키 큰 노란 포플러, 언덕, 심지어 황토까지. 이 모든 것들을 나는 감탄하며 바라본다. 이 모든 변화가 이토록 짧은 시간에 일어났다는 것이 때때로 초자연적으로 느껴진다. 나는 수천 마리의 솔새와 지빠귀에 다시 한번 둘러싸인 채 자연을 즐기고 있다."

그 계절에 실제로 솔새와 지빠귀 수천 마리가 찾아오지는 않았겠지만, 뉴올리언스와 달리 오클리 농장 주변에는 더 다양한 종류의 새가 서식하고 있었고, 오듀본에게는 탐험과 배움에 대한 열망이 넘쳐났다.

나는 그가 반짝이는 새 총처럼 빛나는 눈빛을 하고, 피리 가문의 다른 직원들과 함께 쓰던 1층의 작은 방에서 나와 설레는 마음으로 집을 나서는 모습이 생생하게 그려진다. 숲은 지금보다 저택에서 더 멀리 떨어져 있었기 때문에, 오듀본은 울창한 고지대 숲이나 저지대 사이프러스 늪에

---

* 단지 오듀본이 이곳에서 몇 달 지냈다는 이유만으로 이곳이 사적지로 지정되었다는 것은 아이러니다. 이곳과 관련된 흥미로운 역사적 인물은 오듀본뿐만이 아니다. 이 지역 인근은 원래 루이지애나가 매입될 때 포함되지 않았고, 1810년 미국이 이곳을 차지할 때까지 스페인이 통치하고 있었다. 루크레시아 피리의 첫 번째 남편 러핀 그레이Ruffin Gray는 시장, 보안관, 세금 징수원의 역할을 담당하는 지역의 리더로, 스페인 왕실을 대표했다. 남편이 사망하자 당시 여성으로서는 드물게 농장의 소유권을 유지할 수 있게 해달라는 청원이 받아들여졌고, 지역의 차기 리더인 제임스 피리James Pirrie와 결혼한 후에도 루크레시아가 농장에 대한 통제권을 대부분 유지했다. 오듀본의 제자였던 딸 엘리자 역시 루크레시아만큼이나 고집이 센 것으로 알려졌다. 피리 가문 여성들의 삶은 전기 작가에게 흥미로운 주제일 것이다.

가기 위해 꽤 먼 거리를 걸어야 했을 것이다. 그늘진 숲과 늪에 도착한 오듀본은 무한한 가능성을 느꼈다. 지금껏 이 지역을 방문한 자연주의자는 거의 없었다. 윌슨은 1810년에 이곳을 지나 내치즈 강 상류에서 미시시피솔개를 발견했지만, 오듀본은 분명 윌슨이 놓친 새가 있을 것이라고 확신하면서 그 새를 찾아내고자 했다.

오클리에 도착한 지 보름도 채 지나지 않아 그는 첫 번째 후보를 발견했다. 덥고 습한 오후, 메이슨과 함께 숲에서 칠면조 사냥을 하던 중 작은 노란 새 한 마리가 나타났다. "나는 그 새가 우리의 의도를 알아내려는 듯한 불안한 표정으로 몇 야드 이내까지 순진하게 다가오는 것을 보았다. 우리가 가만히 서 있자 총에 닿을 정도로 가까이 다가왔다. 낮은 수풀의 나뭇가지 사이를 민첩하게 움직이면서 가끔씩 파리를 향해 빠르게 돌진했다." 아직 과학계에 소개되지 않은 종이라는 결론을 내린 오듀본은 이 새에 처음에는 루이지애나딱새Louisiana Fly-catcher라는 이름을 붙였고, 나중에 정식 출판물에서 영국의 자연주의자이자 예술가 프리도 존 셀비Prideaux John Selby를 기리기 위해 셀비딱새Selby's Fly-catcher라고 다시 이름 붙였다. 그리고 8월 초, 오듀본은 사이프러스 늪 가장자리에서 싸우고 있던 작은 새 두 마리를 쏘았고, 다친 새를 집어 들자마자 새로운 종임을 깨달았다. 처음에는 이 새를 사이프러스늪딱새Cypress Swamp Fly catcher라고 불렀다가, 나중에 조류학자 샤를 뤼시앵 보나파르트의 이름을 따 보나파르트딱새Bonaparte's Fly-catcher로 수정했다.*

하지만 이 두 새는 과학적으로 새로운 종이 아니었고, 딱새 종도 아니

---

* 이 두 새는 《북미의 새》와 《조류학 전기》 초기 판본에 모두 포함되었다. 오듀본이 대서양 양쪽의 영향력 있는 사람들에게 호감을 얻기 위해 노력하던 시기였는데, 이를 위한 가장 쉬운 방법은 새로운 종에게 그들의 이름을 붙임으로써 업적을 기리는 것이었다.

었다. 8월에 사이프러스 늪에서 발견된 후자는 이 지역에 드물게 찾아오는 철새 캐나다솔새Canada Warbler였다. 이미 1766년에 학계에 보고된 종이었지만, 오듀본은 이 새를 본 적이 없었다. 그에 비해 앞서 발견된 노란 새는 그가 이미 잘 알고 있던 종, 두건솔새Hooded Warbler의 어린 개체였다. 그는 그해 여름 오클리에서 두건솔새를 그렸지만, '루이지애나딱새 혹은 셀비딱새'가 머리의 무늬가 약간 덜 뚜렷할 뿐 같은 새라는 사실을 알아차리지 못했다.

오늘날의 탐조가들이 그 옛날 오클리 농장에서 오듀본이 기록한 새들(그가 본 새들과 언급하지 않은 새들)을 보면 그의 분류 방식에 의아함을 느낄 것이다. 그는 그곳에서 붉은눈비레오Red-eyed Vireo를 보았지만 '붉은눈딱새Red Eyed Fly Catcher'라고 불렀고, 학명에는 솔새라고 이름 붙였다. 루비상모솔새는 '루비상모굴뚝새Ruby Crowned Wren'라고 불렀고 학명에는 역시 솔새라고 이름 붙였다. 한편 솔새의 일종인 휘파람새Ovenbird, 북방흉내지빠귀Northern Mockingbird, 회색개똥지빠귀Gray Catbird를 모두 지빠귀 종으로 분류했다. 딱새의 일종인 동부타이란새에게는 때까치의 학명을 붙였다. 지금 보면 오듀본이 이렇게 새의 과科도 제대로 구별하지 못하면서 어떻게 종을 정확하게 분류하려 했던 걸까 하는 의문도 생긴다.

어떻게 된 걸까? 오늘날 우리는 딱새과, 솔새과, 굴뚝새과 등의 새들을 서로 명확히 다른 그룹으로 이해한다. 초보 탐조가들도 새를 '과'로 구분할 줄 안다. 현장 가이드와 참고 서적 역시 그런 식으로 정리되어 있고, '과'라는 자연적 그룹을 이해하는 것이 논리적인 접근처럼 보인다. 그래서 우리는 파랑새와 아메리카울새가 색깔은 다르지만 같은 지빠귀과에 속한다고 배운다. 큰제비Purple Martin는 사촌 종들보다 몸집이 크지만 여전히 제비과에 속하며, 서로 다른 종의 딱따구리는 몸집이나 색이 다르고

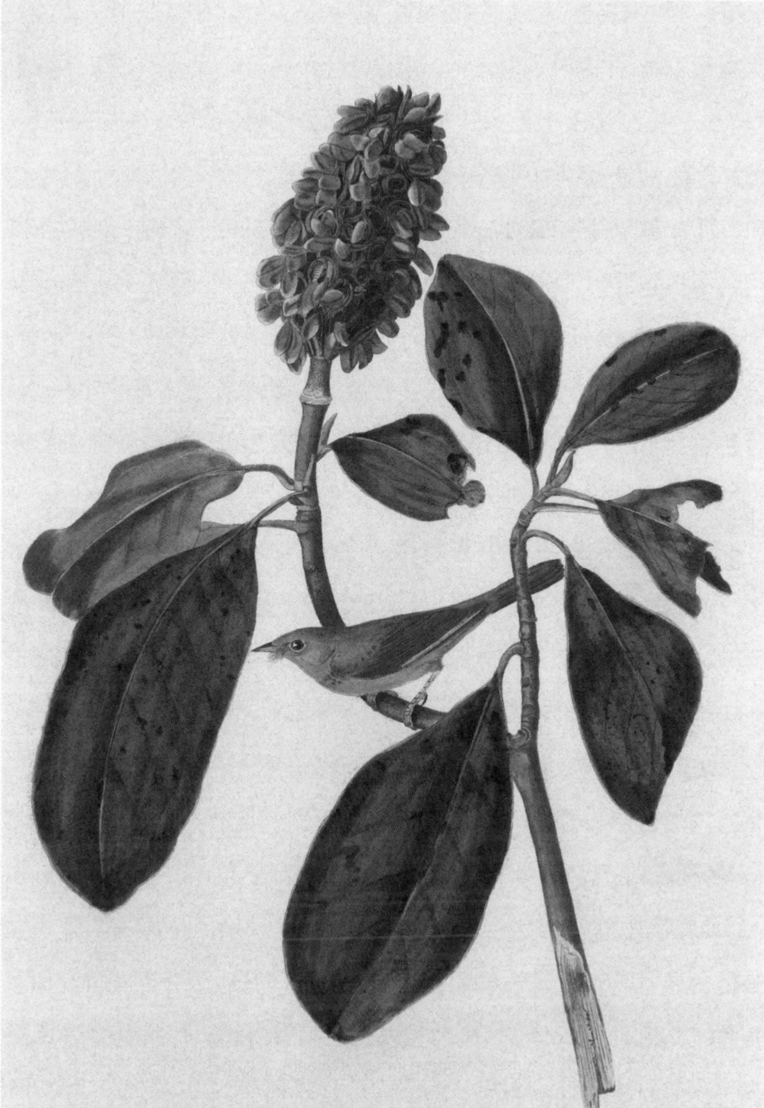

존 제임스 오듀본의 보나파르트딱새. 오듀본은 1821년 루이지애나에서 이 새를 처음 발견하고, 새로운 딱새 종이라 판단하여 프랑스의 자연주의자 샤를 보나파르트를 기리는 이름을 붙였다. 하지만 사실 이 새는 어린 캐나다솔새였다. 시간이 흘러 다른 사람들이 이 점을 지적했지만, 새로운 종이라는 오듀본의 믿음은 흔들리지 않았다.

심지어 먹이 습관도 다를 수 있지만, 모두 끌 모양의 부리와 나무를 잡는 강한 발, 뾰족한 꼬리 깃털을 가지고 있어 딱따구리과로 분류하고 있다.

시간이 지나면 새를 이런 방식으로 보는 것이 자연스러워진다. '과'는 분류학적 계층 구조에서 목目이나 속屬과 같은 여타의 계층보다 훨씬 이해하기 쉬운 범주다. 벌새와 쏙독새가 같은 목으로 분류된다는 사실은 일부러 찾아보지 않으면 이해하기 어려울 수 있지만, 벌새과를 하나의 그룹으로 묶는 것은 훨씬 직관적이다. 부리가 큰 펠리컨과 다리가 긴 왜가리는 같은 목에 속해 있고, 다리가 긴 다른 두 조류 황새와 두루미는 서로 다른 목에 있는 것이 이상하게 보일 수 있지만, 펠리컨을 하나의 과로 생각하는 것은 비교적 자연스럽게 받아들여진다.

한편 탐조가들은 대부분 아주 독특한 몇몇 속을 제외하고는 조류의 속에 큰 관심을 두지 않는다. 지난 몇십 년 동안 많은 북미 참새의 속명이 바뀌었다. 예를 들어 해안참새Seaside Sparrow의 속명은 암모드라무스Ammodramus에서 암모스피자Ammospiza로 바뀌었다. 참 엄청난 변화다. 그렇지 않은가? 사실 이런 변화를 놓치지 않으려고 하는 건 나와 같은 극히 일부의 강박적인 사람들 정도뿐이고, 대부분은 이들이 모두 미국참새과에 속한다는 사실만 기억하는 걸로 충분하다고 느낀다.

오듀본은 왜 발견한 새들을 분류할 때 이런 기본적인 분류법을 활용하지 않은 걸까? 그 답은 의외일 수 있다. 당시에는 '과'라는 개념이 아직 분류에 일반적으로 사용되지 않았기 때문이다. '과'는 원래 린네 분류 체계에 포함되어 있지 않았다. 린네는 《자연의 체계》 제10판에서 조강鳥綱을 6개의 목으로 나누고, 각각의 목을 4~17속으로 분류했다. 목과 속 사이에는 중간 단계가 존재하지 않았다. 따라서 린네의 까치목에는 앵무새, 큰부리새, 뻐꾸기, 딱따구리, 물총새, 벌새, 까마귀, 극락조 등이 모두 포

 모든 새를 보았다고 믿은 남자

함되었으며 각각 하나의 속으로 대표되었다. 전 세계 조류에 대한 정보가 제한적이었던 당시에는 이 시스템이 꽤나 효과적이었다. 린네의 단일 벌새 속인 트로킬루스*Trochilus*에는 18종이 포함되었다. 오늘날 벌새는 100개 이상의 속으로 나뉘며, 360여 종이 알려져 있다. 까마귀와 뻐꾸기, 물총새들도 마찬가지로 수십 속, 수백 종으로 분류된다. 이를 모두 제한적인 '속'으로만 분류하면 엄청난 혼돈이 일어날 것이다.

풍부한 다양성을 체계적으로 관리하는 데 도움을 주는 '과'는 오늘날 린네 체계에서 가장 유용한 요소 중 하나로 자리 잡았지만, 아이러니하게도 린네는 이를 사용한 적이 없다. 19세기 초의 자연주의자들도 마찬가지다. 알렉산더 윌슨은 1808년《미국 조류학》출판을 준비하면서 영국의 존 레이섬이 발표한 분류 체계를 채택했는데, 이는 기본적으로 린네의 모델을 따른 것이었다. 오듀본 또한 1820년대 초 미국 개척지를 여행할 때 윌리엄 터튼*William Turton*이 번역한 린네의《자연의 체계》를 가지고 다녔다. 두 사람 모두 기존의 과학적 관행을 따르며, 새로운 새를 느슨하게 정의된 몇 개의 큰 목과 기존의 속에 끼워 맞추는 방식을 유지했다. '과'라는 범주 자체가 존재하지 않았기 때문에, 새로운 종을 '과'로 나누는 것은 고려하지 않았을 것이다.

사실 '과'의 부재는 생각만큼 큰 장애물이 아니었다. 조류 전체 다양성에 대한 지식이 제한적이었던 당시에는 속이 오늘날의 과와 같은 역할을 했다. 이 새로운 새가 딱따구리로 보이는가? 딱따구리속에 넣자. 솔새처럼 보이는가? 솔새속에 넣으면 된다. 딱새가 더 어울리는가? 딱새속에 넣자. 결정하기 힘든가? 그럼 대충 아무 데나 넣어라. 실제로, 자연주의자들은 새로운 종을 대략적인 임의의 속으로 분류했다.

우리가 알고 있는 딱새를 생각해보자. 유럽에는 일반적으로 약간 트인 곳에 앉아 있다가 공중에서 곤충을 잡고 다시 앉은 자리로 돌아오는 작은 명금이 몇 종 있다. 프랑스의 조류학자 브리송은 1760년, 라틴어로 '파리를 잡다'라는 뜻에서 유래한 무스키카파*Muscicapa*라는 새로운 속을 만들었고, 린네는 이를 1766년 《자연의 체계》 제12판에 포함했다. 오늘날에도 아프리카, 아시아, 유럽에 서식하는 12종 이상의 새가 무스키카파 속에 속해 있다. 하지만 18세기 후반에서 19세기 초반에는 이 속에 지금보다 훨씬 더 많은 종이 포함되어 있었다.

1808년에서 1812년 사이에 발간된 《미국 조류학》의 처음 여섯 권에서 윌슨은 북미 동부의 새 15종을 딱새로 분류하고 무스키카파 속에 넣었다. 그중 '작은머리딱새Small-headed Flycatcher'라는 새는 그림에서는 딱새로 보이지만 지금까지 알려진 어떤 새와도 정확하게 일치하지 않는다. 나머지 14종 중 4종은 오늘날의 미국솔새과, 1종은 휘파람새과, 4종은 비레오과로 분류된다. 5종은 여전히 딱새과에 속하지만, 미국딱새과는 구세계의 딱새과와 몇 가지 비슷한 습성을 제외하면 서로 관련이 없고 아예다른 그룹으로 나뉘기 때문에 오해의 소지가 있다. 하지만 윌슨의 시대에는 이러한 구분이 알려지지 않았고, 당시에는 그러한 구분의 중요성조차 인식되지 않았다.

두 사람이 친척 관계라거나, 두 종이 사촌 관계라는 것은 무엇을 의미할까? 이는 공통 조상을 공유한다는 뜻이다. 당신이 특정 영화배우나 프랑스 국왕과 아주 닮았을 수도 있지만, 가계도의 같은 가지에서 나왔다는 것을 증명할 수 없다면, 닮았다는 것은 아무 의미가 없다. 마찬가지로 두새 종은 비슷해 보일 수 있지만 같은 조상에서 진화하지 않는 한 친척이라고 말할 수 없다. 자연 분류는 이렇게 역사를 충실히 반영한다. 다윈 이전에는 이러한 '공통 조상'을 고려하지 않은 채, 편의상 종의 그룹을 구분

했다. 샤를 보나파르트와 같은 몇몇 자연주의자들이 목과 속 사이에 '과'
라는 범주를 추가하기 시작한 후에도, 대부분 외형이나 일반적인 행동에
근거하여 연결 짓고 분류했다.

따라서 초기 미국 조류학에서는 모든 새를 유럽에서 이미 알려진 기
존 그룹에 넣는 경향이 있었다. 이 때문에 어떤 경우에는 아주 엉뚱하고
오해의 소지가 있는 분류와 학명으로 이어지기도 했다.

현재 미국찌르레기과로 알려진 찌르레기사촌과Icteridae를 생각해보
자. 약 100종이 서반구 전역에 분포하지만, 구대륙에는 서식하지 않아 유
럽의 과학자들에게는 이들에 대한 기준이 없었다.* 찌르레기사촌과 새
들은 매우 다양한 그룹으로 나뉜다. 잔디밭을 돌아다니는 큰검은찌르레
기Common Grackle나 습지 곳곳에서 노래하는 붉은어깨검정새Red-winged
Blackbird처럼 검은색인 종도 있는가 하면, 대초원에서 지내며 노란 가슴에
갈색 등을 가진 들종다리나 주황색, 노란색 또는 밤색으로 장식된 꾀꼬리
처럼 더 화려한 새도 있다. 다른 새의 둥지에 알을 낳는 카우버드Cowbird
부터 북부 초원 상공을 날며 노래하다가 겨울을 나기 위해 남아메리카
남부로 이동하는 쌀먹이새까지 습성 또한 매우 다양하다. 이 새들을 처음
접한 유럽 출신의 자연주의자들은 이 새들을 한데 묶을 이유가 없었기에
다양한 구세계의 새들과 함께 묶어 분류했다.

1700년대 초, 남동부 식민지에서 이 새를 본 후 마크 케이츠비는 각
새에게 (종종 여러 단어로 이루어진) 라틴어 이름, 영어 이름, 프랑스어 이
름을 붙여 새의 정체를 파악할 수 있는 여러 단서를 제공했다. 케이츠비
는 현재 미국찌르레기과에 속하는 7종을 설명하면서, 여섯 개의 서로 다

---

* 유럽의 대륙검은지빠귀Common Blackbird는 아메리카울새와 관련이 있으며 지빠귀과에 속한다.

르고 관련이 없는 구세계의 조류 그룹과 함께 묶어 분류했다.

그는 붉은어깨검정새를 '붉은날개찌르레기Red-wing'd Starling'라고 불렀다. 유럽의 찌르레기도 번식기 외에는 큰 무리를 이루는 검은색 새이기 때문에 논리적인 연결이라고 볼 수 있다. 그는 큰검은찌르레기와 긴꼬리검은찌르레기붙이Boat-tailed Grackle를 합쳐놓은 것 같은 찌르레기를 '자줏빛갈까마귀Purple Jack-Daw'라고 부르며 까마귀의 친척으로 분류했다. 또한 동부초원종다리Eastern Meadowlark가 유럽에서 흔히 볼 수 있는 종달새처럼 땅 위를 걷는 것을 보고 '큰종달새'를 뜻하는 알라우다 마그나*Alauda magna*라고 불렀다. 케이츠비는 쌀먹이새는 멧새의 일종이고 갈색머리탁란찌르레기Brown-headed Cowbird는 참새의 친척이라고 생각했다. 볼티모어꾀꼬리와 과수원찌르레기에는 우연히도 오늘날에 사용되는 속명 익테루스*Icterus*를 사용했지만, 그가 만든 원래 이름은 유지되지 않았다. 후대의 저자들은 수십 년 동안 이 두 종을 꾀꼬리속 오리올루스*Oriolus*에 넣고, 전혀 관련이 없는 구세계 꾀꼬리과에 속하는 종으로 구분했다. 케이츠비는 '꾀꼬리'라는 이름을 전혀 사용하지 않았다. 그는 볼티모어꾀꼬리를 '볼티모어새'라고 이름 붙였다. 과수원찌르레기는 뭐라고 불렀을까? '바스터드볼티모어Bastard Baltimore'였다.

그로부터 약 100년 후인 1808년, 알렉산더 윌슨이 《미국 조류학》을 출판했을 때 '과'라는 범주를 사용하지 않았지만, 그가 붙인 영어와 라틴어 이름을 보면 윌슨이 새의 관계를 어떻게 이해했는지 잘 알 수 있다. 그도 여전히 들종다리를 종달새로, 꾀꼬리를 구세계의 꾀꼬리로, 붉은어깨검정새를 찌르레기로 생각했다. 윌슨은 쌀먹이새와 갈색머리탁란찌르레기를 모두 멧새로 분류했다. 그가 큰검은찌르레기와 러스티찌르레기Rusty Blackbird에 대해 어떻게 생각했는지는 분명하지 않지만, 오늘날 남아시아

구관조의 몇 가지 종에 사용되며 당시에는 더 광범위하게 적용되었던 그라큘라Gracula 속에 포함했다.

놀랍게도 불과 20년 후, 천재적인 샤를 보나파르트가 이 새들의 정체를 밝혀내는 데 큰 업적을 남겼다. 1828년에 출간된 그의 개요서는 '과'를 분류 범위로써 광범위하게 사용한 최초의 출판물 중 하나로, 보나파르트는 여기에서 들종다리, 미국꾀꼬리, 찌르레기, 카우버드, 붉은어깨검정새, 심지어 변칙적인 쌀먹이새까지 하나의 분류군으로 묶었다. 까마귀, 어치, 구세계의 찌르레기도 같은 과에 포함되는 등 그의 분류가 완벽하지는 않았지만, 그는 다양한 미국찌르레기과 새들의 차이점을 넘어 유사점에 주목하는 뛰어난 통찰력을 보여주었다.

하지만 1821년, 루이지애나의 존 제임스 오듀본 머릿속에는 그런 추상적이고 심오한 생각은 전혀 들어 있지 않았다. 몇 년이 지나고 나서야 오듀본도 조류의 상위 분류에 관심을 보이기 시작했지만, 당장은 새로운 종을 찾고 싶을 뿐이었다. 그곳에서 오듀본은 훗날 미국찌르레기과로 분류될 새들을 목격했다. 지금까지 본 것 중 가장 많은 수의 과수원찌르레기를 보았고, 습지에는 '붉은날개찌르레기'도 흔했다. '자줏빛찌르레기Purple Grakle'도 자주 볼 수 있다고 기록했는데, 이는 아마 케이츠비처럼 큰 검은찌르레기와 긴꼬리검은찌르레기붙이를 혼동한 것으로 추정된다. 후자의 새는 불과 2년 전에 프랑스 조류학자 루이 장 피에르 비에요Louis Jean Pierre Vieillot가 별개의 종으로 설명했지만 당시 오듀본은 아직 몰랐을 것이다. 아니, 전혀 신경도 쓰지 않았다. 인생 처음으로 새로운 종의 발견이 가능할 것 같은 지역을 자유롭게 탐험할 수 있었고, 그에게는 그 기회를 최대한 활용하는 것이 무엇보다도 중요했다.

첫해에 오듀본은 자신이 몇 차례 새로운 발견을 했다고 생각했다. 하지만 대부분은 새로운 종이 아니었다. 그가 발견한 '셸비딱새'와 '보나파르트딱새'는 이미 알려진 딱새 종의 어린 개체임이 밝혀졌다. '꼬마솔새Children's Warbler'는 아메리카솔새Yellow Warbler였고, 이상한 행동으로 관심을 끌었던 '로스코노랑목솔새Roscoe's Yellowthroat'는 일반 노랑목솔새Common Yellowthroat였음이 밝혀졌다. 루이지애나물개똥지빠귀Louisiana Waterthrush는 알렉산더 윌슨이 놓친 새였지만, 켄터키에서 발견된 표본을 토대로 비에요가 10여 년 전에 이름을 붙인 새였기 때문에, 이미 학계에 알려진 새였다. 오듀본이 그해 찾아낸 몇 안 되는 진정한 발견 중 하나는 10월 오클리 농장에서의 마지막 날에 마주친 '흰배굴뚝새Bewick's Wren'였다.

그토록 온 정신을 집중했던 첫해에 그가 발견했다고 생각하던 것들 중 진정한 발견은 거의 없었음이 나중에 밝혀진다. 하지만 당시 오듀본은 그것을 몰랐고, 새로운 종을 발견하는 기쁨에 들떠 있었다. 그의 모든 '허탕'은 그의 야망에 더욱 불을 지펴 의욕을 최고조로 끌어올렸다. 오듀본은 자신이 생각했던 것만큼 윌슨을 능가하고 있지는 않았지만, 현장에 나가 모든 가능성을 살피고 매일 더 많은 것을 배우며 훗날 《북미의 새》에 실릴 가장 인상적인 작품들 몇 점을 만들어냈다.

지금까지 나는 오듀본이 1821년 1월 뉴올리언스에 도착한 것을, 마치 그가 이곳에 처음 도착한 것처럼 썼다. 하지만 사실은 그렇지 않았다. 그는 2년 전쯤 이곳에 와서 빚을 회수하려다 실패한 적이 있었다.

오듀본과 몇몇 동업자들은 오하이오와 미시시피 강에서 증기선 여행이 급성장하던 시기에 작은 증기선에 투자했다가 새뮤얼 보엔Samuel Bowen이라는 사람에게 팔았다. 오듀본은 보엔으로부터 수천 달러의 약속 어음을 받았지만 1819년 어음 만기가 도래했을 때, 보엔이 증기선을 타고 뉴올리언스로 떠났다는 사실을 알게 된다. 더는 손해를 감수할 수 없다고 생각한 그는 두 명의 노예를 데리고 노를 저어 강을 따라 추격에 나섰다. 그러나 뉴올리언스에 도착해 보엔을 만났을 때 그가 자신에게 지불할 돈도, 증기선도 없다는 사실을 알게 되었다. 보엔이 지방 법원의 관할권을 벗어나 북쪽의 다른 채권자에게 증기선을 팔아넘겼기 때문이었다. 한 푼도 받을 수 없게 된 오듀본은 단념하고 노예 두 명을 팔아 강을 거슬러 올라가는 증기선 표를 예약했다.

잠깐, 뭐라고?

배도, 돈도 구할 수 없어 노예를 팔고 집으로 돌아갔다는 이 일화는 오듀본의 전기 대부분에서 언급되는데, 사실에 근거한 짐짓 담담한 말투로 독자를 도발한다. 아, 존 제임스. 유동 자산을 팔아 자원을 마련하고 다음 모험으로 나아가다니, 참 수완도 좋으시네요. 다음 이야기로 넘어가죠.

아니, 나는 이렇게 넘어갈 수 없다. 도가 지나쳤다. 오듀본 가문이 아무리 자비로운 노예 주인인 척해도(그 자체로 모순이지만), 아무리 존이 노예를 '하인'이라 부르며 현실을 감추려 해도, 노예를 부리던 역사를 합리화하거나 용납할 수는 없다. 그는 켄터키에서 살 때 동시에 아홉 명까지도 노예를 부렸지만 그것에 대해 조금의 후회나 유감도 표명하지 않았다.

그가 뉴올리언스에서 단돈 몇 달러에 팔아넘긴 노예들은, 그토록 무심하게 팔아넘긴 사람만큼이나 본질적인 가치를 지닌 인간들이었다. 우리는 아마 그들의 이름도, 그들에게 결국 무슨 일이 일어났는지도 영영 알 수 없을 것이다. 그들이 아무리 강하고 영리했다고 해도, 켄터키로 돌아갈 수는 없었을 것이다. 사랑하는 사람들과 익숙한 장소로부터 영원히 떨어져 매매되는… 그야말로 끔찍하고 참혹한 일이었다. 그 시대에는 그런 거래가 일상적으로 이루어졌지만, 그렇다고 해서 그 관행이 덜 사악해지는 건 아니다.

뉴올리언스 아프리카계 미국인 박물관New Orleans African American Museum 으로 향하는 동안, 이 일화가 내 마음을 무겁게 짓눌렀다. 이 박물관은 프렌치 쿼터 중심부에서 몇 블록 떨어진, 아름답게 관리된 부지에 자리 잡고 있다. 내가 방문했을 때는 리노베이션을 위해 일부 건물이 닫혀 있었지만 나는 박물관 본관에서 두어 시간을 보냈고 전시 내용에 크게 감동했다.

이곳은 희생자 기념관이 아니었다. 노예 제도의 끔찍함도 물론 다뤄지지만, 박물관의 모든 전시관을 관통하는 주요 요소이자 주제는 '자부심'이었다. 크나큰 역경을 이겨내고 미국과 전 세계에 강력한 영향력을 발휘했던 사람들을 기념하는 것이었다. 흑인 독립 공동체가 번성했던 도시 초창기부터 뉴올리언스의 흑인 공동체가 음악, 예술, 문화, 정치 등에 혁명을 일으킨 20세기와 21세기에 이르기까지, 이곳은 자부심과 힘, 성공을 기념하는 장소였다.

박물관의 한 켠, 이 도시와 관련된 저명한 흑인 인사들의 초상화와 기록이 전시된 공간 속에는 존 제임스 오듀본에게 헌정된 공간도 있었다. 맞다, 사실이다. 미국 흑인들에게는 오듀본을 비난할 이유가 넘쳐났지만, 그럼에도 그를 자기 역사의 일부로 받아들이며 옹호하는 사람들도 존재했다.

어떻게 그럴 수 있을까? 바로 그의 출생에 관련된 의혹 때문이다. 역사학자들은 프랑스에서 아이티로 건너와 객실 청소부로 일했던 백인 여성 잔 라뱅이, 장 오듀본 대위와 불륜 관계를 맺고 오듀본을 출산한 후 사망했다는 사실, 즉 오듀본의 어머니가 백인이었다는 사실에 의심의 여지가 없다고 말한다. 이에 대한 증거도 거의 확실하다. 이미 맞춰진 퍼즐 조각에 대해 '거의'라는 단어를 쓴다면 역사학자들에게 미움을 살지도 모

     모든 새를 보았다고 믿은 남자

른다. 하지만 평생 당연하게 받아들여지던 '사실'이 틀린 것으로 밝혀지는 경우가 많은 자연사를 연구해온 나로서는, 인류 역사에 대해서도 어느 정도 의심의 여지를 남겨두어야 한다고 생각한다.

1780년대 당시 산토도밍고라고 불렸던 아이티에서는 플랜테이션 농장주와 현지 여성들 사이에 많은 불륜이 있었던 것으로 알려져 있다. 그곳에서 오듀본 대위는 두 명의 여성 사이에 두 아이를 낳았다. 둘째는 뮤게Muguet라는 여자아이로 나중에는 로즈 오듀본Rose Audubon이라고 불린다. 모든 증거에 따르면 로즈의 어머니는 카트린 부파르Catherine Bouffard라는 혼혈 여성이었다. 오늘날 아무도 존 제임스 오듀본의 이복 누이인 로즈가 백인이긴 했어도 혼혈이라는 사실에 의문을 제기하지 않는다.

그런데 특정 단어가 큰 혼란을 초래했다. 1800년대 초, 오듀본의 부모가 프랑스의 복잡한 법률 시스템에 따라 유언장을 다시 작성하면서 존 제임스와 로즈가 유산 상속 대상에서 제외되지 않도록 하려고 노력했을 때였다. 프랑스에서 지내는 부모와 미국에 있는 아들이 주고받은 문서에서 이 청년은 종종 "산토도밍고의 크리올인, 장 라뱅Jean Rabin"으로 불렸다. 오늘날 '크리올Creole'이라는 단어는 서인도 제도의 흑인과 유럽인의 조상을 모두 가진 혼혈인을 가리키는 의미로 이해된다. 많은 사람들이 이를 두고 오듀본이 자신을 부분적으로는 흑인으로 여겼다는 증거로 받아들였다. 하지만 당시 프랑스에서 이 단어는 단순히 외국에서 태어난 프랑스 시민을 가리키는 말로 쓰였고, 인종적 요소는 전혀 없었다.

뉴올리언스 아프리카계 미국인 박물관을 둘러보면서 오듀본에 대한 전시물도 보고 싶었지만 내가 들렀을 때는 리노베이션으로 문이 닫혀 볼 수 없었다. 내게는 닫힌 전시관이 마치 숨겨진 오듀본의 정체성을 상징적으로 보여주는 것처럼 느껴졌다.

이 책을 쓰면서 여러 번 "그의 마흔여덟 번째 생일이 다가오면서"와 같은 문장을 썼는데, 이는 오해의 소지가 있을 수 있다. 왜냐하면 오듀본 자신은 다르게 생각했을지도 모르기 때문이다. 오늘날 우리는 전기 작가 프랜시스 헤릭이 밝혀낸 1785년 4월 26일이라는 생일을 당연한 사실로 받아들인다. 하지만 정작 오듀본은 자신의 일기나 다른 기록에서 이 날짜를 암시한 적이 단 한 번도 없었다. 장 오듀본 대위와 그의 아내는 아이티에서 태어난 두 명의 혼외 자녀를 입양했는데, 이 서류에는 남자아이의 생년월일이 1785년 4월 22일로 기록되어 있어 헤릭의 추론과 불과 나흘밖에 차이가 나지 않는다. 그러나 오듀본의 손녀 마리아는 헤릭의 저서가 출판되기 몇 년 전인 1800년대 후반에 쓴 글에서 존 제임스가 "1772년에서 1783년 사이"에 태어났을 것이라고 주장하며, 편의상 1780년 5월 5일로 날짜를 지정했다. 존 제임스 자신도 1800년대 초에 여러 법률 문서에서 자신의 나이에 대해 상충하는 숫자를 기재했고, 생일도 명시하지 않았다.

따라서 오듀본 본인조차 자신의 생일을 정확히 알지 못했을 가능성이 높다. 이러한 불확실성과 그의 생일을 둘러싼 의문은 오듀본이 종종 그의 출신에 대해 모호하거나 모순적인 태도를 보인 이유를 설명해준다. 물론 이러한 모호함은 그가 사생아라는 사실을 숨기려는 의도였을 수도 있다. (그가 살던 시대는 노예를 사고파는 일은 대수롭지 않게 여기면서, 혼외자로 태어난 것이 큰 수치로 치부되던 이상한 시대였다.) 그럼에도 그는 가끔 글에서 자기의 출신에 관해 특별한 비밀이 있음을 암시하면서, 무덤까지 가져가겠다고 맹세할 정도로 철저히 감추려 했다.

대체 어떤 비밀이었던 걸까? 이 질문은 내가 뉴올리언스를 처음 방문했을 때부터 줄곧 내 머릿속을 맴돌았다. 어린 시절 순진해서 무엇이든 쉽게 믿었던 나는 이 도시를 방문하기 바로 직전 놀라운 책을 한 권 읽었다.

감수성이 예민한 열일곱 살의 나는 헌책방에서 1센트에 산 얇지만 강렬한 책 한 권을 여러 번 읽었다. 뉴욕의 저명한 출판사에서 발행한 이 책은 1930년대에 켄터키 주 헨더슨에 있는 존 제임스 오듀본 주립공원의 박물관 개관에 맞춰 출간된 것이었다. 이 책의 저자 앨리스 제인스 타일러Alice Jaynes Tyler는 오듀본의 후손 중 한 명의 미망인이었다.《모든 것을 지휘해야 할 나I Who Should Command All》라는 제목인 이 책의 핵심 논지는 이 유명한 새 화가가 사실은 '잃어버린 도팽Lost Dauphin'이라는 것이었다.

잃어버린 누구라고?

그렇다. 대략 100년 전 이 책이 처음 나왔을 때, 책을 많이 읽는 미국인이라면 '잃어버린 도팽'이라는 말을 바로 이해했을지도 모른다. 하지만 세계사 속 수많은 사건이 집단 기억 속 자리를 두고 경쟁하는 오늘날, 1790년대 프랑스 혁명의 소용돌이 속 어느 소문을 기억하는 사람을 프랑스 밖에서 찾는 건 아마 불가능할 것이다.

'도팽'은 프랑스 군주제에서 왕위 계승자, 즉 황태자를 지칭하는 말이었다. 프랑스 군주제의 마지막 왕과 왕비였던 루이 16세와 마리 앙투아네트Marie Antoinette 사이에는 두 아들이 있었다. 둘째 루이 샤를Louis-Charles은 형이 죽자 황태자가 되었다. 1789년 6월, 루이 샤를이 겨우 네 살하고도 한 달이 조금 지난 때에 폭도들이 바스티유 성당을 습격했다. 곧 왕실은 베르사유 궁전에서 쫓겨나 파리의 튈르리 궁전에 포로로 갇혔고, 1792년에는 사원의 탑으로 옮겨졌다가 이듬해 왕과 왕비 모두 처형당했다.

그 격앙된 시대의 분위기 속에서도, 여덟 살짜리 황태자를 단두대로 보내겠다고 나설 사람은 아무도 없었다. 그는 여전히 탑의 포로로 남아 대중의 시야에서 사라졌지만, 그를 둘러싼 소문은 계속되었다. 충성스러운 지지자들은 황태자의 탈출을 돕기 위한 음모를 꾸몄다. 하지만 모든 공식 기록에 따르면 그는 1795년 6월, 열 살의 나이로 감옥에서 사망했다.

어린 황태자의 수감과 죽음은 음모론이 싹트고 퍼져나가기에 더없이 비옥한 토양이었다. 소년은 정말 죽었을까, 아니면 사라진 걸까? 잃어버린 황태자에 관한 관심은 계속되었고, 약 20년 후 프랑스 군주제에 대한 대중의 가혹한 감정이 누그러진 후에도 이어졌다. 1800년대 초, 100명 이상의 남성이 자신을 사원의 탑에서 기적적으로 구출된, 혹은 탈출한 루이샤를이라고 주장했다.

놀랍게도, 자신의 인생을 극적으로 표현하기를 좋아했던 존 제임스 오듀본은 그중 한 명이 아니었다. 적어도 지금까지 남아 있는 그의 글에서는 말이다. 그러나 그의 후손 중 일부는 황태자와 관련된 소문을 믿었고, 존 제임스와 황태자와의 관계에 대한 단서에 집착했다. 그들은 황태자가 1785년 3월 27일에 태어나 존 제임스와 나이가 대략 비슷하다는 사실은 알고 있었지만, 헤릭이 오듀본의 생일을 1785년 4월 26일로 고정하기전까지는 두 사람의 생일이 얼마나 가까운지 몰랐다. 게다가 존 제임스의 새에 대한 사랑은 어렸을 때부터 시작됐는데, 전설에 따르면 황태자도 새를 사랑해서 탑에 갇혀 있을 때 새를 새장에 넣어 키웠다고 했다. 오듀본의 출생 경위도, 황태자의 사망 경위도 아직 의문의 여지가 있었다.

타일러의 책에서는 그럴듯한 이야기가 더해졌다. 1794년 1월, 황태자의 감시를 맡았던 교도관 간부가 떠난 뒤 감옥의 기록은 모호해지기 시작했다. 그리고 불과 몇 주 후, 프랑스 남부에 있던 장 오듀본 대위와 그의 아내는 아이티에서 태어난 사생아라고 주장하는 소년 장과 그의 이복동생을 입양 서류에 등록했다. 타일러는 이 입양 시기에 의문을 제기했다. 그 소년이 정말 대위의 친자식이었을까, 아니면 파리에서 도망친 같은 나이의 왕자가 밀입국하기 위한 완벽한 위장이었을까?

당시 나는 프랑스 혁명에 대해서도, 책에 나오는 낯선 이름들에 대해서도 전혀 몰랐기 때문에 책의 많은 부분이 모호하게 느껴졌다. 거기에 소년이 1790년대 후반에 캐나다의 셀커크 정착촌에 한동안 숨어 지냈다는, 전혀 관련이 없어 보이는 서브 줄거리 때문에 더 혼란스러웠다. (그 정착촌이 1810년 이후에야 설립되었다는 사실은 훨씬 나중에야 알게 되었다.) 하지만 나는 존 제임스가 루시에게 보낸 편지의 가슴 뭉클한 구절에 마음이 끌렸다.

"나의 출생과 기묘한 삶, 그리고 지금의 내가 있기까지 겪은 수많은 기이한 사건들을 떠올리며… 다시 한번 이로 인해 빚어진 결과를 되돌아보았소. 나는 내 특별한 비밀을 무덤까지 가져가기로 했다오. 오, 나의 루시! 오, 나의 아버지! 오! 내가 처한 상황이 얼마나 잔인한지!"

"세상은 알지 못하나 나의 고귀한 출신은 항상 내 입에서 맴돌았고, 내 처지에 어울리지 않는 자부심을 품었소…"

"어린 시절 내내 침묵을 지키라는 말을 들었지만… 이제 나 또한 자식을 둔 부모가 되었으니, 아이들은 내 말 한마디에 저명인사가 될 수도 있고, 또—아니, 오듀본이여, 펜을 멈추라! 그러하지 않으면 영원히 저주받을 것이니!"

그리고 책 제목의 출처가 된 인용구가 바로 이것이었다. "평범한 옷차림으로 거리를 걷는다! 고개 숙여 인사를 한다! 이것저것에 허락을 구한다! 본래 모든 *것을 지휘해야* 할 내가 내 삶과 지식을 온전히 쏟아부은 자연사 서적의 출간을 좇고 있다!"

타일러가 실제 편지를 본 것은 아니다. 그는 마리아 오듀본이 할아버지의 정체에 대한 미스터리와 관련이 있을 것 같은 구절을 모아둔 노트를 입수했을 뿐이었다. 정말 실제 편지에서 인용한 내용이었을까? 열일곱 살 소년이었던 나는 의심을 품을 이유가 없었다. 마리아 오듀본이 역사를 지우고 고쳐 썼다는 사실을 몰랐으니까.

1890년대, 마리아는 할아버지의 일기에서 발췌했다고 주장하면서 많은 내용을 생략하고, 변경하고, 심지어 새로운 구절을 추가한 책을 출판했다. 그 후 일기 원본을 대부분 불태워 영원히 역사가들의 손에 닿지 못하게 했다. 오듀본의 후손들 모두 존 제임스 오듀본의 명성을 다듬는 데 열심이었지만, 가장 많은 힘을 쏟은 사람은 바로 마리아였다.

따라서 이 모호한 인용구들은 실제 오듀본의 편지에서 나온 것일 수도, 자기 삶을 극적으로 꾸며내는 그의 재능이 반영된 글일 수도 있고, 어쩌면 마리아의 상상력에서 나온 것일 수도 있다. 이 가문에서는, 오듀본이 스스로 잃어버린 황태자임을 주장하지 않은 사실이야말로, 자신의 신분을 비밀로 하겠다는 고귀한 약속을 지킨 증거로 받아들여졌다.

오듀본은 정말로 왕족의 혈통인 걸까? 아니면 흑인 혼혈이었을까? 역사가들은 둘 다 아니라고 말한다. 이미 그의 정체성에 대해 충분한 증거와 설명이 밝혀져 있으니까 말이다. 한편 조류학자들 역시 루이지애나에 서식하는 모든 새들의 정체를 밝혀냈다. 꾀꼬리, 딱새, 찌르레기 등을 제대로 분류하고 무슨 종이 어떻게 서로 관련이 있는지 모두 알아냈다. 물론 나는 이들의 연구를 존중하며, 거의 틀림없이 그들이 옳다고 믿는다. 하지만 그 '거의'라는 단어만큼은 여전히 붙잡고 있을 것이다. 약간의 불확실성은 결코 나쁜 게 아니다. 미스터리는 때로 명백한 사실만큼이나 우리 삶을 풍요롭게 만든다고 나는 믿는다.

5장

필라델피아의 앙숙들

"오듀본이 훔친 매입니다. 친구 해리스의 이름을 붙였지요." 매슈가 딱딱하고 깔끔하게 박제된 밤색 어깨의 매 표본을 들어 보이며 말했다. "여기 모든 증거를 보면 그 매가 이 새라는 것을 알 수 있어요." 그는 안경 너머 강렬한 눈빛으로 쟁반 위의 나머지 표본들을 훑었다. "그리고 이건 알렉산더 윌슨의 아메리카참매American Goshawk 원본 표본입니다. 170년 넘게 실종되었던 표본이죠. 이 두 새에 관해서는 제 논문에서 읽어보셨겠지요."

우리가 서 있는 자연과학 아카데미Academy of Natural Sciences 4층에는 전 세계의 생물표본으로 가득 찬 반짝이는 금속 캐비닛이 줄지어 서 있었다. 창밖으로는 필라델피아 센터시티의 높은 현대식 건물과 번화한 거리가 보였다. 눈앞의 쟁반에는 다른 시대의 유물들이 놓여 있었다. 방금 말한 참매도 있었고, 윌슨이 바트람의 정원에서 잡은 넓적날개말똥가리도 있었다. 오듀본이 아카데미에서 몰래 훔쳐 해리스매Harris's Hawk라고 먼저 발표하지 않았다면 '모튼매Morton's Hawk'로 불렸을 새도 있었다. 스펜서 베어드가 10대 때 필라델피아 서쪽에서 발견하여 그가 조류학자로서의 첫

걸음을 내딛는 데 큰 도움이 된 두 종의 딱새 표본도 있었다. 표본들을 보고 있자니 경외감이 물결처럼 밀려왔다. 200년 전 새를 쫓았던 많은 사람들과 물리적으로 이어져 있다는 생각에 가슴이 벅찼다.

필라델피아가 미국 조류학의 역사에서 중심지로 자리 잡은 데에는 여러 이유가 있다. 대부분의 이유는 오랜 역사에 뿌리를 두고 있지만, 한 가지는 최근의 일이다. 바로 매슈 핼리라는 박식한 학자의 업적 덕분이다. 핼리는 현재 댈라웨어 자연과학 박물관Delaware Museum of Nature&Science의 조류 부문 큐레이터로 일하며, 동시에 자연과학 아카데미의 연구원으로도 활동 중이다. 그는 한때 삶의 일부를 보냈던 역사적인 와이크 하우스Wyck House를 비롯해 미국철학학회American Philosophical Society, 그리고 필라델피아 곳곳의 주요 역사 유적지를 오가며 시간을 보낸다. 2010년 이후 핼리는 미발표 편지와 원고들을 집요하게 추적하고 기록 보관소와 장부 속에 흩어져 있던 단서들을 하나씩 엮으며, 현대 조류 연구가 어디서 시작되었는지에 대한 우리의 인식을 혁신적으로 바꾸어놓았다.

필라델피아의 역사는 여전히 살아 숨 쉰다. 무려 7세대 이상을 거슬러 올라가는 가문이나 18세기에 세워진 건물도 흔하다. 서랍에 쌓인 편지 더미나 다락방의 기록 상자는 세세한 역사적 사실을 알 수 있는 보물 창고가 될 수도 있지만, 이를 제대로 해석하려면 방대한 지식이 필요하다. 그 지식을 갖추고 있던 매슈 핼리는 한때 알려지지 않았거나 중요시되지 않았던 수많은 1차 자료를 발견해냈다. 내가 이 책을 집필하는 동안에도 발표된 그의 여러 논문들은, 내 역사관을 거듭 바꾸며 영감을 주었다.

그러나 역사는 핼리의 많은 연구 분야 중 하나일 뿐, 그는 최신 기술을 적용하여 지빠귀를 비롯한 새에 관한 연구도 진행하고 있다. 얼마 전 그를 만났을 때, 우리는 1690년에 지어진 와이크 하우스부터 2018년에 완공된 필라델피아 시내의 60층짜리 컴캐스트 기술 센터Comcast Technology Center 까지 여러 장소를 함께 둘러보며, 조류 연구 300년의 결정적인 순간들에 관해 몇 시간이고 열띤 대화를 나누었다.

필라델피아 자연과학 아카데미는 나에게도 의미 있는 곳이다. 1980년 대 중반, 우연한 기회로 바로 이곳의 조류학 부서에서 일할 수 있었다. 비 록 1년 반 남짓한 임시직이었지만 그 경험은 내 평생의 조류학 연구의 궤 적에 깊고도 결정적인 영향을 남겼다.

당시 나는 필라델피아의 역사에 대해 깊이 배울 기회가 없었다. 이곳 에 자유의 종鐘이나 독립기념관 같은 유적지가 많다는 것은 알고 있었지 만, 아카데미에서의 업무에만 몰두했다. 연구자들에게 아카데미는 정말 이상적인 장소다. 당대 최고의 조류학자 중 한 명인 프랭크 길Frank Gill이 조류학 팀의 책임자였는데, 일류 학자임에도 친근한 사람이었다. 나는 매 일 조류학계를 이끄는 학자들과 대화를 나눌 수 있었다. 조류학 팀은 미 래를 내다보며 연구를 진행하고 있었다. 다만 훨씬 나중에야 나는 그 아 카데미가 조류학의 깊은 역사와 이어지는 중요한 연결고리라는 사실을 깨달았다. 나는 결국 돌고 돌아, 내가 놓쳤던 것들을 보기 위해 다시 필라 델피아로 돌아오곤 했다.

오늘날 미국의 탐조인들에게 1800년대 초의 조류학에 대해 물으면 이들이 떠올리는 사람은 아마 오듀본뿐일 것이다. 오듀본의 대담하면서 기상천외한 성격, 그가 그린 거대한 새 그림은 조류학계의 모든 주목을 빨아들였고, 결국 다른 조류학자들은 대부분 잊혀 각주로만 남게 되었다.

그래서 많은 이들에게 알렉산더 윌슨은 흐릿한 이차원적 존재로 느 껴지곤 한다. 그의 선구적인 저서에 고개를 끄덕일지는 몰라도 그의 대담함, 예리한 통찰력, 시적 감각, 날카롭고 신랄한 재치는 잊히고 만다. 샤를 뤼시앵 보나파르트는 유럽과 북미의 과학 분야에 크게 기여한 업적에 대해서는 언급되지 않고 단순히 나폴레옹의 (새를 좋아했던) 조카로만 요약되기 일쑤다. 조지 오드는 오듀본의 전기에서 주로 악역, 즉 가장 혹독한 비평가로 등장하여 대중에게 미움을 사고 있다. 오듀본에 대한 그의 많은 비판들이 정확하고 정당한 것이었다는 사실은 거의 언급되지 않는다.

윌슨, 보나파르트, 오드, 오듀본. 이들의 이야기가 만나고 교차하는 장소가 바로 필라델피아였다. 그리고 이곳에서의 만남은 결코 우연이 아니었다.

1700년대 대부분 동안 필라델피아는 북아메리카 식민지의 최대 도시였고, 신생 아메리카 합중국에서는 1790년대 한때 국가의 수도로 기능하기도 했다. 1800년대 초에 이르러서는 이 두 가지 지위를 모두 잃었지만, 여전히 문화와 과학의 중심지 역할을 지속했다. 특히 1820년대 이후 수십 년 동안은 이곳이 북미 자연 연구의 핵심 거점이었다.

필라델피아는 1743년 벤 프랭클린Ben Franklin 등이 설립한 미국철학협회의 본거지로, 당시 '철학'이라는 용어는 모든 과학을 포괄하는 개념이었다. 또한 이곳은 박물학자 윌리엄 바트람이 1823년에 사망할 때까지 거주하던 곳이자 바트람의 정원이 있던 곳이며, 미국에서 가장 큰 규모의 조류 표본과 기타 자연물을 전시한 찰스 윌슨 필의 박물관이 있던 곳이기도 하다.

필라델피아는 자연과학 아카데미의 본거지이기도 했다. 1812년, 몇몇 친구들이 모여 설립한 이 아카데미는 1820년대에 이르러 신대륙의 자연사 연구를 선도하는 기관이 되었다. 회원으로 선출된 사람들의 명단은 마치 미국 자연주의자 인명사전을 연상시킬 정도로 저명한 인사들로 채워졌고,

 모든 새를 보았다고 믿은 남자

유럽에서 온 최고 과학자들 역시 회원으로 활동했다.

사업가 조지 오드는 윌슨의 《미국 조류학》 마지막 두 권을 완성해 출판함으로써 이미 명성이 높은 인물이었다. 그는 1815년 자연과학 아카데미 회원으로 선출된 후 곧 부회장이 되었다. 1820년대에는 《미국 조류학》의 몇 가지 중요한 내용을 수정하고 추가하여 전 9권을 재출간할 준비를 하고 있었다. 아카데미에서의 지위나 윌슨과의 인연을 보았을 때 조지 오드는 당시 미국 조류학 분야에서 가장 영향력 있는 인물 중 한 명이었고, 학계에서 새로운 사람이라면 누구나 그의 편에 서는 것이 현명하다는 것을 알았을 것이다.

프랑스 무시냐뇨Musignano 가문의 왕자였던 샤를 뤼시앵 보나파르트는 필라델피아에 도착했을 때 조지 오드와 좋은 관계를 맺는 데에 거의 실패할 뻔했다.

샤를은 1803년 파리에서 태어나 어린 시절 대부분을 이탈리아에서 보냈고 영국에서 몇 년간 지내기도 했다. 그의 아버지 뤼시앵 보나파르트는 형 나폴레옹을 지지하거나 반대할 시기를 현명하게 판단했다. 그 덕분에 나폴레옹이 정복, 통치, 망명, 귀환, 패배, 재차 망명을 거듭하는 파란만장한 삶을 보내는 동안에도 뤼시앵과 그의 가족은 불똥을 피하고 재산 대부분을 유지할 수 있었다. 샤를의 유년 시절은 특별히 위험하지 않았고, 훌륭한 교육을 받았다. 특히 샤를이 자청하여 심도 있는 자연사 교육도 받을 수 있었다. 10대 시절부터 그는 식물, 곤충, 새에 관한 저술을 다양한 언어로 읽었으며, 그중에서도 특히 새에 매료되었다.

그래서 그가 1823년 스무 살에 미국으로 건너왔을 때, 그의 관심은 새에 쏠려 있었다. 그는 사촌 제나이드 보나파르트Zénaïde Bonaparte와 막 결혼한 상태였다(훗날 그녀의 이름을 따서 비둘기속의 이름을 짓는다). 이 젊은 부부는 대서양을 건너 제나이드의 아버지이자 샤를의 삼촌, 조제프 보나파르트Joseph Bonaparte와 잠시 같이 지내기 위해 필라델피아에서 멀지 않은 뉴저지의 영지에 도착했다.

월슨이나 오듀본이 새에 관한 지식이 거의 없던 채로 미국에 온 것과 달리, 보나파르트는 조류학에 대한 탄탄한 기초를 이미 다진 상태에서 이곳에 도착했다. 유럽에서 그는 주요 도서관과 박물관의 소장품을 접했으며, 저명한 학자들과 교류하고 있었다. 또한 이미 윌슨의 《미국 조류학》을 읽고, 유럽과 미국의 조류 명명법과 분류를 비교하기 시작한 때였다. 이런 비교는 그가 이 나라에 도착한 후에도 이어졌다.

뉴저지에 도착한 후 몇 달간 삼촌의 영지를 탐험하며 자연을 관찰하던 그는, 1823년과 1824년에 걸친 겨울에 아내와 함께 필라델피아로 이주하여 과학계의 주요 인사들과 활발히 교류했다. 1824년 2월 말, 그는 자연과학 아카데미 회원으로 선출되었고, 3월에 열린 아카데미 회의에서 〈윌슨의 조류학 명명법에 관한 연구Observations on the Nomenclature of Wilson's Ornithology〉라는 장문의 논문 첫 부분을 발표했다.

이 논문은 훗날 완성될 방대한 결과물의 서막이었다. 보나파르트는 네 권 분량의 《미국 조류학 또는 윌슨이 다루지 않은 미국에 서식하는 새들의 자연사American Ornithology; or, the Natural History of Birds Inhabiting the United States, Not Given by Wilson》라는 책을 출간했다. 제목에서 드러나듯 이 책은 윌슨의 원작을 자세히 보완하고 더 많은 종을 추가했다. 보나파르트는 예술가가 아니었기에 책의 삽화를 위해 찰스 윌슨 필의 아들 티치아노 필Titian Peale과 알렉산더 라이더Alexander Rider를 고용했고, 판화는 윌슨의 작품을 담당했던 알렉산더 로슨Alexander Lawson이 맡았다. 그는 북미와 유럽의 조류에 대한 독보적인 지식을 바탕으로 두 대륙의 조류 종을 비교하는 기념비적인 작업물을 여러 권 출간했다. 1820년대부터 1850년대까지, 조류 비교 분류학의 발전에 그만큼 이바지한 인물은 찾아보기 힘들다.

하지만 그와 조지 오드의 첫 만남은 순조롭지 않았다. 보나파르트는 윌슨의 업적을 인정하면서도, 최신 출판물이나 많은 표본에 대한 접근이 어려웠던 탓에 《미국 조류학》에 오류가 있음을 신중하게 주장했다. 그러나 오드는 보나파르트가 윌슨의 연구 결과를 지적했다는 사실에 불쾌감을 느낀 것 같다. 오드는 보나파르트에게 보낸 편지에서 어느 영국인 과학자가 한 말로 보이는 내용을 인용하며 "프랑스인이 윌슨의 조류학 명명법에 간섭하려는 시도가 정당하다고 느껴지지 않는다"고 했다.

이후, 두 사람은 책 제목에 대해 격렬히 대립했다. 샤를은 오드가 자신을 "보나파르트 씨"라고 부르는 것에 불만을 느꼈다. 당시 그는 엄밀히 말하면 백작 작위를 받았고 왕자는 아니었지만, 어쨌든 귀족 신분으로서 일반인의 호칭으로 불리고 싶지 않았다. 미국에서는 이에 대한 이해가 부족했고, 결국 오드는 한발 물러섰지만 여전히 백작이라는 칭호를 사용하는 것에 불편함을 느꼈다. 두 사람 사이의 마찰은 몇 년이나 이어졌다.

그러나 오드가 보나파르트에게 느꼈던 불쾌감은 그해 봄 존 제임스 오듀본이 필라델피아에 화려하게 등장하면서 수그러든다.

나는 1813년, 윌슨이 마흔일곱 살의 나이에 세상을 떠나지 않고 오듀본과 교류했다면 서로 어떻게 지냈을지 상상해보곤 했다. 오듀본이 윌슨의 영향을 받아 더 신중하고 과학적인 접근 방식을 취했을까? 서로 협력했을까? 둘은 친구가 될 수 있었을까?

우리는 결코 알 수 없다. 오듀본은 평생 윌슨에게 극복하기 어려운 질투심을 품었다. 윌슨은 필라델피아에 일찍 자리 잡은 덕분에 많은 이점을 누렸다. 윌리엄 바트람에게 직접 지도를 받으며 그의 서재를 마음껏 이용할 수 있었고, 수백 점의 표본을 소장한 필의 박물관도 자유롭게 드나들었다. 윌슨의 고용주는 《미국 조류학》 첫 권의 인쇄비를 지원해주었고, 바트람은 그를 토머스 제퍼슨 등 저명한 학자들과 연결해주었다. 반면 이러한 자원과 지원 모두 부족했던 오듀본은 이를 극복하기 위해 수년 동안 홀로 고군분투해야 했다.

사실 오듀본과 윌슨 사이에서 질투는 오듀본만의 것이 아니었을지도 모른다. 윌슨의 생애는 대체로 외롭고 우울했으며, 그의 연애는 모두 불행하게 끝난 것 같다. 1810년 3월 루이빌에서 만난 이 젊은 프랑스인 오듀본에게는 아름답고 활기찬 아내와 건강한 아들이 있었고, 그는 동네 친구들과 활기찬 사교 생활을 즐기고 있었다. 게다가 새를 그리는 데에 천부적인 재능도 있는 것 같았다. 윌슨에겐 이런 상황이 불공평하게 느껴졌을지도 모른다.

윌슨이 세상을 떠난 지 10년이 넘은 1824년 4월, 오듀본이 필라델피아에 도착하자 이러한 질투의 그림자가 다시금 떠오른 듯했다. 오듀본은 인근 밀 그로브에 지내던 시절 필라델피아를 여러 번 방문했었다. 이후 켄터키에서 동부로 돌아가던 1811년 12월에 알렉산더 윌슨을 만나러 왔었고(오듀본은 윌슨의 태도가 친절하지만 차가웠다고 적었다), 1812년 7월에는 공식적으로 미국 시민이 되기 위해 이곳을 찾았다. 이제 그는 새로운 목표를 가지고 돌아왔다. 점점 늘어나는 그의 새 그림 컬렉션을 들고 어떻게 하면 출판할 수 있을지 고민하고 있었다.

도착한 지 얼마 되지 않아 그는 보나파르트를 소개받았다. 백작은 키는 작지만 단단한 체격에 삼촌 나폴레옹을 닮은 잘생긴 이목구비를 가졌다. 아직 스물한 살도 되지 않았던 그는 평생을 궁전과 대저택에서 지내

 모든 새를 보았다고 믿은 남자

다 미국으로 건너왔다. 서른아홉이 된 오듀본은 키가 크고 마른 체격에, 개척지에서 지독한 가난을 몇 년 동안 겪은 분위기를 풍겼다. 하지만 둘은 서로 잘 통했다. 보나파르트는 오듀본의 그림을 칭찬했고, 두 사람은 조류학에 대해 몇 시간 동안 열띤 토론을 나누며 시간을 보냈다.

그러나 모두가 백작처럼 오듀본에 대해 호감을 느낀 것은 아니었다. 오듀본은 보나파르트의 책 삽화 작업을 막 시작한 티치아노 필을 만나서는 그의 그림에 대해 "새를 생동감 없이 초상화처럼 앉은 모습으로 그렸다"고 지적하며 분위기를 싸늘하게 만들었다. 그리고 판화가 로슨도 소개받았는데, 로슨은 오듀본을 처음부터 맘에 들지 않아 했으며 그의 그림을 혹독하게 비판했다. 로슨은 "조류학에는 진실성과 정확성이 필요한데, 여기에는 둘 다 없다!"고 평가했다. 또 오듀본의 수리부엉이Great Horned Owl 그림을 보고는, 윌슨의 그림을 뒤집고 확대했을 뿐인 표절작이라고 비난했다.

로슨의 반응은 부분적으로는 그가 《미국 조류학》 제작에 직접 참여했으며, 조지 오드와 친분이 깊었다는 점에서 비롯된 것일 수 있다. 오드는 이후 미국 과학계에서 오듀본의 가장 집요하고 신랄한 비판자가 되었다. 이 둘 사이의 적대감에는 끝이 없었다.

두 사람의 교류는 처음에 가볍게 시작되었다. 보나파르트는 오듀본을 자연과학 아카데미 회의에 데려가 그의 새 그림 포트폴리오를 소개하며 칭찬했다. 당시 오드는 새의 그림에 식물 세밀화를 포함하는 것에 반대했던 것으로 알려졌다. (한 세기 전 마크 케이츠비도 그림에 식물을 포함했지만, 필라델피아의 영웅 알렉산더 윌슨은 새를 강조하기 위해 그림 속 식물이나 배경을 최소한으로만 사용했다.) 그래도 오드는 꽤 잘 그려진 그림이라는 다른 회원들의 의견에는 동의했던 것 같다. 하지만 몇 달 후, 그의 태도는 더욱 완고해졌다. 1824년 7월, 오듀본은 아카데미의 회원 후보로 지명되었는데, 저명한 회원 세 명의 지지를 받았지만 한 달 뒤 열린 투표에서 부결되었다. 이 사건은 이후 오듀본을 오랫동안 괴롭게 했다.

필라델피아 방문은 여러모로 오듀본에게 긍정적인 경험이었다. 샤를 보나파르트와의 인연은 오래 이어졌고, 와이크 하우스의 소유주인 루벤 헤인즈 3세Reuben Haines Ⅲ를 비롯한 지역의 주요 자연주의자들과 교류했다. 헤인즈는 오듀본과 함께 마차를 타고 오듀본이 처음 미국에 도착했을 때 살았던 밀 그로브를 방문하기도 했다. 무엇보다도 오듀본은 뉴저지 무어스타운의 강 건너편에 사는 부유한 젊은 신사 농부이자 재능 있는 자연주의자인 에드워드 해리스Edward Harris를 만날 수 있었다. 해리스는 오듀본의 그림 몇 점을 구매하면서, 자금이 부족한 그가 작업을 계속할 수 있도록 100달러를 얹어주기까지 했다. (오듀본은 "너무 기뻐 키스하고 싶었지만, 이 차가운 도시에서는 그런 관습이 없다"고 썼다.) 두 사람은 지속적인 우정을 쌓았고, 훗날 두 차례의 위대한 여행을 함께 떠나게 된다.

그럼에도 아카데미 회원 가입 거부는 오듀본의 크고 여린 자존심에 큰 타격을 주었다. 투표에 대한 자세한 기록은 남아 있지 않지만, 아카데미 부회장이었던 조지 오드가 회원 자격 부여를 저지하는 데 영향을 미쳤으리라는 것은 쉽게 짐작할 수 있다.

오늘날의 거의 모든 기록에서 오드는 불친절하거나 심지어 무례한 사람으로 묘사된다. 이는 마치 성격이 판단의 유일한 기준인 양 그를 부정적으로 바라보는 명분으로 이용된다. 일반적으로 알려진 이야기는 오드가 순전히 이기적인 이유, 즉 신이 공들여 지켜온 알렉산더 윌슨의 명성을 건방진 오듀본에게 빼앗기지 않기 위해 그에게 적대감을 가졌다는 것이었다. 하지만 실상은 그렇게 단순하지 않을 수 있다. 매슈 핼리는 그의 새로운 연구에서, 오드가 1824년 여름에 오듀본에게 분노할 만한 충분한 이유가 있었다고 주장한다.

이야기의 중심에는 '작은머리딱새'가 있다. 평범하고 특징 없는, 그리고 아마 존재하지도 않았던 이 새가 불필요한 논란을 일으킨 주인공이다.

알렉산더 윌슨은 1812년, 《미국 조류학》 제6권에서 작은머리딱새, 무스키카파 미누타라는 이름으로 한 새를 묘사하고 삽화를 그렸다. 그는 4월에 과수원에서 한 마리를 잡았고, 6월에는 뉴저지의 늪에서 또 한 마리를 잡았다고 기록했다. 윌슨의 그림 속 새는 오늘날 딱새의 모습이라기보다는, 미국솔새American Warbler의 일반적인 모습과 일치한다. 몸 위쪽은 올리브색이고 아래쪽은 노란빛을 띠며 밝은 날개깃과 바깥쪽 꽁지깃의 흰색 반점이 전형적인 솔새의 모습이다. 윌슨의 그림에는 눈 주위에 옅은 고리가 보이지만, 본문에는 이 특징에 대해 따로 언급하지 않았다. "머리가 현저히 작다"는 묘사를 제외하면, 이 새에 대한 설명에서 특별히 주목할 만한 점은 없다.

아마도 25년 후, 존 제임스 오듀본이 같은 새라고 주장하면서 삽화를 그리고 글을 쓰지 않았다면, 이 새는 그저 평범하고 중요하지 않은 종으로 남았을 것이다. 오듀본은 이 작은머리딱새를 자신이 먼저 발견했으며, 윌슨이 표절한 것이라고 주장했다.

오듀본의 주장은 하나부터 열까지 의아한 점투성이다. 그는 1839년에 출간된 《북미의 새》 거의 마지막 컬러판(총 435판 중 434번)과 《조류학 전기》 마지막 권에 이 새를 포함했다. 후자에서 그는 1808년 이른 봄* 켄터키 주 루이빌 근처에서 이 새를 처음 발견하여 그림을 그렸고, 몇 년 후쥐에 의해 많은 그림이 소실되었지만 우연히도 이 종의 그림은 쥐의 피해를 비껴갔다고 썼다. 그러면서 그는 이렇게 주장했다. "알렉산더 윌슨이 루이빌에서 나를 찾아왔을 때, 그는 내 새 그림 컬렉션에서 이 종을 발견했다. 당시 그는 알지 못했던 종이었기 때문에 그 그림을 복제해 나중에 자기의 그 대단하신 작품에 출판한 것이다. 하지만 글 속에서 그림의 소유권에 대해 언급하지 않아 결국 그가 권리를 차지하게 되었다." 한마디로, '그가 내 새를 훔쳤다'는 말이다. 오듀본은 이어서 뉴저지에서 작은머리딱새를 발견했다는 윌슨의 주장에 대해서도 의문을 제기했다. "그 지역에서 작은머리딱새를 찾으려는 내 모든 노력은 실패했다… 나는 그 새를 켄터키 외 지역에서는 본 적이 없다… 필라델피아, 볼티모어, 뉴욕, 그리고 더 동쪽이나 남쪽 대서양 지역에서 단 한 마리도 보지 못했다. 심지어 박물관, 개인 소장품, 조류 박제 상점 어디에서도 말이다."

오듀본이 윌슨의 새가 자신의 새와 똑같다고 딱 잘라 말하지 않았더라면, 과연 다른 사람도 같은 결론에 도달했을지 의문스럽다. 두 사람의 삽화와 설명은 모호했으며, 서로 차이점도 많았다. 오듀본의 원본 수채화에 나타난 얼굴의 무늬는 판각 컬러판의 무늬와는 약간 다르며, 윌슨의 출판물과 비교해봐도 수채화와 판화 모두 눈 주위 흰색 고리가 더 뚜렷하고 얼굴에 더 많은 색이 섞여 있는 등 꽤 다른 모습을 하고 있다. 두 삽화의 날개 무늬도 서로 다른데, 오듀본의 그림에서는 흰색 날개 줄무늬가 유난히 좁았다. 또한 발 색깔에 대한 묘사도 달랐으며, 오듀본은 윌슨과 달리 이 새의 머리가 비정상적으로 작다고 생각하지 않았다.

이 두 그림이 정말 같은 새를 묘사한 것일까? 그렇다면 과연 어떤 새

였을까? 몇몇 조류학자들은 긴 논문을 쓰면서까지 후자의 질문에 답하려고 노력했다. 그 노력은 높이 평가하지만, 현실적으로 가망이 없는 일이다. 이 새가 가지고 있는 몇 가지 특징은 모두 일반적이어서, 분류를 위해 필요한 진단 가능한 표식이 전혀 없는 그저 헷갈리기 쉬운 일반적인 솔새로 간주된다.

당시의 지식수준을 고려한다면, 오듀본은 그가 켄터키에서 발견했다는 새에 다른 이름을 붙여 새로운 종이라고 부를 수 있었을 것이고, 아무도 거기에 대해 이상하게 생각하지 않았을 것이다. 그러나 윌슨을 표절 혐의로 비방한 것은 오듀본의 의도적인 선택이었다.

조류계의 '트로이의 헬레네'│그리스 신화에 등장하는 세상에서 가장 아름다운 여인으로, 트로이 전쟁의 불씨가 되었다-옮긴이주│도 아닌 이 조그맣고 칙칙한 새가 전쟁을 일으키리라고는 상상하기 어렵지만 실제로 비슷한 갈등을 빚어냈다. 사실 이 갈등의 불씨는 일찍부터 시작되었다. 지금껏 우리는 오듀본이 표절 혐의를 처음 제기한 것이 1839년 《조류학 전기》에 쓴 글이라고 생각해왔다. 그러나 매슈 핼리는 오듀본이 이미 1824년 필라델피아에서 윌슨의 추종자들에게 표절 혐의를 제기했다는 증거를 밝혀냈다.

아무리 오듀본이라 해도 그건 너무나 뻔뻔한 행동이었다. 윌슨이 지역 주민들에게 얼마나 존경받는 인물인지 오듀본이 몰랐을 리가 없다. 그는 무모하게도 1810년 윌슨이 루이빌을 방문했을 때의 자세한 상황을 묘사하면서 표절 의혹을 제기했다. 하지만 이는 조지 오드가 당시 방문을 다룬 윌슨의 일기를 공개하며 거짓임이 밝혀졌다. 오드는 나중에 이 사건에 대해 "만약 아카데미 회원들이 오듀본을 정직한 사람이라고 생각했다면 (회원 자격 부여에) 아무런 반대가 없었을 것"이라고 썼다. 거짓말에 휘말린 오듀본은 아카데미 회원이 될 기회를 잃고 평생의 적을 얻었다.

그때부터 오드는 오듀본과 그의 업적에 대한 강한 혐오감을 거두지 못했다. 오듀본에 대한 비판 대부분은 마찬가지로 오듀본을 싫어했던 영국의 자연주의자 찰스 워터턴Charles Waterton에게 보낸 편지에서 찾아볼 수 있다. 1833년, 한 편지에서 오드는 오듀본의 어떤 작업에 대해서도 논평을 쓰지 않겠다면서 이렇게 말했다. "이 경솔한 사기꾼과 그의 멍청한 책에 대해 내가 아는 모든 것을 세상에 알린다면 벌집을 쑤셔놓은 듯한 소동이 벌어질 것이라고 확신하네. 그의 엘리펀트 폴리오|인쇄물의 치수 중 하나로, 약 58센티미터 정도의 거대한 크기의 용지-옮긴이주| 판화는 쏟아지는 찬사를 받을 자격이 전혀 없고 너무나 혐오스러워서 예술에 대한 최소한의 취향이나 지식이 있는 사람이 어떻게 그 그림들을 견뎌낼 수 있는지 궁금하다네."

오드의 비판이 지나치게 가혹하다고 생각할 수도 있다. 하지만 그 무렵 오드에게는 오듀본을 비판할, 작은머리딱새보다 훨씬 더 큰 이유가 있었다. 바로 오듀본의 화려하고 유명하며, 완전히 허구인 "워싱턴의 새Bird of Washington"였다.

이 새 그림은 《북미의 새》 제1권의 11번 도판에 처음으로 실렸다. 한 페이지를 가득 채울 정도로 거대한 갈색 독수리가 바위 위에서 당당하게 서 있는 이 그림에는 '워싱턴의 새, 팔코 와싱토니Falco washingtonii'라는 라벨이 붙었다. 그림을 보면 확실히 독수리다. (당시 맹금류 대부분에는 팔코라는 일반 명칭을 붙였다.) 하지만 어떤 종류의 독수리일까?

북미에는 검독수리와 대머리독수리Bald Eagle라는 두 종의 독수리가 널리 퍼져 있다. 두 종 모두 성숙하면서 깃털 패턴에 눈에 띄는 변화를 보인다. 윌슨의 시대에도 이러한 깃털의 변화는 큰 혼란을 야기했다. 1813년 윌슨은 《미국 조류학》 제7권에서 검독수리와 대머리독수리의 어린 개체 그림에 각각 별개의 이름을 붙였다. 그는 어린 검독수리를 '링테일 이글

Ring-tail Eagle'이라는 이름으로 묘사하면서 "일반적인 겉모습은 검독수리와 매우 흡사하다"고 했다. 그 옆의 갈색 새에는 '바다수리Sea Eagle'라는 이름을 붙였지만, 설명은 좀 더 사실에 가까웠다. 그는 "이 독수리는 대머리독수리와 같은 지역에 서식하고, 같은 환경에 자주 나타나며, 같은 종류의 먹이를 먹고 산다… 나는 오랜 지식이나 존경받는 권위자들의 주장과 어긋나더라도, 이 독수리가 색깔만 다를 뿐 대머리독수리와 같은 종이지 않을까 하는 강한 의구심을 가지고 있다"고 말했다. 지금 우리가 알고 있듯, 그의 주장은 사실이었다.*

하지만 1820년대쯤 이러한 혼란은 대부분 일단락되었다. 오듀본은 《북미의 새》 126번 도판에 흰머리를 한 대머리독수리 성체를, 31번 도판에는 갈색의 어린 대머리독수리를 따로 그렸을 정도로 이 새에 대해 잘 이해하고 있었다. 그럼에도 오듀본은 워싱턴의 새는 다르다고 주장했다. 그는 이 새가 훨씬 더 크다면서, 날개 길이가 3미터가 넘는 등 일반 대머리독수리보다 25% 이상 크다는 치수를 제시했다. 발의 비늘 배열도 다른 독수리들과는 다르다고 주장했다. 오듀본은 켄터키에서 새끼에게 먹이를 주는 대머리독수리 성체 한 쌍을 관찰한 적이 있기 때문에 이 새가 대머리독수리나 다른 종의 어린 단계일 가능성은 낮다고 단언했다. 공교롭게도 그가 워싱턴의 새를 목격한 증거를 확보하기 위해 켄터키로 돌아갔을 때 둥지는 이미 버려진 상태였다.

이 새에 관한 글은 1831년 그의 《조류학 전기》 첫 권에 수록되었다. 하지만 그보다 3년 전, 컬러 판화의 판각과 인쇄를 감독하기 위해 영

---

* 찰스 윌슨 필은 이미 1797년에 대머리독수리의 깃털 배열을 알아내어 프랑스의 한 자연주의자에게 보낸 편지에서 이에 대해 설명한 적이 있지만, 이 사실이 널리 받아들여지기까지는 오랜 시간이 걸렸다.

국에 체류하는 동안 오듀본은 보다 대중적인 버전의 글을 발표했었다. 1828년, 영국의 어느 자연 잡지에 〈워싱턴의 새(팔코 와싱토니아나), 혹은 그레이트아메리카바다수리에 관한 노트_Notes on the Bird of Washington(Fálco Washingtoniàna), or Great American Sea Eagle_〉가 게재되었다. 그 무렵 그는 과학자들과 자연주의자들이 모인 자리에서 이 새의 그림을 선보였고, 리버풀과 에든버러에서 열린 작품 전시회에도 이 그림을 포함했다. 고귀하고 장엄한 '워싱턴의 새'는 미국에서 주목받기 전에 외국에서 먼저 열풍을 일으켰다.

당시 막 출간된 제임스 페니모어 쿠퍼_James Fenimore Cooper_의 소설 《모히칸족의 최후_The Last of the Mohicans_》의 낭만에 젖어 있던 영국 사람들에게는 신대륙을 그런 경이로운 생물이 숨어 있는 황야로 상상하기 쉬웠을 것이다. 하지만 미국에서 지내본 적이 있는 자연주의자들은 오듀본 이전 그 누구도 세상에서 가장 큰 독수리를 보지 못했다는 사실을 받아들이기 어려워했다.

티치아노 필과 조지 오드는 이 새의 진위에 의문을 제기한 최초의 인물들이었다. 오듀본은 지나친 자신감으로 제 명성에 상처를 입혔다. 1830년 3월, 오듀본과 그의 친구 리처드 할란_Richard Harlan_이 필라델피아를 방문했을 때 이들은 누군가에게 포획된 어린 대머리독수리 두 마리를 목격했다. 한 마리는 살아 있었는데, 오듀본은 할란에게 이 새가 성체가 되면 흰머리를 드러낼 것이라고 말했다. 이미 죽은 한 마리는 박제되어 더는 모습이 변하지 않을 것이었기 때문에 오듀본은 바로 이 새가 '워싱턴의 새'라고 단언할 수 있었다. 친구는 새의 실물에 깊은 인상을 받았다.

오듀본으로서는 운 나쁘게도, 할란은 나중에 이 새의 표본을 구입해 자연과학 아카데미에 자랑스럽게 기증했다. 이로써 다른 사람들도 그 새를 연구할 수 있게 되었고, 유능한 조류학자들은 그 새가 어린 대머리독수리라는 것을 알았다. 하지만 이미 오듀본은 높은 명성을 등에 업고 여러 지역을 여행하는 중이었다. 필라델피아에서 멀리 떨어진 사람들에게 그곳 박물관에 있는 한 표본이 '워싱턴의 새' 존재를 입증한다고 아무렇지 않게 말할 수 있었다.

오듀본은 이 새가 새로운 종이라는 주장을 절대 굽히지 않았다. 1840년 대 출판물에서 그는 이 새를 '워싱턴바다수리Washington Sea-Eagle, 할리아 에투스 와싱토니Haliaetus Washingtoni'라는 다른 명칭으로 불렀지만, 그림과 설명은 그대로 유지했다. 그의 비판자들은 끊임없이 의문을 제기했지만, 허구임을 증명하지는 못했다. 가짜라고 했다가 혹여 오듀본이 거대한 갈 색 독수리 표본을 들고 나와 자신이 공개적으로 망신당할까 봐 두려웠던 것일 수도 있다. 어쩌면 그 독수리는 실재했을지도 모를 일이다. 오늘날 빅 풋|Bigfoot, 미국과 캐나다의 로키산맥 일대에서 목격담이 전해지는 전설 속 미확인 동물-옮 긴이주|, 외계인 또는 다른 실재하지 않는 존재를 찾는 사람들이 자주 쓰는 말처럼, 증거가 없다는 것이 존재하지 않는다는 증거는 아닐 수 있으니까.

'워싱턴의 새'에 대한 상세한 연구는 2020년이 되어서야 출판되었다. 이 연구의 마지막 퍼즐 조각을 제공한 사람은 다시 한번 매슈 핼리였다. 핼리는 이 새가 엉터리였다는 사실뿐 아니라, 오듀본이 왜 그런 사기를 벌 였는지에 대한 동기까지도 자세히 설명했다.

미술사학자 린다 듀건 파트리지Linda Dugan Partridge는 1996년 연구에 서 '워싱턴의 새'가 1802년에서 1820년 사이에 에이브러햄 리스Abraham Rees가 편집한 시리즈 《백과사전The Cyclopaedia》에서 가져다 복사한 것으로 보인다고 처음으로 지적했다. 《백과사전》은 영국판과 미국판이 있었는데 (미국판의 편집자는 바로 알렉산더 윌슨이었다) 오듀본이 어떤 버전을 보 았을지는 확실하지 않다. 하지만 문제의 독수리는 분명 《백과사전》의 검

악명 높은 '워싱턴의 새'. 오듀본은 대머리독수리보다 25%나 더 큰, 미국에서 가장 크고 웅장한 맹금류를 발견했다고 주장했다. 그는 조지 워싱턴George Washington의 이름을 따서 이 새를 명명하고 《북미의 새》 첫 번째 컬러 도판에 수록했다. 이 새가 실존했다는 증거는 없다. 100년이 넘도록 전기 작가들은 오듀본이 어떻게 그런 실수를 저지를 수 있었는지 설명하려고 노력해왔다. 하지만 더 설득력 있는 쪽은 오듀본이 자신이 출간할 책에 관심을 끌기 위해 이 멋진 가상의 독수리를 발명했다는 설명이다.

독수리 그림에 근거했다. 비록 오듀본의 새는 더 능숙하게 그려졌지만, 파트리지가 자세히 묘사했듯이 머리의 각도, 날개 위치, 꼬리 깃털의 개수, 심지어 눈동자에 반짝이는 빛까지 똑같다. 발만 현저하게 달랐는데, 핼리는 그 발이 《백과사전》에서 묘사된 '일반적인 맹금류의 발' 그림과 정확히 일치한다는 사실을 발견했다.

하지만 도대체 왜 오듀본은 이미 많은 사람들에게 알려진 독수리 그림을 베껴 새로운 종으로 발표한 걸까? 핼리에 따르면 오듀본이 처음에는 이 새가 어린 대머리독수리임을 암시하는 라벨을 그림에 붙였다고 한다. 그러나 영국으로 건너간 뒤에는 이 새에 '워싱턴의 새'라는 이름을 붙이고, 그림에 가짜 치수를 추가하고, 큰 크기와 둥지 습성 등에 관한 이야기를 꾸며냈다. 대체 왜 이렇게 명망 있는 인물이 터무니없는 속임수를 썼을까?

핼리는 사건이 벌어진 시점에 대한 치밀한 분석을 통해 몇 가지 단서를 찾아냈다. 1824년 필라델피아를 방문한 오듀본은 아카데미 회원 자격도 거부당하고 그곳의 주요 인사들에게 미움을 사면서, 미국에서 《북미의 새》를 인쇄하려던 계획이 좌절되었다. 오듀본은 그전부터 이 프로젝트를 유럽으로 가져갈 가능성도 고려하고 있었는데, 필라델피아에서의 사건 이후 그 생각이 확고해졌다. 1826년 7월, 영국에 도착한 오듀본은 1827년 초 에든버러의 윌리엄 리자스William Lizars에게 동판 제작과 인쇄 및 채색 작업 감독을 맡겼다. 리자스는 오듀본이 구독자들에게 약속한 다섯 개씩 두 세트로 구성된 첫 도판 열 개를 제작했다. 하지만 작업이 점점 지연되면서 오듀본은 전체 프로젝트가 중단될지도 모른다는 불안에 사로잡혔다.

오듀본에게는 절박한 상황이었다. 미국에서 큰 실패를 겪고 바다를 건너, 많은 역경 끝에 마침내 인정과 찬사를 받으며 출판할 기회를 잡은 것이었으니 말이다. 하지만 그 길이 사라질 위기였다. 극단적인 조치가 필요했다. 오듀본은 런던에서 판화 작업을 맡길 만한 판화가 로버트 하벨 주니어Robert Havell Jr.를 찾았다. 세 번째 판화 세트 작업을 시작하면서, 그는 하벨에게 자신의 상상 속 위대한 발견, 즉 미국에서 가장 큰 독수리 '워싱턴의 새'를 제작하도록 요청했다.

기발한 마케팅 전략이었다. 당시는 미국 독립 혁명으로부터 반세기가 지난 시점이었고, 영국의 많은 사람들이 조지 워싱턴의 이야기에 매료되어 있었다. 따라서 그의 이름을 딴 이 고귀한 새의 이야기는 대중의 호기심을 자극했고, 심지어 권위 있는 과학자들까지도 처음에는 이를 믿었다. 외국에서의 열광적인 반응은 미국인들의 상상 속에 '워싱턴의 새'라는 존재를 심는 데 큰 도움이 되었다. 1830년대 후반에 이르러서는 여러 인기 있는 책과 기사에서 이 새가 다뤄졌고, 새의 존재를 의심하던 학자들은 공개적으로 의문을 제기하기를 주저했다.

모든 인간에게는 초능력이 있다. 바로 자기 정당화 능력이다. 우리는 어떻게든 자신을 정당화할 방법을 찾는다. 오듀본은 그 누구보다 이 능력에 탁월한 재능이 있었지만, 생애에 걸쳐 그가 써온 픽션 속에서도 '워싱턴의 새'를 조작한 점을 어떻게 합리화했는지는 이해하기 어렵다.

그의 일기(손녀 마리아가 나중에 불태우지 않은 몇 안 되는 일기 원본)에서 몇 가지 단서를 찾을 수 있다. 1821년 11월, 나룻배를 타고 뉴올리언스로 여행하던 그는 오하이오 강 하류에서 "열댓 마리의 독수리를 보았고, 그중 잘 보였던 한 마리는 흰 꼬리와 갈색 머리를 가졌다. 오하이오의 갈색독수리Brown Eagle는 흰 머리의 독수리보다 적어도 4분의 1 이상 컸다"고 기록했다. 8일 후 미시시피 강에서 그는 "대머리독수리와 갈색독수리가 서로 다른 두 종이라는 확신이 생겼다"고 썼다. 같은 여정의 다른 장소에서 그는 갈색의 새가 어린 대머리독수리일 뿐이라는 것을 분명히 이해했고 일기에 기록했다. 하지만 몸집이 크고 온몸이 갈색인 독수리에 대한 생각은 그의 머릿속에 남아 있었을 것이다. 그가 왜 리스의 《백과사전》속 그림을 표절했는지는 모르겠지만, 그의 머릿속에 남아 있던 존재할지도 모르는 새로운 독수리에 그 그림을 사용해야겠다고 생각했을 수 있다. 그림도 그렸겠다, 둥지를 발견하고 표본을 사냥했다는 그럴듯한 이야기를 꾸며내는 건 오듀본에게 그리 어려운 일이 아니었다.

'워싱턴의 새' 사건은 대담한 도박이었다. 오듀본이 이 경험에서 얻은 교훈은 '나는 무슨 일이든 교묘하게 해낼 수 있다'는 믿음이었던 것 같다. 이미 과학적 사기를 저지른 그는 나중에 연구 도용에도 손을 뻗는다.

오듀본은 처음 후보로 지명된 지 8년 만인 1832년에 자연과학 아카데미의 회원으로 인정받았지만, 아카데미와의 껄끄러운 관계는 계속되었다. 1836년 가을, 박물관을 건립 중이던 아카데미를 방문한 오듀본에게는 구체적인 목표가 있었다. 당시 서부를 여행 중이었던 존 타운센드가 과학계에 알려지지 않은 새를 포함한 다양한 새의 표본과 가죽 컬렉션을 아카데미에 보내왔다. 오듀본은 이 컬렉션을 연구하고 그림을 그려 설명과 함께 출판하려고 했지만 일부 아카데미 회원들의 반대에 부딪혔다. 토머스 너탤 등 몇몇이 오듀본의 편을 들어 대신 논쟁을 벌이는 등 실랑이가 이어졌다. 오듀본의 친구 에드워드 해리스는 표본 복제본에 대해 거액을 지불하겠다고까지 제안했다. 결국 오듀본은 12종의 신종 표본을 확보했고, 이 모든 종의 설명자를 존 타운센드로 명시하는 데에 동의했다. 하지만 그는 이후 《조류학 전기》에서 이렇게 적었다. "아름다운 도시 필라델피아에 살면서 조류학 발전에 헌신한다고 떠들어대는 그 불친절한 사람들에 대해, 내 적수들보다 더 깊은 혐오감을 느낀 것은 그때가 처음이었다.”

이런 껄끄러운 감정은 1837년 7월의 짧은 방문 동안에도 그대로였을 것이다. 그렇다고 아카데미를 완전히 무시할 수는 없었는데, 일부 회원들이 비용을 내어 기관으로서 《북미의 새》를 구독하고 있었기 때문이다. 하지만 그해 여름, 많은 구독자들이 늘 그렇듯 아카데미 역시 구독료를 연체하고 있었다. 오듀본은 필라델피아 방문에 앞서 당시 아카데미의 총무였던 새뮤얼 모튼Samuel Morton 박사에게 편지를 보내 밀린 돈을 받을 수 있을지 문의했다.

같은 시기 모튼은 미시시피에 사는 회원 J. C. 젠킨스J. C. Jenkins로부터 아카데미 소장품 컬렉션에 기증할 새 표본들과 그에 관한 설명이 담긴 원고를 전달받았다. 그중에는 이전에 학계에 보고되지 않은 것으로 추정되는 매 한 마리가 포함되어 있었다. 젠킨스는 이 매에 대한 설명을 아카데미 저널에 게재하고, 그 매의 이름을 모튼 박사의 이름을 따서 짓고자 했다.

그러나 몇 주 후, 아카데미 회의에서 새 표본들에 관한 젠킨스의 원고가 검토될 때 이 매는 목록에서 빠져 있었다. 공교롭게도 그 무렵 존 제임스 오듀본은 영국으로 향하던 중 필라델피아를 방문했고, 얼마 지나지 않아 ‘루이지애나매Louisiana Hawk, 팔코 하리시Falco Harrisii’라는 새를 그림과 함께 발표한다.

이 새는 젠킨스가 모튼에게 보냈던 미시시피의 매와 똑같은 새였다. 하지만 오듀본은 2년 후 《조류학 전기》에서 그런 언급은 하지 않았고, 이렇게 적었다. “내가 그림을 그린 표본은 루이지애나에 사는 한 신사가 사라 늪과 내치즈 지역 사이에서 사냥한 것이었다… 나는 그 새의 습성에

　　　　　모든 새를 보았다고 믿은 남자

관한 어떤 정보도 받지 못했고, 기증해준 신사의 이름도 현재로서는 공개할 수 없다. 그러나 그가 우리의 동물상|動物相, 특정 지역이나 수역에 사는 동물의 모든 종류-옮긴이주|에 귀중한 추가를 해준 것에 감사하고 싶은 마음만큼은 간절하다.” 그러나 오듀본은 표본의 출처를 알고 있었다. 1837년 10월, 친구 존 바흐먼John Bachman 목사에게 보낸 편지에서 그는 이렇게 말했다. “내치즈로부터 온 매는 새롭고 아주 멋진 새였소. 내치즈의 젠킨스 박사로부터 편지를 받았는데, 그 새가 그렇게 희귀한 것은 아니라면서 자세한 치수와 눈의 색깔 등을 알려주었소.” 이 ‘편지’는 아마도 젠킨스가 아카데미에서 출판하려고 했던 원고였을 것이다.

새뮤얼 모튼은 왜 오듀본에게 젠킨스의 표본과 원고를 넘겼을까? 구독료 부족분을 일부나마 갚기 위한 것이었을까? 아니면 오듀본이 우연히 이 귀중한 자료를 가로챘던 것일까? 어느 쪽이든, 젠킨스는 종의 최초 설명자로서 이 새에 이름을 붙일 기회를 뺏겼다.

매슈 핼리가 여기저기에서 사실의 조각을 모아 퍼즐을 맞출 때까지, 현대 학자들은 이 뻔뻔스러운 행각을 알아차리지 못했다. 그러나 사건이 일어난 당시에는 이를 인식한 사람들이 분명히 있었다. 핼리가 발견한 젠킨스의 미공개 일기에는 다음과 같이 명백하게 적혀 있다. “오듀본 씨가 내 첫 번째 표본을 가져갔고, 내 동의도 없이 나도 모르는 사이 그 새를 설명하고 이름을 붙였다.” 아카데미 기록 보관소에는 1839년에 작성된, 오듀본이 빌린 후 반환하기로 한 표본 목록이 있는데, “미시시피의 젠킨스 박사가 아카데미에 보낸 매 부테오 하리시|Buteo Harrisi, 모튼 박사가 오듀본 씨에게 빌려줌”이라고 적혀 있다.

당시 이 새가 젠킨스에 의해 발견되었다는 사실은 공공연한 비밀이었지만, 누구도 오듀본의 행각에 대해 문제를 제기하지 않았다.* 마찬가지로, 과학계의 많은 사람들이 '워싱턴의 새'가 틀림없이 사기라는 사실과 '작은머리딱새'를 윌슨이 표절했다는 오듀본의 주장이 틀렸음을 알고 있었지만, 이미 대서양 양쪽에서 유명인이 된 오듀본에게 반기를 들기 꺼려했다.

오래전에 살았던 사람들의 생각을 짐작하기는 어렵지만, 오듀본을 지지한 친구들의 동기는 궁금해진다. 에드워드 해리스는 유능한 자연주의자였음에도 친구의 진술에 의문을 제기한 적이 없어 보인다. 한때 그는 '워싱턴의 새'를 목격했다고까지 주장했지만, 당연히 표본은 제시하지 못했다. 절친한 친구이자 협력자였던 존 바흐먼도 오듀본의 이야기 중 모순된 부분을 놓쳤을 리 없지만, 그런 부분에 대해 지적했다는 기록도 찾아볼 수 없다.

가장 궁금한 것은 오듀본에 대한 샤를 뤼시앵 보나파르트의 반응이다. 저명한 과학자이자 왕실의 일원으로서 보나파르트 역시 오듀본만큼이나 유명했기 때문에 정당한 비판을 두려워할 이유가 없었다. 동시에 그는 당대 가장 철저하고 신뢰받는 조류학자 중 한 명이었기 때문에 오듀본의 의심스러운 주장을 금세 알아차렸을 것이다. 예를 들어, 오듀본은 자신이 프랑스의 거장 자크 루이 다비드Jacques Louis David에게 그림을 배웠다고 자랑했는데, 보나파르트는 자신의 가족을 통해 직접 확인하여 그 주장이 거짓임을 바로 알아냈다. 따라서 그는 오듀본이 모순적이고 거짓된 주장을 할 가능성이 있음을 알았다. 그러나 그는 오듀본에게 직접 비판한 적은 없는 것으로 보인다. '워싱턴의 새'에 대해서도 별다른 의견을 내

---

* 젠킨스의 발견은 그 공로가 제대로 인정되어야 할 만큼 중요한 것이었다. 현재 우리가 해리스매라고 부르는 이 새는 텍사스 남부에서는 흔하지만, 루이지애나에서는 드물게 볼 수 있는 나그네새였고, 미시시피 같은 먼 동쪽에서는 더더욱 발견이 어렵다.

                                   모든 새를 보았다고 믿은 남자

지 않았다. 보나파르트는 1838년 발행된 저서 《유럽과 북미의 새에 대한 비교 목록*A Geographical and Comparative List of the Birds of Europe and North America*》에 '워싱턴의 새'를 포함하면서, 이 새가 오듀본에 의해 명명되었고 북미 북부에 서식한다는 사실을 언급했다. 10여 년 후, 다른 출판물에서 이 새를 대머리독수리의 동의어로 수정했지만 특별한 설명은 덧붙이지 않았다.

'워싱턴의 새'에 대해 이의를 제기하지 않은 것은 어쩌면 외교적인 태도일 수도 있다. 보나파르트의 가족 배경을 고려하면 그는 외교를 잘 이해했을 것이다. 그는 말년에 유럽에서 정치 활동을 하면서도 자연 과학, 특히 조류 부문 연구에 지속적으로 이바지하며 큰 업적을 남겼다. 1857년 사망할 당시 보나파르트는 세계의 새에 대한 상세한 설명이 담긴 두 번째 책을 집필 중이었다.

보나파르트는 필라델피아에서 몇 년을 지낸 후 다시 유럽으로 돌아갔다. 필라델피아에서의 시간은 국제적인 전문가로서의 기반을 다지는 데 매우 중요한 시기였고, 그의 연구는 대서양 양쪽의 조류 연구에 큰 진전을 이루는 데 기여했다. 안타깝게도 현대 탐조가들, 특히 미국의 탐조가들 대부분은 그의 역사적 영향력을 잘 모르는 것 같다. 이는 그의 노력과 성과가 두 대륙에 나뉘어 있었기 때문일지도 모른다.

하지만 그는 한 가지 특별한 방식으로 그가 잠시 살았던 필라델피아와 연결되어 있다. 현재 우리가 보나파르트갈매기*Bonaparte's Gull*라고 부르는 작고 아름다운 갈매기 종의 학명은 크로이코케팔루스 필라델피아 *Chroicocephalus philadelphia*다. 의도적으로 그렇게 지은 것처럼 보일 수도 있지만, 사실은 완전히 우연에 의한 이름이다. 이 새의 성체 깃털을 처음으로 묘사한 사람이 보나파르트이긴 했지만, 그는 그 자신이나 필라델피아를 위해 이름을 붙이지도 않았고, 최초 설명자로 인정받지도 못했다.

오늘날의 탐조가들에게도 많은 종의 갈매기를 식별하기란 여전히 쉽지 않다. 가장 쉽게 알아볼 수 있는 갈매기는 번식기에 머리 위가 검게 변하는 몸집이 작은 갈매기다. 이들은 각 연령대에서 뚜렷이 구별되는 특징을 갖추며, 4년이 지나 중간 단계를 한번 거쳐야 성체가 되는 몸집이 큰 갈매기와 달리 보통 두세 살에 성체의 깃털을 갖춘다. 하지만 조류학 초기에는 이런 작은 갈매기들도 큰 혼란을 일으켰다.

성체의 번식깃│번식기 특유의 화려한 깃털-옮긴이주│으로 머리가 검게 변하는 갈매기 두 종을 생각해보자. 웃는갈매기Laughing Gull는 북미 대서양 연안에서 흔히 볼 수 있고, 붉은부리갈매기Black-headed Gull는 북서부 유럽에서 자주 관찰된다. 이 둘은 크기, 부리 모양, 날개 무늬로 쉽게 구분할 수 있다. 린네는 《자연의 체계》 1758년과 1766년 판에서 이 두 종을 묘사하고 이름을 붙였다. 그가 라루스 아트리킬라*Larus atricilla*라고 부른 웃는갈매기는 마크 케이츠비가 그린 웃는갈매기를 기반으로 했지만, 여기에 유럽의 붉은부리갈매기 표본에서 얻은 정보가 덧붙여져 있었다. 아트리킬라*atricilla*라는 이름은 원래 '검은 꼬리'라는 뜻이지만, 케이츠비가 그린 성체는 흰 꼬리를 가지고 있다. 린네는 붉은부리갈매기(실제로는 머리가 검기보다는 짙은 갈색이다)의 이름을 라루스 리디분두스*Larus ridibundus*라고 지었는데, 헷갈리게도 리디분두스*ridibundus*가 '웃는'이라는 뜻이다. 이 이름은 프랑스의 조류학자 브리송이 이 새를 케이츠비가 설명한 웃는갈매기와 같은 종이라고 잘못 생각한 데에서 비롯되었다. 이처럼 혼란의 씨앗은 일찍부터 심어져 있었다.

하지만 영국의 조류학자 존 레이섬은 1785년 《새의 총론》에서 이 두 종을 구분했다. (또한 '붉은다리갈매기Red-legged Gull'라는 새로운 종을 언급하면서, 이 새가 다른 깃털을 한 붉은부리갈매기의 일종일 수 있다고 정확하게 추측했다.) 많은 세부 정보를 틀리긴 했지만, 적어도 두 종을 별개의 종으로 보았다. 그렇지만 30년 후, 조지 오드는 두 종을 구분하지 않았다. 1814년 《미국 조류학》 제9권이자 마지막 권의 출판을 준비하고 있던 오드는 윌슨의 웃는갈매기를 포함한 여러 종의 삽화를 완성했다. 오드는 뉴저지 해안에서의 경험을 바탕으로 웃는갈매기의 행동과 생김새를 정확하게 묘사했지만, 이 새를 붉은부리갈매기라고 부르면서 이렇게 썼다. "우리는 붉은부리갈매기, 붉은다리갈매기, 웃는갈매기 등 레이섬의 세 갈매기가 하나의 같은 종이라는 의견에 더 무게를 두고 있다."

오드가 아닌 윌슨이었어도 저지를 수 있는, 충분히 이해가 가는 실수였다. 오드는 1825년 《미국 조류학》 9권의 개정판을 출간하면서 레이섬에 대한 언급을 삭제하고 본문 전체에서 '웃는갈매기'를 '붉은부리갈매기'로 대체했다. 그가 오류를 인지했는지, 아니면 단순히 이름을 바꾸기로 했는지는 분명하지 않다.

그렇다면 현재 우리가 '보나파르트갈매기'라고 부르는 새는 어떻게된 걸까? 당시에는 찰스 윌슨 필이 박물관에 표본을 소장하고 있었음에도 이 새는 여전히 별개의 종으로서 알려지지 않았다. 보나파르트갈매기는 날개 바깥쪽에 긴 흰색 삼각형이 있는 유럽의 붉은부리갈매기와 매우 비슷하지만, 그보다 더 작으며 다른 세부적인 부분에서 미묘한 차이가 있다. 또한 보나파르트갈매기는 북미의 웃는갈매기보다 훨씬 작고 날개가 훨씬 더 어둡다. 샤를 보나파르트는 이 갈매기가 다른 두 갈매기와 다르다는 사실을 최초로 발표한 사람으로 보인다. 그는 1828년 《미국 새 총론 *Synopsis of the Birds of the United States*》에서 이 새를 묘사하면서 '갈색얼굴갈매기 Brown-masked Gull, *라루스 카피스트라투스Larus capistratus*'라는 이름을 붙였다. 붉은부리갈매기와 비슷하지만, 더 작고 날씬한 부리를 가진 별개의 종임을 확인한 것이다.

이 새에 관하여 새로운 장을 연 것은 윌리엄 스웨인슨과 존 리처드슨이 1831년에 출간한 《영국령 아메리카 북부의 동물학》이다. 캐나다의 조류에 관한 이 획기적인 연구에서 그들은 보나파르트가 명명한 라루스 카피스트라투스와 비슷하지만 완전히 같지는 않은 종을 묘사하고 그의 이름을 따서 보나파르트갈매기, 라루스 보나파르티*Larus bonapartii*라고 명명했다. 이 영어 이름은 그 이후로 계속 사용되었고 학명은 1850년대 후반까지 유지되었다.

그럼 학명에 들어간 '필라델피아'는 어디에서 유래했을까? 이상하게도 그 유래는 조지 오드로 거슬러 올라간다. 1815년, 윌슨의 《미국 조류학》 마지막 두 권을 완성한 직후, 오드는 윌리엄 거스리*William Guthrie*의 오늘날 거의 알려지지 않은 책 《지리, 역사, 상업에 관한 종합 개설서: 세계 여러 왕국의 현 상황*A New Geographical, Historical, and Commercial Grammar; and Present State of the Several Kingdoms of the World*》에 글을 기고했다. (맞다, 나도 처음 들어 봤다.) 이 책에 담긴 다양한 내용 중에는 오드가 정리한 미국의 새 목록도 포함되어 있었다. 이 목록 아래 각주에는 과학계에 처음 소개된 줄무늬꼬리제비갈매기*Banded-tail Tern*, 스테르나 필라델피아*Sterna philadelphia*가 네 줄로 간략하게 설명되어 있었다.

'줄무늬꼬리제비갈매기'라고? 보나파르트갈매기는 몸집이 작은 갈매기로 우아하게 날아다니는 모습이 종종 제비갈매기를 연상시킨다. 또한 어린 개체가 첫 겨울을 보낼 때는 꼬리에 어두운 띠가 보인다. 수십 년 후인 1858년, 조지 로런스와 스펜서 베어드는 이 '제비갈매기'에 대한 오드의 간략한 기록이 사실은 어린 보나파르트갈매기를 설명한 것으로 판단

 모든 새를 보았다고 믿은 남자

했고, 이 설명이 먼저 공식적으로 발표된 것이니 그 학명을 우선시하여 사용하기로 했다. 이후 이 갈매기의 종명은 '필라델피아'로 알려지게 되었고, 영어 이름도 보나파르트를 기리는 의미로 계속 사용되었다.

이 갈매기 외에도 두 종의 새가 조류학에서 중요한 지위를 지니는 필라델피아의 이름을 가져와 명명되었는데, 하나는 솔새이고 다른 하나는 비레오다. 이 두 종의 발견 이야기는 보나파르트갈매기(아니면 '작은머리딱새' 또는 '워싱턴의 새') 발견과 관련한 이야기만큼 드라마틱하지 않고 훨씬 단순하지만, 이 새들이 발견되고 이름이 붙여진 데에는 약 40년이라는 간극이 있다.

알렉산더 윌슨은 아마도 1809년 이전 어느 해의 6월 초 필라델피아로부터 몇 킬로미터 떨어진 곳에서 회색머리솔새Mourning Warbler를 발견했다.* 1810년 《미국 조류학》 제2권에서 이 새에 대한 설명을 발표했을 때에도 같은 종의 다른 개체를 발견하지 못했다. 그동안 윌슨은 솔새를 이해하는 데 많은 어려움을 겪었는데, 그중에는 솔새인지도 몰랐던 새도 있었다. 하지만 이 새만큼은 명확하게 이해했다고 확신하면서 "이제 자연주의자들과 많은 사람들에게, 지금까지 그들의 관찰과 연구를 피해왔던 매우 수수하고 깔끔한 작은 종을 소개할 수 있어 영광으로 생각한다"고 말했다. 윌슨은 테네시솔새, 켄터키솔새처럼 발견한 지역명을 따서 영어 이름을 붙이곤 했다. 그러나 올리브색 등, 노란색 배, 회색 머리, 가슴에 검은색 무늬가 있는 수수하고 단정한 모습을 한 이 새에게는, 회색 머리와 가

---

* C. W. 필은 회색머리솔새 한 마리를 채집하여 박물관에 표본을 보관하고 있었다. 그는 이 표본이 그전에 남아메리카에서 발견되어 과학계에 설명된 가면노랑목솔새Masked Yellowthroat라고 생각했다. 윌슨은 자신의 새로운 발견과 필의 표본 사이 유사성을 인식하지 못한 것 같다.

존 제임스 오듀본이 그린 보나파르트갈매기. 번식깃을 가진 성체 두 마리와 어린 새 한 마리. 이 새의 학명 *크로이코케팔루스 필라델피아*는 필라델피아라는 도시를, 영어 이름은 한동안 이 도시에서 살았던 샤를 보나파르트를 기리고 있다. 하지만 이러한 이름의 융합은 순전히 우연에 의한 것이다.

슴의 검은 띠가 상복을 떠올리게 한다 하여 비유적인 이름을 지었다|회색
머리솔새의 영어이름은 'Mourning Warbler'로, '애도하다'라는 뜻이 있다-옮긴이주|. 대신
학명에 실비아 필라델피아Sylvia philadelphia라고 지역명을 붙였고, 지금은 게
오틀리피스 필라델피아Geothlypis philadelphia로 변경되었다.

오늘날 우리는 회색머리솔새가 캐나다 남동부와 북동부 일부 지역에
서 여름에 흔히 볼 수 있으며, 주로 겨울은 남미에서 보낸다는 것을 안다.
하지만 이 새는 울창한 수풀 속에 숨어 지내기를 좋아하고, 덤불이 완전
히 무성해져 몸을 숨기기 쉬운 비교적 늦은 봄에 북쪽으로 이동하기 때
문에 탐조가들에게 찾기 까다로운 새로 여겨진다.

하지만 역사적으로 볼 때 훨씬 더 찾기 어려운 종은 필라델피아비레
오였다. 이 새는 윌슨과 오듀본, 그리고 동시대 모든 자연주의자들의 눈을
용케 피했다. 존 캐신John Cassin은 오듀본이 세상을 떠난 지 불과 몇 주 후
인 1851년 2월, 자연과학 아카데미에 실린 비레오과에 관한 논문을 통해
이 새를 서양 과학계에 처음 소개했다.

캐신은 그보다 몇 년 전에 이 비레오를 발견했다. "1842년 9월 필라델
피아 인근 빙엄의 숲에서 이 새를 잡았지만, 다른 개체는 보지 못했다." 그
는 워블링비레오Warbling Vireo와 비슷하지만 더 작고 부리가 짧으며 색이
선명한 이 개체를 다른 종으로 판단하고, 당시 쓰고 있었던 비레오에 관
한 논문에 포함한 뒤 이름을 붙였다. 몇 년 후 오하이오와 위스콘신에서
다른 개체들이 발견될 때까지, 이 새는 오랫동안 희귀하고 신비로운 새로
여겨졌다.

오늘날의 탐조가들은 필라델피아비레오가 왜 그토록 오랫동안 발견
되지 못했는지 눈치챌지도 모른다. 이 새는 희귀종이 아니다. 번식 범위는
캐나다 남부 대부분에 걸쳐 있으며, 겨울에는 중앙아메리카에 널리 분포

버지니아 담쟁이덩굴 사이에 있는 필라델피아비레오. 켄 코프먼 작품. 이 종은 북미 동부에 널리 퍼져 있다. 필라델피아에서 발견되긴 했지만 그곳에서는 흔치 않은 종으로, 1800년대 초 그 도시에 기반을 두고 있던 자연주의자들은 발견하지 못했다.

 모든 새를 보았다고 믿은 남자

한다. 그러나 이동할 때는 대부분 미시시피 강과 애팔래치아 산맥 사이의 중서부를 통과하며, 초기 조류학자들이 집중적으로 탐사했던 대서양 중부 지역에는 거의 나타나지 않는다. (즉 필라델피아는 필라델피아비레오를 찾기에 적합한 장소가 아닌 것이다.) 그리고 이들이 서식하는 곳에는 친척인 워블링비레오와 붉은눈비레오의 수가 늘 더 많다. 카신이 설명에서 언급했듯 이 새는 워블링비레오와 아주 비슷하게 생겼고, 노랫소리는 붉은눈비레오와 흡사하다. 거의 똑같다고 볼 수 있다. 나도 수년간 노력해왔지만 아직도 필라델피아비레오와 붉은눈비레오의 노래를 확실하게 구분해내지 못한다. 이 새는 종종 높은 나무의 잎사귀 사이에 숨어서 노래하는데, 붉은눈비레오의 수가 더 많아서 필라델피아비레오의 노랫소리는 놓치기 쉽다.

필라델피아비레오를 가까이서 보면 때때로 솔새과 새로 착각하기 쉽다. 북미 해안을 탐험하던 최초의 유럽 자연주의자들에게 비레오와 미국의 솔새는 골칫거리였다. 오늘날에도 여전히 헷갈리기 쉽지만, 이 두 그룹은 아주 뚜렷하게 구분되는 종이다.

멕시코 북쪽의 북미 지역에서는 약 12종의 비레오를 볼 수 있지만, 솔새는 50여 종으로 훨씬 더 다양하다. 흥미롭게도 1851년 동부의 마지막 비레오 종인 필라델피아비레오가 이름 붙여진 것과 거의 같은 시기에 동부의 마지막 솔새 종들이 발견되었다. 그 후 비레오에 대한 이해는 빠르게 진전되었으나, 솔새들은 계속해서 놀랍고 복잡한 과제를 안겨주며 자연주의자들에게 끊임없는 경이와 기쁨을 선사했다.

막간

새를 그린다는 것

두 가지 스타일

우리는 오듀본을 어디에서나 찾아볼 수 있다. 미국뿐만 아니라 전 세계의 많은 사람들이 그의 작품을 본 적이 있을 것이다. 라운지나 식당, 사무실 복도 벽에 액자로 걸려 있거나, 영화 세트장의 벽을 장식하기도 한다. 심지어 행주, 티셔츠, 식탁보 같은 일상용품에도 그의 그림이 담겨 있다. 100년이 넘도록 대중의 사랑을 받아온 그의 그림들은 수없이 복제되어 판매되고 있다.

하지만 대부분은 이런 인쇄물을 자세히 살펴보더라도 한 가지 중요한 사실을 깨닫지 못한다. 바로 이 그림들이 엄밀히 말하자면 '원본의 복제품'이 아니라는 점이다. 오듀본이 《북미의 새》를 발표할 당시에는 그림을 바로 재생산할 수 있는 기술이 없었다. 복제 생산을 위해서는 인쇄를 위한 중간 과정이 필요했다.

당시 사용되었던 최첨단 기술은 동판화였다. 숙련된 판화가가 얇은 동판에 그림을 정밀하게 옮긴 후, 금속 위에 미세한 선과 작은 구멍을 새긴다. 그런 다음 동판에 잉크를 바르면 새겨진 틈새에 잉크가 채워지고 잉크가 채워진 부분의 디자인을 종이로 옮기는 방식이었다. 이렇게 만들어진 흰 종이 위 검은 선과 점으로 구성된 인쇄물을 채색하면 원본의 모습과 상당히 흡사하게 만들 수 있다.

《미국 조류학》 출간을 준비하던 알렉산더 윌슨은 1805년에 직접 동판에 판화를 새기는 실험을 했다. 하지만 결과는 기대에 못 미쳤고, 결국 스코틀랜드 이민자이자 당시 필라델피아를 대표하는 판화가였던 알렉산더 로슨에게 작업을 맡겼다. 한편 오듀본은 스스로 판화를 새길 생각조차 하지 않았던 것 같다. 그는 가능한 한 많은 새 종을 찾아내고 수백 점의 그림을 제작해야 했기 때문에, 판화 작업은 그 분야의 전문가에게 맡기는 것이 효율적이라 판단했을 것이다.

오듀본은 미국에서 로슨을 비롯한 여러 판화가들에게 작업 의뢰를 거절당하고 크게 좌절했다. 하지만 그 후 영국으로 떠난 것은 그에게 엄청난 행운이 되었다. 필라델피아에서는 오듀본의 거친 옷차림과 투박한 태도가 촌스러워 보였지만, 영국에서는 그러한 면이 오히려 이국적이고 흥미로운 인물로 비춰졌다. 그는 이를 활용해 '미국의 숲의 남자American Woodsman'라는 페르소나를 만들어 자기 자신을 그림 판매의 마케팅 포인트로 내세웠다. (오듀본은 이후 홍보의 대가가 된다. 말년에 래브라도나 미주리 강과 같은 외딴 지역으로 탐사를 떠날 때면 대중의 관심을 끌기 위해 친구들에게 자신의 활약상을 담은 편지를 신문에 보내도록 부탁하는 등 보도자료를 배포하기도 했다.)

해외 진출은 오듀본에게 조류학자로서 재도약하는 발판이 되었다. 미국에서는 오듀본의 여러 주장에 의심을 품는 사람들이 많았지만, 영국 사람들은 그의 작품에 단번에 매료되었고 그를 의심할 이유도 없었다. 오듀본은 곧 영국의 여러 과학 학회에서 인정받았고, 결국 미국에서도 그런 명성을 얻을 수 있었다.

무엇보다 중요한 것은 영국에서 당시 세계 최고의 판화가 중 한 명이었던 로버트 하벨 주니어와 함께 일하게 되었다는 점이다. 뛰어난 예술가 하벨의 판화는 오듀본 작업의 품질을 한층 더 끌어올렸다.

두 사람이 협력하게 된 후, 오듀본은 종종 하벨에게 작품의 세부적인 부분, 또는 그 이상의 작업을 맡겼다. 오듀본이 그린 물떼새의 일종 마운틴플러버Mountain Plover 원본 수채화에는 새의 발밑에 그림자만 있고 배경이 없었지만, 하벨은 판화를 제작하면서 그 뒤에 산맥 풍경을 추가했다.* 이처럼 하벨이 새만 빼고 모든 부분을 담당한 판화가 여러 점 제작되었다. 이런 판화 작품 대부분은 오듀본이 직접 본 적은 없지만 다른 이에게서 받은 표본을 바탕으로 그린 경우로, 캘리포니아메추리California Quail, 검은머리물떼새Black Oystercatcher, 쇠솜털오리Steller's Eider, 알락쇠오리Marbled Murrelet 등이 여기에 해당한다.

오듀본의 원본이 완성된 후에도 하벨은 때때로 그림을 수정하곤 했다. 물의 반사, 파도의 디테일 등 배경에 그의 손길이 닿으면 원본보다 훨씬 더 나아지는 경우가 많았다.

하지만 판화가 아무리 원본의 모든 디테일을 충실히 재현하려 해도 결과물에는 차이가 있을 수 있다. 뉴욕역사협회New-York Historical Society는 《북미의 새》에 실린 판화의 수채화 원본 대다수를 1863년에 루시 오듀본으로부터 사들여 소장하고 있다. 수채화 원본은 협회의 웹사이트에서 확인할 수 있으며, 몇 가지 다른 판본으로 출판되기도 했다. 덕분에 이제 누

---

* 마운틴플러버는 이름과는 달리 평평하고 탁 트인 초원에 서식하는 새다. 따라서 하벨의 배경은 아름답긴 했지만, 오해의 소지가 있었다. 하지만 오듀본은 이 새를 실제로 본 적이 없었고 토머스 너탤로부터 받은 대략적인 정보만 가지고 있었기 때문에 이상함을 알아차리지 못했을 것이다.

 모든 새를 보았다고 믿은 남자

존 제임스 오듀본의 마운틴플러버. 이 작품에서 오듀본은 새만 그렸고, 전체 배경은 판화가 로버트 하벨 주니어가 작업했다. 이와 같은 역할 분담은 특히 《북미의 새》 프로젝트 후반부로 갈수록 오듀본이 하벨의 예술적 감각과 기술에 더 많이 의존하게 되면서 확대되었다.

구나 오듀본이 직접 그린 작품과 하벨의 손길이 더해진, 대중에게 훨씬 더 잘 알려진 판화를 비교해볼 수 있다.

　자세히 보면 차이가 분명하다. 원본 수채화에는 없지만, 판화에서는 일반적으로 사물 주변에 둘러진 얇은 검은색 윤곽선을 볼 수 있다. 판화에서 표현되는 미묘한 음영은 상당한 기술을 필요로 하는 다양한 방식으로 이루어지는데, 하벨은 에칭|etching, 동판 위 질산으로 부식시켜 만드는 요판凹版 인쇄 기법-옮긴이주|, 드라이포인트|drypoint, 부식액을 쓰지 않고 동판에 날카로운 강철 바늘로 직접 새기는 기법-옮긴이주|뿐 아니라 애쿼틴트|aquatint, 부식을 이용하여 농담을 나타내는 기법-옮긴이주|의 대가였지만, 아무리 정교한 그러데이션이라도 판화에서는 원래 수채화의 느낌과는 다른 질감을 낳을 수 있다. 반면 푸른 하늘이나 탁 트인 바다와 같이 단색이 넓은 영역은, 원본보다 판화

에서 더 고르고 매끄럽게 표현되는 경우가 많다.

오듀본이 그리지 못한 새를 그의 스타일로 그려보는 프로젝트를 시작하면서 나는 여러 가지 결정을 내려야만 했다. 그의 원본 스타일을 모방할 것인가, 아니면 보편적으로 알려진 판화 스타일을 모방할 것인가? 이런 결정은 그림의 초기 단계에서는 큰 차이가 없을 수 있지만, 완성하는 방법에서 큰 차이를 만들 수 있다.

결국 나는 절충안으로 하이브리드 방식을 택했다. 누군가 나중에 비판하면 스스로 방어할 수 있게 꾀를 써본 것이다. 만약 누군가 그림에서 사물 주위의 얇고 검은 윤곽선이 비현실적이라고 지적하면, 그건 판화의 특징이라고 대답할 수 있고, 배경이 미완성인 것 같다고 비판하면 원래 수채화가 그런 스타일이었으며 판화가가 그 부분을 메운 것이었다고 주장할 수 있었다. 변명처럼 보일 수도 있지만, 오듀본도 같은 상황이었다면 아마 이와 같은 방식으로 대처했으리라 생각한다.

         모든 새를 보았다고 믿은 남자

6장

솔새의 숨바꼭질

매년 봄이 돌아오면 나는 유럽의 모든 친구들에게서 미움을 한몸에 받는다. '미움'이라 하면 너무 과격하게 들릴 테니, 강렬한 시기 혹은 질투라 하자. 질투의 이유는 딱 하나, 바로 솔새들이다. 기본적으로 내 친구들은 모두 조류 애호가이고, 5월이면 수많은 솔새를 볼 수 있는 지구상 최고의 장소 중 하나가 바로 내가 사는 곳이기 때문이다.

지금 내가 사는 오하이오 주 북서부의 이리 호 주변은 혹독한 겨울을 지내는 동안에는 다소 고요하고 쓸쓸해 보일 수 있다. 하지만 봄이 되면, 믿기 어려울 정도로 많은 철새들이 열대 지방에서 북쪽으로 이동하면서 이리 호 주변 서식지에 모여들어 잠시 머물다 간다. 이곳의 5월은 단연 솔새들의 독무대이다. 우리 집에서 불과 8킬로미터 떨어진 곳에는 솔새를 관찰하기로 가장 유명한 매기 습지Magee Marsh 야생동물 보호구역의 산책로가 있다. 내 친구들이 부러워하는 이유다. 내가 우리 동네를 '세계 솔새의 수도'라고 부르는 것에 전 세계 조류 탐조 커뮤니티도 공감할 것이다.

미국의 솔새는 열렬한 조류 애호가와 일반인을 구분하는 리트머스 시험지 역할을 한다. 솔새의 수도라고 자부하는 이곳에서도 탐조가가 아닌 일반인들의 눈에는 솔새가 잘 띄지 않는다. 워낙 작고, 빠르며, 나뭇잎 뒤에 숨는 것에도 능숙해서 대부분은 이 새들을 인식하지 못하고, 특별히 관심을 가지지도 않는다.

반면에 탐조가들에게 솔새란 집착의 대상이다. 이들은 솔새를 찾아다니고, 발견하면 기뻐하고, 계속해서 보고 싶어 한다. 이런 매력은 어디서 오는 걸까? 아마 도전과 보상의 균형일 것이다. 솔새는 쉽게 모습을 드러내지 않아 찾기 어렵지만, 그 아름다움과 다양성은 시간을 투자해서라도 찾아다닐 만한 가치를 느끼게 한다. 5월에 매기 습지에서는 30여 종의 솔새들이 서식하는데, 같은 날에 모두 관찰하기란 불가능하다. 일부는 높은 나뭇가지 위를 날고, 일부는 덤불 속에 숨어 있는 솔새는 대부분 밝은 색을 띄고 아름다운 무늬를 두르고 있다. 진한 노란색이 가장 일반적이지만 녹색, 주황색, 파란색, 밤색, 담황색, 검은색, 흰색 등이 섞여 몸을 찬란한 팔레트처럼 수놓고 있다. 종종 수컷과 암컷의 생김새가 아주 다른 경우가 있는데, 수컷들은 대개 화려한 색을 띠어 종을 쉽게 식별할 수 있지만, 일부 암컷은 차이가 미묘해서 구별이 어렵다.

많은 솔새들은 가을이 되면 칙칙한 깃털로 털갈이한다. 5월에 이곳에서 솔새 보기를 열망하는 이유 중 하나가 바로 이 때문이다. 대부분 봄에 서둘러 북쪽으로 이동하고 여름에는 극소수만 이곳에 남기 때문에 가을에 돌아왔을 때는 봄처럼 화려하고 선명한 색감을 볼 수 없다. 솔새가 가장 화려하고 솔새다운 시기인 봄이 바로 이들을 관찰할 절호의 기회다.

솔새 관찰을 처음 시작하는 사람이라면 좋은 쌍안경을 준비하고 사용법을 잘 익혀두는 것이 좋다. (나는 여섯 살에 새 관찰을 시작했지만, 열 살이 되어서야 처음으로 값싼 쌍안경을 구입했다. 처음 4년 동안 열정은 흘

모든 새를 보았다고 믿은 남자

러넘쳤지만 솔새를 단 한 마리도 식별하지 못했다.) 또한 걸프 연안이나 오대호 주변처럼, 봄철에 이 작은 여행객들의 이동 경로에 해당하는 지역에 가 있는 것도 도움이 된다. 수천 명의 탐조가들이 봄철 솔새들의 축제를 함께 즐기기 위해 이런 장소로 모여든다. 날마다 보물찾기를 하는 것 같지만, 그 빛나는 보물은 땅속에 숨겨진 것이 아니라 나뭇잎 사이를 자유롭게 누비며 오색찬란한 생명의 불꽃을 발산하듯 춤추고 있다.

하지만 계절이 지나 달력이 넘어가면 다른 그림이 펼쳐진다. 1920년대 대표적인 조류 화가인 프랜시스 리 자크Francis Lee Jaques는 "(그림에) 솔새가 있든 없든 큰 차이는 없다"고 했다. 이 말은 큰 물새처럼 몸집이 큰 새를 극적인 자세와 구도로 묘사하는 것을 선호하는 그의 성향을 반영한 것이었다. 자크가 봄철에 솔새들을 제대로 관찰해봤더라면 그의 의견도 달라졌을까? 사실, 100년 전의 새 화가들과 선구적인 조류학자들조차 솔새에 대해 자크와 비슷한 말을 했을지도 모른다.

1800년대 초에는 아직 '과'라는 개념이 사용되지 않았고, 아무도 미국의 솔새들을 유럽의 솔새들과 다른 독립된 집단으로 인식하지 못했다. 알렉산더 윌슨이 어떤 새를 '솔새'라고 불렀을 때 그는 오늘날 우리가 '미국 솔새과'라고 부르는 새들을 가리킨 것이 아니라, 이탈리아의 자연학자 조반니 스코폴리Giovanni Scopoli가 유럽의 작고 활동적이며 곤충을 잡아먹는 새를 분류하기 위해 1769년에 제시한 '흰턱딱새속(실비아Sylvia)'으로 분류해야 한다는 뜻이었다.

북미에서 비슷한 새를 발견했을 때 윌슨과 동시대 학자들은 각각을 린네 체계의 '명금목'에 포함된 기존의 속으로 분류하려 했다. 윌슨은 현재 우리가 미국 솔새과로 알고 있는 새들을 연구하면서 지빠귀, 박새, 유럽의 솔새, 유럽의 딱새 등으로 생각했다. 사실 미국 솔새들은 이 모든 새들과 직접적인 관련이 없어 적합한 분류라고 할 수 없지만, 당시에는 이를 대체할 마땅한 분류 방법이 없었다.

월슨이 솔새를 어떻게 인식했는지를 보면, 조류학에 대한 그의 전반적인 접근 방식을 이해할 수 있다. 그는 당시 서양 학문의 중심지였던 유럽에서 멀리 떨어져 있었고, 다양한 문헌과 자료를 접할 기회가 적었기 때문에 기존 분류 체계에 의존하는 경향이 있었다. 새로운 새가 아무리 독특해 보이더라도, 월슨은 그 종을 이미 알려진 속에 분류하려고 했다. 그는 《미국 조류학》 시리즈 전체에 걸쳐 많은 새로운 종에 이름을 붙였지만 새롭게 제시한 속은 단 하나뿐이었고, 그마저도 현재는 사용되지 않는다.* 하지만 새로운 속을 명명하는 데 소극적이었던 것과 달리, 다른 측면에서는 기존의 연구가 틀렸다고 생각되면 거침없이 반박했다.

현재 우리가 솔새로 인식하고 있는 새들에 대해, 월슨은 분류가 잘못되었다고 생각했다. 예를 들어 그는 두건솔새(그는 두건딱새Hooded Flycatcher라고 불렀다)에 대해 이렇게 언급했다. "두 명의 현명한 자연주의자 페넌트와 레이섬이 왜 이 새를 '솔새'로 분류했는지 이해할 수 없다… 부리는 밑부분이 넓고, 빳빳한 짧은 털로 덮여 있으며, 위쪽에는 홈이 있고 끝이 약간 돌출되어 있다. 새의 습성은 모든 면에서 딱새와 유사하다." 또, 아메리칸레드스타트라고 불리는 솔새에 대해서는 이렇게 설명했다. "가장 존경받는 조류학자 몇몇은 이 새를 솔새로 분류했지만, 딱새속(무

---

* 월슨은 붉은솔잣새Red Crossbill에 쿠르비로스트라Curvirostra라는 새로운 속명을 제안했다. 1758년 린네는 이 종에 록시아 쿠르비로스트라Loxia curvirostra라는 이름을 붙였지만, 월슨은 독특한 부리를 가진 솔잣새를 밀화부리나 참새 등 부리가 두꺼운 새들이 포함된 록시아Loxia속에 포함하는 것에 반대했다. 후대의 과학자들도 월슨에 동의했지만, 아이러니하게도 현재는 록시아속에 솔잣새류만 포함되고 다른 새는 포함되지 않는다.

스키카파Muscicapa)의 특징이 명확하게 드러나며, 실제로 이 새는 딱새 중에서도 가장 숙련된 파리잡이다|딱새의 영어 명칭은 'Flycatcher'로, 직역하면 '파리잡이'라는 뜻이 된다-옮긴이주|." 흑백아메리카솔새Black-and-white Warbler에 대해서는 "자연주의자들은 이 새를 솔새 종으로 분류했지만, 나는 이 오류를 바로잡기 위해 노력했다"고 했다. 반면, 현재 노랑미국솔새Northern Parula로 알려진 새가 여러 유럽 자연주의자들에 의해 박새의 일종으로 여겨져 왔던 것에 대해서는 "나는 이 분야의 권위자들을 존중하지만, 이 새를 솔새 종으로 간주해야 한다고 생각한다"고 주장했다.

월슨은 종을 솔새 혹은 딱새로 분류할 때 자주 혼란스러워했다. 그가 '녹색검은머리딱새Green Black-capt Flycatcher'라고 이름 지은 새는 아이러니하게도 오늘날 우리가 윌슨아메리카솔새Wilson's Warbler라 부르는 새이다. 세룰리언솔새Cerulean Warbler에 대해서는 "이 새는 딱새의 습성을 많이 보이지만, 부리의 생김새로 보아 솔새 종으로 분류해야 한다"고 썼다. 검은머리솔새Blackpoll Warbler에 대해서도 "딱새의 습성을 가지고 있지만, 특히 부리의 특징이 솔새에 가까우므로 딱새와 솔새 그 중간 지점에 있다고 간주해야 한다"고 했다. 이 종들은 당시 유럽의 솔새나 딱새와 큰 관련이 없어서 윌슨이 혼란스러워할 만했다. 북미의 솔새가 구세계의 새들과 관련이 없는 독립된 과라는 인식이 정립되기 전까지, 누구도 이들을 제대로 분류하지 못했다.

그러나 종이 어느 속이나 과에 속하는지 정확히는 모르더라도, 개별 종을 인식하고 이름을 붙이는 일은 가능했다. 윌슨의 업적이 바로 여기에 있다. 북아메리카 동부에 서식하는 모든 솔새 중 약 4분의 1에 해당하는 9종에 그가 붙인 이름이 여전히 사용된다. (속은 모두 변경되었지만.) 윌슨이 명명한 솔새 중 일부는 이미 찰스 윌슨 필이나 윌리엄 바트람 등도 알고 있었지만 공식적인 설명을 발표하지 않았기에 윌슨이 이 새들에게 이름을 붙이는 영광을 누릴 수 있었다.

게다가 윌슨은 미국 솔새에 대한 몇 가지 오해를 바로잡기도 했다. 노랑배솔새Yellow-rumped Warbler는 대서양 중부에서 흔히 볼 수 있는 새로, 윌슨은 봄과 가을, 심지어 겨울까지 모든 단계의 깃털 변화를 볼 수 있었다. 그는 노랑배솔새의 계절에 따른 깃털 색 변화가 유럽 자연주의자들을 헷갈리게 하여 여러 종으로 이름 붙여졌음을 깨달았다. 그는 "우리는 이 아름다운 작은 종에서, 많은 새들의 깃털 색 변화가 불러일으킨 오해의 또 다른 사례를 발견할 수 있다"고 썼다. 이어 자연주의자 토머스 페넌트가 명명한 세 종의 솔새를 나열하면서 "나는 세 종 모두가 이 한 종에서 비롯되었음을 확신한다"고 덧붙였다.

하지만 이렇듯 솔새 구분의 까다로움을 잘 알고 있었음에도, 윌슨 역시 잘못 인식한 솔새 종이 여럿 있었다. 애팔래치아 산맥을 따라 서쪽으로 여행하던 중, 그는 두 종의 솔새가 캐나다로 가는 길에 잠시 머무는 봄철새라는 사실을 모르고, 발견한 장소의 이름을 따서 각각 '테네시솔새'와 '내슈빌솔새'로 명명했다. 필라델피아 주변에 있을 때, 윌슨은 이곳이 많은 솔새가 북쪽의 번식지를 오가는 도중에 잠시 머무는 장소임을 깨달았다. 하지만 번식지에 대한 데이터가 부족하다는 사실에 대해 불평하면서, 검은목푸른솔새Black-throated Blue Warbler에 관해서 이렇게 말했다. "이들이 캐나다에서 번식할 가능성이 매우 높지만, 그 지역에서 여름을 나는 깃털 달린 종족에 대해서는 알려진 것도, 관심을 기울이는 이도 드물다. 그 지역 사람들에게는 곰, 사슴, 비버의 습성이 훨씬 더 흥미로운데, 그럴 만한 이유가 있다. 그쪽이 훨씬 돈이 되기 때문이다. 영국에서 솔새와 딱새 표본을 한 화물분 보내달라는 주문을 해서 그것들을 살펴볼 가치가 있는 대상으로 만들지 않는 한, 우리는 앞으로도 지금처럼 이 새들에 대해 거의 알 수 없을 것이다."

하는 수 없이 그는 봄과 가을에 잠깐 지나가는 솔새들을 연구하는 데 만족해야 했다. 그런데 적갈색가슴솔새Bay-breasted Warbler의 계절에 따른 깃털 색 변화가 윌슨을 또 혼란스럽게 했다. 봄 깃털의 수컷 성체는 진한 밤색 무늬가 두드러진다. 윌리엄 바트람은 이전에 이 새를 '작은초콜릿가슴박새Little Chocolate-breasted Titmouse'라는 이름으로 언급했지만 정식 설명을 기재하지 않아 1810년에 윌슨이 이 새에 이름을 붙였다. "이 매우 희귀한 종은 5월 초순경에 펜실베이니아를 통과한 후 곧 자취를 감춘다… 여름에는 이곳에서 볼 수 없으며, 다시 돌아오더라도 아주 드물게 보이는데… 그 시기에는 잎이 훨씬 무성하고 이 종이 조용한 데다 개체 수도 적기 때문이다." 1년 후, 그는 어느 새에 '가을솔새Autumnal Warbler'라는 이름을 붙이고 다음과 같이 설명했다. "이 평범한 작은 종은 10월 한 달 동안 북쪽으로부터 펜실베이니아를 정기적으로 방문하여 버드나무 잎 사이에서 먹이를 채집한다. 특이한 점은 봄철에는 거의 볼 수 없다는 점이다." 나중에 그는 다음과 같이 덧붙였다. "이 새들은 의심할 여지없이 봄에 북쪽으로 가는 길에 펜실베이니아를 통과할 것이다. 하지만… 나는 아직 그 계절에는 한 마리도 본 적이 없다. 10월에는 오후에 100마리 이상을 본 적도 있다."

여러분도 짐작했겠지만, 이 가을솔새는 바로 가을깃으로 갈아입은 적갈색가슴솔새다. 윌슨은 가을에 자주 보이던 털이 풍성한 새가 봄에 아주 희귀하다고 생각했던 종과 같다는 사실을 알아채지 못했을 것이다. 그리고 가을철에 그가 본 것은 아마도 적갈색가슴솔새와 검은머리솔새 모두였을 것이다. 이 두 종은 봄철에는 생김새가 확연히 다르지만 늦여름에 깃털을 갈아입고 나면 이동하는 가을 동안에는 서로 아주 비슷하게 보이기 때문에 오늘날 경험이 많은 탐조가도 쉽게 혼동하곤 한다. 당시 쌍안경이 없었던 윌슨에게는 모두 똑같이 보였을 것이다.

솔새들은 또 다른 이유로 윌슨을 괴롭혔다. 수컷 검은목푸른솔새는 이름처럼 화려한 색을 띠며, 성체뿐 아니라 어린 개체도 계절에 따른 외형 변화가 거의 없다. 윌슨은 1810년, 그의 두 번째 책에서 이 새에 대해 훌륭한 그림과 설명을 실으며 암컷이 수컷과 매우 비슷하다고 주장했다. 하지만 이는 틀린 내용이었다. 수컷과 달리 암컷은 칙칙한 담황색과 짙은 녹갈색에 약간의 푸른색이 섞여 있다. 1812년에 나온 다섯 번째 책에서 윌슨은 이 암컷을 새로운 종인 '소나무늪솔새Pine-swamp Warbler'로 소개했다. 그는 "산악 지역의 가장 깊고 음침한 소나무와 독미나리 늪"에서 이 새를 발견했고, 수컷 한 마리와 암컷 두 마리를 잡았다고 기록했다.

그는 검은목푸른솔새와 소나무늪솔새 각각의 암수 표본을 모두 가지고 있다고 생각했기 때문에, 이 둘이 같은 종이리라고 의심할 이유가 없었다. 당시 많은 탐조가와 자연주의자들에게 문제는 이 작은 새의 생식기관이 아주 작아서 성별을 알아내기 어려웠다는 점이었다. 특히 새가 총에 맞은 후에는 생식 기관을 찾기가 불가능해서 작은 새의 죽은 표본을 보고도 성별이 잘못 판별되는 일이 드물지 않았다.

또 다른 예로, 윌슨은 여름에 펜실베이니아의 소나무 늪에서 블랙버니언솔새Blackburnian Warbler를 잡은 후 새로운 종인 '헴록솔새Hemlock Warbler'로 묘사했다. 그는 불타는 듯한 밝은 주황색 목을 가진 블랙버니언솔새 성체 수컷에 익숙했고 암컷은 주황색이 노란색으로 바뀐다는 사실도 알고 있었지만, 이 새로운 새의 정체는 알아내지 못했다. 이는 아마도 블랙버니언솔새의 어린 수컷이었을 것이다. 1810년에는 한 솔새의 암컷을

 모든 새를 보았다고 믿은 남자

존 제임스 오듀본의 소나무늪솔새. 이것은 사실 검은목푸른솔새의 암컷이었지만, 알렉산더 윌슨은 1812년에 이 종을 별개의 종으로 묘사했고, 이후 20년 이상 오듀본을 포함한 다른 작가들도 윌슨의 주장을 따랐다.

그리면서 '푸른산솔새Blue-Mountain Warbler'라는 새로운 종으로 소개했다. 하지만 이는 그가 이미 알고 있던 종, 바로 검은목푸른솔새의 어린 암컷이었을 가능성이 높다.

당시의 상황을 생각하면 윌슨이 솔새에 대한 몇 가지 의문점 속에서 헤맨 것은 놀라운 일이 아니다. 그는 '푸른산솔새'에 대한 글에서 솔새 연구의 어려움을 인정했다. "이 고독한 솔새들 중 몇몇은 아직 고산 지대의 높은 곳과 늪지대의 움푹 파인 곳에 숨어 있는데, 기회가 있을 때마다 그들을 찾아 연구하는 것이 내 계획이다."

윌슨의 영향력을 반영하듯, 다른 조류학자들도 윌슨의 설명 이후 최소 20년 동안 그가 착각했던 신종 솔새들을 별다른 의심 없이 받아들였다. 샤를 보나파르트는 1828년 《미국 새 총론》에서 헴록솔새, 가을솔새, 소나무늪솔새, 푸른산솔새를 모두 독립된 종으로 기재했다. 누구의 제안이든 새로운 종이라면 무엇이든 의심 없이 받아들였던 토머스 너탤은, 1832년 《조류학 안내서Manual of Ornithology》에서 윌슨이 제안한 모든 가상의 솔새들과 오듀본이 당시 소개했던 (역시 존재하지 않는) 몇몇 종을 모두 목록에 포함했다.

오듀본과 솔새의 관계도 윌슨만큼이나 복잡했지만, 방식은 조금 달랐다. 오듀본도 처음에는 윌슨이 제안한 새로운 종을 모두 받아들였다. 단순히 그림을 그리는 것에 그치지 않고 마치 자신이 잘 아는 것처럼 친절히 설명까지 덧붙였다.

윌슨이 여름에 펜실베이니아의 소나무 늪에서 헴록솔새로 추정한 수컷 블랙버니언솔새 한 마리를 사냥했다는 기록을 토대로, 오듀본은 같은 지역이라고 추정되는 곳으로 가서 일주일도 채 안 되는 기간 동안 스무 마

     모든 새를 보았다고 믿은 남자

리 이상의 표본을 확보했다고 주장했다. 하지만 실제로는 자기가 잡은 표본이 무엇인지 정확히 알지 못했던 것으로 보인다. 그는 둥지를 돌보는 한 쌍을 발견했다고 주장하면서 이 새의 노래를 "음색은 달콤하고 부드러우며, 그 수가 많지는 않지만 다른 솔새들의 노래와 쉽게 구별할 수 있다"고 묘사했다. (묘사가 워낙 모호하기도 하지만, 이 설명은 블랙버니언솔새의 노래와 일치하지 않는다.) 그는 이어서 메인과 뉴펀들랜드에서 이 종을 다시 목격했다고 언급했다.

월슨의 가을솔새(실제로는 가을깃을 한 적가슴솔새)에 대한 오듀본의 주장은 훨씬 더 과장되었다. 그는 3월 초에 많은 새들이 루이지애나를 거쳐 이동하고 여름에는 뉴욕 북부에서 번식하는 것을 보았다고 기록한 후, 둥지와 알에 대해 설명했다. 소나무늪솔새(실제로는 암컷 검은목푸른솔새)에 대해서는 수컷의 노래를 묘사하고 둥지와 함께 한 쌍을 발견했다고 이야기했다.

물론, 이 모든 주장은 모두 거짓이었다. 봄에 이동하는 적가슴솔새는 가을깃을 입지 않은 상태이며, 이들은 한 쌍을 이루어 둥지를 짓지도 않고, 대부분의 암컷 솔새는 노래를 부르지 않는다. 오듀본이 《북미의 새》에 그린 그림은 표본을 바탕으로 한 것이 분명할 정도로 아주 세밀하기 때문에 이 새들을 실제로 보았다는 것은 의심할 여지가 없다. 그러나 1831년과 1834년에 출간된 그의 《조류학 전기》에는 과장과 모호한 주장이 넘쳐난다. 오듀본은 자기가 월슨보다 이 희귀한 솔새에 대해 더 많이 알고 있다는 것을 과시하고 싶어 했다. 그래서 관찰 자료가 충분하지 않을 때면 그냥 내용을 지어내기도 했다.

오듀본은 1839년, 《조류학 전기》의 마지막 권인 제5권 부록에서 이 가상의 솔새들에 관해 몇 가지 사실을 바로잡았다. 그는 검은목푸른솔새와 소나무늪솔새가 같은 종이라고 결론 내렸다(비록 후자가 전자의 어린 개체라고 잘못 설명했지만). 그는 청록솔새Blue-green Warbler와 세룰리언솔새가 같은 종일 가능성이 높다는 의구심을 품기도 했다. 그러나 가을솔새에 관해서는 실제 종이 아닌 헴록솔새의 새끼라고 주장함으로써 가을솔새의 지위를 더욱 혼란스럽게 만들었다.

실존하지 않는 솔새에 대한 오듀본의 접근 방식만큼이나 윌슨이 발견하지 못한 새로운 종을 발견하려는 그의 시도 역시 복잡하고, 혼란스러우며, 또 흥미롭다.

그가 발견했다고 주장한 새들 중 일부는 이미 알려진 새의 약간 변형된 모습을 한 개체일 뿐이었다. 다음은 오듀본이 새로운 종이라 생각하여 이름 붙인 새들의 목록으로, 괄호 안에 실제 종을 표시했다. 셀비딱새(두건솔새), 보나파르트딱새(캐나다솔새), 꼬마솔새(아메리카솔새), 래스본솔새Rathbone's Warbler(아메리카솔새), 로스코노랑목솔새(일반 노랑목솔새), 비거스솔새Vigors's Warbler(소나무솔새Pine Warbler). 이 종들은 암컷이나 어린 개체의 깃털 구분이 어렵기에 이런 오류도 충분히 이해가 간다. 하지만 이 목록에서 눈에 띄는 점은 바로 부유한 (잠재적) 후원자나 영향력 있는 자연주의자, 또는 두 가지 모두에 해당하는 사람들의 이름을 따서 명명했다는 사실이다. 마치 누군가에게 아첨하기 위해, 기존의 솔새를 새롭게 그려내고 이름 붙인 것처럼 보일 정도다. 처음에는 이런 해석이 너무 냉소적이고 부당한 것은 아닐까 생각했지만, 오듀본의 생애를 깊이 탐구하고 난 지금은 그런 가능성도 배제할 수 없다는 생각이 든다.

하지만 오듀본의 작품 중 가장 미스터리한 솔새는 사람의 이름을 따오지 않았다. 바로 《북미의 새》 60번 판화에 소개된 카보네이트솔새 Carbonated Warbler(*실비아 카르보나타*Sylvia carbonata)다. 그는 이 종을 다음과 같이 소개했다.

나는 1811년 5월, 켄터키 주의 헨더슨 마을 근처에서 여기에 묘사된 두 마리의 작은 새를 잡았다. 그들은 둘 다 층층나무의 나뭇가지와 잎 사이에서 곤충을 찾느라 바쁘게 움직이고 있었다… 조사해보니 둘 다 수컷이었다. 아마도 이 새들은 전년도에 태어난 어린 개체 같았는데, 머리를 제외하고는 완전한 성체 깃을 갖추지 못한 상태였다… 이 새들은 다른 새들과 마찬가지로 죽은 직후에 그린 것이다.

다른 (실재하지 않는) 솔새들의 그림에는 눈에 띄는 특징이 거의 없는 반면, 카보네이트솔새 그림에서는 강한 무늬가 눈에 들어온다. 두 마리의 작은 새는 각각 검은색 머리와 얼굴에 검은 줄무늬, 밝은 노란색 몸통, 몸 측면의 검은 줄무늬, 검은 반점이 있는 올리브색 등, 흰색과 노란색의 넓은 띠가 있는 어두운 날개를 가지고 있다. 한눈에 보기에도 지금까지 알려진 새들과는 확연히 다른 모습이다. 오듀본은 1811년 이후 이 새를 다시 본 적이 없다고 했으며, 그를 제외하고 이 새를 본 사람은 아무도 없다.

지금껏 많은 사람들이 이 새의 정체에 대해 추측하려 했다. 일부는 머리가 너무 크다거나 하는 세부 묘사가 잘못되었지만 어린 수컷 케이프메이솔새Cape May Warbler와 유사하다고 주장했다. 어떤 사람들은 원래 흰 깃털이 노란색으로 표현된, 검은머리솔새 수컷이라고 말하기도 했지만, 그러기엔 몇 가지 필수적인 특징이 빠져 있다. 또 다른 사람들은 케이프메이솔새나 검은머리솔새를 한 부모로 둔 교잡종|계통, 종, 성질 따위가 다른 것끼리 교배하여 새롭게 생긴 종-옮긴이주|일 가능성이 있다고 주장하기도 했다. 또한 카보네이트솔새는 지금은 멸종된 희귀종으로, 오듀본이 기록으로

존 제임스 오듀본의 카보네이트솔새. 오듀본이 그린 몇 종의 새는 오늘날 알려진 어떤 종과도 일치하지 않는데, 그중에서도 이 새가 가장 특징적인 작품으로 꼽힌다. 오듀본은 대부분 표본을 보며 새를 그렸지만, 이 그림은 오래된 기억에 기반한 것으로 보인다. 따라서 오듀본이 실제로 이 새를 본 적이 있었다고 가정하더라도, 그림의 세부 묘사는 신뢰할 수 없을 가능성이 크다.

남기지 않았더라면 영영 알려지지 않았을 것이라고 주장하는 사람들도 있다.

1886년부터, 미국 조류학자 연합American Ornithologists' Union이 공식 조류 목록을 발표하기 시작했는데, 카보네이트솔새는 '가상의 종 목록'으로 강등되면서 "1811년 5월 켄터키 주 헨더슨 근처에서 발견된 두 마리 표본에 대한 오듀본의 판화와 설명으로만 알려짐"이라는 짧은 메모가 남겨졌다. 1931년 판 목록에서는 "이 무렵 오듀본이 그린 새 그림 중 상당수가 나중에 소실되었기 때문에, 알려진 판화는 어느 정도 기억에 근거했을 가능성이 있음"이라는 설명이 추가되었다.

완곡하게 표현되었지만, 다시 말해 이 새들이 "죽은 직후에 그린 것"이라는 오듀본의 주장을 뒤집는 내용이었다. (오듀본은 평소 표본이 아직 신선할 때 그림을 그리긴 했지만, 이렇게 굳이 언급한 적은 거의 없었다. 마치 1811년에 실제로 그렸음을 강조하며, 나중에 기억을 더듬어 다시 그린 게 아니라고 굳이 변명하는 듯 방어적으로 들린다.) 카보네이트솔새의 그림이 기억에 의지하여 그려진 것일 수 있다는 가능성을 지지하는 작가들도 일부 있었지만, 조류학자이자 예술가인 데이비드 시블리가 2008년에 처음으로 여기에 대한 가치 있는 의견을 온라인에 게시했다.

시블리의 접근 방식은 이전 그 누구와도 달랐다. 그는 그림 자체를 자세히 살펴보면서 몇 가지 디테일에 주목했다. 날개의 깃 밑털median coverts, 즉 익대翼帶, wing bars의 위쪽에 있는 깃털은 솔새를 포함하여 모든 명금 종에서 특정 방향으로 겹쳐져 있는데, 오듀본의 그림에서는 반대 방향으로 겹쳐져 있다. 또 다른 날개 배열인 첫째 날갯깃primary coverts도 찾아볼 수 없다. 꼬리 밑 부분의 깃털은 어떤 새에게도 어울리지 않는 모양과 방식으로 잘못 배열되어 있다. 등의 무늬는 실제 새의 무늬와 반대 방향으로 정렬되어 있다. 그 밖에도 어떤 솔새의 깃털 배열과도 일치하지 않는 부분이 몇 가지 눈에 띈다.

이 훌륭한 분석에서 알 수 있는 결론은 확실하다. 바로 오듀본이 카보네이트솔새를 그릴 때, 눈앞에 표본이 없었다는 것이다. 그가 1811년경에 그린 다른 그림에서는 날개 구조가 조금 모호하기도 했지만, 깃털을 통째로 생략하거나 방향을 반대로 그리지는 않았다. 나는 그가 한때 본 적이 있는 새의 기억을 바탕으로 그렸다고 믿고 싶지만, 그가 이 새를 그린 시기가 상당히 나중임을 생각하면,* 완성된 그림만으로는 실재했던 종이라고 확신하기 어렵다.

카보네이트솔새가 잡종인지, 특이한 색채의 돌연변이인지, 상상력의 산물인지, 아니면 멸종한 희귀종인지, 우리는 결코 알 수 없을 것이다. 하지만 오듀본이 처음으로 관찰하고 설명한 다른 두 종, 바흐먼솔새 Bachman's Warbler와 스웨인슨솔새Swainson's Warbler의 경우는 이들이 실재한 근거가 좀 더 명확하다.

오듀본이 '스웨인슨솔새'라 부른 종은 1832년 또는 1833년 봄, 그의 절친한 친구인 존 바흐먼 목사가 사우스캐롤라이나 주 찰스턴 근처의 에디스토 강에서 발견했다.** 스웨인슨솔새는 비교적 부리가 크고, 갈색과 흰색이 섞인 칙칙한 색을 띠며, 남부 늪지대에 숨어 있어 쉽게 눈에 띄지 않는다. 바흐먼은 소리를 듣고 이 새를 발견했다. "처음엔 5분에서 6분 간

---

* 어디에서도 언급되지 않은 사실이 있다. 공개된 컬러 판화의 기초가 된 카보네이트솔새 원본 그림은 주로 수채화로 그려졌고 여기에 흑연, 파스텔, 검은 분필, 검은 잉크, 약간의 구아슈가 사용되었다. 오듀본은 그의 경력 후반에는 다양한 도구를 활용하여 그림을 그렸지만, 이 그림을 그린 1811년에는 여전히 파스텔을 주로 사용했다. 따라서 이 그림은 오듀본의 당시 일반적인 채색 방식에서 크게 벗어나 있다고 볼 수 있다.
** 오듀본은 1832년 바흐먼이 이 새를 발견했을 당시 그가 래브라도에 있었다고 기록했지만, 그의 래브라도 여행은 1833년이다. 오듀본이 종종 날짜를 잘못 기재하긴 했지만, 당시 자기가 어디를 여행하고 있었는지에 대해서 착각할 가능성은 적어 보인다.

격으로 반복되는 네댓 개의 음이 주는 신비로움에 매료되었다. 이 음은 크고 선명하며 노래라기보다는 휘파람 소리 같았다." 지금까지 알려지지 않았던 새를 발견한 바흐먼은 새끼를 품은 암컷을 포함해 여러 마리의 개체를 더 발견했다. "나는 늘 물이 많은 늪지대나 습지에서 이 새들을 보았다… 이 종은 물가 주변의 낮은 덤불 사이를 뛰어다니고, 높은 나무로 올라가는 경우는 거의 없어 노랑머리버들솔새Prothonotary Warbler와 유사하다. 여름이 끝나면 남쪽으로 이동한다."

이전에는 설명된 적 없는 새로운 종이었다. 아직 20대 초반이었지만 삽화가로서 가능성을 보였던 오듀본의 아들 존 우드하우스 오듀본이 이 새의 그림을 그렸다. 오듀본은 당시 영국의 대표적인 자연주의자 윌리엄 스웨인슨을 기리기 위해 그의 이름을 따서 새에 이름을 붙였다.

오듀본과 스웨인슨은 오듀본이 1820년대 후반 영국에서 《북미의 새》의 첫 번째 판화 작업을 진행하면서 친구가 되었다. 하지만 오듀본이 이 새로운 솔새를 묘사할 무렵에는 두 사람의 우정이 식어 있었다. 오듀본은 스웨인슨에게 《조류학 전기》에 대한 공동 작업을 권했지만, 스웨인슨이 표지에 자신의 이름을 함께 올려달라고 요청하자 거절했다. 당연히 스웨인슨은 '오듀본 대장정' 비하인드 스토리를 대필하는 것에는 관심이 없었다. (결국 스코틀랜드의 자연주의자인 윌리엄 맥길리브레이William MacGillivray가 그 역할을 맡게 된다.) 오듀본은 이 새에 스웨인슨의 이름을 붙여주면서 관계를 회복하려고 했던 것이었는지도 모른다. 하지만 이 새를 '갈색머리벌레먹이솔새Brown headed Worm eating Warbler'라고 써놓은 도판도 있어서, 그의 의도를 정확히 알기는 어렵다.

새의 발견자가 아닌, 멀리 떨어진 영국의 자연주의자 이름을 따서 새를 명명한 것이 불공평해 보일 수도 있다. 하지만 놀랍게도 바흐먼은 거의 같은 시기에 또 다른 신종 솔새를 발견하여 그 새의 이름에 자신의 이름을 붙일 영예로운 기회를 또 한 번 얻었다.

오듀본은 1831년 존 바흐먼을 만나기 전에 이미 출판을 시작했고, 대서양 양쪽에서 명성을 얻고 있었다. 필라델피아에서 어린 시절을 보낸 바흐먼도 오듀본을 만나기 훨씬 전부터 자연사에 깊은 관심이 있었고, 학생 시절부터 알렉산더 윌슨, 윌리엄 바트람 같은 인물들과 교류했다. 바흐먼과 오듀본은 서로 큰 영향을 주고받았다. 학구적인 바흐먼은 남부 조류에 관한 방대한 정보를 오듀본과 공유했고, 오듀본의 가장 인상적인 연구에 동참해 오듀본이 더욱 과학적인 접근 방식을 취하도록 자극했다.* 바흐먼 역시 오듀본에게 영감을 받아 자연 탐구의 의지를 새롭게 불태웠다. 바흐먼은 찰스턴에서 15년 이상 살았지만, 유명한 새 화가를 알게 된 후에야 주변 늪으로 나가 새들을 관찰하기 시작했고, 두 종의 새를 발견할 수 있었다.

두 번째 발견은 1833년 7월에 이루어졌다. 찰스턴에서 몇 킬로미터 떨어진, 현재 아이온 늪I'on Swamp으로 알려진 지역에서 바흐먼은 암컷 솔새

---

* 하지만 바흐먼은 오듀본에게 부정적인 영향을 미치기도 했다. 50년 이상 목사로 일하며 남부 루터교의 지도자였던 바흐먼은 찰스턴 지역의 기준으로 보면 다소 진보적인 인물이었다. 그는 백인 노예 소유주뿐 아니라 흑인 노예들을 위해서도 사역했고, 당시 일부 과학자들의 의견과는 달리 모든 인간은 같은 종이라고 주장했다. 하지만 그는 "검둥이들"이라는 표현을 쓰면서 "그들의 지성은 과소평가되긴 했지만 백인보다 훨씬 열등하다… 그들은 자치를 할 수 없고… 우리의 보호 속으로 던져진 신세다… 노예 제도는 성경에도 쓰여 있다"라는 등의 끔찍한 말을 했다. 특히 성직자들이 이러한 백인 우월주의적 발언을 했을 때 편협한 청자들은 죄책감을 떨쳐버리고 도덕적 책임을 면할 수 있기 때문에 더 큰 피해를 줄 수 있었다. 오듀본과 바흐먼이 흑인이나 노예제도에 대해 깊이 대화했다는 증거는 아직 나오지 않았지만, 이들이 함께 보낸 시간이 아주 많았기 때문에 서로의 견해를 잘 알고 있었을 것이다.

     모든 새를 보았다고 믿은 남자

한 마리를 잡았다. 몸집이 작고 노란색인 것이 스웨인슨솔새보다 더 전형적인 솔새의 모습을 하고 있었지만, 다른 종들과는 어딘가 달라 보였다. 계속해서 그 지역을 탐사한 끝에, 검은 머리와 검은 목을 가진 수컷 성체를 포함하여 여러 개체를 발견했다. 그는 이들을 표본으로 만들어 오듀본이 그림을 그리고 정식으로 설명할 수 있도록 보관했다.

오듀본이 그린 솔새 그림들은 그의 작품 중에서 가장 덜 극적인 편에 속해서, 종종 새 한두 마리를 그려 넣은 식물 삽화처럼 보일 정도다. 바흐먼솔새 그림도 마찬가지였다. 큰 관목의 무성한 잎과 꽃 사이로 암수 한 쌍이 눈에 띄지 않게 조용히 앉아 있다. 이 식물은 존 바흐먼의 재능 있는 처제 마리아 마틴Maria Martin이 그린 것으로, 마틴은 《북미의 새》에 포함된 그림의 아름다운 식물 배경들을 몇 점 그렸다. 나중에 여기에 오듀본이 바흐먼의 표본을 보고 새 두 마리를 그려 넣었다. 언뜻 보기에는 전형적인 솔새 판화처럼 보이지만, 식물과 새에 얽힌 이야기를 알면 더 큰 의미를 느낄 수 있다.

현재 프랭클린 나무Franklin tree로도 알려진 프랭클리니아*Franklinia alatamaha*는 1765년 조지아의 알타마하 강변에서 존과 윌리엄 바트람이 처음 발견했다. 1770년대에 이곳으로 돌아온 윌리엄 바트람은 이 식물이 매우 한정된 지역에만 분포한다는 사실을 알아차렸다. 몇 제곱미터 내의 지역에서는 흔히 볼 수 있었지만, 다른 곳에서는 전혀 찾아볼 수 없었다. 그는 이 나무의 씨앗을 필라델피아의 정원으로 가져가 재배와 번식에 성공했고, 벤저민 프랭클린을 기리기 위해 그의 이름을 따서 명명했다. 1803년 이후 몇몇 식물 수집가들이 야생에서 자라는 프랭클리니아를 발견했다고 보고했으나, 오늘날 일부 정원과 수목원에 흩어져 자라고 있는 모든 개체는 바트람 정원에 있던 식물의 후손으로 추정된다. 바흐먼솔새의 그

존 제임스 오듀본이 그린 바흐먼솔새. 위는 수컷, 아래는 암컷이다. 이 판화의 대부분
을 차지하는 꽃과 잎은 지난 200년간 야생에서 멸종된 것으로 여겨져 온 프랭클리니
아다. 이 식물은 오듀본의 친구 존 바흐먼의 처제 마리아 마틴이 그렸다. 바흐먼이 발
견하고 오듀본이 그의 이름을 따서 명명한 바흐먼솔새는 현재 멸종된 것으로 간주된
다. 1800년대 후반에 한동안 번성했을 가능성이 있지만, 과거의 정확한 개체 수, 그리
고 멸종 시점은 미스터리로 남아 있다. 

림에 등장하는 식물은 아마도 존 바흐먼이 찰스턴의 정원에 프랭클리니아 몇 그루를 키우면서 마리아 마틴이 그릴 수 있도록 제공했을 것이다. 이 식물은 지난 200년간 야생에서는 멸종된 것으로 여겨지고 있다.

바흐먼솔새는 어떨까? 역시 멸종된 것으로 추정된다. 바흐먼이 찰스턴 근처에서 처음으로 개체를 발견한 후 수십 년이 지나 사우스캐롤라이나에서 다시 바흐먼솔새가 발견되었다. 겨울에 쿠바에서 표본이 수집되었는데, 아마 조지아에서 날아왔을 가능성이 있었다. 그러나 발견 50년 후인 1886년, 미국 조류학자 연합은 북미 조류 목록에서 "최근 이 새가 출현했다는 기록은 없음"이라고 설명했다. 20세기 대부분 동안 이 새는 거의 알려지지 않은, 수수께끼의 새였다. 1920년대부터 미국 동부 전역에서 탐조활동을 했던 로저 토리 피터슨조차 바흐먼솔새를 한 번도 본 적이 없었다. 몇 년 동안 아주 드물게 산발적으로만 목격되다가 1950년대와 1960년대 초에 아이온 늪에서 촬영된 사진과 녹음으로 몇 마리 개체가 분명히 존재함이 증명되었다. 하지만 그 후 60년 동안은 불확실한 목격 사례만 보고되었다.

이러한 기록만 살펴본다면, 바흐먼솔새는 역사상 항상 희귀한 종이었으며 첫 발견 후 약 130년 만에 사라졌다고 결론 내릴 수 있다. 하지만 적어도 1880년대 후반부터 1900년대 초반까지 한동안은 아주 흔한 새였다고 믿을 만한 근거가 여럿 있다.

"최근 출현 기록이 없다"는 미국 조류학자 연합의 1886년의 설명은 얼마 안 가 완전히 무의미해졌다. 그해 봄, 한 수집가이자 박제사가 뉴올리언스 근처에서 바흐먼솔새 한 마리를 사냥했는데, 그는 이 새가 무슨 새인지 몰랐다. 표본을 알아본 조류학자 조지 로런스는 그에게 그 솔새를 더 많이 찾아보라고 했고, 이듬해 3월 여섯 개의 표본을, 1888년 3월에는 무려 서른

한 개나 되는 표본을 추가로 확보했다! 3월이 지나자 한 마리도 발견되지 않았는데, 이는 바흐먼솔새가 북쪽으로 향하는 나그네새임을 시사했다. 한편 1887년 8월 플로리다 주 키웨스트에서 J. W. 앳킨스J. W. Atkins가 남쪽으로 이동하던 바흐먼솔새 한 마리를 채집했다. 그는 이듬해 7월 말과 8월에 여러 차례에 걸쳐 하루에 많게는 20여 마리를 발견했다. 1889년 여름에도 앳킨스는 두어 차례에 걸쳐 25~30마리를 관찰할 수 있었다. 1890년 3월, 조류학자 윌리엄 브루스터William Brewster와 프랭크 챕먼Frank Chapman은 플로리다 북서부의 스와니 강을 따라 약 112킬로미터에 걸쳐 배를 타고 내려가면서 새들을 조사했는데, 2주간 모든 선착장에서 바흐먼솔새를 발견했으며 하루에 최대 30마리까지 관찰했다. 또 다른 조류학자 아서 T. 웨인Arthur T. Wayne은 1892년 봄 내내 스와니 강을 조사하여 바흐먼솔새를 발견할 수 있었지만 이들이 번식을 위해 머무는 것이 아니라 북쪽으로 이동 중이라고 결론 내렸다. 이처럼 많은 관찰자가 새를 관찰하고 표본을 수집했으나 전체 개체 수를 파악하기에는 어려움이 많았다.

다른 새들과 달리 솔새는 무리 지어 이동하지 않는다. 자연적인 장벽으로 인해 집중되는 때를 제외하면, 이들은 각지에 뿔뿔이 흩어져 이동한다. 따라서 조류학자들이 수십 마리의 솔새를 발견했다는 것은 실제로는 적어도 수백 마리 이상이 루이지애나와 플로리다 지역을 지나갔을 가능성을 의미한다. 얼마 지나지 않아 더 북쪽 지역에서도 번식지가 확인되었다. 1890년대 중반, 오토 위드만Otto Widmann은 바흐먼솔새를 아칸소 북동부와 미주리 남동부의 저지대 늪지대에서 흔히 볼 수 있는 새로 보고했다. 1906년, G. C. 엠바디G. C. Embody는 켄터키 남서부 인근의 늪 두 곳에서 수컷 22마리가 둥지를 틀고 있는 것을 발견했다. 같은 해 아서 웨인은 사우스캐롤라이나의 늪에서 여러 쌍의 솔새를 발견했고 여섯 개의 둥지를 관찰했다. 1908년에는 조지아 동부의 두 카운티에서도 목격되었다. 이후 남동부의 다른 지역에서도 번식을 위해 자리 잡은 개체들이 관찰되었다.

이때만 해도 바흐먼솔새는 꽤 흔한 새처럼 보였다. 그러다 갑자기 개체 수가 급감했다. 더는 하루에 수십 마리는커녕, 한 마리도 찾아보기 힘들어졌다. 탐조인들이 과거 번식지들을 아무리 확인해도 새들은 감쪽같이 사라졌다. 이들에게 무슨 일이 있었던 걸까?

여러 기록을 액면 그대로 받아들이면, 이 솔새는 잠시 개체 수가 급증했다가 어떤 이유에선가 사라진 수수께끼의 희귀종으로 추정할 수 있다. 하지만 1886년 이전에도 정말 희귀했을까? 1800년대 중반까지는 바흐먼솔새와 스웨인슨솔새 모두 희귀하고 신비로운 새로 여겨졌다. 1870년대와 1880년대 초반이 되어서야 스웨인슨솔새에 대한 표본과 관찰 기록이 축적되기 시작했다. 이는 자연주의자들이 남부 늪지대를 집중적으로 탐색했기 때문이다. 하루 동안 이동하는 스웨인슨솔새의 총 개체 수를 보고한 사람이 없어서 바흐먼솔새의 개체 수와 직접 비교하기는 힘들다. 게다가 스웨인슨솔새는 울창한 덤불 속에 숨어 있는 반면, 이동하는 바흐먼솔새는 나무 꼭대기에서 날아다니는 습성 때문에 발견하기 훨씬 쉬웠다. 따라서 직접 비교하는 것은 오해의 소지가 있다.

1800년대 중반까지는 바흐먼솔새와 스웨인슨솔새가 모두 흔했지만, 단지 사람들의 눈에 띄지 않았던 것뿐이었을 가능성이 있다. 그러나 스웨인슨솔새는 오늘날에도 텍사스 동부에서 버지니아에 이르는 늪지대와 울창한 숲의 덤불에서 번식하며 상당히 많은 개체수를 유지하고 있다. 그에 비해 바흐먼솔새는 그냥 사라져버렸다. 그 이유는 아무도 모른다.

단서는 다른 멸종된 새들에게서 찾아볼 수 있다. 나그네비둘기, 캐롤라이나앵무, 에스키모쇠부리도요Eskimo Curlew는 모두 무리를 지어 서식하다가 사냥꾼들의 무자비한 추격에 결국 개체 수가 회복할 수 없을 정도로 줄어들어 멸종하고 말았다. 흰부리딱따구리Ivory-billed Woodpecker는 서식하기 위해 오래된 숲의 광대한 면적이 필요했다. 이 두 가지 요인 모두 작고 널리 흩어져 지내는 솔새들에게는 적용되지 않는다. 서식지 손실을 멸종에 영향을 준 요소로 고려할 수 있지만, 바흐먼솔새와 서식지를 공유했던 다른 모든 명금들은 여전히 잘 지내고 있다. 무엇이 이 한 종에 게만 영향을 미쳤을까?

1986년에 조류학자 반 렘센Van Remsen이 흥미로운 주장을 제기했다. 그는 미국 열대 지방에는 대나무 숲에서만 서식하는 여러 조류 종(대개 매우 희귀하고 눈에 잘 띄지 않는 종)이 있다고 언급했다. 바흐먼솔새도 대나무에 의존적인 종이었을까?

많은 이들이 모르고 있지만, 미국 남동부에는 토종 대나무가 자생한다. 화살나무순(아룬디나리아 기간테아*Arundinaria gigantea*)은 텍사스 동부부터 북쪽으로는 일리노이, 동쪽으로는 메릴랜드까지 분포하며 야생에서 자란다. 숲 밑이나 강 범람원을 따라 지름이 2.5센티미터 이상, 높이가 2.5미터 이상인 관 모양의 줄기가 솟아 있는 것을 쉽게 볼 수 있다.

과거 기록에 따르면 한때는 화살나무순의 키가 9미터 이상까지 자랐으며, 줄기가 사람의 팔만큼 굵었다고 한다. 강 계곡을 따라 수 킬로미터에 걸쳐 빽빽하게 자란 이 대나무 숲은 미국 중남부와 남동부 저지대를 대표하는 경관이었고, 당시 문학 작품에 자주 등장하기도 했다. 어린 시절, 옛날 사람들의 모험 이야기를 읽다 보면 대나무 숲을 통과하려다 며칠 동안 길을 잃은 탐험가, 대나무 숲에서 곰 사냥에 나섰던 개척자, 대나무 숲에 뛰어들어 쇼니Shawnee족의 공격에서 탈출한 대니얼 분 등 대나무가 언급되는 장면이 자주 나오곤 했다. 하지만 몇 년 후, 남부 전역을 여행하면서 나는 대나무 숲이 없다는 사실을 깨달았다. 실제로 대나무 숲은 사라지고 말았다. 화살나무순은 여전히 널리 퍼져 있지만 농경지 개간, 가축 방목, 화재 및 홍수 통제 등 인간의 개입과 더불어, 대량으로 개화한 뒤 대량으로 고사하는 특이한 생태적 특성 등 여러 요인이 맞물려 개체 수가 급감했다. 결국 원래 면적의 2% 미만으로 서식지가 줄어들었다. 오늘날 대부분의 미국인은 화살나무순 숲이 존재했는지조차 모른다.

스웨인슨솔새도 대나무 숲에서 흔하게 볼 수 있지만, 서식지가 그곳에만 국한된 것은 아니다. 바흐먼솔새는 어떨까? 대나무 없이는 생존할 수 없을 정도로 그에 의존했을까? 우리는 답을 알지 못한다. 바흐먼솔새와 화살나무순 숲이 거의 동시에 사라지면서, 우리에게 해답보다 더 많은 의문을 남겼기 때문이다.

오듀본이 명명한 솔새 중 현재까지도 유효한 종으로 인정받는 것은 스웨인슨솔새와 바흐먼솔새뿐이다. 심지어 오듀본은 존 바흐먼이 전해준 표본으로만 이 새들을 보았고 살아 있는 개체를 본 적도 없다. 여러 솔새 종의 차이를 구분하기 위해 그토록 노력했음에도 직접 새로운 종을 발견하지는 못했다.

몇 년 전 먼저 솔새 연구를 시작한 윌슨에 비해 오듀본은 한발 늦었다는 점에서 불리했다고 볼 수도 있다. 하지만 가능성이 완전히 사라진 것은 아니었다. 오듀본이 살아 있던 당시, 서양 과학에 알려지지 않은 북미 동부의 솔새 종이 남아 있었기 때문이다.

오듀본은 1851년 1월 말 세상을 떠났다. 그로부터 불과 4개월 후, 찰스 피스Charles Pease는 오하이오 주 이리 호 근처의 한 농장에서 표본을 수집하고 있었다. 그곳은 저명한 자연주의자 제러드 커틀랜드Jared P. Kirtland가 소유한 농장이었기 때문에, 주변에 서식하는 새들은 이미 전부 알려지고 연구되었으리라 생각할 수 있었다. 하지만 피스가 수집한 표본 중에는 낯선 솔새 종이 있었고, 표본을 본 커틀랜드는 스미소니언 박물관의 초대 큐레이터로 경력을 시작한 조류학계의 떠오르는 스타, 스펜서 베어드에게 표본을 보냈다. 베어드는 이 새가 아직 보고되지 않은 종이라 판단하고 커틀랜드의 이름을 따서 명명했다.

커틀랜드솔새Kirtland's Warbler의 존재가 알려지자 자연주의자들은 이 새에 주목했고, 곧 얼마나 희귀한 새인지 모두가 알게 되었다. 20년 후인 1872년, 엘리엇 쿠스는 《북미 조류 세계를 여는 열쇠Key to North American Birds》에서 "오하이오와 바하마에서 두세 개체의 표본만 알려진 매우 희귀한 새이며, 나는 한 번도 직접 본 적이 없다"고 기록했다. 커틀랜드솔새의 월동지는 바하마이고, 오하이오는 그저 지나가는 길목일 것이라는 추측이 결론처럼 내려졌다. 이후 수년간 이 새가 발견되지 않았기 때문이다. 그리고 이 종이 알려진 지 반 세기가 지나서야 번식지가 확인되었다. 첫 번째 둥지는 1903년 7월, 미시간 로어반도 북쪽 끝 근처에서 발견되었다.

그 이후로 커틀랜드솔새는 연구와 보존 활동의 주요 대상이 되었다. 이 솔새는 서식지 범위가 아주 좁은 희귀한 새로, 어린 뱅크스소나무에만 둥지를 틀며 남의 둥지에 알을 낳는 탁란찌르레기의 표적이 되는 경우도 많다. 1974년과 1987년에 이들의 전체 개체 수는 350마리 이하로 감소했다. 그 이후 환경 보호론자들이 새로운 서식지를 조성하고 관리하며, 탁란찌르레기의 개체 수를 조절함으로써 커틀랜드솔새를 절멸 위기에서 살려냈다. 이제 총 개체 수는 4천 마리가 넘었고, 번식지도 미시간의 로어반도에 국한되지 않고 다른 지역으로도 확장되었다. 이러한 멸종 위기종 보전 기술이 바흐먼솔새에게 적용되기엔 너무 늦었지만, 효과적인 기술 덕분에 커틀랜드솔새는 당장의 멸종 위험에서 벗어난 것으로 보인다.

커틀랜드솔새, 위는 암컷, 아래는 수컷. 켄 코프먼의 작품. 처음에는 뱅크스소나무 가지 위에 앉은 모습을 그리려고 했다. 그러나 커틀랜드솔새와 미시간 북부 뱅크스소나무 숲과의 연관성은 오듀본의 마지막 작업 이후 50년이 지나서야 알려졌기 때문에, 오듀본이 이 종을 보았다고 하더라도 새와 소나무와의 연관성은 알지 못했을 것이다. 그래서 나는 오듀본이 종종 그랬던 것처럼 이 새들을 임의의 꽃, 이 경우에는 자주달개비에 앉히기로 했다.

오늘날 커틀랜드솔새는 멸종 위기에 처한 생물을 구하려는 인간의 집단적 결의의 상징으로 통한다. 그러나 1870년대 초만 해도 커틀랜드솔새는 다른 의미를 지녔다. 이렇게 독특한 새가 그토록 오랫동안 발견되지 않았다는 것은, 어쩌면 미국 동부에 우리의 발견을 기다리는 또 다른 솔새가 있을지도 모른다는 기대를 심어주었다.

커틀랜드솔새가 발견된 해인 1851년에 태어난 윌리엄 브루스터는 매사추세츠 주에서 자라며 어릴 적부터 새에 대한 과학적 열정을 키웠다. 10대 시절에는 새 표본을 수집하고 아버지가 사준 오듀본의 저서를 읽고 또 읽었다. 브루스터는 매사추세츠의 조류군이 이미 학계에 잘 알려졌다는 사실을 알고 있었지만, 새로운 발견의 가능성은 항상 열어두었다. 그리고 1874년, 아직 20대 초반이었던 그는 세상에 알려지지 않은 새로운 솔새 종을 발견할 수 있었다.

이 새는 푸른날개솔새Blue-winged Warbler, 노랑죽지솔새와 같은 신체 구조와 부리를 가지고 있었다. 푸른날개솔새처럼 눈 주위에는 검은 무늬가 있었지만, 목과 아랫부분은 노란색이 아닌 흰색이었고 익대는 노랑죽지솔새처럼 노란색을 띠었다. 브루스터는 공식 설명을 쓰고 흰목솔새White-throated Warbler, *레우코브론치알리스leucobronchialis*라는 이름을 붙였다. 다른 자연주의자들은 이 청년에게 경의를 담아 이 새를 브루스터솔새Brewster's Warbler라고 불렀다.

놀랍게도 바로 다음 해, 또 다른 솔새 종이 발견되었다. 설명자 해롤드 헤릭Harold Herrick은 "이미 철저히 연구된 지역인 뉴저지에서 발견한 것이어서 더욱 기쁘다"고 했다. 이 새는 푸른날개솔새의 검은색 얼굴과 목, 노랑죽지솔새의 밝은 노란색 배를 가지고 있어 두 종과 분명히 관련이 있어 보였다. 헤릭은, 이 새가 "명확하고 눈에 띄게 (두 종의) 특징을 지니고

　　　　　모든 새를 보았다고 믿은 남자

있어, 이들의 특이한 형태이거나 교잡종일 가능성도 배제할 수 없다”고 덧붙였다. 그는 조류학자 조지 로런스의 이름을 따서 새의 이름을 지었다.

미국 동부의 마지막 ‘새로운 새’로 여겨졌던 커틀랜드솔새가 발견된 지 25년 후, 브루스터솔새와 로런스솔새Lawrence's Warbler라는 두 종의 새가 새로운 발견의 가능성을 연 것이다.

하지만 자연주의자들 사이에서 의구심이 들기 시작했다. 조류학자로 급부상한 윌리엄 브루스터는 1881년, 브루스터솔새에 대한 최초 설명 이후 불과 7년 만에 로런스솔새와 그가 발견한 브루스터솔새의 지위에 의문을 제기하는 연구 논문을 발표했다. 그 무렵 브루스터솔새 표본이 최소 열두 개 이상 발견되었고, 로런스솔새의 표본도 최소 한 개 이상 발견되었다. 하지만 브루스터는 두 새 모두 독특한 특징이 없고, 푸른날개솔새나 노랑죽지솔새의 외형을 ‘빌려온’ 것에 불과해 보인다고 지적했다. 그리고 브루스터솔새와 로런스솔새의 거의 모든 표본이 푸른날개솔새와 노랑죽지솔새의 번식지로 알려진 곳에서 발견되었다. 결론은 무엇이었을까? 푸른날개솔새와 노랑죽지솔새는 가끔 교배를 하고, 브루스터솔새와 로런스솔새는 독립된 희귀한 종이 아닌, 이 두 솔새의 교잡종일 수 있다는 것이었다.

대담한 제안이었지만 곧 반대 의견에 부딪혔다. 당시 북미의 명금 종 사이 잡종은 알려지지 않았기 때문이다. 그 후 30년 동안 이 새들의 정체에 대한 의견은 다양하게 나뉘었다. 둘 다 독립된 새로운 종이라 믿는 사람들도 있었고, 로런스솔새는 잡종이지만 브루스터솔새는 독립된 종이라 믿거나 그 반대라고 주장하는 사람들도 있었다. 어떤 이들은 로런스솔새가 브루스터솔새보다 훨씬 희귀한데 어떻게 둘 다 잡종일 수 있느냐고 했고, 또 어떤 사람들은 브루스터솔새가 푸른날개솔새나 노랑죽지솔새의 변이종이라고 주장했다.

1900년대 초 월터 팩슨Walter Faxon이 매사추세츠 주 렉싱턴 근처의 늪에서 솔새의 번식을 연구하기 시작했을 때에도 논쟁은 계속되었다. 그는 브루스터솔새가 노랑죽지솔새와 짝짓기를 하는 모습을 여러 번 목격했다. 그리고 1913년, 팩슨은 수컷 노랑죽지솔새와 암컷 푸른날개솔새가 번식하는 모습을 목격했다. 그의 예상대로 이들의 자손은 모두 브루스터솔새로 밝혀졌다. 5년 전에는 J. T. 니콜스J. T. Nichols가 열성 유전자를 지닌 잡종 로런스솔새의 희소성을 멘델 유전학으로 설명하는 글을 발표했다. 이러한 발견 이후 교잡종 주장에 더욱 힘이 실렸고 브루스터솔새와 로런스솔새의 기원에 대한 의문은 더 이상 제기되지 않았다.

조류학계가 이들이 교잡종이라는 사실을 받아들이기까지 왜 그렇게 시간이 걸렸을까? 정작 새를 '발견한' 윌리엄 브루스터는 이 새들의 기원에 대한 단서를 빠르게 포착하여 자신의 이름을 딴 종이 조류학계에 일으킨 흥분을 가라앉혔다. 하지만 다른 사람들은 왜 그렇게 오랫동안 새로운 종의 가능성에 매달렸을까? 조류학자도 결국은 인간이고, 당시 사람들은 자신들이 위대한 '발견의 시대'에 한발 늦었다고 생각했기 때문이지 않을까. 어쨌든 새롭고 희귀한 종이라는 개념은 그 기원이 잡종이라는 결론보다 훨씬 매력적이니까 말이다.

놀랍게도 1939년, 최초의 브루스터솔새가 발견된 지 65년, 커틀랜드솔새가 처음 채집된 지 88년 후 웨스트버지니아의 조류학도 칼 핼러Karl Haller와 로이드 폴랜드Lloyd Poland가 정체불명의 솔새 한 마리를 발견했다. 검은 깃털이 노란 목 부분을 감싸고 있는 모습이 노랑죽지솔새와 비슷해 보였지만 몇몇 특징은 노랑미국솔새와 유사했다. 노랫소리는 노랑미국솔새와 비슷했으나 목소리가 훨씬 더 컸다. 이쯤 되면 여러분은 이미 무슨 일이 일어날지 짐작했을 것이다.

핼러와 폴랜드는 노래하는 수컷 개체를 채집했고, 그 생김새가 매우 독특하다는 사실에 놀랐다. 호기심이 동한 그들은 노랑미국솔새의 노래를 들을 수 있는 다른 지역을 찾아보기로 했다. 이틀 뒤, 30킬로미터 떨어진 곳에서 두 번째 개체인 암컷을 채집했는데, 이 역시 이름 모를 솔새였다. 핼러는 이듬해 이 새를 덴드로이카 포토맥Dendroica potomac이라는 학명으로 공식 보고했으며, 저명한 조류학자이자 예술가인 조지 미크쉬 서튼George Miksch Sutton을 기리기 위해 영어 이름을 서튼솔새Sutton's Warbler로 지었다.

나는 개인적으로 서튼과 교류한 적이 있었기 때문에 이 새와도 약간의 인연이 있다고 할 수 있다. 1890년대에 태어난 그는 현장에서 새를 찾고 식별하는 데 능숙했지만, 모든 것을 확실히 확인하기 위해서는 표본을 채집해야 한다고 굳게 믿는 '총을 든' 정통파 조류학자였다. 서튼은 과학 연구와 박물관 전시를 위해 새를 잡았지만, 틈이 날 때면 새의 아름다운 수채화를 그리기도 했다. 조류학자이자 수집가, 예술가로서 그는 내가 아는 사람 중 누구보다도 존 제임스 오듀본과 가장 비슷한 인물이었다. 아, 물론 오듀본의 과학적 사기 성향은 빼고.

조지 서튼은 극북지방과 멕시코에서의 모험을 다룬 여러 권의 책을 저술한 뛰어난 작가이기도 했다. 그의 글은 아름답고 섬세하며 깊은 통찰력이 돋보였지만, 최근 몇 년 동안은 인기가 시들했다. 내 생각엔 아마 현대의 독자들이 그가 자주, 일상적으로 새를 쏘는 것을 언급하는 걸 견디기 어려워했기 때문인 것 같다.

나는 운이 좋게도 10대 시절에 70대의 서튼을 몇 번 만난 적이 있다.

한 번은 저녁 내내 대화를 나누기도 했다. 당시 서튼은 이미 세계적으로 유명한 학자였고 나는 그저 열혈 탐조가 소년이었기 때문에, 그렇게 시간을 내어준 그의 관대함에 감동했다. 어느 순간 나는 그의 이름을 딴 새에 대해 묻고 싶어졌다. 조류학계에서 오래전에 이미 결론을 냈음을 읽은 적이 있지만, 1939년에 그가 그린 두 마리 표본의 수채화를 본 적이 있었기에 서튼솔새에 대해 개인적으로 어떻게 생각하고 있는지 궁금했다.

나는 서튼이 질문을 대수롭지 않게 넘기며 그저 잡종 새일 뿐이라고 말할 줄 알았다. 실제로 그렇게 말하긴 했다. 하지만 그는 고개를 돌려 창밖의 황혼을 바라보며 잠시 침묵에 잠겼다. 그 정적 속에서 나는 말보다 더 깊은 무언가, 슬픔 같은 감정을 느꼈다. "맞아." 그는 이 새가 교잡종인 증거가 분명하다고 했다. 그리고 이전에도 누군가에게 말해본 적이 있는 것 같은 농담으로 가볍게 넘겼다. "희망이 사라졌지, 조지 로런스와 윌리엄 브루스터처럼 말이야. 그래도 뭐, 함께 묶여 있기에 나쁘지 않은 그룹이지."

시간이 흐른 뒤 나는 가끔 그 순간을 떠올린다. 그 말은 무슨 뜻이었을까? 서튼은 로저 토리 피터슨보다 10년, 나보다 60년 전에 태어났고, 조류학에 대한 인식이 지금과는 전혀 달랐던 시대를 살았다. 그가 젊고 열정 넘치는 자연주의자였던 시절은 브루스터솔새와 로런스솔새의 지위에 대한 논쟁이 한창이었다. 서튼은 20대 초반에 플로리다에서 케이프세이블참새Cape Sable Sparrow가 발견되었다는 소식을 접했을 것이다(지금은 해안참새의 아종으로 취급되지만 당시에는 완전한 종으로 간주되었다). 서튼은 30대 초반, 캐나다로 떠난 탐험에서 해리스참새Harris's Sparrow의 둥지와 알을 발견한 최초의 백인이었다. 서튼은 아직 손에 닿는 곳 어딘가에 새로운 종이 발견되지 않은 채 숨어 있을지도 모른다는 가능성이 남아 있던, 위대한 발견의 시대에 기반을 두고 있었다.

어쩌면 그 잠깐의 침묵은 그런 사실을 인정하는 순간이었을지도 모른다. 그저 자신의 이름을 딴 새에 관한 아쉬움이 아닌, 흥미진진했던 조류학의 황금기가 조용히 막을 내리고 자신을 남겨둔 채 떠났다는 사실을.

이제 모두가 서튼솔새는 단지 희귀한 교잡종이라는 점에 동의한다. 나는 아직 서튼솔새를 한 번도 본 적이 없지만, 매년 봄이 되면 오하이오의 집 근처에서 솔새의 이동을 구경하며 그 새를 생각한다.

5월이 절정에 이르면 수천 명의 탐조가들이 이리 호 주변 수많은 철새의 기착지를 방문하여 솔새를 특히 열심히 찾는다. 오하이오 북부는 커틀랜드솔새의 이동을 관찰하기에 가장 좋은 곳으로, 매년 미시간 주에서 멀지 않은 번식지로 이동하는 녀석들을 최소 몇 마리씩 볼 수 있다. 매년 브루스터솔새 잡종과 때로는 로런스솔새 잡종도 눈에 띄며, 서튼솔새 잡종도 분명 이곳을 지나쳐갈 것이다. 탐조가들이 탐조 목록을 작성할 때 이런 잡종은 총계에 포함되지 않기 때문에 사람들이 이 희귀한 종들을 잘 알아보지 못하거나 보고도 그 특별함을 깨닫지 못할까 봐 걱정이다.

하지만 괜찮다. 솔새가 지나갈 때, 주변의 나무와 덤불이 경이로운 생명체를 품고 있을 때, 우리는 희귀성에서만 만족감을 찾을 필요는 없다. 탐조 입문자에게는 솔새 한 마리 한 마리가 마치 수수께끼처럼 신비롭게 느껴질 것이고, 노련한 탐조가에게는 이번 시즌에 처음, 또는 오늘 처음 마주치는 솔새 종 하나가 큰 기쁨을 줄 수 있다. 마치 '재발견'의 보물찾기 같아서, 할 수만 있다면 이 봄의 보물찾기를 영원히 이어가고 싶다.

새를 그린다는 것

그 모든 식물들

오듀본의 새 그림이 윌슨이나 다른 선배 자연주의자들의 그림과 뚜렷이 구별되는 점은 바로 정교한 배경 묘사다. 정면에 크게 등장하는 새 뒤로 산, 습지, 부서지는 파도, 폭풍우가 몰아치는 하늘, 심지어 먼 도시의 스카이라인이 펼쳐진다. 작은 명금들은 세밀한 이파리와 꽃을 배경으로 두고 모습을 드러낸다. 이런 식물들은 추상적인 그림이 아니라 모두 실제 종을 묘사한 것이었다.

새와 꽃 모티브는 중국 회화에서 이미 천여 년 전에 고도로 발달해 있었다. 반면 서양의 자연 삽화에서 등장하기 시작한 것은 비교적 최근의 일이다. 1700년대 《캐롤라이나, 플로리다, 바하마 제도의 자연사》를 쓴 마크 케이츠비는 대부분의 삽화에서 새를 명확하게 식별 가능한 식물과 함께 배치했다. 케이츠비에게 식물은 단순히 새가 앉아 있을 장소가 아니라 중요한 소재였다. 그의 책에서 새 그림은 총 109종이 등장하는 반면, 식물 그림은 총 171종이나 실렸다. 오듀본의 그림은 전적으로 새에 초점을 맞추고 있다는 점에서 케이츠비의 그림과는 차이가 있었지만, 그 역시 세밀하고 정확하게 실제 식물을 묘사하면서 그림을 구성하려고 노력했다.

나는 식물 드로잉을 거의 해본 적이 없어서 이러한 특징은 오듀본 스타일 그림 프로젝트에서 큰 도전 과제가 되었다. 미술 전시회 출품작을 포함하여 내 최근 작업의 대부분은 독수리나 다른 큰 새의 클로즈업 그림이나 물 위에 떠 있는 물새 그림 정도였다. 나뭇잎에 둘러싸인 명금은 그동안 내 그림의 피사체가 아니었다. 식물을 제대로 표현하려면 고도의 집중력이 필요했다.

처음 본 순간 무엇이든 그려내는 천재도 있을 수 있다. 하지만 대부분의 사람은 무언가를 제대로 그리려면 연습을 통해 피사체에 어느 정도 익숙해져야 한다. 예를 들어 나는 새를 그릴 때, 날개나 부리 밑 부분의 깃털 배열을 보려고 애쓸 필요가 없다. 지금껏 수도 없이 그려봤기 때문에 한눈에 새마다 어떻게 다른지 알 수 있기 때문이다.

하지만 식물은 완전히 다른 세부 구조로 구성되어 있다. 각각의 잎과 꽃은 줄기에 어떻게 붙어 있는 걸까? 꽃은 모두 같은 방향을 향하고, 모두 같은 정도로 열려 있는 걸까? 모든 잎이 조금씩 다른 각도로 기울어져 있을 때, 원근감을 어떻게 표현해야 현실감 있게 보일까? 구멍이나 벌레 먹은 흔적이 없는 완벽한 나뭇잎을 그리면 비현실적이지 않을까?

몇 년 전, 나는 애리조나 주의 투손에 살던 고故 마나부 사이토라는 위대한 식물화가를 알게 되었고, 그가 아름다운 수채화 작품을 그리는 모습을 직접 볼 기회가 있었다. 이번 프로젝트에서 식물 배경을 그리려 애쓰면서 그의 기법을 최대한 많이 떠올리려고 노력했다. 마나부는 꽃 한 송이 한 송이를 손쉽게 그리는 것처럼 보였다. 그의 눈은 모든 디테일을 살피고 그의 손은 매번 완벽한 윤곽을 만들어냈다. 수십 년의 헌신적인 연습 없이는 따라갈 수 없음을 알았지만, 꽃에 대한 그의 애정과 부드럽고 겸손한 스타일을 모방하여 그를 기리고 싶었다.

특히 기억에 남는 한 가지는 녹색에 대한 마나부의 접근 방식이었다. 녹색 음영은 당연히 대부분의 식물 그림에 등장하는데, 그는 상업적으로 생산된 녹색 물감은 색조가 부자연스럽고 "너무 날카롭다"는 이유로 웬만해선 사용하지 않았다. 대신 그는 매번 다양한 파란색과 노란색 또는 황갈색을 직접 혼합해 썼다. 나는 그렇게까지 하지는 않았지만, 적어도 대부분의 녹색 물감이 너무 인위적으로 밝다는 사실을 기억하여 황토색이나 적갈색을 섞어 톤을 낮췄다. 그럼에도 녹색 음영을 맞추는 건 쉽지 않았다. 마나부의 기법을 좀 더 세심하게 메모해두었더라면 하는 아쉬움이 오래 남았다.

한동안 나는 오듀본이 그랬던 것처럼 식물 배경은 다른 사람에게 맡길까도 생각해봤다. 존 제임스는 그의 아들 존 우드하우스가 그린 몇 차례의 경우를 제외하면 항상 직접 새를 그렸지만, 배경이나 식물 등 기타 요소는 다른 사람이 담당한 경우가 많았다.

10대였던 조셉 메이슨은 1820년에 오듀본으로부터 미술 수업을 받았고, 특히 식물 그림에 뛰어난 재능을 보였다. 그해 10월, 그는 오듀본과 함께 미시시피 강을 따라 뉴올리언스로 가서 그의 조수로 일했다. (그는 자신을 오듀본의 공동 작업자로서, 결과물이 '오듀본과 메이슨'에 귀속되리라 생각하고 일했던 것일 수도 있다. 나중에 그는 자신의 공에 대한 인정이 너무 적어서 씁쓸해했다고 한다.) 그 후 2년 동안 메이슨은 스승의 그림을 위해 아름답고 세밀한 식물 배경을 적어도 50점 이상 제작했으며, 이 중 많은 작품이 《북미의 새》 1권에 수록되었다. 볼티모어꾀꼬리와 함께 그려진 튤립나무 잎과 꽃, 검은부리뻐꾸기Black-billed Cuckoo 주위의 아름다운 목련 등, 일부 작품에서는 새보다 식물이 더 세밀하고 인상적으로 표현되었다. 식물과 새가 아주 잘 어우러져 있는 작품들을 그릴 때는 오듀본과 메이슨 사이에 세심한 조율이 필요했을 것이다. 이들이 정확히 어떻게 역할을 분담했는지는 확실치 않다. 어쨌든 이 젊은이의 공헌으로 오듀본은 수많은 시간을 절약할 수 있었다.

오듀본이 1820년대 후반 펜실베이니아에서 조지 리먼을 만났을 때, 리먼은 이미 유명한 화가였다. 오듀본은 그를 고용하여 여러 새의 컬러 판화에 식물을 추가했다. 이후 리먼은 1831년과 1832년 오듀본의 플로리다 여행에 동행했고, 찰스턴에서 오듀본과 함께 작업했다. 리먼은 재능을 발휘하여 작은 명금들에 어울리는 세밀하고 섬세한 꽃뿐만 아니라 일부 큰 물새들 뒤에 펼쳐지는 광활한 풍경을 그렸다. 아마 그의 작품은 적어도 서른 개 이상의 판화에 등장했을 것이다. (오듀본은 다른 사람에게 공로를 돌리는 데에는 큰 관심이 없었기 때문에 누가 배경을 그렸는지 항상 확실한 것은 아니다.)

찰스턴에 사는 친구 존 바흐먼을 방문했을 때, 오듀본은 바흐먼의 처제 마리아 마틴에게 매료되었다. 미술에 관심이 많았던 마리아에게 오듀본은 드로잉과 채색을 가르쳐주었다. 몇 달 만에 마틴은 오듀본의 판화에 담아도 될 만큼 아름다운 식물을 그려냈고, 바흐먼솔새, 스웨인슨솔새, 포크꼬리딱새Fork-tailed Flycatcher 등의 판화에 기여했디. 여성이 자연사에 관여할 기회가 없었고 공로를 인정받을 기회도 적었던 시대였지만, 오듀본은 이례적으로 《조류학 전기》의 몇몇 부분에서 마틴의 업적을 인정해주었다. 확실하진 않지만 아마 마틴은 적어도 열여덟 개, 또는 그 이상의 판화에 참여했을 것이다.

내 생각에 오듀본 작품에 등장하는 식물 그림의 약 3분의 1은 다른 사람이 기여한 것으로 보인다. 나도 그와 마찬가지로 내게 가장 어려운 부분인 식물 배경은 다른 사람에게 맡겨서 수고를 덜어볼까 생각하기도 했다. 재능 있는 자연 삽화가들을 많이 알고 있기도 하니까 말이다. 하지만 이들 대부분은 이미 자신의 프로젝트에 몰두하고 있었고, 또 나처럼 식물을 별로 다루지 않는, 새 그림 전문가였다. 조셉 메이슨과 마리아 마틴에게 그림을 가르쳤던 오듀본과는 달리 나는 이들에게 식물 그리는 법을 가르칠 만한 실력도 못되었다. 결국 나는 존 제임스가 대부분의 작품에서 그랬듯이 나뭇잎 하나, 꽃잎 하나, 풀잎 하나하나를 스스로 채워가기로 마음먹었다.

   모든 새를 보았다고 믿은 남자

7장

최전선, 플로리다

"왕대머리수리King Vulture다!"

들뜬 목소리에 우리는 급히 돌아보았다.

과테말라의 열대 저지대, 끝없이 펼쳐진 숲을 깎아낸 공터에서 우리는 정글에 남겨진 천 년 전의 마야 신전 폐허와 일부 복원물을 바라보며 역사에 푹 빠져 있었다. 또 언제나처럼 새 관찰에 몰두하며 형형색색의 날개 달린 보물을 찾아 헤매던 중이었다. 하지만 그 한마디는 집중한 우리의 주의를 끌기에 충분했다.

정말로 왕대머리수리였다! 커다란 새가 나무 꼭대기 위로 넓은 날개를 활짝 편 채 날고 있었다. 새파란 하늘과 대비되는 크림색 날개, 꼬리에는 대담한 검은색 깃털이 눈에 띄었다. 쌍안경으로 보니 주황색, 빨간색, 보라색이 기괴하게 뒤섞인 머리를 확인할 수 있었다. 근처에 날아다니는 검은대머리독수리Black Vulture와 터키콘도르Turkey Vulture를 왜소하게 보이게 하는 이 거대한 새는 그 이름에 걸맞은 위풍당당한 모습을 하고 있었다. 나무 위에 앉아 있는 화려한 트로곤Trogon이나 풍금조는 잊어라! 마야

사제 왕이 서 있던 고요한 석조 사원 위로 날아오르는 이 하늘의 왕을 경외심 가득한 눈으로 올려다보라!

왕대머리수리는 멕시코에서 아르헨티나 북쪽 끝까지 아메리카 열대 지방에 널리 분포하지만 흔한 새는 아니다. 검은대머리독수리와 터키콘도르는 수백 마리씩 무리를 지어 도심으로 날아오기도 하지만, 왕대머리수리는 단독 또는 한 쌍으로 흩어져 출현하며 인간을 피해 숲이 울창한 야생 지역에서 주로 나타난다.

나는 열대 아메리카를 혼자서, 나중에는 탐조 여행의 인솔자로서 폭넓게 여행할 수 있는 행운을 누렸고, 그 덕분에 이 새를 여러 나라에서 볼 수 있었다. 하지만 돌이켜보면 유독 한 장소가 머릿속에 선명하게 떠오른다. 어디일까? 파나마의 험준한 산기슭? 멕시코 유카탄 반도의 넓고 텅 빈 남쪽 도로의 외진 샛길? 아니면, 아서 코난 도일Arthur Conan Doyle의 소설 《잃어버린 세계》의 배경이 된 전설적인 고원이자 위풍당당한 새의 고향으로 잘 어울릴 법한 베네수엘라 남동부의 테푸이 산기슭?

모두 아니다. 왕대머리수리를 떠올릴 때 가장 먼저 생각나는 곳은 바로 선샤인 스테이트|Sunshine State, 플로리다 주의 별칭-옮긴이주|, 플로리다다. 적어도 지난 2세기 반 동안 혹은 역사상, 단 한 번도 왕대머리수리가 관찰된 적이 없는 곳이다.

플로리다 반도는 1500년대부터 스페인의 영토였으나 1763년부터 20년간 영국에 속했다가 다시 스페인에 반환되었다.* 영국 영토였던 기간 윌리

---

* 당시 유럽 제국주의 열강들은 게임판 위 말을 움직이듯 지구 곳곳의 광활한 지역을 아주 단순하고 무심하게 다뤘다. 영국은 플로리다를 스페인에 넘기는 대신 쿠바 아바나를 장악할 권리를 넘겨받았다.

 모든 새를 보았다고 믿은 남자

엄 바트람은 이 지역을 두 번 방문했다. 첫 번째 방문은 1765년 겨울에 그의 아버지이자 저명한 식물학자였던 존 바트람과 함께한 여행이었고, 두 번째는 1770년대에 런던의 부유한 의사이자 식물 수집가로부터 남동부 식민지와 플로리다의 식물을 조사하고 표본을 보내달라는 의뢰를 받고 온 것이었다. 윌리엄은 아버지로부터 식물학에 대한 열정을 물려받았지만, 10대 시절 필라델피아 인근 숲을 쏘다니며 키워온 새에 관한 관심도 늘 지니고 있었다. 1774년 남쪽 플로리다로 떠난 여행에서 그는 여러 새를 주의 깊게 관찰하고 발견한 모든 것을 기록했다.

바트람은 상당한 시간을 오늘날 잭슨빌과 올랜도 사이에 있는 플로리다 북동부의 세인트 존스 강 지역을 탐험하며 보냈다. 나중에 여행 기록을 책으로 출간하면서 이 지역의 풍경, 식물, 악어를 포함한 야생동물, 그리고 특히 새에 관한 관찰 내용을 자세히 설명했다. 따오기, 숲황새Wood Stork, 캐나다두루미Sandhill Crane 등 많은 새가 등장했다.

그리고 "이 지역에는 지금껏 언급된 적 없는 두 종의 독수리가 있다. 첫 번째 독수리는 아주 아름다운 새인데… 이 새를 페인트독수리paint vulture라 부르고자 한다"*라면서, 이 커다란 크림색 독수리의 특징인 어두운 날갯깃과 머리와 목의 맨살에 정교하고 화려한 무늬를 묘사했다. 아마 여러 마리를 목격한 듯한데 "이 새들은 잘 나타나지 않지만, 사막에 불이 나면(번개, 혹은 사냥감을 몰기 위한 인디언 등에 의해 1년 내내 여러 곳에서

* 1758년 린네는 출처를 알 수 없는 표본을 보고 '왕대머리수리'라는 이름을 붙였다. 왕대머리수리는 아주 희귀하지만, 생김새가 매우 특징적이어서 놓치기 쉽지 않다. 바트람이 이 기록에서 언급한 두 번째 종은 아메리카 대륙의 따뜻한 지역에 널리 분포하지만, 당시에는 아직 보고되지 않았던 검은대머리독수리였다. 아마도 검은대머리독수리보다 더 널리 퍼져 있는 터키콘도르와 비슷해서 그동안 새로운 종으로 알아보지 못했던 것 같다. 검은대머리독수리는 지난 세기 동안 북쪽으로 서식지를 확장하여 오늘날에는 필라델피아 근처에서 쉽게 볼 수 있지만, 1770년대 당시에는 남쪽으로 여행하지 않으면 볼 수 없던 종이었다.

불이 난다) 자주 모습을 드러낸다"고 썼다. 불이 지나가자마자 이 독수리들은 "불에 탄 뱀, 개구리, 도마뱀을 먹기 위해" 다른 죽은 고기를 먹는 동물들과 함께 달려들었다고 했다.

누군가는 바트람이 본 것이, 플로리다 중부에서 흔히 볼 수 있으며 매와 유사한 생김새에 주로 독수리와 비슷한 곳에 무리지어 사는 머리깃카라카라Crested Caracara라고 주장하는데, 그럴 가능성은 낮다. 바트람의 설명에는 목, 눈, 다리의 색, 부리 아래 늘어진 피부 모양 등 세부 사항이 정확하게 묘사되어 있는데 이는 카라카라와는 일치하지 않는다. 정말로 카라카라를 본 것이라면 어떻게 생전 들어본 적도 없는 독수리와 완벽하게 일치하지만 직접 본 카라카라에 대해서는 틀린 설명을 했을까? 나는 바트람이 실제로 플로리다에서 왕대머리수리를 본 것이라고 확신한다. 하지만 그 이후로는 이곳에서 왕대머리수리를 본 사람은 아무도 없다.

바트람의 친구이자 제자였던 알렉산더 윌슨은 1811년 《미국 조류학》 제3권에서 왕대머리수리가 "가끔 플로리다 동부에서 목격되었다"고 언급했다. 하지만 그 이후 수십 년간 북미 새에 관한 책에서 이 종에 대한 언급은 사라졌다. 최근 출판물에서 가끔 등장하기는 하나, 항상 가설적이거나 불확실하게 언급된다.

어떤 부분에서 불확실하다는 걸까? 북미 지역에서 이 독수리를 보는 것이 그렇게 가능성 희박한 일일까? 왕대머리수리의 서식 분포에 대해 생각해보자. 흔하지는 않지만 이 새는 북쪽으로는 멕시코 동부까지 넓은 열대 지역에 분포한다. 하지만 플로리다에서 발견되었다는 주장은 (바다 위 비행을 피하는 독수리의 경향을 고려하여) 육지로 측정할 경우 주 서식 범위인 남아메리카로부터 2,100킬로미터나 떨어진 곳에서 목격되었다는 의미다. 새가 주 활동 범위에서 그토록 멀리 떨어진 반도까지 와서 서식하

 모든 새를 보았다고 믿은 남자

는 것이 가능한 일일까?

가능하다. 미국 조류학자들이 오랫동안 '플로리다 특산종'으로 여겨온 다른 세 종도 유사한 패턴을 보인다. 늪지 가장자리에서 큰 소리로 울며 큰 달팽이를 쪼아 먹는 두루미사촌Limpkin, 또 다른 달팽이 애호가로 습지 위를 천천히 낮게 날며 먹이를 찾는 우렁이솔개, 그리고 울창한 숲 위를 높이 나는 작은 맹금류 짧은꼬리매Short-tailed Hawk가 그것이다. 이 세 종 모두 멕시코에서 남미 열대 지방까지 널리 분포하며, 최근까지 미국에서는 플로리다 반도에서만 볼 수 있었다. 우렁이솔개와 두루미사촌은 쿠바에서도 발견되기 때문에 바다 건너에서 온 것으로 생각할 수 있지만, 짧은꼬리매의 경우 카리브 해 지역 어디에서도 발견되지 않는다. 바트람이 플로리다에서 발견한 것이 왕대머리수리가 맞았다면, 짧은꼬리매와 아주 비슷한 서식 범위를 가졌다고 할 수 있다.

만약 이 수수께끼의 독수리가 정말로 과거에 북미 지역에 존재했다가 사라진 것이라면, 사라진 다른 종들과 비슷한 패턴을 보이리라 짐작할 수 있다. 플로리다는 다른 어느 지역보다도 빈번하게 조류 종이 출현했다가 소멸한 역사가 있고, 그 역사는 생물지리학의 몇 가지 복잡한 사실을 잘 보여준다.

플로리다 반도는 적어도 지난 500년 동안, 새로 이주해온 사람들이 쉽게 적응할 수 없는 독특한 곳이었다. 한때는 칼루사족Calusa, 테케스타족Tequesta 등의 선주민이 이곳에서 번성했지만 모두 사라졌고, 유럽계 미국인 개척자들은 이곳에서 살아남아 번영할 방법을 알아내려고 노력하고 있었다.

이 반도의 인기는 기복이 심했다. 윌리엄 바트람은 자연주의자의 시선으로 이 지역을 찬란하게 묘사했지만, 나중에 온 사람들은 그에 동의하지 않았다. 조지 오드는 1818년 플로리다가 스페인 영토일 때 방문했는데 "거친 거주지에서 지내는 낙담한 주민들의 곁에서 그들을 위로하는 듯한" 홍관조와 앵무새를 매일 볼 수 있다면서 주민들의 힘든 생활에 대해 언급했다. 14년 후 이곳에 도착한 오듀본은 더욱 비판적인 시선을 보였다. "변두리 지역은 확실히 가난하다… 미국이 스페인으로부터 반도를 매입했을 때, 바트람과 다른 작가들의 묘사가 현실과 크게 달랐음이 밝혀졌다. 이 때문에 많은 사람들이 이곳에 몰려들어 정착하려다 무거운 마음으로 집에 돌아가거나 다른 지역으로 향해야 했다."

하지만 오듀본은 "겨울철 기후는 상상할 수 있는 가장 쾌적한 곳이며, 기후가 이곳에서의 힘든 생활을 견디게 해준다"고 덧붙였다. 토지 투기, 개발 실패, 경제 붕괴 등 파괴와 재건의 사이클을 반복하며 이 지역의 인구는 꾸준히 증가했다. 오늘날 플로리다는 미국에서 캘리포니아와 텍사스에 이어 세 번째로 인구가 많은 주가 되었다. 하지만 이런 추세가 지속 가능할지는 의문이다. 해수면 상승으로 해안가가 침수되고 바닷물이 지하수가 있는 지층으로 스며들고 있음에도 플로리다 주의 많은 정치인은 기후 변화의 현실을 부정하고 있다.

나는 플로리다를 처음 방문했던 열일곱 살에 곧바로 이곳과 사랑에 빠졌고, 그 이후로 매년 조류 관찰을 위해 이곳을 찾고 있다. 하지만 모든 연애가 그렇듯, 나와 플로리다의 관계도 아주 복잡하다.

플로리다의 조류가 다른 주와 다른 세 가지 주요 요인이 있다. 첫째는 열대에 가깝다는 점, 둘째는 반도라는 지형적 특성, 셋째는 남쪽 끝이 카리브 해의 쿠바와 바하마 섬과 매우 가깝다는 점이다.

전 세계적으로 일반적인 경향은 열대 지방에서 조류의 다양성이 가

　　모든 새를 보았다고 믿은 남자

장 높고, 극지방에서 가장 낮다는 점이다. 적도에 가까워질수록 조류의 종류가 늘어나고 극지방으로 갈수록 줄어든다. (북쪽에 광대한 영토를 가진 캐나다의 전체 조류 종은 작은 열대 지역인 코스타리카보다 훨씬 적다.) 이러한 경향은 미국 내에서도 마찬가지여서, 북부보다 남부 주에 더 많은 종의 새가 산다. 따라서 북쪽의 메인 주보다 아열대의 플로리다에서 더 많은 조류 종이 서식하는 것은 놀라운 일이 아니다.

열대 지방 중에서도 경계 지역으로 갈수록 종의 다양성이 증가하는 경향이 있어서 텍사스와 애리조나에서는 남쪽으로 내려갈수록 더 많은 조류 종을 발견할 수 있다. 하지만 특이하게도 플로리다에서는 그렇지 않다. 크고 화려한 황새, 펠리컨, 백로 등이 시선을 사로잡지만 플로리다에서 남쪽으로 내려갈수록 조류의 다양성은 감소하며, 특히 육지에서 번식하는 새들이 두드러진다. 여름철에는 플로리다의 남쪽으로 내려갈수록 숲지빠귀, 캐롤라이나박새Carolina Chickadee, 노랑목비레오Yellow-throated Vireo, 노랑머리버들솔새Prothonotary Warbler, 청밀화부리Blue Grosbeak 등 동부 주에 널리 퍼져 있던 다양한 새들이 점점 자취를 감추기 시작한다. 이들이 사라진 자리는 다른 종들로 메워지지 않는다. 플로리다 본토 남쪽 끝의 조류군집은 빈약해진다. 왜일까? 바로 '반도의 끝'이기 때문이다.

본토보다 반도 끝에서 종의 다양성이 감소하는 현상은 전 세계 여러 지역의 다양한 동식물 집단에서 관찰된다. 이러한 현상을 일괄적으로 설명하는 이론은 없지만, 섬이나 섬과 같은 고립된 서식지에 서식하는 생물의 지리적 패턴을 탐구하는 섬생물지리학|고립된 자연 군집의 종 다양성에 영향을 주는 요인을 검증하는 학문-옮긴이주|의 일반적인 원칙과 관련이 있는 것으로 보인다. 플로리다 남부의 조류 다양성은 카리브 해 섬들과의 근접성에 큰 영향을 받는다. 좀 더 자세히 알아보자.

섬생물지리학은 1960년대부터 활발하게 연구되어 온 분야로, 그동안 수백 편의 논문과 책이 발표되었다. 이를 한 단락으로 요약하는 것은 무모할 수 있지만, 한 가지 핵심적인 아이디어에 주목해보자. 바로, 섬은 본토보다 생물의 종 수가 적으며 작은 섬일수록 큰 섬보다 더 적은 종이 서식하는 경향이 있다는 것이다.

이는 생각만큼 명백하지 않다. 단순히 충분한 공간이 있느냐의 문제가 아니다. 기후와 서식 환경이 비슷할 때도, 같은 면적의 본토보다 섬에서 더 적은 종이 서식한다는 의미다. 예를 들어 대륙 본토의 100제곱킬로미터는 동일 면적의 섬보다 더 많은 종을 보유한다. 10제곱킬로미터의 섬에는 더 큰 섬의 같은 면적의 지역보다 더 적은 종이 서식한다. 만약 실험적으로 섬의 크기를 줄인다면 종의 다양성도 함께 감소하여 더 낮은 수준의 평형 상태에 도달할 것이다.

반도의 끝은 사실상 삼면이 물로 둘러싸여 섬이나 다름없다. 물론 본토와 연결되어 있어서 육로로 새로운 생물이 유입될 수 있지만, 끝으로 갈수록 생물 종이 정착하지 못할 수도 있다.

플로리다의 특수성을 이해하는 데 중요한 또 다른 특성은, 섬은 본토보다 종의 이주와 소멸이 더 빈번하다는 것이다. 기존 생물 종은 사라지고, 이상하게도 우연히 섬에 도착한 새로운 생물 종이 자리를 잡을 가능성이 높다.

이러한 특징은 플로리다 남부로 갈수록 두드러진다. 플로리다 주는 내려갈수록 점점 좁아지는 형태이며, 남쪽 끝은 플로리다 키스|Florida Keys, 미국 남부 플로리다 주 남부의 길이 약 240킬로미터의 산호 군도-옮긴이주|라는 수많은 섬으로 둘러싸여 있다. 마치 섬생물지리학 실험을 위한 살아 있는 실험실처럼 느껴질 정도다. 이곳에 대한 지식이 오랜 시간에 걸쳐 축적되면

서 밝혀지는 패턴은, 플로리다를 점점 더 매력적으로 느끼게 만든다.

　나는 매번 낯선 길로 들어설 때마다 새로운 발견이 숨어 있을지도 모르는 미지의 세계로 발을 디디는 것 같아 낭만과 설렘을 느낀다. 이 책에서 다루는 주요 테마 중 하나도 이런 개척가적인 탐험 정신이다. 하지만 전 세계에 걸쳐 수십 년 또는 수백 년의 연구로 방대한 데이터가 축적된 분야에 뛰어드는 것도 장점이 있다고 생각한다. 그래야만 비로소 뚜렷하게 드러나는 미세한 패턴이 있기 때문이다. 섬생물지리학의 원리는 몇 개의 섬만 보고는 제대로 추론할 수 없다. 오늘날 우리 집 뒷마당에서 지금껏 알려지지 않은 새로운 종을 발견할 가능성은 거의 없지만, 우리는 선구적인 자연주의자들이 미처 알지 못했던 전 지구적 생태계의 웅장한 패턴을 엿볼 수 있다. 그리고 우리는 이러한 선구자들의 관찰을 바탕으로 현대 과학에 깊이를 더하고 있다.

　1830년대 초, 플로리다 남부에 접근하는 것이 얼마나 어려웠는지 오늘날에는 상상하기 힘들다. 본토의 남쪽 끝에는 사람이 거의 살지 않았고, 정착해 살 만한 환경도 아니었다. 칼루사족과 테케스타족 선주민들은 대부분 목숨을 잃거나 쫓겨났고, 세미놀Seminole족은 막 이 지역으로 이주해오기 시작했으며, 유럽계 미국인의 진출은 아직 본격적으로 시작되지도 않은 때였다. 오늘날 우리는 반도를 동서로 가로지르는 두 개의 주요 고속도로를 타고 에버글레이즈의 광활한 습지를 지나거나, 매년 에버글레이즈 국립공원을 찾는 약 100만 명의 사람들처럼 공원 주변 도로를 따라 플로리다 만灣의 끝자락까지 드라이브를 즐길 수 있다. 하지만 당시 플로리다 남부 본토는 황무지나 다름없었다. 현재 약 600만 명이 거주하는 팜비치에서 마이애미까지 이어지는 해안 지역도 그때는 대부분 텅 비어 있었다.

오늘날 우리는 마이애미 남쪽 키라르고Key Largo까지 차를 몰아, 플로리다 키스의 섬 수십 개를 연결하는 다리를 따라 160킬로미터 정도를 달리면 키웨스트Key West까지 쉽게 갈 수 있다. 하지만 1830년대 초에는 마이애미가 존재하지도 않았고, 섬들을 잇는 다리 역시 없었다. 여러모로 플로리다 키스는 여전히 야생이었지만, 사람의 손길이 아예 닿지 않은 황야는 아니었다. 해적과 밀수업자들의 은신처이기도 했고, 쿠바와 바하마에서 온 어부나 벌목꾼들이 자주 이곳을 찾았으며, 인디언 키Indian Key와 키웨스트에는 새로운 정착촌이 번성하기 시작했다. 제대로 된 보트만 있으면 키스 섬들을 탐험할 수 있었지만 남부 반도의 내륙은 여전히 황량한 야생지대였다.

반면, 카리브 해의 주요 섬들에는 1492년 이후 유럽인들이 대규모로 유입되었다. 1830년대 쿠바, 자메이카, 푸에르토리코 등지에는 도시와 항구, 농장을 갖춘 수백 년 역사의 식민지 사회가 자리 잡고 있었다.

당시 미국과 유럽의 시민들에게 플로리다 남부는 문명화된 미국의 남동부 지역과 카리브 해 섬들 사이에 자리한 신비로운 야생의 땅으로 인식되었다. 이러한 맥락은 1832년 오듀본의 플로리다 최남단 탐험의 가치를 이해하는 데 중요한 배경이 된다. 이 탐험은 아마도 오듀본 생애에서 가장 중요한 여정이었을 것이다. 그는 이곳에서 여러 새로운 종을 발견했다. 하지만 무엇보다 중요한 것은 플로리다 키스의 새들에 대한 그의 관찰 기록이 200년이 지난 지금도 유용한 생태 비교 기준선을 제공했다는 점이다.

오듀본의 첫 번째 저서가 출간되면서 그의 연구는 미국 정부 관리들로부터 학문적 가치를 인정받았고, 덕분에 오듀본은 정부 선박에 승선할 수 있는 허가를 받았다. 당시 재무부는 작고 빠른 범선인 커터선을 운영

　　　　모든 새를 보았다고 믿은 남자

하면서 해안 지역과 항구를 순찰하며 관세를 징수하고 밀수꾼을 감시하는 임무를 맡고 있었다. 오듀본은 1831년에서 1832년을 지나는 겨울, 플로리다 북동부에 가기 위해 이 밀수감시정에 승선했다. 하지만 그의 본격적인 탐험은 1832년 4월과 5월에 커터선 마리온 호를 타고 반도 동쪽 해안과 키스 전역을 돌아본 여행이었다.

그에겐 아주 특별한 기회였다. 오듀본은 이전에도 쿠바와 키스 사이 해협을 거쳐, 뉴올리언스 항에서 대서양 연안의 여러 주와 유럽으로 여행한 적이 있었다. 알렉산더 윌슨 역시 1810년 7월에 같은 항로를 따라 뉴올리언스에서 뉴욕으로 가면서 바다에서 검은등제비갈매기Sooty Tern를 비롯한 열대 바닷새를 관찰했고, 어쩌면 몇 개의 섬에 잠시 상륙했을 수도 있다. 하지만 그때까지 어떤 조류학자도 키스를 자세히 탐사한 적은 없었다. 마리온 호의 선장은 오듀본의 작업에 큰 관심을 보였고, 선원들에게 오듀본을 해변으로 안내하고 장비를 운반하며 새를 사냥하는 등 그의 작업을 돕도록 했다. 현지에서도 많은 도움을 받았다. 지금은 방치된 상태지만 당시에는 번화한 마을이었던 인디언 키의 관료는 보트 조종사 이건Mr. Egan에게 몇 주 동안 오듀본을 돕게 했다. (오듀본은 이건의 지리적 지식과 총을 다루는 기술에 깊은 인상을 받아 그를 극찬했다.) 키웨스트에서도 군 사령관 글래셀Glassel 소령이 탐험을 돕기 위해 군인 한 명을 보내주었으며, 마을의 아마추어 자연주의자 벤저민 스트로벨Benjamin Strobel 박사는 지역 조류 관련 정보를 제공해주었다. 이러한 다양한 지원 덕분에 오듀본이 키스에서 보낸 몇 주는 더없이 생산적이었다.

또한 흥미진진하기도 했다. 더위, 비, 바람, 모기, 진흙에도 불구하고 오듀본에게 이곳은 마치 천국과도 같았다. 인디언 키에 처음 착륙했을 때 그는 이렇게 썼다. "화려한 꽃, 독특하고 아름다운 식물, 울창한 나무가 어우러진 주변의 풍경을 얼마나 즐거운 마음으로 바라보았는지! 들이쉬는 맑은 공기는 너무나 순수하고 풍요로웠으며 우리를 생기로 가득 채웠다. 우리가 본 새들은 대부분 처음 보는 종이었고, 그 아름다움은 내가 전에 본 어느 새들보다 더 화려하게 느껴졌다… 나는 이 새들과 더 친밀한 관계를 맺고 싶었다.”

오듀본은 이 ‘친밀한 관계’를 위해 열성을 다했다. 키스와 본토 사이의 광활한 플로리다 만은 수심이 너무 얕아서 작은 배로도 모래톱과 맹그로브가 우거진 수많은 섬 사이를 힘겹게 헤쳐나가야 했다. 얕은 수심 위로 물고기나 벌레를 먹으려는 새들이 몰려들었다. 오듀본의 과장하는 성향을 고려하더라도, 오늘날 우리가 볼 수 있는 새들이 당시에도 엄청나게 많았던 것 같다. 보트 조종사 이건의 안내로 오듀본은 펠리컨, 가마우지, 왜가리, 따오기와 여타 다양한 새들이 맹그로브를 덮을 정도로 빽빽하게 둥지를 틀고 있는 섬들을 차례로 탐험했다. 오듀본은 그들이 평지에 도착했을 때, “갯벌을 덮은 새 떼와 머리 위를 맴도는 새들의 수가 너무 많아서 믿기지 않을 정도였다”고 썼다. 그는 얕은 바닷가에 수백, 수천 마리의 새 떼가 모여 있는 모습을 여러 차례 언급했다.

당시 자연주의자들은 홍학에 특히 집착했다. 윌슨은 이 키 큰 분홍색 새를 직접 보지 못했음에도 《미국 조류학》에 무려 네 쪽에 걸쳐 기술했다. 오듀본도 마찬가지로 멀리서 긴 목과 다리를 쭉 뻗고 날아가는 홍학 무리를 발견하고는 황홀해했다. “아! 독자 여러분이 내 가슴이 요동친 그때의 감정을 알 수 있을까! 플로리다 제도 항해의 목적은 아름다운 섬에서 이 사랑스러운 새들을 연구하기 위한 것이었으므로, 이 새들을 보며 내 모든 기대가 충족되었다고 느꼈다. 나는 새들의 날갯짓 하나하나를 눈으로 따라가며 관찰했다.” 그는 이후에도 몇 번 홍학 떼를 보았지만 항상

     모든 새를 보았다고 믿은 남자

멀리 떨어져 있었고, 나중에 "한 마리도 잡지 못해 아쉬웠다"고 했다. 또한 둥지를 튼 서식지를 찾는 데도 실패했다. 지금까지도 플로리다의 야생에서 홍학이 둥지를 틀었다는 증거는 발견되지 않았다. 오듀본이 목격한 홍학 무리는 현재도 플로리다 만에 드물게 나타나는 홍학처럼, 아마도 쿠바, 바하마 또는 유카탄 반도에서 날아온 것으로 추정된다.

홍학만큼 화려하지는 않지만, 더 중요한 의미를 지닌 이 지역의 또 다른 큰 물새가 있다. 대백로Great Egret는 루이지애나에서 뉴저지에 이르기까지, 오듀본이 플로리다 이전에 방문했던 많은 곳에서처럼 이곳에서도 흔히 볼 수 있는 새였다. 키가 크고 흰 깃털에 노란 부리를 가진 대백로는 새롭고 신비한 종을 찾는 과정에서 넘어가도 좋을 만큼 친숙한 종이었다. 그러던 중 조종사 이건이 대백로보다도 몸집이 더 큰 새를 발견했다. 아직 학계에 설명되지 않은 종이었고, 오듀본은 이 새에 흰해오라기Great White Heron, 아르데아 옥키덴탈리스Ardea occidentalis라는 이름을 붙였다. 1832년 이전에는 눈에 띄지 않았던 이 아름다운 새는 아메리카 대륙에서 가장 큰 왜가리 중 하나로, 플로리다 남부, 쿠바, 유카탄의 해안선 주변에 서식한다.

마리온 호가 순찰한 지역 중 가장 먼 곳은 키웨스트 서쪽에 있는 드라이 토르투가스 군도Dry Tortugas주변이었다. 드라이 토르투가스는 바다위 고속도로 끝에서 110킬로미터나 떨어진 산호섬으로, 오늘날에도 배나 수상비행기를 타고 이곳을 방문하는 것은 탐조가들에게 여전히 모험이다. 오듀본이 방문했을 당시 이 군도는 수백 년 전부터 알려진 곳이었다. 1513년 폰세 데 레온Ponce de León은 해변에서 알을 낳는 바다거북의 이름을 따서 라스 토르투가스Las Tortugas라는 이름을 붙였다. 이곳은 검은등제비갈매기와 검정제비갈매기Brown Noddy들의 주요 번식지이기도 했다. 이

존 제임스 오듀본의 흰해오라기. 이 새는 북아메리카에서 가장 큰 왜가리로, 독립된 종 또는 이 지역에 특화된 미국왜가리Great Blue Heron의 아종일 수도 있다. 1832년 오듀본이 플로리다 키스를 여행했을 때 이 새를 발견한 것으로 알려졌지만, 사실은 그 지역의 자연주의자가 먼저 발견해 오듀본에게 알려준 것이었다.

두 종은 1750~1760년대에 린네가 표본을 받아 정식 이름을 붙였을 정도로, 열대 바다에 널리 퍼져 있는 종이다. 오듀본은 위쪽은 검고 아래쪽은 흰색인 검은등제비갈매기와 짙은 갈색에 흰색 모자를 쓴 검정제비갈매기를 보자마자 알아보았고, 몇 시간 동안 이들의 행동을 관찰했다.

하지만 키스에 있는 다른 제비갈매기들은 한눈에 구별하기 어려웠다. 오늘날 좋은 쌍안경과 망원경, 현장 가이드를 가진 탐조가들도 종종 제비갈매기의 종을 식별하는 데 어려움을 겪는다. 제비갈매기는 우아하게 날아다니는 것이 관찰하기에는 아름답지만 대부분 회색 등에 흰 배, 검은 머리를 가진 비슷한 외형 때문에 구별이 어렵다. 앞서 오듀본이 다른 곳에서 붉은부리큰제비갈매기를 발견하지 못하고 지나친 사실을 설명했

　　　　　　　모든 새를 보았다고 믿은 남자

는데, 이번 항해에서도 그는 붉은부리큰제비갈매기를 아메리카큰제비갈매기로 착각하고 지나쳤을 수 있다. 붉은부리큰제비갈매기는 1962년에야 플로리다에서 번식하는 것이 확인되었지만, 그 이전에도 이곳을 자주 찾는 나그네새로 잘 알려져 있었다.

당시의 장비로는 붉은부리큰제비갈매기보다 작은 제비갈매기를 식별할 방법이 없었기 때문에 총을 쏘아 직접 확인하는 수밖에 없었다. 오듀본은 마리온 호 선원들의 도움을 받아 거리낌 없이 새들을 쏘았다. 키스에서 처음 새를 사냥했을 때, 그는 죽은 붉은제비갈매기Roseate Tern를 보고 경탄했다. "모든 제비갈매기가 아름답지만, 붉은제비갈매기는 그중에서도 단연 으뜸이다… 나는 여태 이 종을 본 적이 없었는데, 총에 맞지 않은 수백 마리가 공중으로 솟구쳐 춤추는 모습을 보고, 그 가볍고 우아한 움직임이 마치 바다의 벌새 같다는 생각이 들었다." 붉은제비갈매기는 1813년 스코틀랜드 앞바다의 섬에서 발견되어 이미 학계에 보고된 종으로, 북유럽과 미국 북동부 연안의 여러 곳에서 발견되었다. 오늘날에는 붉은제비갈매기가 전 세계 여러 기후의 해안 지역에 흩어져 서식한다는 사실이 알려져 있지만 당시에는 고위도 지역에만 서식한다고 여겨졌기 때문에 아열대 섬에서 발견되었다는 사실은 놀라운 일이었다.

두 번째 제비갈매기는 다른 방식으로 오듀본에게 놀라움을 선사했다. 제비갈매기 무리에 총을 쏜 뒤 가까이 다가간 오듀본은 그 당시의 감정을 이렇게 기록했다. "물에서 건져 올린 개체를 살펴보는 순간, 나는 부리의 노란색 점이 지금껏 보았던 종들과는 다르다는 것을 알아차렸다. 그리곤 '발견했다! 미국 동물상에 새로운 새가 추가됐다!'고 외쳤다. 친애하는 독자들이여, 지금까지 우리 해안에서 샌드위치제비갈매기Sandwich Tern를 발견한 사람은 아무도 없었다." 영국 켄트 카운티의 샌드위치 마을에서 이름을 따온 이 독특한 제비갈매기는 몸집이 크고 검은 볏과 끝이 노란 검은 부리가 특징이며, 구세계에서 널리 분포하는 종으로 이미 잘 알려져 있었다. 하지만 오듀본이 플로리다에서 발견하기 전까지는 아메리카 대륙에 서식하는지 불확실한 상태였다.

흰해오라기, 붉은제비갈매기, 샌드위치제비갈매기 모두 오늘날 플로리다 키스에서 여전히 관찰할 수 있다. 나뭇가지 끝에 의기양양하게 앉아 보초를 서는 듯한 회색타이란새Gray Kingbirds, 엉킨 나뭇가지 사이를 잘도 빠져나가는 목청 좋은 맹그로브뻐꾸기Mangrove Cuckoo, 섬과 섬 사이를 빠르게 무리 지어 날아가는 흰윗머리비둘기White-crowned Pigeon 등 오듀본이 이곳에서 발견한 다양한 신기한 새들도 마찬가지다. 하지만 1832년에 이곳에 살았던 것으로 추정되는 일부 새들은 이제 사라졌고, 새로운 새들이 정착했다. 이러한 변화는 카리브 해 끝자락이라는 플로리다의 독특한 지형적 특징과 인근 섬들의 역동적인 영향을 잘 보여준다.

공교롭게도 키스에서 사라진 세 종의 새는 모두 비둘기과에 속한다. 이 중 한 종의 이야기는 설명하기 쉽지는 않지만 비교적 단순하다. 반면 다른 두 종은 좀 더 복잡하다.

비둘기는 존 제임스 오듀본이 가장 좋아하는 새 중 하나였다. 그의 아버지는 오듀본이 어렸을 때 처음으로 그렸던 그림이 비둘기였다고 이야기해주었다. 아마도 새에 대한 그의 깊은 애정이 그때부터 시작되었을지도 모른다. 어쨌든 오듀본은 플로리다 키스에서 제나이다비둘기Zenaida Dove를 발견했을 때 매우 기뻐했다. 그는 책에 이 비둘기의 부드러운 울음소리에 감동하여 해적의 삶을 포기한 전직 해적을 만난 이야기까지 기록했다. "그는 오로지 이 애절한 울음소리에 이끌려, 격정적인 동료들을 떠

          모든 새를 보았다고 믿은 남자

존 제임스 오듀본의 제나이다비둘기. 제네이다비둘기는 카리브 해 지역에서는 흔하지만, 오늘날 플로리다에서는 거의 볼 수 없는 나그네새다. 1830년대 오듀본은 플로리다 키스에서 둥지를 튼 제나이다비둘기를 발견했는데, 그 개체 수가 상당히 많았던 것으로 보인다. 키스와 같은 섬 지역은 내륙 지역보다 서식 조류 종의 교체가 더 자주 일어나는 경향이 있다.

나 배에서 탈출했고 자신을 그리워하며 슬퍼하던 가족에게로 돌아갔다. 그는 이제 가족과 친구들 사이에서 평화롭게 살고 있다." 이 다소 억지스러운 이야기는, 어쩌면 제나이다비둘기의 노랫소리에 대한 오듀본 자신의 감정을 투영한 것일지도 모른다. "키스의 황량한 고독 속에서 들리는 이 음성은, 우리가 전능하신 창조주의 존재와 보호 아래 있다는 사실을 다시금 일깨워준다."

제나이다비둘기는 북미 지역 대부분에 널리 분포하는 우는비둘기Mourning Dove와 가까운 친척이지만, 꼬리가 짧고 더 풍부한 색을 띤다. 전형적인 카리브 해의 새로 바하마에서부터 대안틸 제도Greater Antilles, 소안틸 열도Lesser Antilles의 모든 주요 섬에서 번식하지만, 멕시코 유카탄 반도 연안을 제외한 본토에서는 볼 수 없다. 오듀본이 살던 시대에는 적어도 몇몇 키스 섬에서 여름철 흔히 볼 수 있는 철새였는데, 오늘날에는 플로리다에서 거의 볼 수 없다. 이런 변화의 이유는 명확하지 않다. 오듀본은 이 비둘기가 키스 군도 내에서도 특정 섬에만 둥지를 틀며, 항상 땅 위에 둥지를 튼다고 보고했다. 이는 의외라고 할 수 있는데, 카리브 해 섬에서는 이 새들이 나무에 둥지를 틀기 때문이다. 어쩌면 땅 위에 둥지를 트는 습성이 이들을 포식자에게 더 취약하게 만들었을 수도 있다. 하지만 그보다도 이들의 소멸은, 작은 섬에서 생물의 개체군이 사라질 가능성이 더 높다는 섬생물지리학 이론을 뒷받침하는 사례일 수 있다.

사라진 나머지 두 종은 메추라기비둘기Quail-Dove라는 독특한 종에 속한다. 이름에서 알 수 있듯이 이 비둘기는 대부분 땅 위에서 지내는, 두툼하고 둥근 몸에 짧은 꼬리를 가진 비둘기다. 아메리카 열대 지방에 약 20종이 서식하며 대부분 울창한 숲에서 생활하기 때문에 일반적으로는 관찰하기가 어렵다.

오듀본은 키웨스트에서 현지 자연주의자인 벤저민 스트로벨의 조언을 받아 메추라기비둘기를 찾아 나섰다. 수색을 도와준 현지의 한 군인과 오듀본은 울창하게 엉켜 있는 가시덤불을 헤치고 섬 곳곳을 탐험했다. 길고 힘든 트레킹 끝에 앞서 가던 군인이 메추라기비둘기 한 마리를 발견하고 총으로 쏘았다. 오듀본은 살아 있는 상태에서 새를 관찰할 기회는 없었지만 그림에 사용할 표본을 얻게 되었다. 나중에 살아 있는 개체도 관찰했던 것으로 보이며, 현지 주민들은 이 새가 흔하다고 얘기해주었다.

당시 이 새는 설명되지 않은 종이었지만, 오듀본은 자신이 보고 있는 개체가 수십 년 전 린네가 자메이카의 기록에 근거해 이름을 붙인 불그레한메추라기비둘기Ruddy Quail-Dove라고 착각했다. 그럼에도 오듀본은 이 새들을 키웨스트메추라기비둘기Key West Quail-Dove라고 명명했다. 이제 이 새들은 키웨스트에서 사라진 지 오래되었지만 여전히 이름에 '키웨스트'가 포함되어 있다. 1855년, 샤를 보나파르트는 키웨스트메추라기비둘기가 불그레한메추라기비둘기보다 훨씬 더 화려하며, 일부 카리브 해 섬에서 두 종이 함께 서식한다는 사실을 밝혀내고 이 종에 대한 공식적인 설명자로 인정받게 되었다.

요즘도 가끔씩 쿠바나 바하마에서 유입된 것으로 추정되는 개체가 플로리다 키스나 남부 본토 어딘가에 나타나곤 한다. 오늘날 일부 학자들은 오듀본이 발견한 키웨스트메추라기비둘기가 이처럼 길 잃은 개체였을 것이며, 그곳에 서식하지는 않았다고 주장하기도 한다. 하지만 내 생각은 다르다. 그가 지역 주민으로부터 들은 정보나 탐사 일화를 전부 다 지어낸 것이 아니라면, 그의 기록은 꽤 확실해 보인다. 하지만 또 다른 사라진 새, 청머리메추라기비둘기Blue-headed Quail-Dove에 대한 이야기는 조금 덜 확실하다.

존 제임스 오듀본의 키웨스트메추라기비둘기. 오듀본이 1832년 플로리다 키웨스트
에서 이 새를 발견했을 당시 이 새는 아직 학계에 알려지지 않은 새였는데, 그는 이 새
를 이미 카리브 해에서 발견되어 알려져 있던 불그레한메추라기비둘기로 착각했다.
그럼에도 오듀본은 새에 키웨스트라는 이름을 붙이기로 했다. 이제 이 새는 플로리다
어디에도 서식하지 않지만, 여전히 이름에는 키웨스트가 남아 있다.

이 새는 오늘날 쿠바의 울창한 숲에만 서식하는 아름다운 새다. 린네
는 1758년에 이 새의 이름을 지었는데, '아메리카'에 서식한다는 것 외에
는 아무런 정보를 제시하지 않았다. 오듀본은 키웨스트 서쪽에서, 땅에
서 먹이를 먹는 한 쌍을 목격했다고 주장하면서 "우리가 다가가자 불과
몇 야드 떨어진 덤불 속으로 도망쳤다"고 기록했고, 나중에 근처 뮬키스
Mule Keys에서 잡힌 표본을 보았다고 했다. 이후 일부 학자들은 청머리메추
라기비둘기들이 플로리다에서 서식한 적이 없으며, 오듀본이 본 쌍은 잘
못 본 것이고, 잡힌 표본은 쿠바에서 들여온 것이라고 주장하기도 한다.

반면 쿠바의 조류학자 올란도 가리도Orlando Garrido는 1832년 키웨스트에 분명 개체군이 있었다고 주장하는데, 나도 그의 주장에 동의하고 싶다.

오듀본이 이곳을 방문한 지 109년 후인 1941년, 로저 토리 피터슨이 키웨스트를 방문했다. 당시 그는 아직 '20세기 오듀본'이라는 별칭으로 불리기 전이었지만, 《탐조를 위한 현장 가이드Peterson Field Guide to the Birds》의 성공으로 유명세를 얻고 있었다. 키웨스트 주변의 야생동물 보호구역 관리자인 얼 그린Earle Greene은 이 유명한 탐조가를 배에 태우고 인근의 작은 섬들을 함께 탐사했다. 플로리다의 조류군은 이미 잘 알려진 것으로 여겨졌지만, 두 사람은 6월 어느 날 미국에서는 처음 보는 새 두 마리를 발견했다.

로저는 이후 줄곧 "얼 그린과 내가 함께 이 새들을 발견했다"고 겸손하게 말하곤 했다. 하지만 당시 그린은 열성적인 탐조가로서 이 지역에서 2년 넘게 활동해온 상태였고, 정작 이 진귀한 새들을 처음 알아본 것은 기민하고 예리한 피터슨이었다. 어느 섬 끝자락 맹그로브 숲에서 아메리카솔새의 노래 같은 소리가 들려왔다. 아메리카솔새는 아주 흔하고 널리 퍼져 있어 탐조가들이 쉽게 지나치기도 하지만, 당시 6월은 아메리카솔새의 번식기였고 이 새들은 조지아 북부에서 더 떨어진 곳에는 둥지를 틀지 않는다고 알려져 있었다. 피터슨과 그린이 발견한 새는 이전에는 쿠바에서만 서식하는 것으로 알려졌던 열대성 종, '노랑미국솔새Golden Warbler'로 밝혀졌다. 그날 저녁 키웨스트 상공을 나는 쏙독새를 지켜보던 로저는 이 새의 울음소리가 북미 대륙의 일반적인 쏙독새와 다르다는 점을 알아차렸다. 익숙한 *찌이잉* 소리 대신에 *피티픽픽* 하는 날카로운 소리가 들려온 것이다. 조사 결과, 이 새들은 카리브 해 서부에 널리 퍼져 있지만 플로리다에서는 관찰 기록이 없었던 앤틸리언쏙독새Antillean Nighthawk임이 밝혀졌다.

　오늘날 앤틸리언쏙독새는 키스 남부 지역에서 여름철에 주로 서식하는 것으로 알려졌으며, 때로는 더 북쪽까지 이동하기도 한다. 지금은 아메리카솔새의 아종으로 취급되는 노랑미국솔새는 여름철 키스에 널리 분포하며, 일부는 1년 내내 이곳에 머물기도 한다. 그렇다면 이 새들은 1941년에 발견되기 전까지, 얼마나 오래 이곳에 존재했을까? 한 세기 전 오듀본은 이 새들을 발견하지 못하고 놓친 것뿐일까? 확신할 수 없지만 두 새 모두 1940년대부터 키스에서 서식 범위를 넓혀왔으며, 처음 발견되었을 때는 이제 막 이 섬에 도착하고 정착하려던 때였을 가능성이 높다.

　검은수염비레오Black-whiskered Vireo의 경우는 더욱 불확실하다. 5월 중순에 이곳에서 차를 몰다 보면, 창문을 닫고 에어컨이 돌아가는 소음 속에서도 창밖에서 이 새 울음소리가 들려올 것이다. 짧고 크며 강렬한 검은수염비레오의 울음소리는 자연주의자들의 이목을 단번에 끈다. 오듀본이 이 소리를 듣고도 발견하지 못했을 가능성은 거의 없으므로, 아마도 1832년 이후부터 플로리다에 정착한 것으로 추정된다. 현재는 키스 전역과 반도의 해안에서 여름철마다 이 새를 흔하게 볼 수 있다.

　플로리다 조류군의 역사에서, 키스에 비해 반도의 남부 지역은 상대적으로 덜 알려졌다. 하지만 이곳에서도 다양한 새가 새롭게 서식하거나 사라지는 일이 반복된다. 매끈부리애니Smooth-billed Ani를 생각해보자. 뻐꾸기과에 속하는 이 크고 검은 새는 퍼핀Puffin과 비슷한 부리를 가지고 있고 길게 늘어진 꼬리가 특징이다. 열대 목초지와 숲 가장자리에서 무리를 지어 서식하는 이 새는 1930년대 이전에는 플로리다에서 거의 볼 수 없었으나, 그 이후 플로리다 내륙의 오키초비 호수 근처에 나타나 둥지를 틀기 시작했다. 그 이후 개체 수와 서식 범위를 확장하여 1970년대에는 반도 남부에 널리 퍼졌다. 그러다가 다시 개체 수가 급감하여 이제는 플로리다에서 찾아보기 힘들어졌다. 결국 매끈부리애니는 이 지역에서 영영 사라질지도 모른다.

쉽게 왔다가 쉽게 떠나는 것, 이것이 반도와 섬으로 이루어진 이 역동적인 플로리다 생태계의 특징이다. 현재 플로리다 남부에는 1830년대에는 존재하지 않았던 수십 종의 조류가 번식하고 있는데, 대부분 인간이 의도치 않게 들여온 새들이다. 여기에는 남아시아의 구관조와 직박구리, 중앙아메리카의 찌르레기, 중동의 비둘기, 열대 지방의 다양한 앵무새가 포함된다. 비록 이 새들은 에버글레이드 습지에서 악어와 싸우는 버마왕뱀 같은 다른 유입종들처럼 대중의 관심을 끌지는 못하지만, 사람이 많이 거주하는 반도의 남부에 흩어져 지내고 있다. 물론 플로리다 이외의 다른 지역에서도 외래종들이 사육장이나 동물원에서 탈출할 수 있겠지만, 일반적으로 야생에 나오면 오래 살아남지 못한다. 하지만 플로리다에서만큼은 종종 번성하여 새로운 개체군을 형성하기도 한다. 플로리다에는 하와이를 제외하고 미국의 어느 주보다도 많은 외래 조류가 서식하고 있다.

당연히 과거의 자연주의자들은 이처럼 새롭게 정착한 종들을 관찰할 수 없었을 것이다. 우리가 이 지역에서 이미 사라진 종을 찾아낼 가능성이 거의 없는 것과 마찬가지로 말이다. 이 두 부류의 종들은 플로리다의 생태계를 특별하고 흥미롭게 만드는 요소다. 그리고 1832년에 분명히 존재했지만 오듀본이 놓쳤던 몇몇 종도 흥미롭다.

오듀본은 온순한 비둘기를 좋아했지만, 대담한 맹금류에 대한 애정 또한 깊었다. 그는 악명 높은 가상의 '워싱턴의 새'를 포함하여 다양한 독수리와 매, 솔개 등에 관한 감동적인 글을 쓰기도 했다. 플로리다의 아름다운 맹금류 두 종은 반도 남부 내륙에서 발견되어 오듀본이 해안과 키스를 방문하는 동안에는 볼 기회가 거의 없었다.

그중 한 종은 이후 반세기 동안 자연주의자들의 발견을 피했다. 1880년대 초, 플로리다에서 처음으로 짧은꼬리매가 발견되었을 때 조류학자들은 이 새가 열대 지방에서 길을 잃고 이곳으로 왔을 가능성을 제기했다. 짧은꼬리매는 쌍안경이 널리 보급되기 이전에는 쉽게 알아보기 어려웠던 종인데, 일반적으로 먹이를 찾을 때는 아주 높이 날아오르고 내려올 때는 평야보다 나무의 울창한 잎사귀 사이에 앉는 경향이 있기 때문이다. 바트람, 오듀본 또는 플로리다를 방문한 초기 자연주의자들이 짧은꼬리매를 목격했다면 아마도 엽총 사거리 밖에서 머리 위를 날아다니는 정체불명의 맹금류로 생각했을 것이다.

플로리다에서 수집된 첫 표본들은 학자들을 더욱 혼란스럽게 했다. 이 매는 뚜렷하게 두 가지 색 형태를 보인다. 둘 다 등은 검지만, 아랫부분은 반짝이는 흰색이거나 진한 초콜릿색이다. 이 두 형태 때문에 수십 년 전 남미와 멕시코의 표본을 바탕으로 다른 종으로 기술되고 명명되었으나, 1880년대까지 그 분류에 대한 의구심이 남아 있었다. 1889년 플로리다의 타폰스프링스 근처에서 W. E. D. 스캇W. E. D. Scott이 이 두 형태의 매가 한 쌍으로 둥지를 공유하는 것을 발견하면서 논란이 해결되었다. 그후 수십 년 동안 짧은꼬리매는 짝을 지어 반도에 널리 흩어져 번식하며, 총 개체 수는 500마리 이하로 추정되었다.

앞서 언급했듯, 플로리다의 조류 중 짧은꼬리매는 왕대머리수리와 가장 가까운 지리적 분포를 보인다. 두 종 모두 카리브 해의 섬들에는 서식하지 않으며 멕시코에서 남미에 이르는 열대 내륙에 널리 퍼져 있다. 플로리다의 짧은꼬리매는 1770년대의 왕대머리수리처럼, 주요 서식 범위에서

　모든 새를 보았다고 믿은 남자

단절된 개체군이었다.

적어도 과거에는 그랬다. 하지만 최근에는 뚜렷한 이유 없이 짧은꼬리매의 주요 서식 범위가 북쪽으로 확장되고 있다. 멕시코 남서부에서는 1940년대 초부터 확산이 시작된 것으로 보이며, 수십 년에 걸쳐 북쪽으로 약 1,500킬로미터까지 확장하여 미국 국경에 가까워졌다. 오랫동안 서식해왔던 멕시코 동부에서는 1970년대까지 별다른 변화가 없다가, 1980년대 후반에 이르러 텍사스와 애리조나에서 이 새가 목격되기 시작했다. 1990년대 후반에는 이 두 주 모두에서 발견 기록이 남았으며, 현재는 매년 여러 마리가 관찰되고 있다. 애리조나에서는 둥지를 틀고 있는 것이 확인되었고, 일부는 더 동쪽으로 떨어진 곳에서도 발견되었다. 만약 이들이 걸프 연안을 따라 동쪽으로 범위를 계속 확장한다면, 플로리다에서 서식하는 짧은꼬리매는 고립된 개체군이 아니라 열대 지방으로부터 연결된 개체군의 일부가 될 것이다.

아마도 과거에는 그만큼 광범위한 서식 범위를 가지고 있었을 것이다. 전혀 불가능한 일도 아니고, 오히려 지금 플로리다에 서식하는 새들이 애초에 어떻게 그곳에 정착했는지 설명할 가설이 되어준다. 왕대머리수리도 마찬가지였을 것이다. 명확하게 증명할 방법도 없고, 가능성도 희박해 보이지만, 플로리다의 조류 분포 특성에 대해 생각해보면 희박한 가능성도 충분히 상상 가능하다.

오듀본이 놓친 또 다른 플로리다의 맹금류는 쿠바에서 흔히 볼 수 있는 우렁이솔개다. 넓은 바다를 건넌다는 기록은 없지만, 어쩌면 그 경로를 통해 반도에 도착했을 수 있다. 아메리카 열대 지방에 널리 퍼져 있는 아름다운 맹금류 우렁이솔개는 왕우렁이를 껍데기에서 떼어내는 데 적합한 얇고 긴 갈고리 모양의 부리를 가지고 있다. 먹이를 쫓는 데 속도가 필요하지 않기 때문에 느린 날갯짓과 활공으로 습지 위를 낮게 날아다닌다. 성체 수컷은 전체적으로 암회색에 흰 반점이 있고 붉은 눈, 주황색 다리와 얼굴인 반면, 성체 암컷과 어린 새는 대담한 담황색과 갈색 얼룩의 깃털을 가졌다. 이 새는 1817년, 아르헨티나 남쪽 끝에서 채집된 표본을 바탕으로 학계에 처음 보고되었고, 1844년 봄 오듀본의 친구 에드워드 해리스가 현재 마이애미 시내에 해당하는 강가에서 이 새를 발견하며 북미의 동물상에 추가되었다.

우렁이솔개는 흔하지는 않지만 플로리다 중남부 에버글레이즈 지역의 넓은 '초원의 강River of Grass' 전체에서 정기적으로 관찰되었다. 내가 10대였던 1970년대, 이 새는 에버글레이드솔개Everglade Kite로 불렸고(1980년대가 되어 우렁이솔개로 이름이 바뀌었다), 멸종 위기종으로 여겨졌다. 에버글레이드솔개라는 이름과 '멸종 위기'라는 인식 모두 미국 중심의 시각이 반영된 것으로, 이 새는 20개국 이상에서 흔히 볼 수 있었다.

하지만 미국에서는 실제로 희귀했으며 개체 수가 감소하고 있었다. 우렁이솔개는 오직 플로리다 내에서 수위 변화에 따라 이동하는 유목 생활을 했다. 수면에서 몇 미터 위, 습지의 관목이나 낮은 나무에 둥지를 짓는 습성이 있어 다른 포식자를 막을 수 있을 만큼의 깊은 물이 필요했지만 그렇다고 둥지가 잠길 정도로 깊어서는 안 되었다. 수위의 변화는 또한 이들의 먹이인 왕우렁이의 개체 수에도 영향을 끼친다. 인간이 오키초비 호수 남쪽에서 에버글레이드 습지까지 점점 더 많은 수질 조절 구조물을 설치하면서 우렁이솔개 개체 수는 급감했고, 환경 보호론자들은 이 종이 반도에서 아예 사라질까 봐 걱정했다.

하지만 플로리다는 종종 자연이 예상치 못한 일을 해내곤 한다. 이국적인 새나 버마왕뱀뿐만 아니라 다른 외래 생물도 이곳에 쉽게 정착하곤 했다. 우렁이도 마찬가지였다. 남아메리카가 원산지인 왕우렁이는 수족관 거래에서 인기가 많았고, 그중 일부가 수십 년 전에 플로리다 수로에 버려진 것으로 추정되었다. 이 종은 플로리다의 토종 왕우렁이와 관련된 포마케아Pomacea속에 속하지만, 더 크게 자라고 다양한 수질 환경을 견디며 훨씬 더 빠르게 번식하여 한 번에 훨씬 더 많은 알을 낳는다. 이러한 특성 때문에 플로리다를 포함한 전 세계 여러 지역에서 고유종을 위협하는 끔찍한 침입종으로 인식된다. 외래 왕우렁이가 플로리다 반도 전역으로 퍼지면서 사람들은 이로 인해 이곳의 습지와 토종 왕우렁이가 입을 피해를 걱정했다.

하지만 아이러니하게도 플로리다의 우렁이솔개에게는 이들의 유입이 오히려 새로운 희망이 되었다. 지난 몇 년 동안 이 솔개의 번식 성공률이 극적으로 향상되었고 개체 수가 증가했으며 서식 범위도 넓어졌다. 2010년 이전에는 올랜도 지역 남쪽에서만 볼 수 있었는데, 이제는 북쪽으로 160킬로미터 떨어진 게인즈빌 인근 습지에서도 매일 수십 마리가 관찰된다. 연구에 따르면 현재 플로리다 전역에서 우렁이솔개는 토종 왕우렁이가 아닌 외래종 왕우렁이를 전적으로 먹고 있는 것으로 나타났다.

또한 기이하게도, 연구 결과에 따르면 플로리다의 우렁이솔개는 토종보다 더 큰 외래종 왕우렁이에 맞춰 부리가 더 크게 진화하고 있는 것으로 나타났다. 환경 변화에 대응하여 부리 형태가 빠르게 진화하는 것은 갈라파고스의 핀치 종에서 이미 입증된 바 있지만, 맹금류에서는 아무도 예상하지 못한 것이었다.

만약 오듀본이 플로리다에서 큰 날개로 느리게 비행하며 날카로운 갈고리 모양의 부리를 가진 우렁이솔개를 봤다면 분명 새로운 새라는 것

켄 코프먼이 그린 우렁이솔개, 위는 성체 수컷, 아래는 어린 새끼. 이 솔개는 플로리다 반도 내륙의 습지에 서식하는데, 이 지역은 여행이 어려워서 초기 자연주의자들은 이 새를 발견하지 못했다. 오듀본의 친구 에드워드 해리스가 1844년 플로리다를 여행했을 때 처음으로 발견했다.

을 알았을 것이다. 키스에서 샌드위치제비갈매기 표본을 처음 발견하고 북미에서 처음 보는 개체라는 것을 바로 알아챘을 때처럼, 보자마자 '유레카'를 외쳤을 것이다. 그리고 만약 그의 머리 위로 날아가는 왕대머리수리를 봤다면, 단번에 그의 시선을 사로잡았을 것이다. 그러나 대부분 발견의 순간은 그렇게 명확하지 않다. '새로운 종일지도 모른다'는 추측에 이르기까지도 오랜 시간이 걸리고, 확신하는 데에는 훨씬 더 오랜 시간이 필요하다. 짧은꼬리매 역시 오듀본이 보았다면 이런 '혹시'의 범주에 속했을 것이다.

'혹시'의 범주에 속하는 예로는 플로리다에 널리 퍼져 있었을 것으로 추정되는 얼룩오리도 있다. 윌리엄 바트람은 1774년 세인트 존스 강에서, 오듀본은 1832년에 이 오리를 목격했을 가능성이 있으며, 9장에서 다시 설명하겠지만 몇 년 후 텍사스에서도 분명히 목격했다. 하지만 얼룩오리는 이미 잘 알려진 흔한 미국청둥오리American Black Duck와 너무 닮아서, 1874년까지 새로운 종으로서 이름이 붙여지지 않았다. 얼룩오리라는 종의 발견은 세밀한 식별이 필요한 일이었다. 미국청둥오리는 북위도의 철새지만, 얼룩오리는 플로리다와 걸프 연안의 무더운 기후에서도 사계절 내내 살 수 있도록 적응한 종이라는 것을 조류학자들이 알아내기까지는, 대륙 전역으로부터 축적된 데이터가 필요했다.

1800년대 초반에는 지금처럼 광범위하게 축적된 데이터가 없었기 때문에, 일부 조류 종은 식별하거나 분포와 이동을 이해하기가 매우 까다로웠다. 특히 윌슨과 오듀본 그리고 동시대 사람들을 가장 오랫동안 괴롭히고 혼란스럽게 했던 것은 장거리를 이동하는 철새 그룹, 그중에서도 도요물떼새들Shorebirds이었다.

새를 그린다는 것

새의 크기에 관하여

'실제 크기', '자연 그대로의 크기'. 처음부터 오듀본이 《북미의 새》에서 내세운 가장 큰 특징 중 하나는 모든 종을 실물 크기로 묘사하겠다는 의도였다. 만약 그가 아프리카나 호주, 남미에서 이 프로젝트를 시작했다면 타조, 에뮤, 화식조cassowary, 레아rhea 등 시중에서 판매되는 종이의 크기를 훨씬 뛰어넘는 새들이 너무 많아 애초에 꿈도 꾸지 못했을 것이다. 반면 북미 조류의 경우, 가장 큰 새라도 높이 약 100센티미터, 너비 약 74센티미터의 더블엘리펀트폴리오 종이에 어떻게든 담아낼 수 있었다. 하지만 이렇게 큰 종이에서도 두루미, 왜가리, 고니처럼 키가 크거나 목이 긴 새를 표현하려면 창의성을 발휘해야 했다.

오듀본 스타일을 모방하는 프로젝트에서 다룬 새 중에 그렇게까지 큰 새는 없었다. 이 프로젝트에서 그린 가장 큰 피사체는 우렁이솔개와 크고 대담한 붉은부리큰제비갈매기였다. 지면 크기 때문에 포즈에 제약이 있어서 날개를 완전히 펴고 날아가는 모습은 담지 못했지만, 그 외에는 큰 어려움이 없었다. 나는 오히려 가장 작은 새를 그릴 때가 더 까다로웠다.

이전에 나는 새를 실물 크기로 그려본 적도, 그렇게 그릴 생각조차도 해본 적이 없었다. 1980년대와 1990년대에 다양한 새를 식별하기 위한 목적의 삽화를 많이 그렸지만, 그림의 크기는 새의 실제 크기를 기준으로 하지 않았다. 그림 속 새의 크기는 그림을 재현할 지면 크기에 따라 결정되었다. 예를 들어 논병아리의 얼굴 무늬를 묘사한 잉크화를 너비 9센티미터의 공간에 게재하려면 원본 그림은 그 두 배 정도의 너비로 작업해야 했다. 네 마리의 굴뚝새를 그린 컬러 삽화가 너비 15센티미터의 잡지 지면에 실린다면, 원본 그림은 최소 25센티미터 너비로 그려야 했다. 이렇게 해야 원본을 축소하여 복제하고 인쇄할 때 약간의 실수나 고르지 않은 부분이 눈에 덜 띄게 된다. 이는 내가 아는 모든 새 삽화가가 공통적으로 사용하는 방식이다.

이번 프로젝트에 나는 필라델피아비레오와 커틀랜드솔새를 비롯한 작은 새도 포함했다. 필라델피아비레오를 그려본 적은 있지만, 과거에는 실물의 두 배 크기로 작업했었다. 이번 프로젝트에서는 목적에 맞게 더 크지도 작지도 않게, 정확히 실물 크기로 그리는 것이 요구되었다. 아주 긴장되는 작업이었다. 이렇게 정밀한 치수에서는 물감이 단 1밀리미터만 어긋나도 새의 디테일이 왜곡될 수 있다. 작은 실수 몇 가지는 금방 수정할 수 있었지만, 일부는 작품 전체를 망쳐서 처음부터 다시 시작해야 했다. 이 책에 수록된 프로젝트 작품 중 몇 점은 세 번 이상 다시 작업한 것이다.

이에 비해 큰 종을 다루는 것은 그리 어렵지 않았다. 두 마리의 우렁이솔개를 한 종이에 담으려면 서로 부자연스럽게 가깝게 배치하고 어색한 포즈를 취하게 할 수밖에 없었다. 그러나 오듀본의 스타일을 모방하려 할 때, 이런 배치는 오히려 자연스럽다고 할 수 있다.

8월의 어느 오후, 뉴저지 케이프메이 인근 델라웨어 만 해안을 따라 짙은 안개가 피어오르고 있다. 저 멀리, 해변을 걷는 사람들의 모습이 신기루처럼 흐릿하게 보인다. 하지만 지금 내 시선을 붙들고 있는 것은 바로 앞 강어귀 갯벌에 모여 있는 수십 마리의 작은 갈색 또는 회색 새들이다.

대부분 참새와 비슷하거나 조금 큰 정도이다. 하지만 이들의 생김새를 보면 참새와 같은 지상 생활을 위한 특징은 거의 없다. 이들의 긴 발가락은 젖은 모래나 진흙 위도 빠지지 않고 섬세하게 걷고 달릴 수 있게 해준다. 이따금 잠시 멈춰서 얇고 곧은 부리를 휘저으며 진흙 표면이나 얕은 웅덩이 곳곳을 탐색한다. 날개를 펴고 공중으로 날아오를 때, 무리는 파도의 가장자리를 따라 넓게 펼쳐져 빠르게 갯벌을 가로질러 날아갔다가 다시 출발한 자리 근처로 되돌아온다.

도요물떼새. 미국 조류학자들이 이 단어를 사용할 때는 단순히 오리나 갈매기처럼 해안가에 있는 새들만을 가리키는 것이 아니라, 도요새 sandpiper, 물떼새plover 및 몇몇 친척 종을 아우르는 것이다. 전 세계적으로

220여 종이나 되는 매우 다양한 종이 서식하며, 그중 80여 종이 북미에서 발견된다. 화려하지는 않지만 모두 우아한 몸매를 갖고 있다. 일부 종은 지구상에서 가장 경이로운 장거리 여행자들이다.

도요물떼새는 내가 가장 좋아하는 생물 중 하나로, 나는 이들의 열렬한 팬이다. 하지만 처음부터 그랬던 것은 아니었다. 탐조를 시작할 당시, 매년 도요물떼새의 종을 파악하고 식별하는 것이 어렵기만 했다. 알아낸 것 같다가도 다시 보면 또 의심스러웠다. 혼란은 끝나지 않았다.

어쨌든 그건 오래전의 일이고, 이제는 자신 있게 내가 보는 모든 도요물떼새의 이름을 댈 수 있다. 하지만 케이프메이 갯벌에서 도요물떼새들을 다시 보니 한때 왜 그렇게 이들이 어렵고 성가시게 느껴졌는지 이유를 알 것 같았다. 나뭇잎 뒤에 숨어 잘 보이지 않는 솔새들과는 달리, 이 새들은 열린 공간에서 가까이 볼 수 있다. 차이가 아주 미묘해서 언뜻 보면 모두 똑같아 보이지만, 자세히 들여다보면 마치 눈송이처럼 모두가 다르게 생겼고 똑같은 개체는 하나도 없다. 어떤 새는 조금 더 크거나 작으며, 부리가 짧거나 길기도 하다. 어떤 새는 회색이고 어떤 것은 갈색이며, 더 선명한 무늬가 있는 것도 있고 더 차분한 색을 띠는 새도 있다. 같은 종에서 약간 변형된 형태일 수도 있고, 서로 다른 종일 수도 있다.

지금은 8월이다. 사람들에게는 여름휴가의 계절이지만, 도요물떼새에게는 가을 이동이 시작되는 시기다. 도요물떼새 대부분은 캐나다 북쪽의 북극 툰드라에서 번식한다. 늦봄에 북쪽으로 이동해 새끼를 키운 뒤, 한여름이 되면 성체들은 다시 남쪽으로 이동하고 곧이어 독립한 새끼 무리가 그 뒤를 따른다. 8월의 뉴저지 해안가에는 이미 둥지로부터 1,600킬로미터 이상 남쪽으로 날아온 도요물떼새들로 가득하다. 여기에는 어린 새들도 섞여 있는데, 이들은 본능과 튼튼한 날개를 믿고 스스로 남쪽으

　　　　모든 새를 보았다고 믿은 남자

로 날아온다.

대부분의 도요물떼새는 1년에 두 번 털갈이하여 계절에 따라 외형이 달라진다. 초여름의 번식깃은 밝은 색(도요물떼새에게는 '밝은 색'이라고 해도 진한 갈색을 의미하지만)과 선명한 흑백의 무늬가 돋보인다. 겨울깃은 대부분 더 옅은 회색으로 변한다. 8월은 많은 종이 아직 번식깃을 하고 있지만, 이미 겨울깃으로 갈아입은 개체도 있고, 털갈이 중이라 얼룩져 있는 개체도 많다. 게다가 어린 새들은 계절에 따라 성체의 깃털이나 무늬와는 아예 다른 깃털을 가지고 있는 경우가 많다.

10여 종 이상의 도요물떼새가 한곳에 모여 있곤 하는데, 각기 다양한 깃털 무늬를 가지고 있어 당황스러울 정도로 다양하고 복잡한 광경을 연출한다. 오늘날 초보 탐조가들이 아무리 자세하고 훌륭한 현장 가이드를 가지고 관찰에 나선다고 하더라도 도요물떼새는 여전히 혼란의 대상이다.

1800년대 초, 이 새들은 알렉산더 윌슨에게도 큰 골칫거리였다. 《미국 조류학》에서 윌슨은 검은머리물떼새Oystercatcher라는 새를 쫓다가 "거의 죽을 뻔했다"고 회상하면서 이렇게 썼다.

케이프메이의 해변에서 나는 이 새들 중 한 마리의 날개를 부러뜨렸다. 사냥개가 없었던 나는 즉시 새를 쫓아 바다로 달려갔고, 새는 매우 빠르게 날아갔다. 거의 동시에 물에 뛰어들었지만, 새는 내 손아귀에서 벗어났다. 나는 깊이 가라앉기 시작했고, 그때야 비로소 내가 총을 가지고 있었다는 사실을 떠올렸다. 물 위로 올라왔을 때 새가 잠수한 것을 보았지만, 강한 썰물이 총과 모든 사격 장비와 함께 나를 먼 바다 쪽으로 빠르게 끌고 갔다. 하는 수없이 나는 새를 포기하고 뭍으로 향할 수밖에 없

었다. 화약통에 들어 있던 모든 것들은 완전히 망가졌고, 나는 엄청난 수
치심에 사로잡혔다.

검은머리물떼새는 결국 도망쳤다.

《미국 조류학》의 첫 여섯 권에서 윌슨은 가능한 한 도요물떼새 언급
을 피했다. 그는 단 네 종만 다루었으며, 그마저도 네 종 중 세 종에 대해
잘못 설명했다. 일곱 번째 권의 화려한 서문에서 그는 짐짓 태연한 척하며
도요물떼새를 언급했다. "이 광대한 나라의 깃털 달린 종에 관한 연구를
해오면서, 우리는 마침내 강가와 해안가에 이르렀다. 그곳에서는 드넓고
광대한 물의 세계에서 채집한 것으로 삶을 영위하는 수많은 무리가 우리
의 관심을 끈다. 그들의 독특한 특성과 풍부한 개체 수는 우리에게 즐거
움과 배움을 모두 선사한다."

그러나 그들이 선사한 건 '즐거움과 배움'뿐 아니라 혼란도 함께였다.
도요물떼새를 쫓다가 목숨이 위험해질 뻔한 일을 제외하면, 윌슨이 도요
물떼새를 관찰하면서 겪은 어려움의 대부분은 분류와 식별에 관한 것이
었다. 이는 윌슨만의 고민이 아니었다. 당시 북미와 유럽의 자연주의자와
조류학자에게 도요물떼새만큼 헷갈리는 그룹은 없었다. 그들의 고군분
투는 오늘날 도요물떼새를 구별하려 애쓰는 모든 탐조가들에게도 여전
히 적용되고 공감 가는 이야기다.

케이프메이 근처 갯벌의 흡사하면서도 미묘하게 다른 도요물떼새들
을 다시 떠올려보자. 200년 전으로 돌아가, 알렉산더 윌슨과 함께 이곳에
서 있다고 상상해보자. 지금 우리에게는 쌍안경도 망원경도 없으며, 새 그
림이 그려진 현장 가이드도 없다. 이 새들의 이동이나 계절에 따른 깃털 색
변화에 대해서도 거의 아무것도 알지 못한다. 심지어 이 새들이 아직 과

                    모든 새를 보았다고 믿은 남자

학적으로 설명되었는지조차 불확실하다. (스포일러: 일부는 아직 설명되지 않았던 때다.) 이런 상황에서 과연 어떻게 새들을 분류해야 할까?

당시 윌슨을 포함하여 도요물떼새를 연구하던 모든 사람들에게 최대의 수수께끼는 북미의 도요물떼새가 유럽의 종들과 같은지 여부였다. 일부 도요물떼새는 두 대륙에 모두 서식하는 것으로 알려졌고, 일부는 두 지역에서 똑같은 모습을 하고 있었다. 예를 들어 피에로 같은 얼굴 무늬와 짧은 주황색 다리, 뾰족한 쐐기 모양의 부리를 가진 통통한 도요새 꼬까도요Ruddy Turnstone는 대서양 양쪽의 해안에서 흔히 볼 수 있다. 이 정도라면 쉽게 알아볼 수 있었다. 하지만 대부분은 그렇게 분명하지 않았다.

오늘날 약 40종의 도요물떼새가 미국 대서양 연안과 캐나다 남동부 지역에서 정기적으로 관찰된다. 그중 약 4분의 1에 해당하는 9종은 서유럽에서도 흔하다. 하지만 적어도 다른 10종은 유럽의 친척 종과 매우 닮아 쉽게 혼동할 수 있으며, 과거에는 종종 같은 종으로 간주되기도 했다.

한 가지 예로 윌슨을 거의 죽일 뻔 한 검은머리물떼새가 있다. 검은머리물떼새과에는 전 세계적으로 약 12종이 있으며 주로 해안가에 서식한다. 길고 붉은 부리, 빨강 혹은 노란색 눈, 분홍빛이 도는 짧은 다리, 검정 혹은 흑백 무늬의 깃털을 가진 이 새는 외형이 독특해 한눈에 알아볼 수 있을 것처럼 느껴진다. 윌슨은 뉴저지 해안에서 본 검은머리물떼새가 유럽에서 본 종과 같다고 여겼다.

하지만 아메리카검은물떼새American Oystercatcher는 유럽의 종과 뚜렷한 차이가 있었다. 1820년, 네덜란드의 동물학자 C. J. 테밍크C. J. Temminck는 이 새를 남미 종으로 묘사하고 이름을 붙였다. 1834년, 토머스 너탤은 《미국과 캐나다의 조류학 안내서》에서 테밍크가 묘사한 새가 "플로리다 해안에서 가끔 관찰된다"고 주장했다. 오듀본은 1835년 《조류학 전기》 제

3권에서 대서양 연안에서 볼 수 있는 검은머리물떼새가 테밍크가 묘사한 아메리카검은물떼새라고 주장하며 이렇게 말했다. "나는 미국의 어느 지역에서도 유럽의 검은머리물떼새를 본 적이 없다… 나는 윌슨을 비롯한 여러 사람이 아메리카검은물떼새를 유럽의 종과 혼동한 것이라 생각한다."

아메리카검은물떼새는 그나마 구분하기 쉬운 종 중 하나였다. 대서양을 횡단하는 종 대부분은 훨씬 더 혼란스러웠다. 윌슨은 명성에 걸맞게 유럽 자연주의자들이 긴부리마도요Long-billed Curlew를 잘못 설명한 내용을 바로잡았다. 북아메리카에서 가장 큰 도요새인 긴부리마도요는 유럽의 마도요와 꽤 닮았다. 윌슨은 이렇게 썼다. "이 미국 종은 색도 다르고 부리가 더 길지만, 유럽의 자연주의자들은 이를 단순한 변종으로 간주해왔다… 하지만 우리는 이 새가 명백히 북미 고유의 독특한 종이라고 생각한다."

윌슨은 도요물떼새와 관련해 이렇게 제대로 된 지적을 한 적이 거의 없었다. 그는 자신이 잘 아는 조류에 대해서는 다른 작가들의 오류를 서슴없이 지적했다. 《미국 조류학》에 실린 종의 설명은 일반적으로 '유럽의 자연주의자', 즉 프랑스의 뷔퐁, 영국의 레이섬, 웨일스의 페넌트, 심지어 위대한 린네까지 이들의 오류를 밝히는 것으로 시작되는 경우가 많았다. 하지만 도요물떼새에 관해서 만큼은 대부분 침묵했다. 경험과 지식이 부족한 상태에서, 유럽 학자들이 쓴 글에 의문을 제기할 수는 있어도 이를 반박할 자신은 없었던 것이다. 도요물떼새에 있어서는 윌슨 역시 종종 그들의 오류를 반복했다.

작은 도요새 민물도요Dunlin, 칼리드리스 알피나Calidris alpina는 북극 툰드라에서 번식하고 대서양 연안을 포함한 해안에서 겨울을 난다. 민물도요는 수십 마리가 한꺼번에 빠르게 날며 떼를 지어 방향을 바꾸고 선회하는 등 우아하고 정밀한 비행으로 유명하다. 성체의 번식깃은 밝은 적 갈색을 띠고 배에 검은 반점이 있지만, 겨울깃은 칙칙한 회갈색에 흰 배를 하고 있다. 유럽에서 흔한 새인 민물도요는 린네가 이미 (같은 새를 두 차례나) 묘사한 바 있다. 1758년, 그는 번식깃을 한 새에 트링가 알피나*Tringa alpina*라는 이름을 붙였다. 1766년에는 겨울깃을 한 개체에 트링가 킨클루스*Tringa cinclus*라고 이름 붙였다. 수십 년이 지난 후에도 두 이름은 여전히 사용되었고, 두 개체가 같은 새이리라고 의심하는 이는 없었다.

윌슨 또한 《미국 조류학》 제7권에서 이 새를 두 종으로 구별하여 설명했다. 그는 번식깃의 개체를 붉은등도요Red-backed Sandpiper라고 불렀다. 칙칙한 겨울깃의 개체에는 '푸레Purre'라는 이상한 이름을 붙였는데, 이는 영국에서 널리 쓰이던 단어로 아마도 이 새의 울음소리를 모방한 것 같다. 그는 열두 쪽에 걸쳐 붉은등도요와 다른 네 종의 도요새에 대해 기록했는데, 붉은등도요와 푸레는 명확히 다른 종으로 간주했다. 계절에 따른 깃털 색 변화 때문에, 이 두 개체의 특성이 다른 모든 면에서 같다는 사실은 알아채지 못했던 것 같다.

모두에게 혼란을 일으킨 또 다른 종은 붉은가슴도요Red Knot다. 붉은가슴도요 역시 계절에 따른 깃털 변화가 심한 종이다. 늦봄의 성체는 아랫배가 연한 주황색으로 물들고 등에도 같은 색의 얼룩무늬가 눈에 띈다. 겨울에는 위쪽은 평범한 회색, 아래쪽은 희끄무레한 색을 띤다. 초가을의 어린 개체도 회색이지만 등과 날개에 흑백의 좁은 초승달 무늬가 아름답게 나타난다. 붉은가슴도요는 분포 범위가 넓어서 유럽의 초기 조류학자들이 여러 곳에서 발견하고 다양한 이름을 붙일 기회가 많았다. 그리하여 윌슨이 연구를 시작할 무렵, 이 새에게는 일곱 가지 이상의 학명이 붙어 있었다.

존 제임스 오듀본의 민물도요. 왼쪽은 겨울깃, 오른쪽은 번식깃. 다른 여러 종류의 도요새와 마찬가지로, 계절에 따른 민물도요의 깃털 변화는 초기 자연주의자들에게 큰 혼란을 주었다. 알렉산더 윌슨을 비롯한 자연주의자들은 번식기와 겨울철의 개체가 서로 다른 두 종이라고 믿었다.

　그렇다면 우리의 윌슨이 이 일곱 개의 이름이 얽힌 문제를 해결했을까? 아니다. 그는 여덟 번째 이름을 추가했다. 그는 붉은가슴도요가 이미 설명된 어떤 종과도 일치하지 않는다고 판단하여 새로운 종 트링가 루파 *Tringa rufa*로 발표했다. 그는 1760년대에 덴마크의 자연학자 모텐 트라네 브뤼니히Morten Thrane Brünnich가 만든 이름이자 잘 알려졌던 트링가 키네레아*Tringa cinerea*를 어린 개체와 연결 지으며 '회색도요Ash-colored Sandpiper'라고 불렀다. 윌슨은 《미국 조류학》 7권에서 붉은가슴도요와 회색도요를 다뤘으나, 두 새가 같은 종일 수 있다는 언급은 하지 않았다.

　우리에게 친숙한 도요물떼새 중 하나인 세가락도요Sanderling도 처음에는 당황스러운 존재였다. 해변에 가본 사람이라면 누구나 물가에서 밀려오는 파도를 따라 이리저리 날아다니는 작은 도요새를 본 적이 있을 것이다. 세가락도요는 1년 내내 옅은 회색의 겨울깃을 하고 있다가, 늦봄과 초여름 단 몇 주 동안만 진한 적갈색의 번식깃으로 탈바꿈한다. 이 두드러진 변화 때문에 린네와 이후《자연의 체계》편집자들은 이 새를 두 종으로 따로 묘사했다. 당시 도요새와 물떼새의 구분이 아직 명확히 밝혀지지 않았기 때문에, 그들은 이 새를 도요새가 아닌 샌더링물떼새Sanderling Plover와 붉은물떼새Ruddy Plover로 불렀다.

윌슨은 이 두 종의 정체를 가장 먼저 의심한 사람 중 한 명이다. '붉은물떼새'에 대한 설명에서 윌슨은 "이 새는 자주 샌더링물떼새과 함께 발견되는데, 색을 제외하면 매우 닮았다… 나중에 이 종이 그저 다른 옷을 입은 샌더링물떼새로 밝혀져도 놀라지 않을 것이다"라고 썼다. 하지만 그 이후 페넌트, 레이섬 등의 연구에서 이 두 새가 다른 종이라는 주장을 뒷받침하는 듯한 결과가 나오자 좌절하며 이렇게 말했다. "자연주의자들은 이 두 새를 별개의 종으로 간주했지만 '허드슨 만에서는 미스트차이체키스카웨시시Mistchaychekiskaweshish라는 이름으로 알려졌다'는, 엄청나게 유용한 정보 외에 더 자세한 정보는 제공하지 않았다." 그의 냉소는 글 곳곳에서 넘쳐흘렀지만 유럽의 저명한 자연주의자들의 주장을 제대로 반박할 만큼의 자신감은 없었다.

하지만 '샌더링물떼새'에 관한 윌슨의 설명은 새로운 통찰력을 제시했다. 앞서 다뤘듯이 1800년대 초는 조류에서 '과'라는 분류가 아직 사용되지 않았던 시기다. 대신 물떼새가 한 속, 도요새는 다른 속, 부리가 긴 도요새는 또 다른 속으로 분류되었고, 이들 모두가 아주 광범위한 '섭금류|涉禽類, 조류 분류군의 하나로 도요류와 물떼새류처럼 습지 등의 물 주변을 돌아다니며 먹이를 구하는 새를 가리킨다-옮긴이주|'로 묶였다. 물떼새는 각 발에 발가락이 세 개뿐인 것으로 알려진 반면, 도요새는 앞쪽으로 향한 발가락 세 개

겨울깃을 가진 두 마리의 세가락도요 성체, 존 제임스 오듀본의 작품. 1800년대 초, 겨울깃 성체는 종
종 '샌더링물떼새'로 불렸고, 짙은 적갈색의 번식깃으로 갈아입은 성체는 '붉은물떼새'라는 별개의 종
으로 취급되었다. 알렉산더 윌슨은 최초로 이 새들이 실제로는 물떼새가 아니라 도요새이며, 같은 종
의 두 모습에 해당한다고 주장했다.

와 작은 뒷발가락 하나, 총 네 개의 발가락을 가졌다. 윌슨은 샌더링물떼
새(그리고 린네가 다른 종이라고 생각했던 붉은물떼새)가 뒷발가락은 없지
만, 이들의 생김새, 먹이 습관, 울음소리, 사회적 습성 등 다른 모든 면에
서 도요새에 속한다고 보았다. 그리고 그의 판단은 옳았다.

　도요물떼새의 발에 관심을 쏟다 보니, 조류학자들은 때때로 혼란에
빠지곤 했다. 그 혼란은 조류학자 외에는 아무도 쓰지 않는 용어, '반물갈
퀴Semipalmated'에서 잘 나타난다. 반물갈퀴는 물갈퀴가 절반밖에 없다는
뜻으로, 앞쪽으로 향한 세 발가락의 사이에 물갈퀴가 일부만 있는 것을
가리킨다. 탐조가들은 흔히 볼 수 있는 반물갈퀴물떼새Semipalmated Plover
나 아메리카도요Semipalmated Sandpiper 덕분에 이 단어에 익숙하다. 하지만
일반적으로는 이 새들을 그냥 '반물갈퀴새Semi'들이라 부르며, 물갈퀴를

　　　　　　　　모든 새를 보았다고 믿은 남자

자세히 보지도 않고, 이 단어가 무엇을 의미하는지 깊이 생각하지도 않는다.

하지만 초기 조류학자들에게 이 물갈퀴는 아주 중요한 부분이었다. 다양하고 비슷한 새들 사이에서 모호한 설명만으로는 개체를 정확히 식별하기 어려웠기 때문이다. 하지만 새를 확보한 뒤 간단하게 확인할 수 있던 것 한 가지가 바로 발가락 사이에 물갈퀴가 있느냐 없느냐였다. 그것이 새를 식별하는 결정적인 특징이 될 수 있었던 것이다.

물갈퀴가 얼마나 중요하게 여겨졌는지 보여주는 좋은 예가 오늘날 윌렛Willet으로 알려진 도요새다. 이 큰 도요새는 긴 회색 다리와 칼날 같은 부리를 가지고 있으며, 필-윌-윌렛처럼 들리는 울음소리를 낸다. 비행할 때는 1킬로미터 밖에서도 알아볼 수 있는 흑백의 날개를 반짝이며 날아간다. 초기 조류학자들은 이 새를 뭐라고 불렀을까? 반물갈퀴도요 Semipalmated Snipe였다. 이 크고 화려한 도요새도 물갈퀴가 절반밖에 자라지 않았는데, 윌슨과 오듀본 그리고 동시대 사람들에게는 그것이 무엇보다도 중요한 특징이었던 것이다. 이후 이 새의 이름은 단순하고 시적인 '윌렛'*으로 바뀌었지만, 반물갈퀴물떼새의 경우는 200년이 지난 지금도 이 어색한 수식어가 여전히 이름에 붙어 있다. 지금은 이상해 보이지만, 1800년대 초에는 중요한 특성을 반영한 이름이었다.

반물갈퀴물떼새는 유럽의 흰죽지꼬마물떼새Common Ringed Plover와 아주 똑같이 생겼다. 이 유사성 때문에 윌슨은 두 번이나 속았지만 이후 자신의 오류 중 하나를 알아냈다. 1812년 《미국 조류학》 5권에서 그는 "여

---

* 발에 대한 언급은 윌렛의 학명인 '트링가 세미팔마타Tringa semipalmata'에만 남아 있다.

름철 미국 전역의 모래사장에 꼬마물떼새Ringed Plover가 매우 많이 서식한다"고 기록했고, 뉴저지의 모래사장에서 매우 창백한 회색 물떼새 한 쌍이 둥지를 틀고 있는 모습을 묘사했다. 그리고 "이 종은 깃털의 변화가 매우 다양하다. 7월 한 달 동안은 대부분 이곳에서 발견한 것과 같은 색이었지만, 10월 초순이나 중순쯤에는 윗부분이 훨씬 더 어두워졌고, 그 외에도 다양한 색 변화를 보였다"고 설명했다.

더 밝은색을 띤 새도 있었는데, 당시 설명되지 않았던 다른 종인 피리물떼새Piping Plover였다. 1년 뒤 일곱 번째 책을 완성할 무렵, 윌슨은 다시 한번 심사숙고한 뒤 꼬마물떼새에 대한 새로운 설명을 추가했다. "이전 책에서, 이 새를 여름깃을 입은 꼬마물떼새로 가정하여 묘사하고 그림을 그렸지만… 지금은 다른 종일 가능성이 있다고 의심한다." 이어서 "현재 묘사하고 있는 이 종, 즉 진짜 꼬마물떼새와 이전에 설명한 더 밝은색의 종은 모두 4월 말에 뉴저지 해안가에 도착한다. 현재 종은 5월 하순까지 무리를 지어 있다가 더 멀리 북쪽으로 사라지고 밝은 색 종은 여름 내내 남아 모래에 둥지를 틀며, 일반적으로 한 계절에 두 마리의 새끼를 낳는다. 9월 초 무렵에는 무리를 지어 돌아간다"고 덧붙였다.

결국 윌슨은 두 종을 구별해냈다. 하지만 실망스럽게도 웨일스의 동물학자 토머스 페넌트는 미국의 표본을 본 후 밝은색의 새는 별 의미가 없는 변종으로 판단하면서, 옅은 새들이 흰죽지꼬마물떼새의 퇴화된 버전이라고 썼다. "기후로 인해 특징이 거의 사라진 상태였다." 신대륙의 열악한 기후 때문에 미국으로 가면 유럽의 이상적인 모습에서 퇴화하고 만다는 뷔퐁의 이론이 다시 등장한 것이다. 윌슨은 이에 동의하지 않았지만 창백한 새를 새로운 종으로 명명할 만큼의 확신은 없었고, 제7권을 완성한 지 몇 달 후 세상을 떠난다. 1824년 이 책의 새 판을 편집한 조지 오드는 윌슨의 관찰을 바탕으로 밝은색 새에 피리물떼새, 카라드리우스 멜로 두스*Charadrius melodus*라는 이름을 붙였다.

오드 역시 당시의 일반적인 관행을 따라, 물떼새의 발 모양을 관찰했다. 피리물떼새는 세 개의 앞발가락 밑부분 사이에 물갈퀴가 없었지만, 유럽의 흰죽지꼬마물떼새는 바깥쪽 발가락과 가운뎃발가락 사이에 약간의 물갈퀴가 있었다. 분명 다른 종이라는 증거다! 하지만 오드는 북아메리카의 꼬마물떼새는 바깥 발가락과 가운뎃발가락 사이뿐 아니라 가운뎃발가락과 안쪽 발가락 사이에도 작은 물갈퀴가 보인다는 점을 지적했다. 실상은 아주 작은 각질 조각에 불과했지만, 오드는 중요한 특징이 될 수 있다고 생각했다. "여기에서 다양성이 나타나며, 이 특징이 일정하게 보인다면 특별한 구별 기준이 될 수 있다"고 기록했다.

1년 후 샤를 뤼시앵 보나파르트는 "미국 표본과 유럽 표본의 물갈퀴의 차이에 관한 오드 씨의 발언은 틀림없는 사실이다. 내가 소장하고 있는 표본으로 이를 확인했다"며 동의했다. 보나파르트는 이 미국 새에 반물갈퀴물떼새, 카라드리우스 세미팔마투스*Charadrius semipalmatus*라는 이름을 제안했다. 오늘날 우리는 반물갈퀴물떼새와 흰죽지꼬마물떼새가 목소리나 다른 세부 특징에서도 차이를 보인다는 것을 안다. 이 두 종이 별개의 종이라는 사실을 의심하는 사람은 아무도 없다. 하지만 물갈퀴의 차이가 없었다면, 이 두 종이 다르다는 사실을 알아차리는 데 수십 년이 더 걸렸을 것이다.

다른 '반물갈퀴새'의 한 종인 아메리카도요 또한 큰 혼란을 일으켰는데, 이 혼란을 바로잡는 데는 훨씬 더 오랜 시간이 걸렸다. 서로 사촌뻘인 가장 작은 도요새 일곱 종은 여름을 북극 툰드라에서 난 뒤 겨울은 더 멀

해안의 이방인

리 남쪽으로 이동하는데 네 종은 구대륙에서, 세 종은 신대륙에서 겨울을 난다. 이들은 종종 식별이 어려워서 탐조가들은 이들을 한데 묶어 '핍스peeps', '좀도요stints' 등으로 부르기도 한다. 초기 조류학자들 역시 이들을 포괄적인 용어로 부르는 경향이 있었다. 이 일곱 종 중 두 종만이 1810년 이전에, 세 종은 1820년 이전, 나머지 두 종은 1850년 이후에야 공식적으로 설명되고 이름이 붙여졌다. 조류학자들이 이들을 구분하기까지 아주 오랜 시간이 걸렸다.

월슨은 처음에 이 문제를 알아차리지 못했다. 그는 《미국 조류학》 5권에서 서유럽과 북미 동부의 네 종을 섞어 '작은도요Little Sandpiper, 트링가 푸실라Tringa pusilla'라는 단일 종으로 소개했다. 이듬해 7권에서 월슨은 아메리카도요, 트링가 세미팔마타Tringa semipalmata*를 새롭게 소개했다. "이 종은 가장 작은 도요새 종 중 하나로, 지금까지 완전히 간과되었거나 매우 닮은 다른 종 트링가 푸실라와 혼동되었던 것 같다… 그러나 두 종을 구별할 수 있는 중요한 표식은 반물갈퀴가 있는 발이다." 당시 발의 구조는 도요새 그룹 내에서 종을 정의하고 구분하는 데 그만큼 중요한 기준이 되었다.

"반물갈퀴가 있다"는 것은 조류학자들에게 있어 마치 신이 주는 선물 같았다. 1820년대에는 유럽에서 꼬마좀도요Little Stint와 흰꼬리좀도요Temminck's Stint, 북미에서 종달도요Least Sandpiper와 아메리카도요가 발견되었다. 이들 모두 갈색에서 회색까지 다양한 빛깔을 가진 참새 크기의 종으로, 악명 높을 정도로 너무나 닮은 외형을 하고 있다. 한 가지 눈에 띄

---

* 오늘날 아메리카도요의 학명은 칼리드리스 푸실라Calidris pusilla다. 린네는 1766년에 (확실히 정의되진 않았지만) 작은 도요새를 '푸실라pusilla'라고 소개했고, 이후 조류학자들은 이 이름이 아메리카도요를 가리키는 것으로 판단했다. 월슨이 언급했던 '작은도요, 트링가 푸실라'는 여러 종이 섞인 합성 종이었지만, 이 문단의 설명을 보면 현재 '종달도요'로 알려진 새를 지칭한 것이 분명하다.

는 점이라면 바로 발의 작은 물갈퀴였다. 새를 손에 쥐고 자세히 살펴보면 자신 있게 식별할 수 있었다.

아니, 할 수 있을 줄 알았다. 하지만 발에만 집중한 결과, 같은 형태의 반물갈퀴를 가진 다른 종 긴부리참도요는 수십 년 동안 '반물갈퀴새들' 사이에 가려져 간과되었다.

긴부리참도요는 동부 지역에서는 흔하지 않다. 알래스카에서만 번식하며 주로 태평양 연안을 따라 이동하지만 일부 개체는 대륙의 다른 지역으로 퍼져 나간다. 대서양 연안 등 동부에서도 봄과 가을에 정기적으로 발견되며, 겨울철에는 걸프 연안과 대서양 연안 남부 전역에서 관찰된다. 일부는 뉴저지와 롱아일랜드까지 북상하기도 한다. 한편 아메리카도요는 봄과 가을에 동부 주에서 흔히 볼 수 있지만, 겨울철에는 대부분이 남미로 이동하여 동부에서는 거의 보이지 않는다.

윌슨과 다른 자연주의자들은 겨울에 해안가에서 긴부리참도요를 똑똑히 목격했을 것이다. 하지만 안타깝게도 이 새의 모습은 겨울철 아메리카도요와 거의 비슷하며, 다른 계절에도 차이는 매우 미묘할 뿐이다. 긴부리참도요는 번식깃과 어린 개체의 깃털이 더 밝은 적갈색 무늬를 띤다. 하지만 두 종의 겨울깃은 위쪽은 회갈색이고 아래쪽은 흰색을 띠며 눈에 띄는 무늬는 없다. 긴부리참도요가 평균적으로 부리가 약간 더 크고 길긴 하지만, 큰 아메리카도요와 비교하면 큰 차이가 없다.

이 때문에 오랫동안 동부 지역에서 조류학자들이 긴부리참도요를 알아보지 못한 것은 어떻게 보면 당연한 일이다. 하지만 시간이 지나면서 이들은 아메리카도요가 생각만큼 단순하지 않을 수 있다는 의문을 갖게 되었다. 오듀본은 1839년 《조류학 전기》 제5권에서 아메리카도요의 크기가 다양하다고 언급했다. "크기의 차이가 현저했다… 나는 많은 개체를 비교해보았고… 사람들에게 아메리카도요가 여러 종으로 나뉠 수 있다고 자신있게 말할 수 있을 만큼, 크기와 비율에 대한 차이를 발견했다.”

거의 같은 시기인 1838년, 샤를 보나파르트는 “미국 전역”에서 발견되는 아메리카도요에게 “남부와 중부”에만 서식하는 친척 종이 있다고 주장하면서, 마우리*mauri*라는 종의 이름까지 제안했다. 하지만 아무런 설명도 덧붙이지 않아서 이 이름은 공식적인 지위를 얻지 못했다. 이후 1840년대와 1850년대에 독일의 조류학자 장 루이 카바니스Jean Louis Cabanis와 독일계 쿠바의 자연학자 후안 군들락Juan Gundlach도 아메리카도요 여러 개체의 크기 차이로 보아, 물갈퀴가 절반만 있다는 특징은 같아도 서로 다른 두 종으로 나뉠 수도 있다고 제안했다.

마침내 1864년, 조지 로런스가 긴부리참도요를 처음으로 제대로 설명해냈다. 그는 이 새를 에레우네테스 옥키덴탈리스*Ereunetes occidentalis*라고 명명했다. 그는 태평양 연안의 번식깃 표본을 바탕으로 아메리카도요와의 차이를 설명하고 별개의 종으로 판단한 것이었는데, 당시 과학계는 이를 받아들이는 데 매우 소극적이었고 1880년대 초반까지도 아메리카도요의 아종 정도로 취급했다. 1886년이 되어서야 새로 결성된 미국 조류학자 연합이 발표한 첫 번째 공식 조류 목록에서 비로소 긴부리참도요가 완전한 종으로 인정받게 되었다.*

오듀본은 긴부리참도요를 직접 관찰할 기회가 없었다. 하지만 다른

---

* 현재 긴부리참도요는 다른 작은 도요새들과 함께 칼리드리스 속에 속한다. 원래대로라면 학명은 첫 설명자 로런스가 제안한 대로 칼리드리스 옥키덴탈리스*Calidris occidentalis*여야 한다. 하지만 1850년대에 장 카바니스는 샤를 보나파르트와 대화를 나눈 후, 다소 석연치 않은 추론을 통해 그와 군들락이 쿠바와 사우스캐롤라이나에서 만난 새 중 일부가 보나파르트가 몇 년 전에 제안한 마우리일 것으로 추정하고 '우선순위' 규칙을 따라 보나파르트가 제안한 이름을 학명에 넣어야 한다고 결정했다. 이 결정은 1900년대 초 미국 조류학자들에 의해 공식화되었고, 결국 오늘날 긴부리참도요의 공식 학명은 보나파르트나 군들락, 로런스가 지은 이름이 아닌 카바니스가 명명한 칼리드리스 마우리*Calidris mauri*가 되었다.

긴부리참도요의 어린 개체(왼쪽), 겨울깃을 한 성체(가운데), 번식깃을 한 성체(오른쪽). 켄 코프먼의 작품. 북미 서부에 가장 많이 서식하는 이 종은 계절 이동 시기와 겨울철에 대서양 연안을 정기적으로 찾아오는 철새다. 초기 자연주의자들도 분명히 이 새를 보았을 테지만 동부에 많이 서식하는 아메리카도요로 착각했다. 1880년대까지 두 새의 구별은 완전히 해결되지 않았다. 혼란의 주요 원인은 당시 과학자들이 새의 발 구조에 지나치게 의존했기 때문이다.

도요물떼새를 다루는 데에는 알렉산더 윌슨보다 유리한 상황에 있었다. 윌슨과 마찬가지로 오듀본도 연구 초기에는 도요물떼새를 다루지 않았으나, 1830년대에 이르러 대서양 연안을 따라 시간을 보내면서 도요물떼새 연구를 본격적으로 시작했다. 윌슨이 일곱 번째 책을 완성한 후 20년 동안 도요물떼새에 대한 정보가 계속 축적되어왔기 때문에, 연구를 늦게 시작한 오듀본은 오히려 더 많은 자료를 활용할 수 있었다.

1820년대 조지 오드와 샤를 보나파르트는 《미국 조류학》에 대한 개정판과 해설을 출판했고, 북미 조류학의 새로운 지식은 윌슨의 연구를 토대로 구축되었다. 도요물떼새 연구에서 중요한 진전은 1831년 스웨인슨과 리처드슨이 《영국령 아메리카 북부의 동물학》 제2권을 출판하면서 이루어졌다. 캐나다 북부 조류에 관한 이 연구는 매우 귀중한 가치를 지녔다. 리처드슨의 관찰을 통해 이동성 도요물떼새가 여름에 대서양 연안에 머무르는 일부를 제외하면 대부분 새끼를 키우기 위해 북극으로 이동한다는 사실을 밝혀냈다.

그러나 윌슨 이후에 출판된 모든 책이 유용한 것은 아니었다. 1832년과 1834년에 출간된 토머스 너탤의 《미국과 캐나다의 조류학 안내서》에는, 그가 잘 알고 있던 일부 조류에 대해서는 훌륭한 정보가 담겨 있었으나 안타깝게도 도요물떼새에 관해서는 그러지 못했다. 이 책에 실린 도요새에 대한 설명은 너무 모호해서 그 어떤 종에도 적용되지 않았다. 또한 너탤은 그동안 북미 대륙에 서식할지도 모른다고 제안된 거의 모든 도요물떼새를 비판 없이 받아들였고, 그 결과 유라시아에만 서식하는 종들까지 북미 조류 목록에 포함시켰다.

오듀본이 그의 책 3권과 4권에서 도요물떼새를 다루기 시작했을 때, 그는 주로 너탤의 기록을 인용하면서 반박했다. 종달도요에 관한 설명에서 오듀본은 보나파르트와 너탤이 북미 조류 군의 일부라고 주장했던 다섯 종을 부정하며 다음과 같이 논박했다.

이 종과 같은 부류의 여러 많은 종에 관한 극심한 혼란은, 새로운 종을 발견하거나 발명하고자 했던 저자들이 불안에 빠져 종종 부리, 발목뼈 또는 발가락 길이와 같은 사소한 차이로 종을 구별하려고 했던 것에서 전적으로 비롯되었다고 생각한다. 독자들이여, 예를 들어 그루스 아메리카나*Grus Americana*와 같은 큰 새의 어린 개체가 거의 한 세기 동안 과학계에서 별개의 종으로 간주되어 왔다는 사실을 생각하면… 이처럼 작은 새에 대해 오류가 발생할 수 있다는 사실이 놀라운 일일까? 내 생각에는… 미국의 작은 조류 종은 온통 그 대단하신 윌슨이 잘못 파악하고 부

     모든 새를 보았다고 믿은 남자

주의하게 묘사한 것들로 가득 차 있다. 유럽 작가들이 기술한 작은 도요 새들과 이 새(종달도요)의 정체에 대해 장황하게 논하는 것은, 나로서는 상당히 짜증스러운 일일 뿐 아니라 여러분에게도 전혀 유익하지 않을 것이다. 왜냐면 이들 새에 대한 기술 중에는 확실히 판별할 수 있을 만큼 정확한 것이 거의 없기 때문이다.

아이고야.

"그 대단하신 분" 윌슨에 대한 비꼬는 말투부터 자신처럼 새로운 종 을 발견하려는 사람들에 대한 비판까지, 문단 전체가 전형적인 오듀본의 글이다. 도요물떼새에 관하여 오듀본은 '그루스 아메리카나', 미국흰두루 미Whooping Crane를 언급하고 있는데, 무심코 읽다 보면, 두 종 사이에 뚜렷 한 차이가 있음에도 불구하고 현재 우리가 캐나다두루미로 알고 있는 새 가 미국흰두루미의 새끼일 뿐이라는, 그의 기괴하고 완고하며 아예 틀린 주장에 고개를 끄덕이게 된다.

어쨌든 오듀본은 다른 사람들이 여러 유럽 도요물떼새를 북미 종으 로 분류한 것이 오류라고 판단했다. 그리고 그는 그들이 제기했던 몇 가지 의문에 대해 옳은 결론을 내렸다. 오듀본은 중간 크기이지만 다리가 긴 장다리물떼새Stilt Sandpiper가 지금껏 여러 이름으로 불렸지만 모두 같은 종임을 알아냈다. 또한 그는 다른 사람들이 제안한 도요새 여러 종을 부 정했으며, 미국의 검은가슴물떼새가 유럽의 종과는 다르다는 사실을 최 초로 인식했다.

전반적으로 오듀본의 북미 동부 도요물떼새 연구는 20년 전 윌슨의 연구보다 더 철저하고 정확했다. 오듀본 역시 도요물떼새의 이동 습성에 관해 몇 가지 잘못된 인식을 갖고 있었지만, 이는 다른 사람들도 마찬가지였다. 당시에는 누구도 현존하는 모든 종에 대한 완전한 목록을 가지고 있지 않았다.

1840년대에 이르러 북미 동부 도요물떼새 목록에는 철저한 연구 없이는 명확히 구분하기 힘든, 매우 유사한 종의 쌍이 많았다. 긴부리참도요와 아메리카도요는 이후 50년이 지나서야 별개의 종으로 인정받았고, 과학자들이 '도윗처Dowitcher'라 불리는 도요새 친척의 분류에 합의하기까지는 한 세기가 더 걸렸다. 현재 이들은 긴부리도요Long-billed Dowitcher와 짧은부리도요Short-billed Dowitcher로 알려져 있지만, 사실 둘 다 긴 부리를 갖고 있다. 이들은 한 종일까, 아니면 다른 종일까? 2023년 현재에도, 200년 전 '반물갈퀴도요'로 불렸던 화려한 도요새 윌렛이 독립된 하나의 종인지, 두 종의 복합체인지를 두고 논의가 계속되고 있다. 그 시절 오듀본이 이런 질문에 대해 해답을 알 방법은 없었다.

북아메리카 동부를 지나가는 또 다른 도요새 중 오듀본, 윌슨, 너탤, 그리고 동시대 자연주의자들에게 알려지지 못한 종이 있었다. 심지어 1840년대와 1850년대에 이 새의 표본을 수집한 탐험가들조차도 이 새가 새로운 종이라는 사실을 깨닫지 못했다. 1861년에야 비로소 별도의 종으로 인정받고, 오듀본의 젊은 제자였던 스펜서 베어드의 이름을 따서 베어드도요Baird's Sandpiper로 명명되었다. 아이러니하게도 이 새에 대한 혼란은 어느 정도 오듀본이 원인을 제공한 셈이었다.

베어드도요가 오랫동안 알려지지 못한 이유 중 하나는 현재 흰허리도요White-rumped Sandpiper라고 불리는 새와 아주 닮았기 때문이다. 두 새 모두 가장 작은 도요새 종들보다 약간 더 커서 부리 끝에서 꼬리 끝까지 약 19센티미터인 반면, 작은 종달도요나 아메리카도요는 약 15센티미터

 모든 새를 보았다고 믿은 남자

다. 베어드도요와 흰허리도요 모두 날개가 비교적 길어 쉬고 있을 때 날개가 꼬리 끝을 넘어서 길게 뻗어 있다. 긴 날개는 이들의 이동 거리가 아주 길다는 사실을 뜻한다. 두 새 모두 초기 미국 자연주의자들이 집중적으로 연구했던 대서양 연안보다 북미 대평원과 캐나다 대초원 지방을 이동하는 개체 수가 더 많다.

크기와 모양은 비슷하지만, 흰허리도요는 사계절 내내 등이 더 회색을 띠는 데 비해, 베어드도요는 따뜻한 갈색을 띠는 경향이 있다. 그리고 지금의 이름이 암시하듯 흰허리도요는 엉덩이, 정확하게는 꼬리 밑부분 바로 위의 좁은 깃털, 즉 꼬리 칼깃이 하얀색이다. 반면 베어드도요의 꼬리 칼깃은 짙은 갈색에서 검은색이다.

탐조가들은 새의 외형을 설명하는 이름이 종종 정확하지 않다고 불평하곤 한다. 예를 들어 붉은배딱따구리Red-bellied Woodpecker에게서 붉은 배를 보기 어렵다는 것이다. 흰허리도요도 이름만 보면 흰 허리나 엉덩이가 바로 눈에 띄리라 기대하곤 한다. 하지만 초기에는 이 새가 그런 이름으로 불리지 않았고, 자연주의자들도 이러한 사소한 특징에 큰 관심을 기울이지도 않았다. 오듀본, 너탤, 보나파르트는 모두 이 새를 쉰츠도요Schinz's Sandpiper라고 불렀으며 민물도요의 아종과 혼동했다. 그들의 설명에는 꼬리 칼깃에 흰색이 섞여 있다는 언급은 있지만, 그것을 중요한 특징으로 강조하지는 않았다. 가장 이상하게 느껴지는 것은 오듀본의 그림이다. 모래사장에 두 마리의 '쉰츠도요'가 그려져 있는데, 한 마리는 똑바로 서 있고 다른 한 마리는 날개와 꼬리, 등의 윗면이 모두 보이도록 옆으로 돌아 날고 있다. 이 자세는 엉덩이의 흰 줄무늬를 잘 드러내기 위한 연출일 가능성이 있지만, 그림에는 줄무늬가 보이지 않는다. 오듀본은 이 꼬리 칼깃을 위쪽 깃털과 마찬가지로 가장자리가 회색인 짙은 갈색으로 그

존 제임스 오듀본의 쉰츠도요. 이 그림은 현재의 '흰허리도요'를 묘사한 것이 분명하지만, 그림에는 흰 꼬리 칼깃이 없어서 오랫동안 혼란을 일으켰다. 그림에서 날고 있는 새는 당시에는 알려지지 않았고 몇 년이 지나서야 이름이 붙여진 베어드도요의 표본을 바탕으로 그려졌을 가능성이 있다.

렸다.

오듀본은 1831년 12월 초, 플로리다 주 세인트 어거스틴에서 사냥한 두 마리의 새를 바탕으로 그림을 그렸다고 기록했다. 이 두 마리 중 한 마리가 당시 알려지지 않았던 베어드도요였을 가능성은 없을까? 어쩌면 그럴 수도 있다. 워싱턴의 스미소니언 박물관에는 오듀본이 수집한 수십 개의 표본이 있는데, 그중 흰허리도요는 단 한 마리뿐이다.

《조류학 전기》에는 흥미로운 기록이 있다. '쉰츠도요'에 대한 설명에서 흰 꼬리 칼깃을 언급한 후, 설명의 마지막에 다음과 같은 문장을 추가했다. "일부 개체에서는 꼬리 칼깃 중 약 여섯 개가 검은색이고, 측면은 흰색과 황갈색으로 되어 있다." 이 묘사는 베어드도요에는 해당되지만 흰허

　　　모든 새를 보았다고 믿은 남자

리도요와는 거리가 있다. 이 문장은 마치 나중에 떠오른 생각처럼 앞 문장과 동떨어져 있어, 오듀본이 쓰면서도 완전히 확신하지 못했음을 암시하는 듯하다. 그는 이후 쉰츠도요에 대해 한 번도 언급하지 않았지만, 그의 그림과 묘사는 1850년대 후반까지 사람들이 베어드도요를 별개의 종으로 인식하지 못하게 한 요인이 되었다. 1861년에 이르러 스미소니언 박물관에서 표본 수집을 담당하던 젊은 조류학자 엘리엇 쿠스가 두 종의 차이를 명확히 밝혀내고 베어드도요를 공식적으로 발표했다.

오듀본 시대의 자연주의자들은 도요물떼새의 이동에 대해 명확히 이해하지 못했다. 여러 도요물떼새가 해안이나 강 가장자리를 따라 왔다 갔다하는 모습을 보았지만, 각각의 종을 정확히 구분하지 못했다. 그들은 도요물떼새 무리의 수가 급증했다가 또 급감하는 것을 보았지만, 변화의 시기와 주기를 파악하는 데 어려움을 겪었다. 또 많은 북미 도요물떼새 종들이 유럽에서도 발견된다는 사실을 알았지만, 이 새들이 남미 최남단에서까지 발견될 가능성은 전혀 생각하지 못했다. 날개가 긴 철새 흰허리도요와 베어드도요에 대한 이들의 연구는 이러한 지식의 한계를 잘 보여준다.

1830년대, 북미의 자연주의자들이 흰허리도요를 아직도 별도의 종으로 구분하지 못하고 있을 때, 프랑스의 조류학자 루이 피에르 비에요는 1819년에 이미 이 새를 독립된 종으로 명명했다. 비에요의 진단은 스페인의 자연학자 펠릭스 데 아사라Félix de Azara가 파라과이의 습한 초원과 연못가에서 작은 무리를 이루어 이동하는 도요새 기록을 바탕으로 한 것이었다. 열대와 남부 온대 사이의 가장자리에 위치한 파라과이는 미국에서 남쪽으로 약 6,400킬로미터 떨어져 있다. 아자라가 목격한 흰허리도요는 그곳에 서식하는 것이 아니라, 대부분 아르헨티나의 최남단인 티에라

켄 코프먼의 베어드도요. 성체 두 마리(왼쪽과 가운데)와 새끼 한 마리. 북극에 둥지를 틀고 남아메리카 남부에서 겨울을 보내는 이 장거리 철새는 봄이 되면 북아메리카 중앙을 거쳐 북쪽으로 이동한다. 가을에는 대서양 연안을 포함한 더 먼 동쪽에서도 관찰된다. 이 새는 오랫동안 독립된 종으로 인식되지 못하다가 1861년에야 학계에 설명되고 이름이 붙여졌다.

델푸에고까지 훨씬 더 남쪽에 있는 월동지로 이동하는 중 잠시 이곳에서 휴식하는 개체들이었다.

흰허리도요의 번식지는 모두 북극권 북쪽에 자리해 있으며 알래스카 최북단과 캐나다의 고북극 지역에 걸쳐 있다. 이 새가 대륙의 최북단에서 최남단까지, 아메리카 대륙 전체를 단번에 가로질러 이동한다는 사실은 거짓말처럼 놀랍기만 하다. 하지만 베어드도요를 비롯해 많은 도요물떼새가 이처럼 장거리 이동을 한다.

이는 도요물떼새 종들의 대표적인 특징 중 하나다. 북반구의 겨울인 11월부터 2월까지, 남미 최남단의 해안선과 초원에는 캐나다보다 훨씬 더 먼 곳에서 번식기를 보낸 20여 종의 도요물떼새들이 모여든다. 편도 1만

 모든 새를 보았다고 믿은 남자

1,300킬로미터에 달하는 장거리 여행은 이 위대한 방랑자들에게 전혀 특이한 일이 아니다.

1800년대 초, 조류학자들은 도요물떼새의 이동이 얼마나 긴 여정인지 상상조차 하지 못했다. 대부분은 대략적인 이해만 갖고 있었다. 북극의 여름이 얼마나 짧은지, 여름이 끝난 뒤 북극이 얼마나 혹독해지는지는 그 당시엔 쉽게 떠올릴 수 없는 개념이었고, 어떤 종은 5월 말에 북쪽으로 이동하는가 하면 또 어떤 종은 6월 말에 이미 남쪽으로 향한다는 사실을 깨닫기란 매우 어려운 일이었다. 세상 곳곳으로 탐사를 나서본 자연주의자들은, 땅에 발을 딛고 사는 인간의 시선에서 이동이란 얼마나 더디고 고통스러운 일인지를 잘 알고 있었을 것이다. 아무리 날개가 달렸다지만, 어떻게 새가 해마다 두 번씩 지구 반 바퀴에 이르는 거리를 비행할 수 있겠는가? 절대 그럴 리 없다고 생각했을 것이다.

그러나 새들은 그렇게 한다. 바로 그 점이 도요물떼새가 지닌 마법 같은 경이로움이다. 도요새 무리가 연안 석호|沿岸潟湖, 지속적인 퇴적의 결과 바다로 확장된 막대기 모양의 모래 지형이나 산호초가 연안 근처에서 발달함으로 인해 바다와 격리된 호수-옮긴이주|에서 하늘로 날아오르는 모습을 볼 때면 내 영혼이 고양됨을 느낀다. 그 아름다운 비행도 물론이거니와, 이들이 수천 킬로미터를 날아가도 땅으로 내려앉지 않을 수 있다는 사실을 떠올리면 그저 신비보울 뿐이다. 수년간의 연구로 밝혀진 새들의 이동에 대한 지식은 이런 마법 같은 느낌을 시우기는커녕 오히려 더욱 경탄하게 만든다.

초기 자연주의자들은 도요물떼새의 이동을 과소평가했다. 오듀본은 봄에 루이지애나에 도착한 도요물떼새를 보고 "텍사스와 멕시코의 광활한 대초원"에서 겨울을 보냈을 것으로 생각했다. 하지만 그들은 남아메리카 남부의 초원에서 날아온 것이었다. 윌슨과 너탤은 큰노랑발도요Greater

Yellowlegs와 쇠노랑발도요Lesser Yellowlegs가 대서양 연안의 습지에서 번식한다고 주장했지만, 실제로 둥지를 본 적은 없었다. 이 새들은 캐나다와 알래스카의 고위도 지역에서 번식하고 새끼를 기른다.

그 시대의 조류학자들은 도요물떼새가 특히 초가을이 되면 튼실해진다고 설명했지만, 이는 언제나 새를 식용으로 언급하는 맥락에서 이루어졌다. (예를 들어 너탤은 세가락도요가 "가을이 되면 놀랍도록 통통하게 살이 올라 식탁에 오르는데, 그제야 미식가들의 별미로 사랑받는다"고 썼다.) 그 계절에 도요물떼새들이 왜 그렇게 몸집을 불리는지 아무도 궁금해하지 않았다. 오늘날 우리는 이 새들이 한 해 중 가장 긴 이동을 준비하면서, 며칠 동안 쉼 없이 지속될 수도 있는 비행 동안 쓸 에너지 비축을 위해 지방을 축적하고 있다는 사실을 알게 되었다. 19세기의 지식으로는 이러한 발상이 도저히 불가능했을 것이다.

아무도 이 새들의 기이한 이동 패턴에 의문을 제기하지 않았다는 사실이 여전히 놀랍게 느껴진다. 1830년대에 오듀본은 많은 도요물떼새가 여름을 나기 위해 먼 북쪽으로 이동한다는 사실을 알아챘다. 또한 그중 일부는 가을에 대서양 연안을 따라 이동하는 흔한 철새라는 것도 알아냈다. 그는 아메리카메추라기도요Pectoral Sandpiper와 쉰츠도요에 대해 이 사실을 언급하면서, 다른 여러 종도 이와 비슷할 수 있음을 암시했다. 하지만 그는 새들이 가을에 해안을 따라 이동한다면 봄에는 어디로 이동하는가에 대해서는 의문을 품지 않은 것 같다.

과연 어디로 향할까? 해답을 알기까지는 수십 년이 더 걸렸다. 수많은 도요물떼새가 봄에 대륙의 중심부를 거쳐 북쪽으로 이동한다. 가장 멀리 이동하는 도요물떼새 종들은 남아메리카에서 멕시코 동부와 텍사스를 거쳐 대평원 지방의 중심부를 지나 북쪽으로 이동한다. 현재 캔자스

 모든 새를 보았다고 믿은 남자

주는 우리가 흔히 생각하는 '해안'이나 '물가'와는 거리가 멀지만, 캔자스 중부의 야생동물 보호구역에는 봄이 되면 수십만 마리의 도요물떼새가 떼를 지어 몰려든다. 남쪽으로 돌아가는 7월 초에는 많은 새들이 동쪽으로 이동하여 대서양 연안을 따라 나타나기도 한다. 이는 철새들의 전형적 습성인 회귀성 이동 패턴이다. 봄에는 텍사스 해안에 도착하여 이곳에서 잠시 머물다가 내륙을 통해 북쪽으로 이동한다.

오듀본이 이 회귀 이동에 대해 조금이라도 알았더라면, 이 습성을 탐사에 충분히 활용할 수 있었을 것이다. 1837년 봄, 오듀본은 우연히 신생주 텍사스를 방문했는데, 바로 이 철새들의 이동 경로 정중앙이었다. 그는 긴부리참도요와 베어드도요를 모두 발견할 수 있는 완벽한 시기와 장소에 놓여 있었지만, 발견하지 못했다. 오듀본은 갯벌의 도요물떼새 무리 속에 숨은 미묘한 비밀을 눈치채지 못했다. 이 새들은 무심히 오듀본을 스쳐 지나갔고, 몇 년 더 비밀을 간직한 채 전 세계를 누볐다.

막간

새를 그린다는 것

그림 도구와 기법

몇 년 전, 한창 공상과학 소설에 빠져 있을 때, 로버트 실버버그Robert Silverberg의 흥미로운 소설을 접했다. 주인공은 1700년대에 뛰어난 재능을 보였으나 젊은 나이에 세상을 떠난 클래식 작곡가였다. 음악을 사랑하는 몇몇 현대 과학자들은 이 천재 작곡가를 과거에서 현재로 데려오는 기술을 개발하면, 주인공이 그 시절의 고전적인 방식으로 계속해서 아름다운 곡을 작곡하리라 기대한다. 하지만 놀랍게도 부활한 천재는 전자 신시사이저ㅣ여러 주파수나 파형의 소리를 합성하여 새로운 소리를 만들거나 저장된 음색에 전자적인 변조를 가하는 악기-옮긴이주ㅣ를 포함한 모든 첨단 기기를 받아들여, 반문화적인 클럽을 위한 헤비 테크노 팝을 만들기 시작한다.

이 이야기를 읽으면서 나는 '한 시대의 혁신가가 다른 시대에도 혁신을 지속할 수는 없을까?'라는 생각을 했었다. 이 책을 집필하면서 이 이야기가 다시 떠올랐다. 오듀본이 현재로 오게 된다면, 이토록 다양한 새를 과연 어떻게 그렸을까? 1800년대에 사용했던 기법과 도구들로 돌아갔을까, 아니면 새로운 접근 방식을 시도했을까?

 모든 새를 보았다고 믿은 남자

오듀본은 죽은 지 얼마 안된 새를 살아 있는 듯한 자세로 고정해놓고 그림을 그리는 방식을 사용했지만, 오늘날 이 방법은 법에 어긋날 수 있다. 그러니 아마 새를 사냥하는 대신 참고 사진 등을 활용했으리라고 상상해본다.

그렇다면 어떤 도구와 예술 기법을 사용했을까? 1993년, 뉴욕 역사학회가 소장하고 있는 오듀본의 원본 수채화를 상세하게 연구한 레바 피시먼 스나이더Reba Fishman Snyder의 에세이에서 이에 대한 설득력 있는 분석을 찾을 수 있었다. 스나이더는 오듀본이 작품의 질을 높이기 위해 놀라울 정도로 다양한 방법을 실험했다고 설명했다.

오듀본은 늘 돈에 쪼들리던 개척지에서의 생활 중에도 항상 최고 품질의 수채화 용지를 사용했다. 주로 영국 공장에서 생산된 와트만Whatman 용지를 썼는데, 표면이 매우 매끄러워 새 그림의 정교한 디테일을 살리는 데에 이상적이었다. 오듀본은 이 고급 용지 위에 세밀한 연필 드로잉으로 새의 깃털과 식물 등을 배치한 후, 다양한 방식으로 색을 입혔다.

색을 표현하기 위해 그는 무엇이든 시도했다. 오듀본의 초기 그림은 주로 그가 어렸을 때 유럽에서 유행하던 파스텔로 그려졌지만, 이후에는 주로 수채화를 사용했다. 그런데 스나이더의 연구팀은 《북미의 새》 원본 대부분이 수채화뿐 아니라 여러 재료와 도구를 다양한 방식으로 혼합 사용한 결과라는 사실을 발견했다. 때때로 깊고 풍부한 색조를 위해 수채화를 여러 겹 덧칠하기도 했으며, 수채화가 마른 뒤 혹은 아직 덜 마른 상태에서 파스텔을 추가하기도 했다. 흰색 구아슈로 디테일을 강조하거나 물감을 긁어내 그 아래 종이를 노출시키는 방식으로 흰색을 표현하기도 했다. 세밀한 작업을 위해 검은 잉크를 사용하기도 했고, 깃털의 질감을 재현하기 위해 수채화 위에 연필로 짧고 가는 선을 그리기도 했다. 가끔 메

탈릭 페인트|유색 안료에 작은 금속 박편薄片들을 첨가하여 금속의 느낌을 주는 래커 또는 에나멜 페인트-옮긴이주|를 추가하거나, 일부 색 위에 선택적으로 유약을 발라 광택을 내기도 했고, 수채화 용지에는 잘 어울리지 않는 유화물감을 배경에 사용하기도 했다.

나는 오듀본처럼 능숙하게 다양한 도구와 재료를 활용하는 것이 익숙하지 않았다. 와트만 용지는 1950년대 이후로 더는 수채화 용지를 생산하고 있지 않기 때문에 대신 프랑스에서 생산되는 아르쉬Arches 수채화 용지를 사용하기로 했다. 아르쉬의 핫 프레스 용지는 표면이 매끄러워 이 프로젝트에 적합하며, 표준 용지 중 가장 큰 사이즈는 오듀본의 가장 큰 작품과 비슷한 크기다. 하지만 나는 지금껏 아크릴, 구아슈, 유화 등으로 그림을 그려왔고, 일반 수채화나 파스텔은 좀처럼 사용해본 적이 없었다. 그래도 뉴욕역사협회 소장의 오듀본 작품 원본의 고해상도 이미지를 참고하며 스나이더가 설명한 모든 재료와 기법을 시도해보기로 했다.

오늘날 최고의 새 삽화가들은 주로 구아슈를 사용한다. 포인트를 줄 때 흰색 구아슈를 사용하는 것뿐 아니라, 전체적인 색채도 주로 불투명한 수채화 물감인 구아슈로 표현한다. 나도 구아슈를 많이 사용해봤기에 왜 사랑받는지를 잘 안다. 원하는 색조를 얻기 위해 여러 겹으로 덧칠해야 하는 수채화와는 달리, 구아슈로는 색상을 섞어서 한 겹으로 바로 표현할 수 있고, 세밀한 작업에도 넓은 영역의 평면 색상 표현에도 유용했다.

이외에도 일부 새 삽화가들은 다양한 색연필을 활용하기도 한다. 오듀본이 일찍부터 그림에 파스텔을 사용했던 것을 생각하면, 현대에 와서는 색연필을 단독으로 쓰거나 파스텔 등 다른 도구와 함께 활용했을지도 모른다.

아크릴은 어떨까? 이 다재다능한 물감이 등장한 것은 20세기 중반이

     모든 새를 보았다고 믿은 남자

지나서였다. 아크릴 물감은 유화 물감처럼 풍부한 색상을 표현할 수 있으면서도 유화 물감보다 더 빨리 마르는 특징 때문에 많은 예술가들이 애용하는 재료다. 오듀본은 작품에서 유화 물감은 거의 사용하지 않았고, 사용했다 하더라도 출판을 위해서가 아닌 판매를 위한 일회성 그림을 제작할 때뿐이었다. 《북미의 새》를 제작할 시기에 아크릴 물감이 있었다고 해도 주요 도구로 사용했을 것 같지는 않지만, 다른 재료들과 함께 새로운 방식으로 활용했을지도 모른다.

내가 가장 고민한 것은 컴퓨터 그래픽이었다. 2020년대 초, 일부 새 삽화가들은 잠시 붓을 내려놓고 디지털 일러스트레이션을 실험했다. 디지털 작업은 기존의 그림 기법들만큼이나 많은 기술이 필요하지만, 무한히 수정 가능하다는 큰 장점이 있다. 나도 수없이 겪었지만, 수채화로 작업하다가 실수하면 아예 처음부터 다시 시작해야 할 정도로 크게 망칠 수 있다. 또 어느 그림 도구로든 그림을 완성한 후에 기본적인 디테일이 잘못되었다면 처음부터 다시 시작해야 한다. 디지털 일러스트레이션에서는 손쉽게 새의 배치를 바꾸고, 눈의 위치를 조금 조정하고, 깃털을 더 어둡게 또는 더 밝게 만들고, 날개 끝을 더 짧게 만드는 수정이 가능하다.

솔직히 말하면 아주 끌리는 선택지였다. 현대에 돌아온 오듀본이 시간적 압박 속에서 수백 점의 새 그림을 제작해야 한다면, 이 디지털 도구가 주는 편리함을 놓치지 않았을 것이라고 나 자신을 설득하기도 했다. 마리아 마틴이나 조셉 메이슨처럼 그림을 도와주는 사람들과 이메일을 주고받으면서 '여기에 꽃이 핀 나무를 그려서 보내주면 내가 꾀꼬리 몇 마리를 추가하겠네'라고 말했을 수도 있다. 그러면 그의 삽화 작업이 엄청나게 단순해졌을 것이다. 나도 이미 새 사진을 편집할 때 디지털 도구를 활용하고 있었기 때문에, 내 프로젝트 작업도 한결 단순해졌을 것이다.

하지만 결국 나는 쉬운 길을 택하고 싶은 유혹을 뿌리쳤다. 끝까지 고전적인 방법을 고수하면서, 200년 전에 사용 가능했을 법한 재료와 기법을 최대한 재현하여 작업을 이어가기로 했다.

 모든 새를 보았다고 믿은 남자

9장

텍사스에서 놓친 새들

나의 탐조 역사에서 텍사스는 각별히 거대한 존재다. 물론 땅 자체가 거대하기도 하지만, 내게 미친 영향력은 단순한 크기 이상의 것이었다.

내가 처음 텍사스를 방문한 건 열일곱 살 때였다. 1월의 추위를 피해 캔자스의 눈보라를 뚫고 오클라호마에서 히치하이킹으로 45번 주간 도로를 따라 휴스턴을 지나 걸프 연안까지 남쪽으로 내려갔다. 남쪽으로 갈수록 주위는 암울한 겨울 왕국에서, 꽃이 피고 나비가 날아다니며 명금들이 먹이를 찾아 떡갈나무 숲을 날아다니는 따뜻한 땅으로 변화해갔다. 마치 1월에 마법처럼 찾아온 봄날 같았다. 나는 텍사스 해안을 따라 더 남쪽으로 이동하며 형형색색의 무수한 물새들에 감탄했다. 텍사스 최남단에 가까워질수록 아열대 지방의 새로운 새들이 속속 나타났다. 초록과 노랑, 보라 등 경이로울 정도로 화려한 녹색어치Green Jay, 친척인 딱새들의 수수한 색을 버리고 밝은 무늬로 치장한 채 시끄럽게 우는 노랑배딱새 Great Kiskadee, 색은 칙칙하지만 열대 칠면조처럼 기기한 모습을 한 민무늬 애기과너Plain Chachalaca. 이 외에도 셀 수 없이 많은 새들이 놀라움으로 내

눈과 마음을 사로잡았다.

생물 다양성이 넘쳐나는, 그야말로 풍요의 땅이었다. 첫 방문 이후 나는 매년 텍사스를 다시 찾았고, 때로는 몇 주씩 머물기도 했다. 혼자서 갈 때도, 친구들과 함께 할 때도 있었고, 나중에는 탐조 투어 그룹 가이드로서 방문하기도 했다. 겨울에는 해안에서 조류 워크숍을 진행하기도 했다. 1990년경 첫 탐조 축제가 시작된 후에는 강연자이자 현장 탐조 리더로 참여했다. 나는 봄 철새 이동을 관찰하기에 최적의 시기와 장소인 '4월의 텍사스 북부 해안'에 가능한 한 매년 가려고 노력해왔다.

내 친구 빅터 에마뉘엘Victor Emanuel은 하버드에서 보낸 몇 년을 제외하고는 평생을 텍사스에서 보낸 사람으로, 휴스턴에서 자랐고 이후 오스틴으로 이사했다. 1970년대 후반, 빅터는 최초의 전문 탐조 투어 회사 중 하나를 설립하여 고향 텍사스와 전 세계로 탐조가 그룹을 이끌고 탐조 여행을 떠났다. 몇 년 동안 빅터와 나는 매년 4월 텍사스 북부 해안에서 봄 철새 이동 워크숍을 함께 진행했다. 저녁에는 철새의 다양한 과학적 사실을 설명하고, 낮에는 철새들이 가장 많이 이동하는 시간에 맞춰 휴스턴과 갤버스턴 동쪽에서 루이지애나 경계에 이르는 지역을 돌아다니며 새를 관찰했다.

정말 마법 같은 시기였다. 날개 달린 수많은 여행객들이 내 옆을 지나가고 있었다. 습지와 갯벌에는 도요물떼새가 가득했고, 그중 많은 수가 남미에서 와서 북극 툰드라로 향하고 있었다. 멕시코에서부터 짧은 거리를 날아온 새들도, 열대 지방 깊숙한 숲에서 온 새들도 숲마다 모여 있었다. 탐조는 매일 즐거웠지만 워크숍 내내 빅터와 나는 일기 예보를 보며 혹시나 '철새 낙오fallout'가 일어나지 않을까, 반쯤 기대하며 기다렸다.

20세기의 연구들로 수많은 봄 철새가 유카탄 반도를 떠나 멕시코 만

 모든 새를 보았다고 믿은 남자

을 가로질러 북쪽으로 날아가 미국 걸프 연안에 도착한다는 사실이 밝혀졌다. 일반적으로 약 18시간이나 되는 비행이지만, 철새들 대부분은 해안에 도착해도 착륙하지 않고 내륙까지 160킬로미터 이상을 계속 날아간다. 날씨가 좋은 날에는 그렇다. 맑고 남풍이 부는 날, 유카탄에서 이륙한 새들은 이러한 기상 조건이 지속되면 내륙의 더 넓은 숲을 향하여 미국 해안선을 따라 더 북쪽으로 이동하며, 해안 숲으로 내려오는 새는 극소수다.

하지만 날씨가 나쁠 때는 상황이 달라진다. 걸프만을 거의 다 건넜는데 북서쪽에서 불어오는 폭풍을 만나면 철새들은 곤경에 처한다. 긴 비행으로 이미 지친 새들은 강풍과 싸우며 바다를 가로지르다 마주치는 가장 가까운 해안으로 내려와야 한다. 이때 해안가 근처의 나무와 울타리, 키가 큰 풀밭 등에는 솔새, 멧새, 꾀꼬리, 풍금조, 개똥지빠귀, 비어리, 딱새 등 수많은 철새들이 지친 채 앉아서 휴식을 취한다. 전형적인 철새 낙오 현상이다. 새들에게는 힘겨운 일이니, 양심상 매번 이런 일이 일어나기를 바랄 수는 없다. 하지만 낙오는 자연스러운 현상으로 거의 매년 봄마다 일어난다. 우리는 자연의 힘으로 낙오가 일어난 순간 이 일시적인 철새의 풍요로움을 관찰하고 싶었다. 그래서 빅터와 나는 수년간의 경험과, 수십 년에 걸쳐 축적되어 온 조류학 연구를 바탕으로 기상 변화를 분석하여 철새 낙오가 언제 어디서 일어날지 정확히 예측하려고 애썼다.

인근 지역에 살지 않는 사람들은 대부분 이러한 새들의 낙오 현상을 관찰하지 못한다. 물론 낙오가 없더라도 텍사스에서는 사시사철 탐조가 가능해서 탐조가들이 끊이지 않는다. 미국 전역의 탐조가들에게 가장 좋아하거나 가장 가고 싶은 여행지를 꼽으라고 물으면 늘 텍사스가 손꼽히는 것만 봐도 그렇다. 하지만 이러한 명성을 얻기까지는 오랜 시간이 걸렸다. 텍사스가 북미 조류 연구의 역사에 등장한 시점은 꽤 늦은 편이었다.

존 제임스 오듀본은 운 좋게도 새로운 새를 발견하기에 최적의 장소인 텍사스를, 그것도 완벽한 계절에 방문했다. 그리고 그는 새로운 발견이 되었을 여러 새들을 똑똑히 보았다. 하지만 어찌된 일인지 오듀본은 그 모든 새를 새로운 종으로 알아차리지 못하고, 자신이 무엇을 놓쳤는지 전혀 알지 못한 채 돌아왔다.

당시 이 지역은 조류학적으로 관심받지 못했다. 초기 스페인과 프랑스 탐험가들이 이곳에서 관찰되는 칠면조, 거위, 왜가리 같은 새에 대해 간단히 언급하긴 했으나 체계적인 목록은 없었다. 1800년대까지만 해도 텍사스는 현재 미국 서부, 멕시코, 중앙아메리카 대부분을 포함하는 광대한 영토인 '뉴 스페인'의 일부였다. 명목상으로는 이 모든 지역을 스페인이 지배했지만, 실질적으로 텍사스 북부는 코만치Comanche부족의 전사가 통치했다. 코만치족은 스페인으로부터 말을 얻어 대륙 최고의 기마병이 되었다. 1821년 멕시코가 스페인으로부터 독립한 후, 새로 출범한 정부는 미국에서 온 정착민들이 새로운 주 코아우일라이테하스Coahuila y Tejas로 이주하도록 장려했다. 이는 코만치족에 대한 방어책이기도 했지만, 결과적으로는 역효과를 낳았다. 텍사스에 점점 더 많은 미국 식민지 주민들이 모였고, 1836년 멕시코로부터 독립을 위해 싸워 결국 승리한 것이다.

오듀본은 텍사스의 이러한 정치적 지위의 변화에 주목했다. 1836년 당시 그는 이미 《북미의 새》의 컬러 판화 300여 점을 인쇄했고, 《조류학 전기》 다섯 권 중 세 권을 출간한 상태였지만, 여전히 더 많은 새 종을 추가하기 위해 계속 탐색하는 중이었다. 아직 텍사스가 미국 영토에 편입되기 전이었지만, 멕시코와 분리되었으며 영어를 사용하는 미국 이주민들이 지역을 통치하고 있었다. 오듀본에게 텍사스가 탐험하기 딱 좋은 지역으로 보이기 시작했다. 윌슨, 타운센드, 너탤, 조지 오드 등 그의 라이벌

 모든 새를 보았다고 믿은 남자

이나 당대 저명한 자연주의자 중 누구도 텍사스는 방문한 적이 없었기에, 새로운 종을 발견할 가능성이 넘쳐날 것 같았다.*

1837년 초 오듀본은 아들 존, 친구 에드워드 해리스, 조렵견 대시와 함께 찰스턴에서 앨라배마 주 모빌까지 육로로 이동한 후, 배를 타고 뉴올리언스로 향했다. 뉴올리언스에서 서쪽 해안을 따라 텍사스로 가는 밀수감시정을 타기로 했으나, 보트 일정이 약 3주간 지연되어 텍사스에 도착할 수 있을지 걱정되는 상황이었다. 다행히 배가 도착했고 일행은 4월 24일, 마침내 텍사스의 갤버스턴에 도착했다.

오늘날 잘 알려졌듯, 이때는 봄 철새 이동의 절정으로 매년 수많은 철새가 이곳으로 내려오는 시기다. 그야말로 완벽한 타이밍이었다. 하지만 오듀본 일행은 이 사실을 알지 못했다.

당시 자연주의자들은 철새 이동의 기본적인 개요만 겨우 이해하기 시작한 단계였다. 불과 150년 전인 1680년대에는 한 영국의 과학자가 많은 새들이 겨울을 나기 위해 달로 날아간다고 진지하게 주장했을 정도였고, 제비가 습지에 들어가 진흙 속에서 겨울잠을 잔다는 오랜 통념은 1700년대 말까지 일부 사람들의 머릿속에 남아 있었다.** 1837년에 이르러서야 북반구의 많은 새들이 북위도에서 여름철에 번식하고 새끼를 키운 다음 따뜻한 지역으로 이동하여 겨울을 나며, 봄과 가을에 여름과 겨울 서식지로 이동한다는 사실이 밝혀졌다.

---

* 1820년대와 1830년대에 두 명의 유능한 자연주의자, 스위스-프랑스계 멕시코인 장 루이 베를랑디에Jean-Louis Berlandier와 스코틀랜드인 토머스 드러먼드Thomas Drummond가 텍사스 남부 지역을 탐험했는데, 두 사람 모두 주로 식물에 초점을 맞추어 연구했다. 1837년의 오듀본이 이들에 대해 들어봤을지는 의문이다.

** 알렉산더 윌슨은 1812년《미국 조류학》5권에서, 또 오듀본은 1821년 2월에 쓴 일기에서 제비의 동면에 관한 이 속설을 반박했다. 이들이 이에 대해 언급했다는 것 자체가 이 통념이 얼마나 오랫동안 믿어져 왔는지를 잘 보여준다.

오듀본은 철새 이동의 기본적인 패턴을 이해하고 있었지만, 그를 포함한 당대 사람들은 아직 이동에 관한 많은 세부 사항을 제대로 알지 못했다. 오듀본은 아마도 1820년대 초 루이지애나에 살던 시절부터 이어져온 이상한 오해 탓에 당시 텍사스 해안에서 벌어진 일들을 잘못 해석한 것 같다.

뉴올리언스 주변과 미국 걸프만 연안에서는 봄철 새들의 이동에 독특한 패턴이 나타난다. 걸프만을 건너온 철새들은 날씨가 나쁘면 해안으로 내려오지만, 날씨가 좋으면 내륙 깊은 곳까지 날아간다. 해안선에 내려올지 아니면 곧장 내륙의 숲으로 향할지의 선택지 사이에는 일종의 중간 휴식지가 있는데, 해안에서 북쪽으로 약 80킬로미터 떨어진 뉴올리언스가 바로 이런 중간 쉼터가 되어준다. 이런 곳에 철새들이 대규모로 들르는 경우는 거의 없다.

루이지애나에 머무는 동안 오듀본은 해안선과 바다 근처를 탐험하기 위한 고된 뱃모험을 떠나지 않았다. 뉴올리언스에서 영국으로 항해하려 미시시피 강 하구를 떠날 때, 배 위에서 해안선을 바라본 것이 전부였다. 오듀본은 그때껏 철새의 낙오를 볼 수 있는 환경이나 상황에 있었던 적이 없었기 때문에, 몇 년 후 텍사스를 방문했을 때도 낙오 현상을 예상할 수도, 그럴 이유도 없었다.

그는 뉴올리언스 주변에서 제비나 동부타이란새처럼 낮에 이동하는 철새들이 강 혹은 호수 가장자리를 따라 이동하는 모습을 자주 목격했다. 이런 관찰은 이후 그의 독특한 언어 습관에도 영향을 미친 듯하다. 《조류학 전기》에서 봄 철새에 대해 이야기할 때 그는 종종 철새가 '북쪽'이 아닌 '동쪽으로' 이동한다고 표현했다. 붉은가슴흑로Little Blue Heron에 대해서는 플로리다를 떠나 조지아와 캐롤라이나를 향해 '동쪽으로' 이동한다고 썼고, 붉은가슴밀화부리도 3월에 루이지애나에서 '동쪽으로' 이동한다고 묘사했다. 검은머리솔새에 대해서도 "이들이 동쪽으로 이동하는 것은 계절의 진행에 따른다"고 썼다.* 오듀본이 북쪽과 동쪽을 구분할 줄 몰랐던 것은 당연히 아니다. 그는 많은 철새들이 북쪽 번식지로 향한다는 것을 알고 있었다. 하지만 유독 지리를 설명할 때 이상하게 묘사했던 것이다. 그의 글에는 켄터키가 루이지애나의 동쪽, 조지아는 플로리다의 동쪽, 뉴저지는 캐롤라이나의 동쪽, 메인은 펜실베이니아의 동쪽에 있다고 쓰여 있다. 이러한 설명이 완전히 틀렸다고는 할 수 없지만, 지도를 본다면 누구나 단순히 동쪽이라기보다는 북동쪽 또는 북쪽이라 표현할 것이다.

1837년 4월, 텍사스 북부 해안에서 오듀본은 다시 한번 북쪽뿐 아니라 동쪽으로 이동하는 철새를 언급했다. 걸프만을 가로질러 대규모로 북상하는 철새 무리 외에도, 멕시코와 텍사스 해안선을 따라 북쪽으로 날아갔다가 동쪽으로 방향을 트는 종들도 많기 때문에 그의 관찰은 일부 사실이었다. 당시에는 걸프만을 횡단하는 철새 비행이 알려지지 않았기에 오듀본으로서는 모든 새가 동쪽으로 향한다고 가정하는 것이 합리적이었을 것이다. 그렇다면 갤버스턴과 휴스턴 주변에서 본 많은 철새가 그의 옛 터전 루이지애나를 향해 동쪽으로 가고 있다고 생각했을 것이고 그 속에서 새로운 종을 발견할 가능성도 크게 기대하지 않았을 것이다.

오듀본과 일행은 텍사스에 도착하자마자 걸프만을 횡단하는 철새들의 낙오 현상을 처음 목격했을 가능성이 크다. 여행 당시의 일기 원본은 분실되었지만, 오듀본이 사망한 뒤 아내 루시가 출간한 그의 전기에는 갤

---

* 검은머리솔새는 남아메리카에서 겨울을 보내고 봄에 주로 플로리다를 거쳐 미국으로 들어온다. 알래스카까지 이어지는 북쪽 번식지를 향해 이동하는 동안 대부분의 개체는 북서쪽으로 이동한다. 그들의 봄철 이동을 어떻게 보아도 동쪽으로 보이진 않는다.

텍사스에서 놓친 새들

버스턴 만에서 쓴 일기가 실렸다. "4월 25일. 밤새 강풍이 불었다. 오늘 아침 선실의 온도는 화씨 63도[섭씨 약 17.2도-옮긴이주]. 북쪽으로 이동하던 중 폭풍우를 맞닥뜨린 수천 마리의 새들이 배 주위를 맴돌거나 풀숲에 숨었고, 일부는 완전히 지친 채 물속에서 몸부림치고 있었다."

정말로 철새 낙오 현상이었을까? 자세한 묘사는 없지만 아마도 진짜였던 것 같다. 전날 해 질 무렵 유카탄 북쪽 해안을 출발해 24일 이른 오후에 갤버스턴 만에 도착한 날개 달린 나그네들은 폭풍을 만난 탓에 모든 것이 잠잠해질 때까지 해안에 멈춰 설 수밖에 없었을 것이다. 그런 상황이었다면 25일 아침 '수천 마리의 새들이 배 주위를 맴돌거나 풀숲에 숨고', '물속에서 몸부림치고' 있었을 가능성이 있다.

200년이 지난 지금의 지식으로 생각하면, 낙오가 발생한 그날 아침에는 수많은 다양한 새들을 볼 수 있었을 것이다. 그랬다면 이 탐험가들은 당연히 이 날개 달린 '보석'을 손에 넣기 위해 곧바로 해변이나 가까운 숲으로 향했으리라 상상할 수 있다. 하지만 실제는 그렇지 않았던 것 같다. 루시의 전기를 보면 낙오 현상 '이틀 후'를 포함하여 이후 몇 차례의 해안 탐사에 대해 간단하게 언급하면서 "흥미로운 새들을 많이 발견했다"고만 쓰여 있다. 루시가 책에 실을 만하다고 판단한 대부분의 발췌문은 텍사스 공화국Republic of Texas의 초대 대통령 샘 휴스턴Sam Houston과의 만남을 포함하여 현지 사람들의 묘사에 초점을 맞추고 있다. 그는 새로운 새를 찾는 데 모든 관심을 쏟기보다는 유명한 사람들과의 만남을 즐겼다.

처음부터 이 탐험의 주요 목표는 새로운 새를 발견하는 것이었다. 그런 면에서 이 탐험은 실패로 끝났다. 오듀본은 이듬해 《조류학 전기》 4권에서 텍사스 방문을 통해 "번식기 동안 남쪽 기후에서 우리를 찾아오는 수많은 종의 이동에 대해 더 자신 있게 말할 수 있게 되었다"며 탐험의 긍정적인 면을 강조하려 노력했다. 그는 그곳에서 목격한 다양성을 다음과 같이 높이 평가했다. "새에 관한 지식을 찾아 떠난 지난 여정, 즉 텍사스에서 너무 많은 새를 관찰한 나머지 미국 조류 종의 3분의 2 이상이 그곳에 서식한다고 결론지을 뻔했다." (이것은 과소평가였다.) 하지만 그의 결론은 이랬다. "숲과 평원을 가로지르는 긴 여정과 탐험에서 많은 만과 개울 또는 강을 따라 구불구불 항해하는 동안, 우리의 모든 노력과 끝없는 열망에도 불구하고 이전에 알려지지 않은 새를 단 한 마리도 발견하지 못했다."

새로운 새를 단 한 마리도 발견하지 못했다… 사실 오듀본은 몇 종을 발견할 뻔했다. 그것도 아주, 아주 가까이서. 하지만 그의 잘못된 추측 때문에 모든 것이 실패로 돌아가고 말았다.

잘못된 추측에 더해 미국 정부 지원의 한계가 실패의 주된 원인이었다. 당시 재무부는 오듀본 일행에게 신생 텍사스 공화국까지 밀수감시정을 무료로 승선할 수 있도록 지원해주는 등 상당한 호의를 베풀었다. 하지만 해안을 따라 남서쪽으로 더 멀리 내려가겠다는 요청은 받아들이기 어려웠을 것이다. 당시 그쪽에는 정착지도 없었고 멕시코와의 국경은 여전히 분쟁 상태였다. 해안을 따라 더 먼 곳까지 가는 것은 사실상 불가능한 선택지였기에 오듀본도 이에 대해 전혀 불만이 없었던 것 같다.

오듀본은 텍사스 북부 해안을 짧게 방문하는 동안, 텍사스의 조류가 루이지애나와 비슷하다는 확신을 갖게 된 것 같다. 그가 본 것을 바탕으로 하면, 충분히 타당한 결론이라고 할 수 있었다. 텍사스의 현재 경계는 동서로 약 1,300킬로미터에 이르지만, 휴스턴과 갤버스턴은 루이지애나주 경계와 가깝다. 뉴올리언스에서 서쪽을 향해 휴스턴으로 가면 조류 종에 변화가 거의 없다.

하지만 휴스턴을 떠나 해안과 나란히 남서쪽으로 향하면 더 많은 변화가 나타난다. 동부의 활엽수림은 점차 사라져서 강변의 숲으로 축소되며, 그 사이로 좀 더 건조한 삼림지대가 펼쳐진다. 북미 대륙의 절반 이상에서 볼 수 있는 블루제이, 아메리카올빼미Barred Owl, 아메리칸까마귀와 같은 새들이 사라지고, 동부의 익숙한 새들은 다른 종으로 대체된다. 친숙한 다우니딱따구리가 사라지고, 또 다른 흑백의 사다리등딱따구리Ladder-backed Woodpecker가 그 자리를 대신한다. 시끄러운 붉은배딱따구리는 똑같이 시끄러운 황금머리딱따구리Golden-fronted Woodpecker에게 자리를 내준다. 활기차고 곡예를 잘하는 쥐박새Tufted Titmouse는 또 다른 친척 검은볏박새Black-crested Titmouse로 교체된다. 자신의 모습을 딴 캐릭터│미국의 애니메이션 제작자 루니튠즈Looney Tunes의 작품에 등장하는 캐릭터로, 로드러너 새의 모습을 하고 있다-옮긴이주│와 똑같이 질주하는 큰로드러너Greater Roadrunner를 비롯해 새롭고 독특한 생물들도 등장한다.

오듀본 일행이 갤버스턴을 지나 해안을 따라 남서쪽으로 320킬로미터만 더 이동했다면, 이 모든 새들을 만날 수 있었을지도 모른다. 대부분 멕시코나 캘리포니아에서 1837년 이전에 발견되어 이름이 붙여지고 학계에서 설명되었지만, 텍사스 근처에서 발견된 기록은 없었다. 하지만 오듀본으로서는 이전의 경험을 토대로 그 짧은 거리에서 그렇게 많은 새로운 종을 발견할 수 있으리라 기대할 이유가 없었다. 북미 동부 어디에서도 북쪽에서 남쪽으로 가면서 이토록 급격하게 조류 생태가 변화하는 경우는 없었기 때문이다. 오듀본은 5년 전에 플로리다에서 남쪽으로 이동하며 새를 관찰했지만, 반도 특유의 조류 분포 특성 때문에 키스 열도라는 완전히 다른 환경에 도달할 때까지 새로운 새를 많이 발견하지 못했다.

지금에야 오듀본 일행이 텍사스의 남부 지역을 탐험했어야 했다고 쉽게 말할 수 있지만, 당시로서는 아무도 조류 생태의 급격한 변화를 짐작할 수 없었을 것이다. 그리고 안타깝게도 그들이 방문했던 한정된 지역에도 《북미의 새》에 추가할 수 있는 좋은 소재들이 충분히 많았다. 그러나 전부 놓치고 말았다. 이들이 얼마나 가까이 있었는지는 미국청둥오리의 사례를 보면 알 수 있다.

늘씬하고 우아한 미국청둥오리는 미국 북동부와 캐나다 동부에서 흔히 볼 수 있는 새로, 한때 개체 수가 많았다. 1813년경 알렉산더 윌슨은 대서양 중부 해안을 따라 "해수가 스미는 습지를 찾는 종족 중에서 가장 흔하고 개체 수가 많은 종"이라면서 "여름에는 많은 수가 이곳에 남아 습지 외딴곳에서 번식한다. 봄이 다가오면 많은 수가 북쪽으로 이동한다"고 했다. 또 "낮에는 극도로 수줍음이 많으며, 아주 멀리서 총소리가 들려오면 습지 사방에서 엄청난 수가 날아올라 사방으로 흩어진다"고 덧붙였다.

오듀본 역시 이 새를 잘 알고 있었다. 그는 1830년대 초에 이 새를 그렸고, 메인 주와 래브라도 여행에서 둥지를 발견하기도 했다. 하지만 1838년 《조류학 전기》 4권이 나오기 전까지 이 새에 관해 기술하지 않았다. 이 책에서 그는 1837년 4월 말에 이 북부 종을 텍사스에서 발견한 경험을 언급하면서 "이 사실이 이상하게 들리겠지만"이라며 설명에 애를 먹었다. 그는 아들 존이 갤버스턴 섬에서 둥지를 발견했고, 그 지역에서 많은 개체를 목격했으며, 일부는 근처에 둥지를 튼 암컷의 행동을 보였다고 보고했다.

미국청둥오리가 텍사스에서 둥지를 튼다는 사실이 오듀본에게는 이상하게 느껴졌을 것이다. 북미의 오리 종 대부분은 북쪽 지역에서 번식한다. 겨울 동안 걸프 연안 근처의 습지로 방대한 무리가 몰려들지만, 대부분 겨울이 끝나기 전에 북쪽 대초원의 연못, 북극 숲의 호수, 심지어 북극 툰드라로 향한다. 봄이 절반쯤 지나면 남쪽 바다는 겨울의 북적거리던 모습과는 사뭇 다르게 지친 낙오자만 드문드문 흩어져 으스스할 정도로 텅

존 제임스 오듀본의 미국청둥오리. 과거 북미 북동부에서 많이 서식했던 이 오리는 초기 자연주의자들에게 친숙한 종이었다. 자연주의자들은 남쪽으로 이동하면서 매우 비슷하게 생긴 얼룩오리를 만났지만 미국청둥오리와의 차이를 알아채지 못했다. 1870년대와 1880년대에 이르러서야 얼룩오리의 정체가 밝혀졌다.

비어 있다. 따라서 추운 북동부 해안의 상징인 미국청둥오리가 텍사스 걸프 연안에 둥지를 틀었다는 것이 당연히 이상하게 보였을 것이다.

플로리다와 서부 걸프 연안에서 연중 관찰할 수 있는 이 남부의 새는 이제 '얼룩오리'라는 별개의 종으로 분류된다. 이렇게 구분되기까지 꽤 오랜 시간이 걸렸다. 1874년 로버트 리지웨이Robert Ridgway는 플로리다에서 관찰한 이 개체들을 미국청둥오리의 변종으로 설명했지만, 1880년에는 이들이 플로리다청둥오리Florida Black Duck또는 플로리다오리Florida Duck라는 독립된 종으로 인정해야 한다고 주장했다. 그 후 1889년 조지 세넷George Sennett은 텍사스 개체군을 새로운 종 얼룩오리로 설명했다. 1895년,

미국 조류학자 연합은 리지웨이의 플로리다청둥오리와 세넷의 얼룩오리가 같은 종이며, 북쪽의 미국청둥오리와는 구별된다는 결론을 내렸다. 오듀본이 이 새로운 종을 발견할 기회를 눈앞에 두고도 식별하지 못한 점에 대해서는 언급되지 않았다.

이런 사례는 또 있다. 어두운색의 낫 모양 부리를 가진 광택따오기Glossy Ibis는 오늘날 대서양 연안에서 메인 주까지, 그리고 걸프 연안을 따라 서쪽으로 루이지애나와 그 너머에 이르기까지 광범위한 지역에서 흔히 볼 수 있는 새다. 하지만 이런 넓은 분포는 1940년대에 시작된 대대적인 서식지 확장의 결과다. 1900년대 초반만 해도 이 새는 플로리다 지역의 특산종이었고, 1800년대 초반에는 미국 전역에서 보기 드문 새였다. 오듀본은 플로리다에서 이 새를 본 적이 있다고 암시했다. 1836년 또는 1837년경에 그린 것으로 추정되는 광택따오기 그림은 플로리다의 표본을 바탕으로 그린 것으로 보이는데, 그가 직접 잡은 것은 아니었을 수 있다.

그런데 오듀본은 《조류학 전기》에서 광택따오기에 대해 이렇게 썼다. "1837년 봄, 나는 텍사스에서 그 무리를 보았다. 그곳에서는 여름철에만 머무르는 나그네새다. 강과 만의 풀숲 가장자리를 따라 흰따오기White Ibis와 어울렸으며, 내륙의 보금자리로 들락날락하는 모습이 관찰되었다." 이는 단순히 지어낸 묘사가 아니라 사실에 근거한 진술처럼 보이며, 오듀본이 실제로 텍사스에서 어두운색의 따오기 무리를 목격했다고 생각하는 것이 합리적이다.

하지만 그 무리가 정말 광택따오기였을까? 아니다. 이 종이 텍사스에서 처음 기록된 것은 1983년이며, 1990년대에 이르러서야 단순히 흩어진 개체가 아닌 군집을 이룬 모습으로 나타나기 시작했다. 오듀본이 본 것은 분명 미국 서부와 멕시코에서 흔히 볼 수 있는 가까운 친척 흰뺨따오기

White-faced Ibis였다. 당시 이들은 오늘날 텍사스 북부 해안의 광택따오기보다 훨씬 더 많은 개체 수를 보였다. 이 종은 1817년 프랑스의 조류학자 비에요가 파라과이와 아르헨티나의 표본을 바탕으로 처음 설명했지만, 북미에도 서식한다는 사실은 1870년대 로버트 리지웨이가 발견하기 전까지 알려지지 않았다.

오듀본이 이들을 충분히 식별할 수 있었을까? 흰뺨따오기와 광택따오기는 둘 다 전체적으로 짙은 밤색이며, 녹색 광택을 띠어 멀리서 보면 얼핏 똑같아 보인다. 하지만 1837년 봄 오듀본이 방문했을 당시처럼 번식기가 한창일 때, 흰뺨따오기 성체는 얼굴에 환한 붉은색 맨살이 드러나고 흰 깃털이 드문드문 얼굴 가장자리를 둘러싸는 반면 광택따오기 성체는 얼굴 피부가 짙은 암회색이며 가장자리에 파란 털이 나 있다. 자세히 보면 차이가 확연하다. 하지만 오듀본과 일행은 이 새들의 정체를 이미 안다고 생각했기 때문에 자세히 관찰할 이유가 없었다.

얼룩오리와 흰뺨따오기 외에도 오듀본이 마주쳤지만 새로운 종으로 알아차리지 못한 다른 새들에 관해서는 모두 파악할 수 없다. 그가 여행 중 쓴 일기가 사라져 단서가 얼마 남아 있지 않기 때문이다.

하지만 에드워드 해리스도 철저한 새 목록과 함께 여정 중의 기록을 남겼다. 해리스가 미시시피 강 하구와 갤버스턴 만 사이에서 확인한 새는 약 200종에 달하는데, 당시로서는 상당히 놀라운 수치다. 탐조 목록에는 몇 가지 중복 항목이 있다. 맥길리브레이핀치MacGillivray's Finch와 해안핀치 Seaside Finch는 모두 해안참새를 가리킨다. 목록에는 두건솔새와 '셀비딱새' 가 모두 적혀 있는데, 후자는 앞에서 살펴보았듯이 오듀본이 몇 년 전 어린 두건솔새에게 잘못 붙인 이름이었다. 몇몇 오류는 있지만, 전반적으로 지역에서 관찰할 수 있으리라 예상했던 종의 상당 부분이 담긴 합리적인

　　모든 새를 보았다고 믿은 남자

목록이었다.

　이것이 그 탐사의 핵심일지도 모른다. '예상했던' 새들을 발견한 것 말이다. 그들이 놓쳤을지도 모르는 새에 대한 단서는 해리스 목록에 쓰인 또 다른 새들에서 찾을 수 있다. 그는 여러 곳에서 플로리다가마우지Florida Cormorant를 목격했다고 언급했다. 당시 오듀본은 이 새를 별개의 종으로 간주했지만, 사실 흔한 이중볏가마우지Double-crested Cormorant의 남부 아종이다. 다만 갤버스턴 주변에서 관찰된 가마우지 중 일부는 신열대가마우지Neotropic Cormorant였을 가능성도 있다. 이 종이 텍사스에 서식하는 것으로 알려진 것은 1850년대였는데, 아마도 이전부터 그곳에서 서식하고 있었지만 자연주의자들이 알아차리지 못했을 뿐일 것이다.

　해리스는 또한 다섯 종의 물떼새를 목격했다. 하지만 1837년 갤버스턴 근처의 모래사장을 누비고 다녔을 스노이플러버Snowy Plover는 목록에 오르지 못했다. 이 종은 1850년대가 되어서야 북미에서 기록되었는데, 아마도 오듀본이 이미 그린 적 있는 피리물떼새와 비슷한 색을 띠기 때문에 간과한 것 같다. 해리스의 목록에는 당시 알려진 대부분의 작은 도요새가 포함되었지만, 긴부리참도요나 베어드도요는 빠져 있다. 이들 역시 의심할 여지없이 그때 그곳에 존재했겠지만, 아직 설명과 이름이 붙지 않는 상황이었기 때문에 알아보지 못했을 것이다.

　또 이때는 오듀본이 붉은부리큰제비갈매기를 발견할 수 있었지만 놓치고만 또 한 번의 기회였을 것이다. 해리스의 목록에는 현재 우리가 아메리카큰제비갈매기라고 부르는 '카옌제비갈매기'와 다른 여섯 종의 제비갈매기가 포함되어 있었다. 오듀본은 1833년 래브라도에서 붉은부리큰제비갈매기를 분명히 보았으나, 아메리카큰제비갈매기로 착각했다. 아마 1832년 플로리다에서 다시 두 종을 함께 보았을 테지만 두 종의 차이를

존 제임스 오듀본의 아메리카큰제비갈매기 성체. 이 커다란 제비갈매기는 미국 남동부 해안에서 흔히 볼 수 있다.

켄 코프먼의 붉은부리큰제비갈매기 성체. 붉은부리큰제비갈매기는 세계에서 가장 큰 제비갈매기 종으로, 1770년 초에 카스피 해에서 채집한 표본을 바탕으로 과학계에 보고되었다. 하지만 1800년대 초까지만 해도 이 새가 북미에도 서식한다는 사실을 아무도 몰랐다. 오듀본은 의심할 여지없이 1833년 래브라도에서 이 새를 보았을 것이고, 아마도 다른 곳에서도 마주쳤을 가능성이 크지만 남동부 해변에서 보았던 아메리카큰제비갈매기와 다른 종이라는 사실을 알아채지 못했다.

알아차리지 못했고,* 텍사스에서도 마찬가지였다. 아메리카큰제비갈매기는 두꺼운 주황색 부리를 가진 흰색과 회색의 큰 바닷새로, 모래 위에 무리를 지어 서 있는 모습을 텍사스 해안에서 아주 흔히 볼 수 있다. 반면 붉은부리큰제비갈매기는 그 수가 조금 적다. 약간 더 두꺼운 붉은 부리에 몸집이 약간 더 큰 흰색과 회색의 바닷새로, 아메리카큰제비갈매기와 함께 어울려 서 있다. 주의 깊게 관찰하면 알아볼 수 있지만, 그렇지 않으면 그냥 지나치기 쉽다.

오늘날 200년에 걸쳐 축적된 지식을 가지고 보면 초기 자연주의자들이 이 모든 사실을 알아챘어야 한다고 쉽게 말할 수 있다. 하지만 그렇게 말하는 게 옳을까? 우리라면 더 잘할 수 있었을까? 아마 아닐 것이다.

새로운 발견을 위해 자연주의자들이 아무리 만반의 준비를 하고 현장으로 나가도, 바로 눈앞에서 새로운 것을 놓칠 수 있다는 것은 씁쓸한 현실이다. 대부분의 경우 우리는 우리가 무엇을 놓쳤는지조차 알지 못한 채 지나친다. 인간의 일생은 너무 짧아서 생물의 다양성과 자연의 풍요로움을 전부 이해하기엔 턱없이 부족하다. 하지만 작은 시도도 우리의 일상을 기쁨으로 가득 채울 수 있다.

봄철 텍사스 북부 해안에서 조류의 다채로움에 둘러싸였던 오듀본과 일행을 생각하다 보면, 같은 지역과 같은 계절에 빅터 에마뉘엘과 함께 철새 이동 워크숍을 진행했던 기억이 새록새록 떠오른다. 늘씬한 체격에 활기차고 에너지가 넘치는 빅터는 새와 자연에 대한 깊은 지식은 물론 자연의 경이로움을 대할 때는 어린아이 같은 순수한 감각을 겸비한 사람이다.

* 붉은부리큰제비갈매기의 서식지가 남동부 지역으로 확장된 것은 1960년대 이후이긴 하지만 1800년대 초반에도 플로리다에서 아예 보이지 않았을 가능성은 거의 없다.

밝은 오렌지색 볼티모어꾀꼬리가 나타나면, 지금껏 50만 마리의 볼티모어꾀꼬리를 봐왔음에도 "와!" 하며 진심 어린 감탄사를 터뜨릴 것이다. 빅터는 한동안 유행했던 "이미 가봤고, 해봤다"라는 말을 싫어했고, "한번 해봤으면, 다시 할 수 있다!"며 반박하곤 했다. 그의 이런 태도는 무한한 놀라움과 즐거움을 주는 철새의 이동에 대해 가르치기에 더없이 완벽했다.

빅터는 이제 텍사스 중부에 살지만, 매년 봄마다 어린 시절부터 늘 그랬던 것처럼 휴스턴 동쪽 해안에서 새를 관찰하며 시간을 보낸다. 최근에 그와 그 지역에서 관찰되는 전반적인 조류 생태 변화를 이야기하다가, 문득 빅터가 예전에 워크숍에서 했던 말이 떠올랐다. 환경 문제에 대해 진지하게 토론을 하던 한 참가자가 새가 점점 줄어드는 것을 보고 너무 우울해져 탐조를 완전히 그만둔 친구의 이야기를 꺼냈다. 참가자는 빅터에게 "이런 문제에 어떻게 대응하시나요? 환경 문제에 집중해야 할까요, 아니면 문제는 일단 제쳐두고 눈앞의 새를 즐겨야 할까요?"라고 물었다.

빅터는 몸을 앞으로 기울였다. "꼭 둘 중 하나여야만 하나요?" 그가 말했다. "둘 다 할 수 있어요. 그래야 하고요. 저는 우리 주변에 있는 놀랍고 다양한 새들을 소중히 여기고 즐겨야 한다고 생각해요. 그 과정에서 미래를 위해 새들을 보호하기 위한 행동을 하도록 영감을 받을 수 있죠. 이 두 가지는 서로 향상시키는 관계입니다. 우리가 잃어버린 것을 인정할 때, 지금 가진 것에 더욱 감사할 수 있죠."

그 후, 빅터는 평소답지 않게 한참을 침묵했다. 나는 그를 바라보았다. 그가 마치 멀리 떨어져 있는 듯 느껴졌다. '우리가 잃은 것을 인정하는 것'. 나는 빅터가 수년 전, 아직 10대 소년이었을 때 이 해안가에서 보았던 특별한, 신비롭고 마법 같은 새, 이제는 우리 중 누구도 다시는 볼 수 없는 어떤 새를 떠올리고 있는 게 아닐까 하고 생각했다.

    모든 새를 보았다고 믿은 남자

10장

풍요로운 삶

마도요는 전 세계 곳곳에서 볼 수 있다. 도요과로 분류되는 이 새는 보통 모래 위에서는 보기 힘들고 북극의 툰드라, 넓은 초원, 바위 해안 등 탁 트인 하늘이 펼쳐진 곳이면 어디에서나 관찰할 수 있다. 평균적으로 도요새보다 몸집이 조금 더 크고, 아래로 구부러진 얇은 부리를 지닌 우아한 외모를 하고 있으며 나는 모습에서는 힘과 기품이 느껴진다. 번식지에서는 황량한 대지 위를 날아다니며 애절하고 숨 가쁜 휘파람 소리로 노래를 부른다. 대륙과 반구를 걸쳐 이동하며, 일부 종은 조류 중에서도 가장 긴 이동을 하는 것으로 알려진다. 마도요는 바람의 후손이다.

북미 동부의 초기 자연주의자들은 세 종류의 마도요를 알고 있었다. 가장 큰 종은 긴부리마도요로, 짧은 꼬리 끝에서 가느다란 부리 끝까지 길이가 60센티미터쯤 되며 갈색과 담황색을 띠고 있다. 이 새는 서부 내륙의 초원에 둥지를 틀며(당시 자연주의자들은 아직 몰랐지만), 번식하지 않는 개체는 남동부 해안선을 따라 사계절 내내 관찰할 수 있다. 두 번째는 오늘날 중부리도요Whimbrel라고도 불리는 허드슨마도요Hudsonian Curlew로

평균 몸길이가 45센티미터가 조금 안 되는 중간 크기이고 회갈색을 띤다. 북극 지역에 둥지를 틀며 봄과 가을에 대서양 연안을 따라 대규모 무리가 이동하는 모습을 볼 수 있다. 일부는 겨울철까지 대서양 연안에 머무르기도 한다. 두 새 모두 200년 전보다는 개체 수가 줄었지만 여전히 쉽게 발견할 수 있다.

그리고 세 번째 마도요가 있었다. 중부리도요와 종종 혼동되기도 하지만 부리가 더 짧고 계피 색을 띠며 몸집도 조금 더 작다. 당시 탐험가들이 여름에 영국령 아메리카 고위도 지역(현재의 캐나다)에서 몇 마리의 표본을 입수했고, 자연주의자들은 초가을에 캐나다 남동부와 미국 북동부의 해안 근처에서 무리를 이루어 남쪽으로 떠나는 모습을 관찰했다. 이 새는 미스터리였다. 그나마 한 가지 확실한 사실은 여름에 북극 고산지대에 나타난다는 점뿐이었기 때문에, 자연주의자들은 이 새를 에스키모쇠부리도요라고 불렀다.*

1800년대 중반이 되면서 사람들은 에스키모쇠부리도요에 더욱 주목하기 시작했다. 북미의 대부분 지역에서 이 새는 거의 관찰되지 않았지만, 한번 나타나면 대규모로 출현하는 경향이 있었다. 이른 봄이면 큰 무리가 텍사스에 도착하여 해안 근처의 수 에이커에 달하는 대초원을 뒤덮기도 했다. 이후 계절이 지나면 무리는 대평원으로부터 캐나다 대초원을 지나 북극의 툰드라로 향했다. 늦여름 무렵에는 더 많은 무리가 캐나다 동부와 뉴잉글랜드 주의 해안 근처에 도착하여 몇 주 동안 덩굴월귤과 메뚜기 등을 먹고 살을 찌운 다음 바다 위로 사라졌다. 이후에 과학자들은 이 작은 마도요의 방대한 무리가 남미 대륙 끝까지 날아가 아르헨티나의 바람이

* 당시 유럽계 미국인 과학자 중 누구도 '에스키모Eskimo'라는 용어가 극북의 다양한 민족과 문화를 무시하는 무례한 비하 표현으로 여겨지게 될 줄은 짐작하지 못했을 것이다.

 모든 새를 보았다고 믿은 남자

부는 대초원에서 겨울을 난다는 사실을 밝혀냈다.

1830년대에 존 제임스 오듀본이 《조류학 전기》를 집필할 당시 이 새에 대해 알려진 바는 많지 않았다. 오듀본은 1833년 래브라도로 떠나기 전까지 에스키모쇠부리도요를 본 적이 없었지만, 해안의 어부들이 7월 말경에 이주하는 새들을 볼 수 있을 것이라고 알려주었다. 새들이 그곳에 도착했을 때, 오듀본은 이들의 모습을 시적으로 묘사했다. "새들이 마침내 길고 긴 떼를 지어 와 우리 배 주위를 가까이 지나치며 근처 불모의 산악 지대를 향해 항로를 정했다… 먹이를 구할 수 있을 것 같은 곳이면 어디든 마도요가 떼를 지어 모여들었다… 먹이터를 찾을 때 그들은 때로는 높이, 때로는 낮게, 그러나 항상 놀라운 속도로 공중에서 아름다운 군무를 펼치며 무리지어 비행했다."

약 200년이 지난 오늘 다시는 볼 수 없을 현상에 대한 묘사를 읽다 보면 특히 한 문장에 주목하게 된다. "그들은 분명히 북쪽에서 왔으며, 나그네비둘기를 연상시킬 정도로 빽빽하게 무리 지어 도착했다."

홀로 여행하기엔 너무 어렸던 10대 초반, 도서관에서 이 책 저 책을 뒤지다 이 문장을 처음 접했다. 마치 의도치 않은 아이러니를 예견하는 문장 같아 가슴이 찡했다.

나그네비둘기는 멸종했다. 너무도 잘 알려졌듯 말이다. 1800년대 초까지만 해도 이들은 북미 동부 전역에 걸쳐 수십억 마리에 달하는 개체 수를 자랑했고, 세계에서 가장 수가 많은 조류 중 하나였다. 크고 긴 꼬리를 가진 이 비둘기는 강청색과 밝은 주황색을 띠었고, 거대한 무리가 머리 위를 날 때면 하늘이 검게 물들었다. 그러나 어느 순간부터 개체 수가 급격한 속도로 추락했고 1914년 9월, 신시내티 동물원 우리에서 바닥으로 떨어진 한 마리가 마지막으로 확인된 개체였다. 50년 후, 내가 조류 관찰을 시작했을 즈음에는 아무도 나그네비둘기가 사라졌다는 사실에 의문을 제기하지 않았다.

반면 에스키모쇠부리도요에 대해서는 여전히 의문이 남아 있었다. 개체 수가 급감했지만, 적어도 완전히 사라진 것은 아니었다. 물론 그 수가 영(0)에 가까워진 것은 확실했다. 봄에는 텍사스의 대초원을 뒤덮고 가을에는 래브라도의 절벽 위로 몰려들던 거대한 무리가 1880년대 무렵 급격히 줄어들었고, 1900년경에는 아예 찾아보기 힘들어졌다. 1905년부터 1945년 사이에는 텍사스에서 신뢰할 만한 관찰 기록이 단 한 건도 나오지 않았다. 다른 지역에서 드물게 목격담이 들려왔지만, 대부분 미심쩍은 부분이 많았다. 아주 오랫동안 혼동되어왔듯이 에스키모쇠부리도요의 외형이 중부리도요와 아주 비슷하기 때문이기도 했다. 20세기 초반, 북미 전역에서 새를 찾아다니던 로저 토리 피터슨은 이 새를 확실하게 본 적은 없었다. 하지만 아주 근접한 순간은 있었다. 어느 가을 오후 매사추세츠 주 해안에서였다. 눈에 띄게 작은 마도요 한 마리가 그의 앞을 휙 지나쳐 일직선으로 날아가버렸고, 감질나는 실루엣은 곧 시야에서 사라졌다.

수십 년 동안 에스키모쇠부리도요의 모든 목격담은 이처럼 그럴듯하지만 확실하진 않았다. 그러던 중 1959년 3월 말, 벤 펠트너Ben Feltner라는 젊은 탐조가가 과거 에스키모쇠부리도요의 주요 중간 기착지였던 텍사스 북부 해안의 갤버스턴 섬 들판에서 검은가슴물떼새와 다른 철새들과 함께 먹이 사냥을 하고 있는 작은 마도요를 발견했다.

당시에는 보스턴이나 뉴욕 같은 주요 조류 연구 중심지를 제외하고는 희귀 조류 신고를 위한 핫라인이 없었다. 펠트너는 친구 빅터 에마뉘엘에게 전화를 걸어 이 사실을 알렸는데, 당시 열아홉 살이었던 빅터는 빡

빡한 대학 수업 일정 때문에 곧바로 새를 보러 떠날 수 없었다. 4월 초가 되어서야 빅터는 몇몇 친구들과 차를 몰고 갤버스턴 섬으로 향했다.

펠트너가 새를 목격한 지점에서 몇 킬로미터 떨어진 곳에서 빅터와 친구들은 여러 도요물떼새들이 먹이를 찾고 있는 목초지를 발견했다. 그 곳에는 검은가슴물떼새, 목장도요Upland Sandpiper, 중부리도요, 긴부리마도요 등이 있었고, 중부리도요보다 더 밝은 담황색에 부리가 더 짧은 작은 마도요 한 마리도 함께 있었다. 그 새의 정체에 의심의 여지가 없었다.

그 후 60년 동안 빅터는 전 세계를 여행하며 세계에서 가장 희귀한 새를 포함하여 수천 종의 새를 관찰했다. 하지만 에스키모쇠부리도요에 대해 이야기할 때면 목소리가 가라앉으며 "제 인생의 새였습니다."라고 말을 끝맺곤 했다.

그때가 마지막 목격은 아니었다. 빅터는 에스키모쇠부리도요를 다른 이들에게 보여주기 위해 갤버스턴 섬을 다시 찾았다. 여러 현지 전문가들도 이 새를 목격했고, 모두가 새의 정체에 동의했다. 이듬해 봄에도 최소 한 마리가 돌아왔고, 그다음 해에도 한 마리가 목격되었다. 1962년에는 최소 두 마리가 다시 나타났고, 누군가가 확실히 식별할 수 있을 만한 사진을 찍는 데 성공하면서 이 새가 여전히 살아 있다는 첫 번째 명확한 증거가 되었다.

1963년 봄에는 이곳에서 한 마리도 발견되지 않았지만 그해 가을, 9월 초 카리브 해 동부의 바베이도스 섬에서 한 사냥꾼이 에스키모쇠부리도요를 사냥했다. 이 새가 아직 존재한다는 가장 확실한 증거였다. 그는 이 표본을 보관하다 나중에 박물관으로 보냈다.

몇 년 후《오듀본》잡지에 바베이도스에서 잡힌 새에 관한 짧은 글이 실렸다. 공교롭게도 그 잡지는 어린 소년이던 내가 국립오듀본협회에 가

존 제임스 오듀본의 에스키모쇠부리도요. 북극의 여름 번식지와 남미 남부의 월동지 사이를 오갔던 이 새는 한때 개체 수가 풍부했으나 1800년대 후반에 급감했다. 1960년대까지는 확실한 목격이 이어졌지만 지금은 틀림없이 멸종한 것으로 추정된다.

입하고 처음 받아본 잡지 중 하나였다. 에스키모쇠부리도요의 이야기는 몇 주 동안 내 마음을 사로잡았다. 바베이도스에서 발견된 개체가 지구상의 마지막 에스키모쇠부리도요일 리 없었다. 텍사스 해안에서 촬영된 새가 카리브 해의 사냥꾼이 쏜 바로 그 새일 리 없었다. 만약 그렇다면 너무도 터무니없는 우연일 것이다. 이 드넓은 남반구에서 대륙에 걸쳐 이동하는 에스키모쇠부리도요의 출현 소식은 더 많은 개체가 어딘가에 있다는 신호다. 분명 더 많은 개체가 있을 것이다… 나는 또 한 번 확실한 목격 소식이 들려오기를 간절히 기다렸다.

60년이 지난 지금도 나는 여전히 기다리고 있다. 하지만 이 새의 출현 기록은 아직도 나오지 않았다. 오늘날 북미와 남미, 카리브 해 지역에는

     모든 새를 보았다고 믿은 남자

고성능 카메라를 들고 다니며 특이한 새를 발견하는 족족 모두 기록으로 남기는 탐조가들로 넘쳐난다. 그러나 아무도 이 새를 찾지 못했고, 마지막 사진은 1962년에 찍힌 것이 전부다. 오늘날에도 이 새는 여전히 '절멸종'이 아닌 '심각한 멸종 위기종'으로 분류되어 있다. 어쩌면 우리는 아직, 이 새를 완전히 잃었다는 사실을 받아들일 준비가 되지 않았는지도 모른다.

이게 오늘날의 접근법인 듯하다. 나그네비둘기나 캐롤라이나앵무와 같이 이미 오래전에 멸종된 종은 그 멸종을 의심 없이 받아들이지만, 최근에 멸종된 종에 대해서는 그렇지 않다. 탐조가들이 어디에나 있고, 거의 모든 서식 조류에 대해 잘 알려진 북아메리카에서는 1960년대 이후 바흐먼솔새를 목격했다는 기록이 단 한 번도 나오지 않았지만, 2023년 10월에 이르러서야 공식적으로 멸종이 인정되었다. 화려하고 시끄러운 흰부리딱따구리가 마지막으로 확실하게 목격된 건 1940년대지만, 흐릿한 사진과 동영상 속 모습을 근거로 이 종의 멸종을 받아들이지 않는 사람들도 있다. 우리가 더 많은 것을 잃어갈수록, 한때 가졌던 것들의 남은 조각에 더 집착하게 되는 것일까.

종의 절멸에 초점이 맞춰지는 것은 이해할 수 있다. 이는 실제로 몇몇 영웅적인 보존 노력으로 이어졌다. 북미의 미국흰두루미, 캘리포니아콘도르California Condor, 커틀랜드솔새는 20세기 동안 멸종 위기에 처했지만, 진지하고도 끈질긴 노력 덕분에 위기에서 벗어날 수 있었다. 아직 완전히 위험에서 벗어났다고는 할 수 없지만, 적어도 멸종 직전의 위태로운 상태는 아니며, 여전히 이 세상에서 우리와 함께 살아가고 있다.

나그네비둘기나 에스키모쇠부리도요와 같은 종에 대해 우리는 그저 다양성의 한 조각, 즉 하나의 개체군만을 잃은 것이 아니다. 우리는 이 대륙이 자랑하던 풍요로움을 잃었다.

풍요로운 삶

1800년대 후반, 야생에서 나그네비둘기 개체 수가 급감하자 몇몇 동물원에서 나그네비둘기를 소규모로 사육하기 시작했다. 그중 일부는 새장에서 새끼를 낳고 번식도 했다. 수천 년 동안 길들여져 온 흔한 도시 비둘기를 보면 알 수 있듯이, 야생 비둘기도 기본적으로 사육장에서 번식이 어렵지 않다. 조금만 주의 깊게 관리했더라면, 시간이 지나면서 상당한 규모의 무리가 되었을 수 있다. 그랬다면 우리도 1914년 9월 이전의 신시내티 시민들처럼, 동물원에 가서 살아 있는 나그네비둘기를 볼 수 있었을 것이다. 어쩌면 그중 일부는 야생으로 방사되어 지속 가능한 개체군을 형성했을지도 모른다.

그랬다면 성공적인 위기종 보호 사례가 되었을까? 글쎄, 내가 보기엔 아주 희미한 승리에 불과했을 것이다. 내가 생각하는 나그네비둘기의 본질은, 나아가 이 종의 정체성은 입이 떡 벌어질 정도로 풍성한 개체 수에 있었다. 몇 시간 동안 저쪽 수평선에서 이쪽 수평선까지 하늘을 가득 채우며 머리 위를 휩쓸던 어마어마한 비둘기 떼, 밤을 지내기 위해 둥지를 틀 때 수많은 나무를 휘청이고 부러뜨리던 무리, 숲 전체를 채우던 둥지들… 어떤 위대한 보존 조치도 이런 장엄한 광경을 되돌릴 수 없었을 것이고, 오늘날 북미에서는 아마도 생존할 수 없었을 것이다.

오해하지 말길 바란다. 나는 나그네비둘기의 멸종을 비관하거나 가볍게 여기는 게 아니다. 내게 생명의 다양성은 학문적인 차원뿐 아니라 정신적인 차원에서도 중요한 가치이며, 나는 어느 종의 손실에 대해서도 깊은 비통함을 느낀다. 비록 몇 마리뿐일지라도 살아 있는 개체가 남아 있는 것이 아예 종이 세상에서 사라지는 것보다는 분명히 낫다. 하지만 그것은 우리가 잃어버린 것의 희미한 그림자에 불과하다. 중요한 것은 단순히 종이 존재하느냐 여부만이 아니기 때문이다.

오늘날 우리는 야생동물 보호의 주요 목표가 종의 멸종을 막는 것이라는 사실을 당연하게 여긴다. 하지만 멸종이라는 개념은 상당히 최근에 등장한 것이며, 1700년대 후반의 자연주의자들에게는 낯선 개념이었다.

당시 진화나 멸종 같은 개념을 설명하거나 암시하는 과학자는 아주 드물었다. 일반적인 믿음은 지구상의 모든 생물 종이 천지 창조에서 비롯된다는 것이었고, 어떤 종이 사라질 수 있다는 것은 상상도 할 수 없었다. 1780년대에 토머스 제퍼슨이 버지니아 주에 대해 쓴 메모에서 당시 지배적인 견해를 엿볼 수 있다. "자연의 위대한 업적 속에서, 그 어떤 연결고리도 쉬이 끊어질 만큼 약하게 형성된 것은 없다. 이것이 자연의 섭리다."

그 무렵 매머드와 고대 코끼리 마스토돈mastodon의 화석화된 뼈가 발견되었지만, 제퍼슨을 비롯한 학자들은 이 거대한 동물들이 지구 어딘가에 여전히 살고 있을 것이라 생각했다. (대통령이 된 제퍼슨은 1803년 메리웨더 루이스Meriwether Lewis의 탐험대를 서부로 보내면서, 이 거대한 포유류를 계속 주시할 것을 지시했다.) 1800년대 초, 놀라운 고대 짐승들의 화석이 점점 더 발견되면서 프랑스의 자연주의자 조르주 퀴비에Georges Cuvier는 멸종이 자연스러운 과정이라는 주장을 펼쳤다. 하지만 윌슨과 오듀본, 그리고 동시대 사람들에게는 여전히 생소한 개념이었다. 그들에게 멸종은 고대 과거에 드물게 일어났던 사건이며, 이 새로운 대륙의 넘쳐나는 풍요 속에서 일어날 일이 아니었다.

아메리카 대륙의 동쪽 절반을 휩쓸었던 엄청난 수의 나그네비둘기만큼 이 풍요로움을 잘 보여주는 종은 없을 것이다. 과장을 좋아하지 않았던 알렉산더 윌슨은 비둘기 떼가 "믿기 어려울 정도로 어마어마한 규모로 나타나며, 이는 지구상에 존재하는 다른 어떤 깃털 달린 종족과도 비교할 수 없다"고 기록했다. 1810년 봄, 인디애나와 켄터키 사이의 하늘을 몇 시간 동안 가득 메운 비둘기 떼를 주의 깊게 관찰한 월슨은 비행한 개체 수가 20억 마리가 넘는다고 계산했다. 이후 오듀본도 한 번의 비행에 포함된 개체 수가 10억 마리가 넘을 수 있다고 추정했다.* 오늘날 학자들 역시 대체로 이러한 추정치에 동의한다. 나그네비둘기들은 특정 지역에 고도로 밀집하는 특성을 보였고, 전체 개체 수가 최대 50억 마리에 달했을 것으로 추정되기 때문이다.

1700년대 후반에서 1800년대 초반까지의 기록을 주의 깊게 읽어보면, 당시 북미 동부의 조류가 단순히 종의 다양성에 그치지 않고, 수적으로도 매우 풍부했음을 생생하게 느낄 수 있다. 나그네비둘기뿐만이 아니다. 비둘기들이 도착했을 때 그 숫자가 그냥 넘어갈 수 없을 만큼 엄청났기 때문에 사람들은 자연스레 이에 대한 글을 남겼다. 반면 주변에서 항상 보이던 흔한 새들의 수에 대해서는 언급이 적었다. 당시 기준으로 '보통'이 어느 정도였는지 추측하기 어렵지만, 일반적으로 새의 개체 수가 지금보다 훨씬 많았다는 단서는 곳곳에서 발견된다.

붉은머리딱따구리Red-headed Woodpecker는 지금도 북미 동부에 널리 퍼져 있으며 국지적으로 볼 수 있는 지역도 있지만, 200년 전의 묘사는 달랐다. 알렉산더 월슨은 "북미에서 이보다 더 보편적으로 알려진 새는 아마도 없을 것이다… 거의 모든 어린이가 이 딱따구리에 대해 잘 알고 있다"고 했다. 오듀본은 딱따구리가 너무 익숙해서 굳이 습성을 설명할 필요조차 없을 것 같다면서도 꽤 상세하게 이 새를 묘사했다. 그는 과수원과 옥

---

* 오듀본의 추정치는 월슨이 계산한 2,230,272,000마리의 정확히 절반인 1,115,136,000마리였다. 이는 우연이 아니라 오듀본이 다른 사람의 공식을 베껴서 몇 가지 변수만 바꾼 것이다. 월슨에 관한 것이라면 오듀본은 가능한 한 모든 방법을 동원해 조사하고 그를 반박하려 했다.

수수밭에서 먹이를 먹는 습성에 대해 언급한 후 "여름철에 미국에서 이 새가 얼마나 많이 관찰되는지 추정하는 것은 불가능하지만, 한 그루의 벚나무에서만 하루에 100마리쯤은 잡을 수 있다고 장담한다"고 덧붙였다.

지금도 하루에 100마리의 딱따구리를 볼 수 있을까? 그렇다. 9월의 적절한 시기에 미주리 강 하류의 적합한 지점에 서 있다면 그보다 더 많은 딱따구리가 날아가는 모습을 볼 수도 있다. 하지만 그 외 다른 지역에서라면 하루에 50마리가 한 나무를 찾기는커녕, 50마리를 봤다는 주장조차 의심을 받을 것이다. 나 역시 하루에 10마리 이상을 본 적이 없다.

안타깝게도 개체 수가 풍부했다는 과거의 기록은 (오듀본의 글에서 잘 알 수 있듯이) 사냥 가능한 수가 그 기준이 되었다. 대서양과 걸프 연안의 염습지에 서식하는 클래퍼뜸부기Clapper Rail는 키 큰 갈대 사이로 숨어 눈에 잘 띄지 않는다. 오늘날에도 일부 지역에서 꽤 흔하게 볼 수 있지만, 1800년대 초만 해도 "꽤 흔하다"는 표현을 사용한 사람은 아무도 없었다. 윌슨은 "엄청나게 많고 잘 알려진 종"이라고 불렀으며, 폭풍으로 해안가의 서식지가 물에 잠긴 후 수천 마리가 평평한 염습지에서 걸어 다니는 모습을 목격했다고 기록했다. 오듀본은 "새들이 믿기지 않을 정도로 많다"고 적었다. 여름철 뉴저지의 습지에서 그는 "이 새의 알을 모으는 것이 일상적인 직업이 되었다… 실제로 한 사람이 하루에 수십 개의 알을 집으로 가져가는 일도 드물지 않았다"고 했다. 또 오듀본은 사우스캐롤라이나의 해안 습지에서 겨울철 밀물 때 클래퍼뜸부기를 사냥하는 장면을 묘사했다. 밀물 시간에 배를 타고 하천을 거슬러 올라간 사냥꾼들이 총을 쏘기 시작했고 "몇 시간 만에 수백 마리가 생명의 숨결을 멈췄다." 오늘날 클래퍼뜸부기를 찾는 탐조가에게 이런 거대하고 소름 끼치는 수확은 상상조차 할 수 없는 일이다.

《조류학 전기》에는 이런 사냥에 대한 묘사가 너무나 자주 등장하지만, 개체 수를 추정할 수 있는 기록은 일부에 불과하다. 1821년 3월 16일, 뉴올리언스에서 나타난 미국검은가슴물떼새의 대비행이 대표적인 예다. 지역의 포수들은 6년 전의 대비행 때와 일치하는 기상 조건을 근거로 물떼새의 예상 경로에 오듀본을 초대했다. "이른 아침 새들이 모습을 드러낼 무렵, 포수들은 20명에서 50명씩 여러 장소에 모여 있었다. 그들은 경험을 통해 물떼새가 지나갈 것을 알고 있었다… 한 무리가 날아오면 모든 사람이 물떼새의 울음소리를 흉내 내어 휘파람을 불었고, 새들이 내려와 선회하며 40~50야드|약 36~45미터-옮긴이주| 이내로 다가오면 바로 총을 쏘았다." 저녁 무렵, 근처의 한 남자는 63마리의 물떼새를 사냥했다. 오듀본은 현장에 200명의 포수들이 있었고, 한 명당 평균 22마리를 쐈다고 계산하면 하루에 총 4만 8천 마리가 사냥됐을 것이라고 추정했다. 그는 "다음 날 아침 시장에는 저렴한 가격의 물떼새가 넘쳐났다"고 덧붙였다.

오늘날 뉴올리언스에서는 검은가슴물떼새가 100마리만 나타나도 놀라운 일이 될 것이다. 이들의 봄철 이동 경로는 대부분 루이지애나 남서부와 텍사스를 거쳐 서쪽으로 더 멀리 이동하지만, 그곳에서도 최대 개체 수는 수천 마리에 불과하다. 오듀본의 수치가 정확하지 않다고 해도 당시에는 지금보다 훨씬 많은 개체 수가 존재했음이 확실하다.

새들의 현재 상황을 알면 옛 기록이 더욱 흥미롭게 느껴진다. 오늘날 탐조가들은 텍사스 해안, 일리노이 남부 및 위스콘신 중부의 일부 지역, 미주리 및 아이오와의 특정 지역, 오클라호마 북부부터 미네소타 서부 등 특정 지역으로 여행해야만 큰초원뇌조Greater Prairie-Chicken를 볼 수 있다. 그러나 과거에는 달랐다. 오듀본은 처음 헨더슨으로 이사 왔을 때 이 뇌조가 너무 많아서 지역 주민들이 먹는 데 질렸을 정도라고 기록했다. "그 어떤 '켄터키의 사냥꾼'도 그들을 쏠 엄두조차 내지 못했다." 근처에서 수백 마리가 떼를 지어 몰려다녔다. 큰초원뇌조는 겨울에 마을로 들어와 지붕 위에 앉아 있거나, 가금류 농장에서 먹이를 찾아 먹곤 했다. 그러나 서식 범위가 점점 서쪽으로 밀려나면서 개체 수가 급감했고, 오늘날 켄터키에서 큰초원뇌조를 본 적이 있는 사람은 아무도 없다.

역사적 기록 대부분은 크고 눈에 잘 띄는 종에 초점을 맞추고 있다. 토머스 너탤은 미국흰두루미에 대해 이렇게 썼다.

1811년 12월, 무역선을 타고 미시시피 강을 따라 여유롭게 내려오던 중 북쪽과 서쪽의 모든 습지와 늪에서 모여든 수천 마리의 미국흰두루미 떼가 이동하는 모습을 목격했다. 마치 대륙 전체가 이 거대한 무리를 받아들이기 위해 총 수용량 한도를 없앤 것 같았다… 이 수많은 군대가 하늘 높이 떠서 지나가는 소리에 귀가 먹먹해졌다. 쉬지 않고 길게 이어지는 행렬의 외침이 밤새 계속되어, 그 엄청난 규모를 짐작할 수 있었다.

놀라운 이야기지만 믿기 어려운 부분이 있다. 1811년에도 미시시피 계곡을 오르내리며 중서부 상류의 번식지와 루이지애나의 월동지 사이를 이동하는 미국흰두루미가 있었겠지만, 일반적으로 두루미는 밤에 이동하지 않는다. 또 오늘날 생물학자들은 미국흰두루미의 개체 수가 그렇게 많았던 적이 없다고 생각하며, 50년 후인 1860년대의 이 종의 총 개체 수는 2천 마리 미만으로 추정하고 있다. 그렇다면 너탤은 무엇을 묘사한 것이었을까? 그는 오듀본과 달리 미국흰두루미와 캐나다두루미를 별개의 종으로 인식하여 두 종을 모두 책에서 설명했기 때문에, 이 글에서 나타나는 종은 (역시 일반적으로 밤에 이동하지 않는) 캐나다두루미도 아니었을 것이다. 너탤이 큰 새들의 장대한 비행을 실제로 보았다고 믿고 싶지만, 대체 어떤 종이었을까? 우리는 정확히 알 수 없다.

더 작거나 관찰하기 어려운 새들의 정보는 훨씬 더 단편적이다. 공중에서 곤충을 쫓아다니고 흙둑에 둥지 구멍을 파는 갈색 등의 갈색제비Bank Swallow를 생각해보자.

모든 역사적 기록에 따르면 과거에 갈색제비는 오늘날보다 훨씬 더 개체 수가 많았으며, 강을 따라 대규모 군락을 이루며 둥지를 틀었다. 오듀본은 플로리다에서 겨울에 큰 무리를 목격했다고 주장했는데, 현재 우리가 알고 있는 바로 갈색제비는 겨울을 나기 위해 대부분 남미로 이동할 뿐, 플로리다처럼 북쪽으로 멀리 이동하는 경우는 없다. 1830년대에는 달랐을까? 윌슨, 오듀본, 너탤은 모두 이 제비가 대서양 연안의 중부에서 봄에 가장 먼저 이동한다고 썼다. 현재는 그렇지 않지만(평균적으로 녹색제비Tree Swallow와 암청색큰제비Purple Martin가 나타난 뒤 한참 후에야 모습을 드러내고, 헛간제비Barn Swallow보다도 조금 늦게 나타난다), 갈색제비가 지금보다 훨씬 더 북쪽에서 겨울을 난다면 그럴 수도 있었을 것이다. 당시 정말 갈색제비가 가장 이른 시기의 철새였을까? 너탤은 대부분 윌슨의 말을 짜깁기해서 설명했으며, 오듀본 역시 자료가 부족한 주제에 관해서는 윌슨의 말을 빌려 썼기 때문에, 윌슨이 잘못 안 것을 두 사람이 그대로 모방해 오류가 전해졌을 가능성이 있다. 이처럼 오늘날 당시의 상황을 돌아보고 확신하기란 몹시 어렵다.

당시 조류학자들은 쌍안경도 없었고 조류 종도 아직 완전히 파악하지 못했기 때문에 많은 새를 정확히 셀 수 없었다. 그들의 기록으로는 나무 꼭대기에 사는 새나 꾀꼬리, 찌르레기, 딱새 같은 숲속 명금의 개체 수를 제대로 알 수 없다. 하지만 모든 자료를 종합해볼 때, 1800년대 초에는

     모든 새를 보았다고 믿은 남자

지금보다 훨씬 더 많은 새들이 이 대륙의 숲과 들판, 하늘을 가득 채웠다고 믿을 수 있을 것 같다. 어쩌면 자연주의자들이 분류해야 할 새가 하도 많아서 몇 종을 알아차리지 못한 것은 아닐까 하는 생각도 든다.

그 풍요로움은 어디로 사라졌을까? 글쎄, 이들 대신 '우리'가 나타났다. 인간들 말이다. 특히 유럽에서 온 정착민들이 북미 대륙의 모습을 바꾸어놓았고, 이 대륙은 예전만큼 많은 야생동물을 지탱할 수 없게 되었다.

우리는 그 당시의 북미를 설명할 때 이 땅을 '원시 야생'이라고 부르는 함정을 피해야 한다. 이 대륙에는 수천 년 동안 인간이 거주해왔고(최근 연구들은 인간의 도착 시기를 더 이른 시대로 추정하기도 한다), 콜럼버스가 도착한 1492년 당시 도시, 마을, 농장 등 다양한 형태로 토지가 관리되었으며 인구는 이미 최소 수백만 명에 달했다. 사람의 손길이 닿지 않은 곳은 거의 없었다. 유럽인들이 가져온 천연두와 기타 질병이 선주민 문명을 휩쓸고 지나간 후 많은 지역에서 인구가 급감한 것은 사실이다. 어떤 곳은 수천 년 동안 이어진 인구 밀집 상태에서 황무지로 되돌아간 것일 수 있다. 하지만 조류와 여러 야생동물의 풍요로움은 일시적인 현상이 아니었다.

최초의 인류가 아메리카 대륙에 도착하면서 매머드와 다른 거대 동물의 멸종을 앞당겼을 수도 있다. 하지만 문명이 더욱 정교해지면서 선주민들은 주변 환경과 공존하는 지속 가능한 삶의 방식을 개발했다. 물론 나그네비둘기 무리를 사냥하긴 했지만 전멸시키지는 않았다. 평원에서 들소를 사냥했지만 그 방대한 무리를 너덜너덜한 잔해로 만들지는 않았다. 땅을 경작하거나 통제된 환경에서 소각하는 등 토양을 관리했지만, 생계의 근간이 되었던 야생 동물을 싹쓸이하지는 않았다.

물론 선주민들의 토착적인 토지 이용 관행을 오늘날 그대로 적용할 수는 없다. 하지만 그들이 보여준 지속가능성의 원칙을 본받아 지금보다 훨씬 더 충실히 따르려고 노력해야 한다. 우리가 올바른 선택을 한다면, 현대의 편리함을 누리면서도 동시에 건강하고 지속가능한 야생동물 개체 수를 지킬 수 있을 것이다.

최근에 조류 보호에 앞장서는 젊은 활동가 모임과 이야기를 나눌 기회가 있었다. 10대를 갓 벗어난 이들은 열정적이고 여러 정보에 밝았으며, 긍정적인 변화를 만들겠다는 낙관적인 태도와 의지로 반짝반짝 빛나고 있었다. 이들의 가장 중요한 공동의 목표는 조류 개체 수를 과거의 수준으로 복원하는 것이라 했다. 일부 종은 이미 아예 멸종되었기 때문에 실험실에서 살려내는 것은 고려 대상이 아니었지만, 남아 있는 새들에 대해서는 과거만큼의 풍요로움을 되찾고 싶다는 것이 그들의 목표였다.

나는 어떻게 반응할지 생각하며 한참 망설였다. 이들의 목표는 물론 훌륭했지만 불가능한 것이었다. 대부분의 조류종 개체 수를 과거 수준으로 되돌릴 수는 없다. 아무리 헌신적인 노력도 토지의 '수용 능력'이라는 현실의 벽에 부딪히고 말 것이다.

주어진 면적의 땅은 오직 일정한 수의 개체만 수용할 수 있다. 연구에 따르면 동부 숲 약 3제곱킬로미터에는 번식기의 진홍색풍금조Scarlet Tanager가 약 200마리까지 서식할 수 있지만, 숲의 유형이나 기타 변수에 따라 실제로는 40~120마리에 그치는 것으로 나타났다. 그 숲의 절반을 벌채하면 진홍색풍금조가 남은 절반의 면적에 꾸역꾸역 들어가 살게 되는 것이 아니다. 그만큼을 지탱할 자원도 없다. 숲 전체를 벌목하면 풍금조들은 서식 개체군에서 제거되고 만다. 이미 좋은 서식지는 다른 개체들로 채워진 상태이기 때문에 단순히 다른 곳으로 이동한다고 해결되는 것도 아니다. 숲을 농지로 바꾸면 몇몇 종 일부가 서식할 수 있겠지만, 종과 개체 수는 많지 않을 것이다. 이제 그곳을 포장하여 도로로 만들면 새들이 아예 살 수 없게 된다.

한때 진홍색풍금조가 서식하던, 성숙한 숲으로 덮여 있던 수천 제곱킬로미터의 땅이 이제는 포장된 주차장, 도로, 단단한 지붕이 되고 말았다. 또 다른 수천 제곱킬로미터는 농장이 되었다.* 이에 따라 진홍색풍금조를 지탱할 수 있는 땅의 수용력도 함께 감소했다. 원래 이 새들의 규모가 어느 정도였는지 알 수 없지만, 현재 개체 수는 (정확히는 몰라도) 적어도 100만 마리 이상 감소했을 것이다. 이 젊은 활동가들이 엄청난 면적의 농장과 마을, 도시와 고속도로를 모두 없애고 울창한 숲으로 되돌려놓지 않는 한, 풍금조의 개체 수를 이전 수준으로 되돌릴 방법은 없다.

이런 이야기를 할까 하다가 그만두었다. 야생동물 보호에는 냉철하게 현실을 바라보는 능력이 필수지만 이상주의도 중요하고 필요하다. 이 젊은 활동가들은 어떻게든 거듭 좌절과 실망에 부딪힐 것이다. 나는 굳이 그 원인이 되고 싶지 않았다. 나이 든 학자의 합리적인 논리가 이들의 젊음의 불씨에 찬물을 끼얹어서는 안 된다고 생각했다. 대신 이 젊은이들의 말에 귀 기울여야 한다. 다시는 볼 수 없을 경이로움을 파괴한 사람들을 생각하며 내가 소년 시절 도서관에서 느꼈던 분노를 다시 불러일으켜야 한다. 야생 비둘기와 마도요 등을 학살했던 파괴적 인간들은 그들이 없앤 자연의 풍요로움처럼 오래전 이미 이 세상에서 사라졌지만, 그 탐욕과 어리석음은 여전히 살아남아 더 교활하고 이기적인 방식으로 지구상의 모

---

* 남미 지역의 진홍색풍금조 월동지에서 역시 많은 숲이 개간되고 말았지만, 이는 본문에서 의논하는 것과는 또 다른 측면의 문제다.

든 생명을 위협하고 있다. 여기서 더 잃을지도 모를 경이로운 자연을 생각하면, 분노하며 당면한 문제에 집중하는 것은 당연하며 올바른 일이다.

그래서 나는 이 젊은 활동가들의 기대를 꺾지 않았다. 대신 이들의 헌신을 칭찬하고 잘되기를 진심으로 기원했다. 사람들이 조류 보호를 위해 행동하도록 영감을 주기가 너무도 어렵다는 이야기를 나누면서, 현실적이고 비관적인 기분에 빠지는 순간이 있을 테지만 이미 잃어버린 것에만 너무 집중해서는 안 된다고 말해주었다. 멸종이라는 선명한 비극 외에도 잘 보이지 않는 자연 고갈 현상은 너무나 많이 일어나고 있다. 이제 뉴저지 습지를 떠돌던 수천 마리의 클래퍼뜸부기는 사라졌고, 펜실베이니아의 모든 나무 위에 떼 지어 앉아 있던 붉은머리딱따구리도 더는 볼 수 없다. 아무리 바람이 좋다 한들 뉴올리언스를 지나가는 수만 마리의 검은가슴물떼새 비행 행렬도 다시 오지 않는다.

잔은 벌써 절반이나 비어버렸다. 하지만 우리의 잔에 남은 것은 여전히 경이롭다. 우리 주변에는 여전히 다양한 조류라는 보물이 남아 있다. 밖으로 나가 주위를 둘러보거나 창밖을 내다보면, 생각보다 훨씬 더 다양한 새들이 강렬하고 작은 생명의 불꽃을 내뿜고 있을 것이다. 그리고 적절한 시간과 장소만 잘 찾아간다면 더 많은 아름다운 새들을 만날 수 있다.

4월에 텍사스 북부 해안을 방문한다 해도 이제는 대초원을 융단처럼 뒤덮고 있는 에스키모쇠부리도요 떼를 볼 수 없다. 단 한 마리도. 그런 희망은 사라졌다. 하지만 작은 벌새부터 거대한 펠리컨까지, 또 바쁘게 돌아다니며 숲을 수놓는 솔새, 꾀꼬리, 비레오, 딱새, 멧새, 도요새, 풍금조, 뜸부기, 지빠귀 등 200여 종에 가까운 새를 매일 볼 수 있다. 형언할 수 없을 정도로 아름다운 새들. 우리는 아직 남아 있는 이 다채로움과 풍요로움을 기뻐하고 소중히 여기면서, 이들의 미래를 지키기 위해 싸워나가야 한다.

 모든 새를 보았다고 믿은 남자

큰(작은) 재시작

1990년대 기술 혁신의 흐름을 경험한 사람이라면 시디롬CD-ROM의 짧았던 전성기를 기억할 것이다. 한때 시디롬은 큰 인기를 끌었다. 평면 디스크에 방대한 양의 단어, 그림, 심지어 사운드와 비디오까지 저장할 수 있었고, 이를 개인용 컴퓨터에서 읽을 수 있었다. 1980년대 중반에 등장한 초기 제품 중에 시디롬 한 장에 백과사전 전체를 담은 것도 있었다. 텍스트만 담겨 있었지만, 그 어마어마한 단어의 양은 당시 기준으로 매우 인상적이었다. 곧이어 개선된 버전과 다양한 제품들이 속속 등장했다. 1990년대에 들어서면서 컴퓨터 제조업체들은 CD 드라이브가 내장된 수백만 대의 개인용 컴퓨터를 출시했고, 늘어나는 관심과 수요를 충족시키기 위해 여러 회사에서 시디롬 콘텐츠를 제작했다.

오랜 전통을 자랑하는 출판사 휴튼 미플린Houghton Mifflin은 새로운 유행을 선도하는 곳은 아니었지만 1990년대 초, 로저 토리 피터슨의 조류 가이드를 시디롬 버전으로 개발하기로 했다. 그들은 로저의 새 그림과 기본적인 조류 도감을 바탕으로 사진, 소리, 몇 가지 영상, 많은 설명을 덧붙이려 했다. 그런데 제작 초기 단계에서 한 가지 문제에 직면했다. 바로, 새의 행동에 관한 설명 자료가 부족하다는 점이었다. 나는 1990년에 첫 책 《전문 조류 탐사를 위한 피터슨 현장 가이드》를 출간하면서 휴튼 미플린사와 인연을 맺은 터라, 이 인연으로 시디롬에 수록될 700여 종의 모든 조류에 관한 간략하고 표준화된 설명을 집필하는 일을 맡게 되었다.

정말 흥미로운 도전이었다. 당시 표준으로 여겨지던 아서 C. 벤트Arthur C. Bent가 편집한 조류 및 조류학사 시리즈는 이미 발간된 지 수십 년이 지나 있었고, 불완전한 정보나 일화적인 내용이 많았다. 한편 비슷한 시기에 필라델피아의 자연과학 아카데미에서 일하는 동료들은 몇몇 종의 매우 상세한 생애사를 담은 새로운 시리즈 《북아메리카의 새들Birds of North America》을 막 시작하고 있었다. 나는 이 시리즈의 편집과 사실 검증도 도왔는데, 다루는 종의 수가 적어서 시디롬을 위해서는 추가 조사가 필요했다. 결국 나는 애리조나대학교의 과학 도서관에서 1년 넘게 온갖 책과 조류학 저널을 살폈고 먹이, 둥지, 이동 습성 등 북미 새들의 삶 전반에 대한 정보를 수집하며 집필 작업을 이어갔다.

2000년대 초반까지 한동안 인기를 끌었던 〈피터슨 조류 멀티미디어 시디롬The Peterson Birds Multimedia CD-ROM〉은 지금도 중고 사본을 찾을 수 있긴 하지만, 이제는 구식 기술이 된 시디롬을 실행할 수 있는 컴퓨터를 가진 사람이 거의 없다. 이제는 시디롬보다 훨씬 더 많은 정보를 웹사이트 하나에 저장할 수 있고 지속해서 갱신할 수 있다.

내가 작업한 30만 단어가 넘는 분량의 설명 텍스트는 어떻게 됐을까? 운 좋게도 휴튼 미플린사에서 이를 출판하기로 결정했다. 나는 책의 형식에 맞추어 내용을 수정하고 보충하여 약 700페이지 분량의 《북아메리카 조류 생태Lives of North American Birds》라는 책을 1996년에 출간했다.

이 책은 꽤 성공적이었다. 하지만 〈피터슨 조류 시디롬〉과 마찬가지로, 이 책 역시 비슷한 이유로 절판되었다. 인터넷이 보편화되면서 많은 사람들이 텍스트로 된 책을 사는 대신 온라인으로 조류를 찾아보게 되었기 때문이다. 또 다른, 더 근본적인 이유도 있었다. 바로 새에 관한 모든 참고 서적은 아무리 최신의 것이라도 곧바로 구식 정보가 되기 마련이라는 것이다.

내가 수년간 직면한 문제가 바로 이것이었다. 1990년 《전문 조류 탐사를 위한 피터슨 현장 가이드》를 출간한 이후 나는 수십 년 동안 새와 여러 생물에 대한 현장 가이드를 몇 권 더 썼다. 하지만 그 모두가 잉크가 마르기도 전에 조금씩 낡은 정보가 되어버렸다. 특히 조류학에서는 새들의 분류와 이름이 끊임없이 바뀌고, 분포 패턴이 바뀌며, 새로운 사실이 계속해서 발견되기 때문이다.

《북아메리카 조류 생태》의 경우엔 운이 좋았다. 내가 통신원이자 편집자로 활동하는 국립오듀본협회는 2014년에 새로운 온라인 탐조 가이드와 모바일 앱 개발을 시작하면서, 각 종의 행동에 대한 간결한 정보가 필요했다. 마침 《북아메리카 조류 생태》가 절판된 직후였고, 우리는 협회 웹사이트와 어플에서 사용할 수 있도록 라이선스를 얻을 수 있었다.

하지만 또다시 대대적인 내용 수정이 필요했다. 책이 출판된 1996년 이후 많은 변화와 새로운 지식이 축적되었기 때문에, 몇 주 동안 검토를 거듭하여 거의 모든 기록을 수정하거나 추가하고 심지어 아예 새롭게 작성해야 했다. 온라인 가이드와 앱이 출시된 이후에도, 우리는 매년 콘텐츠를 수정하고 있다.

우리는 1800년대의 조류학 서적을 마치 기념비처럼 한번 완성되면 변하지 않는 고정된 것으로 생각하기 쉽다. 하지만 당시에도 많은 서적이 지속적으로 개정되고 갱신되었다. 그 시절엔 새를 연구하는 사람이 적었고 오늘날처럼 새로운 지식이 매일같이 쏟아지는 것도 아니었기 때문에 발표된 문헌은 오래도록 유효했고 개정 작업도 비교적 간단했다.

알렉산더 윌슨은 《미국 조류학》의 초판 작업 중에 일부 내용을 업데이트했다. 5권에서는 그가 꼬마물떼새라고 부른 새의 계절깃 변화를 잘못 설명했지만, 7권에서는 이를 정정하고 새로운 설명을 덧붙였다. 또 3권에 사바나참새의 설명을 처음 실은 후, 4권에서 사바나참새의 수컷이라고 생각한 개체에 대한 기록을 추가하기도 했다. (사실 이 개체는 수컷이 아니었다. 이 종은 암수가 비슷하게 생겼다. 4권에 포함된 새는 다른 지역에서 나타나는 변종이었다.) 윌슨이 좀 더 오래 살았다면 자신의 글을 계속 수정하고 추가해나갔으리라 확신한다.

하지만 그는 일찍 세상을 떠났고, 다른 사람들이 그 작업을 맡았다. 조지 오드는 1820년대에 《미국 조류학》을 개정하고 재출간했으며, 샤를 보나파르트는 보충 정보를 더해 《미국 조류학》 시리즈로 네 권의 책을 더 출판했다. 이들의 개정은 시작에 불과했다. 그 후 수십 년 동안 다양한 편찬자와 출판사의 손을 거쳐 수많은 판본의 《미국 조류학》이 등장했다. 1870년대에도 여전히 '신판'이 출간되고 있었다. 저자는 여전히 윌슨과 보나파르트로 표기되었지만, 1858년 스펜서 베어드가 작성한 미국 조류 전체 목록 등 새로운 내용이 추가되고 재구성되었다.

당시 조류 서적으로 《미국 조류학》의 복제품만 있었던 것은 아니다. 1832년과 1834년에 토머스 너탤은 비교적 간결한 《미국과 캐나다의 조류학 안내서》 두 권을 출간했다. 여기에는 올리브딱새Olive-sided Flycatcher를 포함하여 그가 발견하고 설명한 몇 종의 새 등 일부 독창적인 정보가 포

                     모든 새를 보았다고 믿은 남자

함되어 있었지만, 대부분은 윌슨의 글을 그대로 짜깁기한 내용이었다. 윌슨의 작품과 마찬가지로 너탤의 저서도 나중에 개정판으로 출간되었다. 따라서 존 제임스 오듀본이 1828년에 《북미의 새》를, 1831년에 《조류학 전기》를 출간했을 때, 조류학 서적 분야가 무경쟁 상태였던 것은 아니다. 하지만 《북미의 새》는, 그야말로 장대한 작품이었다.

가로 60센티미터, 세로 90센티미터가 넘는 사이즈에 대담한 색채로 그려진 총 435점의 거대한 새 그림 모음집은 그 자체로 압도적이었다. 이 책의 경쟁 상대는 없었다. 하지만 동시에 이 책을 감당할 수 있는 사람 역시 거의 없었다. 그야말로 대서양 양쪽 대륙의 부유층과 몇몇 공공 기관을 위한 사치품에 가까웠다. 텍스트와 몇 장의 흑백 삽화로 구성된 《조류학 전기》는 가격이 좀더 저렴했지만, 새 그림이 거의 담겨 있지 않아 대중적인 매력은 부족했다. 오듀본은 《북미의 새》라는 대작으로 큰 화제를 일으키고 국제적인 명성을 얻으며 주요 과학 학회에 가입했고, 경쟁자와 비평가들의 비판을 무디게 만들었다. 하지만 기대만큼의 부를 얻지는 못했다. 《북미의 새》는 총 176세트만 인쇄되는 것에 그쳤다. 이 수익으로 편안한 생활은 가능했지만, 장기적으로 가족을 부양하기에는 부족했다.

그래서 오듀본은 이 대작 시리즈를 끝내기도 전에, 더 많은 사람이 쉽게 볼 수 있는 가격으로 대량 생산할 수 있는, 작은 사이즈에 컬러 판화와 텍스트를 결합한 시리즈를 구상하기 시작했다.

이는 경제적인 이유도 있지만 언제나처럼 경쟁심도 작용한 것 같다. 오듀본이 보기에는 토머스 너탤의 저렴한 두 권짜리 《조류학 안내서》가 잘 팔리는 것 같았다. 1838년, 존 타운센드는 《미국 조류학》을 기반으로 글과 삽화를 결합한 짧은 분량의 시리즈를 제작할 계획을 세우고, 오듀본에게 공동 작업을 제안했다. 하지만 오듀본과 그의 아들들은 이미 비슷

큰(작은) 재시작

한 프로젝트를 비밀리에 진행하고 있었다. 오듀본은 타운센드의 작업을 방해하기 위해 제안을 검토하는 척하며 일부러 시간을 끌었다. 결국 타운센드는 몇 페이지 분량의 샘플을 만들었지만 구독자를 확보하지 못하고 프로젝트를 포기하고 말았다.

오듀본과 그의 가족은 1840년에서 1844년 사이에 총 500여 개의 컬러판으로 구성된 일곱 권의 《북미의 새》 특대 8절판 에디션을 출간했다. 이 판본의 크기는 높이 약 25센티미터, 너비 18센티미터 정도로, 원본의 더블엘리펀트폴리오*(높이 약 100센티미터, 너비 약 74센티미터)와 비교하면 확연히 작은 사이즈였다. 또한 원본은 새를 무작위로 나열했지만, 특대 8절판 에디션은 체계적으로 분류하고 나열했다.

기술의 발전은 출판 방식에도 변화를 가져왔다. 새로운 종이 크기에 맞게 모든 삽화를 축소해야 했는데, 오늘날에야 간단한 과정이지만, 사진과 복사 기술이 발달하기 전에는 크기를 자동으로 조절할 방법이 없었다. 1807년경에 발명된 카메라 루시다camera lucida라는 장치가 해결사가 되어주었다. 각도나 높이를 조절할 수 있는 스탠드에 프리즘이 달린 장치로, 프리즘 앞에 그리고자 하는 물체를 두고 스탠드 아래에는 종이를 놓은 뒤, 프리즘의 접안렌즈를 통해 종이와 물체를 동시에 보면서 원하는 크기에 맞게 스탠드를 조절하며 종이 위에 물체의 윤곽을 그리는 방식이었다. 오듀본의 둘째 아들 존 우드하우스는 이 장치를 실험한 뒤 아버지의 그림을 축소하여 옮겨 그리는 데에 활용했다. 이 과정에서 작은 판이 너무 복잡해 보이지 않도록 원본의 일부 요소를 제거하기도 했다.

오듀본이 《북미의 새》 작업을 시작할 당시는 동판화가 삽화 제작의

---

* 1800년대에는 8절판, 특대 8절판, 4절판, 2절판 등 종이 크기에 따라 책을 구분하는 것이 일반적이었으며, 당시 시중에서 판매되는 가장 큰 크기는 '엘리펀트폴리오'와 '더블엘리펀트폴리오'였다.

 모든 새를 보았다고 믿은 남자

표준이었다. 그는 운 좋게도 세계 최고의 동판화가로 꼽히는 로버트 하벨 주니어와 인연을 맺을 수 있었다. 하지만 1830년대 후반, 하벨은 대형 새 판화 프로젝트에 흥미를 잃었고 곧 런던을 떠나 뉴욕으로 이주하여 화가로 생계를 이어가면서 부업으로 약간의 판화 작업만 하게 된다.

동판 기술 자체도 유행에서 밀려나 새로운 방식으로 대체되고 있었다. 1790년대 독일에서 발명된 석판화lithography는 매끄러운 석판 위에 직접 그림을 그리고 잉크를 발라 종이에 찍어내는 방식으로, 수년간의 실험과 개선을 거쳐 실용적인 인쇄 방식으로 받아들여졌다. 석판화의 가장 큰 장점은 초기 도면 제작에 동판화만큼 많은 기술과 훈련이 필요하지 않아 초기 비용이 적게 든다는 점이다.

1830년대 후반, 오듀본은 미국의 유능한 석판화가 몇몇에게 작업을 의뢰했고, 최종적으로 1840년부터 1844년까지 특대 8절판 에디션의 모든 컬러판 인쇄를 감독할 인물로 필라델피아의 존 보엔John T. Bowen을 선택했다.

특대 8절판 에디션은 엄청난 성공을 거두었다. 초판만으로 1,200명 이상의 구독자를 끌어 모았고, 이후에도 추가 인쇄와 판본 제작이 계속되었다. 1856년에는 약간의 변경만 가한 또 다른 판본이 출간되었고, 1890년까지 최소 여덟 개의 판본이 더 제작되었다. 19세기 기준으로 보면 이 작품은 그야말로 베스트셀러였다.

《북미의 새》로 이미 유명 인사가 되어 있었던 오듀본이었지만, 8절판 에디션의 성공은 그의 작품을 미국의 대중에게 더욱 널리 알리는 계기가 되었다. 그러나 역설적이게도 8절판 에디션은 오늘날 거의 잊히고 말았다. 뉴욕역사협회나 국립오듀본협회의 웹사이트에서 오듀본의 작품 컬렉션을 검색해보면 그가 그린 흰날개비둘기White-winged Dove, 노랑배딱새

Yellow-bellied Flycatcher, 헤리스참새는 찾아볼 수 없다. 이들은 8절판 에디션에 포함되어 있었다. 1844년에 출간된 8절판 에디션 7권에서 오듀본은 1830년대 후반에 자신 또는 다른 사람이 발견한 새로운 (또는 새로운 종이라고 생각한) 종을 일부 포함했다. 1800년대 후반 무렵 수천 명의 미국인의 책장에 이 삽화들이 꽂혀 있었지만, 오늘날에는 이 삽화들을 아는 사람이 거의 없다.

구성과 예술성 측면에서, 8절판 에디션에 실린 새로운 삽화들은 오듀본의 최고 작품으로 평가되지는 않는다. 그의 초기 걸작 중 일부는 이 에디션을 위해 과감하게 축소되었음에도 여전히 극적이다. 하지만 새롭게 추가된 삽화들은 처음부터 작은 용지 규격의 제약을 받은 듯 차분해 보인다. 어쩌면 이런 점이 8절판 에디션의 인기가 지속되지 못한 이유 중 하나일 수 있다. 내가 읽은 특대 8절판 에디션에 대한 해설 대부분은 이 에디션의 시각적인 매력에 초점을 맞추어 원작과 비교했고, 이런 단편적인* 비교에서는 항상 원작이 우월하다는 결론으로 이어졌다.

하지만 나는 이 책을 다른 관점에서 보고 싶다. 오듀본이 활동하던 동안 북미 조류에 대한 지식은 점점 발전하고 축적되고 있었다. 《조류학 전기》 제1권이 출간된 후부터 8절판 에디션이 출간될 때까지의 10년 사이에도 이런 흐름은 계속되었다. 그렇다면 오듀본은 8절판 에디션에 새로운 지식을 얼마나 많이 포함했을까? 그는 과학적으로 내용을 보강하고 수정하려고 했을까, 아니면 순전히 상업적 목적으로 기획했을까?

오듀본에게 과학적 사실이 우선순위가 아니었다고 생각하는 사람들

---

* 물론 예외도 있다. 론 타일러Ron Tyler의 《오듀본의 위대한 작품: 북미의 새 특대 8절판 에디션 *Audubon's Great National Work: The Royal Octavo Edition of The Birds of America*》(1993)은 이 특별 에디션을 철저하게 잘 분석하고 있어 주목할 만하다.

 모든 새를 보았다고 믿은 남자

도 분명 있을 것이다. 연구 내용을 표절하고 내용을 지어내는 등 학문적으로 사기를 저질러온 그가 왜 갑자기 지식의 정확성에 신경을 쓰겠는가? 하지만 나는 이런 견해가 다소 편협하다고 본다. 오듀본이 부정을 저지른 것은 틀림없는 사실이지만, 지식 추구에 엄청난 노력을 기울인 점 역시 분명하다. 그의 잘못을 제대로 인식하면서, 훌륭한 업적은 공정하게 평가할 수 있을까?

오늘날 우리는 역사적 인물을 평가할 때 흑백 렌즈를 통해 애매한 부분은 날려버리고 극단적으로 바라보는 경향이 있다. 어떤 사람을 오랫동안 위대한 영웅으로 추앙하다가도, 그의 삶을 자세히 알고 나면 악당으로 간주하며 경멸하기도 한다. 마치 중간 지점은 존재하지 않는 것처럼 말이다. 사실 역사적으로 위대한 일을 성취한 사람 중에는 끔찍한 일을 저지른 경우도 아주 많다. 나는 이런 사람들을 무조건 찬양하거나 비방하기보다는, 그들이 누구였고 어떤 일을 했는지 객관적으로 인정하는 역사적 태도가 필요하다고 본다. 이것이 내가 8절판 에디션을 바라보고자 하는 관점이다. 오듀본의 동기가 무엇이었든, 이전 작업과 비교하여 과연 새롭거나 더 정확한 정보를 제공했을까?

한 가지 중요한 진전은 모든 새를 체계적으로 재배열했다는 것이다. 윌슨의 《미국 조류학》 등 일부 초기 서적과 마찬가지로, 《북미의 새》와 《조류학 전기》에서는 새가 임의의 순서로 배열되었다. 반면 8절판 에디션에서는 과와 속별로 구분하고 분류학적 순서대로 배열했다.

어떤 분류학적 순서였을까? 당시에는 여러 가지 분류 체계가 제안되었다. 오듀본은 1837년 10월 존 바흐먼에게 보낸 편지에서 이런 분류 체계의 난립을 비웃기도 했다. "보나파르트가 곧 조류학 체계를 발표하려고 한다는군! 이미 스웨인슨이 여섯 가지를 발표했고, 비거스Vigors도 한 가지 내놓았으면서 또 하나를 더 부화시키려 하고 있다네. 도르비니Dorbigny 나 테밍크도 머지않아 이 주제로 우리를 놀래키려 할 테지. 나는 이 유치한 시도에 진저리가 나서 비슷한 시도를 할 생각조차 없다네." 하지만 그는 곧 마음을 바꾸었다. 그는 스코틀랜드 출신의 공동 작업자이자 대필가로 《조류학 전기》의 많은 부분을 집필했던 윌리엄 맥길리브레이와 함께 작업한 《북미 새 총론A Synopsis of the Birds of North America》을 1839년에 출간했다. 맥길리브레이는 오듀본이 조롱했던 일부 유럽 출신 학자들의 분류 체계의 영향을 받아 책에 적용했다. 《북미 새 총론》은 오듀본의 이전 두 주요 저서의 색인 역할을 했으며, 8절판 에디션의 토대를 마련한 중요한 작업이었다.

불과 몇 년 사이에 분류 체계는 놀랄 만큼 발전했다. 6장에서 설명했듯 1800년대 초반 자연주의자들은 유럽에서 확립된 속에 모든 종을 끼워 맞추려 하면서 미국 고유의 종 분류에 큰 혼란을 초래했다. 하지만 1830년대 후반에 윌리엄 스웨인슨과 샤를 보나파르트는 미국의 새들을 위해 새롭고 독자적인 속을 만들었다. 1838년 보나파르트는 획기적인 저서 《유럽과 북미의 새에 대한 비교 목록》에서 미국의 솔새들을 실비콜리나에 Sylvicolinae라는 별개의 과로 분류하고, 오늘날 아메리카솔새과(현재 파룰리다에Parulidae라 불림)의 분류 방식과 매우 유사한 방식으로 여섯 개의 속으로 나누었다. 오듀본은 《북미 새 총론》과 8절판 에디션에서도 실비콜리나에*와 일부 속을 채택했다.

오듀본보다 통찰력이 더 뛰어났던 보나파르트의 조류 분류는 오듀본의 분류보다 오늘날의 체계에 더 가까웠다. 보나파르트는 땅을 걷는 갈색

---

* 오늘날 동물학에서 과의 이름은 '-이다에idae'로 끝나는 반면, 아과(亞科)는 '-이나에inae'로 끝난다. 이 용법은 1840년대 중반에 공식화되었다.

 모든 새를 보았다고 믿은 남자

새 물개똥지빠귀waterthrush가 솔새과에 속한다는 사실을 깨달았다. 오듀본은 이전까지 물개똥지빠귀를 지빠귀의 한 종으로 생각했지만, 이후에는 할미새과로 옮겼고 물개똥지빠귀가 두 종으로 나뉜다는 사실을 인정하지 않았다. 하지만 전반적으로 조류 분류는 더욱 포괄적이고 실질적인 방향으로 발전하고 있었다.

그렇다면 이렇게 개선된 분류 체계 속에서 오듀본의 조류학도 큰 도약을 보였을까? 일부는 그랬지만, 대체로는 그렇지 않았다. 늘 그렇듯 엇갈린 모습을 보였다.

그의 고집스러운 자존심을 생각하면, 그가 이전 저서에 소개한 가상의 새들에 관한 대부분의 주장을 고수한 것은 그리 놀랍지 않다. 윌슨이 모방했다고 주장했던 작은머리딱새는 같은 주장과 함께 다시 등장했다. 카보네이트솔새는 카보네이트늪솔새Carbonated Swamp-Warbler로 이름만 바뀌고, 나머지 내용은 그대로 유지되었다. 래스본솔새(아메리카솔새의 다른 깃 형태), 그는 미묘한 차이가 있다고 주장했지만 사실은 집굴뚝새House Wren와 동일한 숲굴뚝새Wood Wren, 보나파르트딱새(어린 캐나다솔새) 역시 재차 실렸다. 당연히 악명 높은 '워싱턴의 새'도 워싱턴바다수리라는 이름으로 포함되었는데, 이번에는 둥지에서 한 쌍의 성체를 목격했고 나중에 표본도 채집했다는 뻔뻔한 허구와 함께였다.

존재하지 않는 종에 대한 설명뿐 아니라, 실제 새에 관한 몇 가지 오류도 이어졌다. 오듀본의 가장 이상한 착각은 캐나다두루미가 사실은 어린 미국흰두루미일 뿐이라는 주장이다. 캐나다두루미는 흰색이 아닌 회색이고, 미국흰두루미와 목소리가 다르며, 무리를 지어 이동한다는 점에서 차이가 있는데도 말이다. 1810년 루이빌 근처에서 알렉산더 윌슨과 함께 사냥을 갔을 때 오듀본의 이런 생각이 윌슨에게는 영향을 주었을지 모르지만, 다른 학자들은 설득하지 못했다. 1840년대에 이르러서도 그는 여전히 두 종을 하나로 묶으려 했으나 대부분의 자연주의자들은 미국흰두루미와 캐나다두루미가 서로 다른 종이라는 것을 알고 있었다.

오듀본은 자신이 틀렸다고 해서 쉽게 견해를 바꾸는 사람이 아니었지만, 초기 오류 중 일부는 수정했다. 《조류학 전기》 마지막 권의 부록에서 '겨울매Winter Falcon'는 사실 어린 붉은어깨말똥가리이고, '쁘띠 카포랄Petit Caporal'은 황조롱이Merlin라는 매의 어린 수컷이며, '스탠리호크Stanley Hawk'는 어린 쿠퍼호크Cooper's Hawk라는 결론을 발표했다.* 이 맹금류 종들은 8절판 에디션에서 따로 실리지는 않았고 이름만 작은 글씨로 등장했다. 이와 비슷하게 오듀본은 같은 부록에서 '꼬마솔새'(어린 아메리카솔새), '비거스솔새'(어린 소나무솔새), '로스코노랑목솔새'(어린 노랑목솔새) 등을 삭제했고, 여름풍금조는 노래를 하지 않는다는 등의 다른 잘못된 주장들도 일부 수정했다. 이러한 내용은 8절판 에디션 이전에 수정되었기 때문에, 더 많은 대중에게 읽혔던 8절판 에디션에서는 이런 오류에 대해 언급하지 않아도 되었다.

오듀본의 작업과 동기를 냉소적으로 바라보기는 쉽지만, 그는 실제로 많은 발견을 했을 뿐 아니라 조류학에 중요한 공헌을 남겼고 다른 이들의 발견을 전파하는 데도 일조했다. 흥미로운 예 중 하나는 검은머리흰죽지Scaup Duck라고 불리는 잠수오리에 관한 내용이다.

북미에는 두 종의 검은머리흰죽지가 서식한다. 수컷은 검은색과 흰색 몸통에 옅은 파란색 부리가 있고 암컷은 갈색 몸에 얼굴에는 흰색 반

---

* 쿠퍼호크는 1828년 샤를 보나파르트가 설명하고 이름 붙였고, 오듀본은 1831년에 스탠리호크에 대한 설명을 발표했다. 하지만 오듀본은 《조류학 전기》 5권의 부록에서 보나파르트가 윌리엄 쿠퍼William Cooper로부터 쿠퍼호크의 표본을 받기 훨씬 전에 자신의 그림을 먼저 봤다고 주장하면서, 새를 발견한 공로는 자신에게 있다고 주장했다. 하지만 8절판 에디션에는 이 주장을 싣지 않았다.

         모든 새를 보았다고 믿은 남자

점이 있다. 오늘날 큰검은머리흰죽지Greater Scaup와 쇠검은머리흰죽지Lesser Scaup로 알려진 이들은 함께 있어도 크기 차이가 거의 드러나지 않으며, 그 외의 차이점도 아주 미미하다. 두 종이 있다는 사실이 밝혀지기 전, 의도치 않게 겨울 서식지 선호도에 관해 한 가지 차이가 발견되었다. 필라델피아에 거주하던 알렉산더 윌슨은 검은머리흰죽지가 주로 해안에서 겨울을 난다고 주장한 반면, 켄터키에 살던 오듀본은 이 새가 주로 내륙의 큰 강에서 겨울을 보낸다고 주장했다. 두 사람 모두 옳았다. 윌슨이 보았던 것은 대부분 큰검은머리흰죽지였고, 오듀본이 본 것은 대부분 쇠검은머리흰죽지였다. 두 저자는 1838년과 1839년에 쇠검은머리흰죽지에 대해 설명했다. 오듀본은 자신이 계속 보아왔고 이전에 그림을 그리고 설명한 새가 쇠검은머리흰죽지라는 사실을 나중에 깨달았고, 8절판 에디션 마지막 권에 큰검은머리흰죽지에 대한 설명을 추가했다.

큰검은머리흰죽지는 북반구에 널리 퍼져 있지만, 쇠검은머리흰죽지는 북아메리카에만 서식한다. 이 때문에 초기에는 이 두 종을 둘러싼 혼란이 있었다. 자연주의자들은 당시 자주 그랬듯이, 유럽과 아메리카의 검은머리흰죽지가 같은 종인지에 대한 부분에만 관심을 기울였다. 정답은 '그렇기도 하고, 아니기도 하다'였지만 이런 논쟁으로 인해 미국 쪽에 두 종이 서식한다는 사실에는 주목하지 못했다. 한 제비 종에 관해서도 비슷한 일이 일어났는데, 이 경우에는 오듀본이 수수께끼를 푸는 데 기여했다.

이전 장에서 언급한 갈색 등과 흰 배를 가진 갈색제비는 북미에서뿐 아니라 유럽에서도 개천제비Sand Martin라 불리며 흔했지만, 이 두 종이 같은 종인지에 대해 오랫동안 논란이 있었다. 윌슨은 1812년 《미국 조류학》 5권에서 '갈색제비 또는 개천제비'를 설명하면서 유럽과 미국의 종이 같다고 주장했다.

하지만 모두가 그처럼 확신을 하지는 못했다. 비에요를 비롯한 일부 유럽의 자연주의자들은 북미의 종과 유럽의 종이 별개일 수 있다고 주장했다. 혼란의 원인은 무엇이었을까? 북미에는 수직 경사垂直傾斜에 터널을 파는 갈색 등의 제비가 두 종 있다. 하나는 유럽의 개천제비, 즉 갈색제비다. 다른 하나는 그보다 약간 더 큰 북방러프윙제비Northern Rough-winged Swallow로, 오듀본은 1838년 《조류학 전기》 4권에서 이 종을 설명했으나 그림이 처음으로 등장한 것은 1840년 8절판 에디션 1권에서였다.

오듀본이 북방러프윙제비의 발견자였을까? 뭐, 그런 셈이다. 오듀본은 1830년대 중반 사우스캐롤라이나 출신 친구 존 바흐먼이 다음과 같은 글을 쓰기 전까지는 이 종을 언급한 적이 없었다. "개천제비를 닮은 두 쌍의 제비가 찰스턴의 미완성 벽돌집 벽의 비계飛階가 놓여 있던 구멍에 2년 연속으로 둥지를 틀었다. 이곳에 두 종의 새가 살고 있는 것 같다." 오듀본은 이 글을 읽고 1819년 10월 루이지애나 남부에서 마주쳤던 제비를 뒤늦게 떠올린 것으로 보인다. 이로써 자신이 이 제비를 처음 발견했다고 자부할 수 있었다. 문제는 오듀본이 사실 1819년 가을에 루이지애나 남부 근처에 간 적이 없었다는 것이지만, 날짜와 시기를 자주 혼동하던 오듀본이지 않은가. 어찌 됐든 바흐먼이 묘사하기 이전 어느 시점에 북방러프윙제비를 목격했을 가능성이 있다.

존 바흐먼은 오듀본의 가장 중요한 발견으로 꼽히는 다른 두 종, 캐롤라이나박새와 큰뜸부기King Rail 발견에도 기여했다. 둘 다 북미 동부에 널리 퍼져 있는 종이지만, 1834년과 1835년에 오듀본이 묘사하기 전까지 윌슨, 오드, 보나파르트, 너탤 등이 모두 알아채지 못했다.

이들은 어떻게 이 종들을 몰라봤을까? 먼저 박새를 살펴보자. 캐롤라이나박새와 거의 흡사하게 생긴 쇠박새Black-capped Chickadee는 캐나다

 모든 새를 보았다고 믿은 남자

동부와 미국 북동부의 숲에서 가장 흔한 새 중 하나로, 1766년 프랑스 과학자 브리송의 설명을 바탕으로 린네가 캐나다 조류 종으로 명명했다. 초기 자연주의자들은 추운 북부 기후에서 생존할 수 있는 쇠박새의 능력에는 주목했지만, 똑같이 생긴 새가 걸프 연안과 플로리다 북부에서까지 발견되었기 때문에 남쪽 서식지 경계에 대해서는 언급하지 않았다. 오듀본은 1822년 5월 미시시피 주 내치즈 근처에서 박새를 그렸는데, 당시는 쇠박새 개체로 추정했다.

11년 후인 1833년 5월, 오듀본은 래브라도로 가는 도중 메인 주에 들렀다. 그곳의 한 친구가 막 잡은 박새 표본을 보여줬는데, 오듀본은 나중에 "남쪽의 박새와 비교하여 그 크기에 매우 놀랐다"고 기록했다. 그해 가을 찰스턴에서 존 바흐먼을 만나 메인 주의 박새 크기에 관해 얘기하자, "바흐먼도 곧바로 한동안 비슷한 생각을 하고 있었다고 말했다. 우리 둘은 숲으로 가서 몇 마리를 잡아왔다." 가져온 표본들을 북부의 표본과 비교한 결과, 사우스캐롤라이나의 박새들은 크기가 더 작고 얼굴의 흰 부분과 특정 날갯깃의 흰색 테두리가 적다는 점을 발견했다. 오듀본은 이 새를 캐롤리넨시스*carolinensis*라고 명명하며 새로운 종으로 설명했다.

오늘날 탐조가들은 캔자스 동쪽에서 뉴저지까지 이어지는 선을 기준으로 서로 대체하듯 나타나는 쇠박새와 캐롤라이나박새를 각각 다른 종으로 인식한다. 이 두 종의 서식지 경계는 수십 년에 걸쳐 점차 북쪽으로 이동하고 있다. 캐롤라이나박새의 번식지는 이제 필라델피아 지역 전체와 북쪽으로 45~65킬로미터까지 확장되었다. 쇠박새의 경우 이 지역에는 겨울철에 드물게 나타나는 정도지만, 앨런타운 북쪽을 차지하고 있다. 1800년대의 서식지 경계는 정확히 알 수 없지만 당대 최고 조류학자들의 바로 코앞, 즉 필라델피아 근처였을 가능성이 높다. 바흐먼의 도움은 있었지만 그 차이를 밝혀낸 오듀본은 공로는 인정받을 만하다.

큰뜸부기의 경우도 비슷하다. 습지에 서식하는 뜸부기는 관찰보다는 울음소리로 더 자주 확인되는 새다. 큰 크기의 종 중 하나인 작은 닭 크기의 클래퍼뜸부기는 대서양과 걸프 연안의 염습지에 주로 서식하며, 200년 전에는 그 수가 훨씬 더 많았던 것으로 알려졌다. 아마도 클래퍼뜸부기가 너무 흔한 탓에 오히려 조류학자들이 큰 관심을 두지 않았던 것 같다. 알렉산더 윌슨은 이 새가 염습지를 선호한다고 언급했지만, "가끔 큰 강의 늪지대와 바다에 접한 강가를 따라 발견된다"고 덧붙였다. 그는 또한 태어난 지 1년 미만의 어린 새는 회갈색 또는 잿빛인 편이고, 성체는 몸통 아랫부분이 적갈색이라고 썼다.

내륙의 담수 습지에 사는 더 붉은색을 띠는 뜸부기는 당시 별개의 종으로 인식되지 않았다. 오듀본은 1810년 켄터키에서 한 마리를 잡았다고 주장했고, 이후 사냥꾼들이 루이지애나 내륙의 담수 습지에서 붉은빛의 뜸부기를 발견했지만, 후속 연구는 이뤄지지 않았다. 이 붉은 종에 대해 다시 한번 자세히 살펴보도록 유도한 것은 존 바흐먼이었다. 바흐먼은 사우스캐롤라이나 내륙의 담수 지역에서 해안 근처의 클래퍼뜸부기와는 다른, 더 크고 화려한 뜸부기가 서식한다는 사실을 알아챘다. 오듀본도 친구의 의견에 동의했다. 그는 이전 자연주의자들이 큰뜸부기를 알아차리지 못한 이유를 설명하며 기쁨을 감추지 못했다. "나는 윌슨처럼 자연에 대한 열정을 가진 학생에게서 결점을 찾아내고 싶지 않았지만… 두 종의 습성을 주의 깊게 살펴본 끝에… 그의 오류를 발견하고 당혹감을 느꼈다." 그러나 이 발견은 적어도 부분적으로는 바흐먼의 통찰에서 비롯된 것이었다. 바흐먼의 도움 없이 오듀본이 스스로 이 종을 발견했을지는 확신할 수 없다.

　　　　　모든 새를 보았다고 믿은 남자

존 제임스 오듀본의 큰뜸부기. 일반적으로 이 새는 오듀본이 발견했다고 알려졌지만(그는 '담수습지닭 Fresh Water Marsh Hen'이라고 불렀다), 실은 그의 친구 존 바흐먼이 해안가 염습지의 클래퍼뜸부기와 이 새가 다르다는 것을 처음으로 알아차렸고 오듀본에게 더 자세히 살펴보도록 얘기해준 것일 수 있다.

바흐먼과 오듀본은 포유류에 관한 논문인 《북아메리카의 포유류 *The Viviparous Quadrupeds of North America*》*를 공동 집필했다. 이는 1845년에서 1848년 사이에 여러 권으로 나뉘어 출간될 예정이었다. 8절판 에디션과 마찬가지로 이 프로젝트에도 오듀본의 아들들이 큰 역할을 맡았다. 빅터는 비즈니스 측면에서, 존 우드하우스는 삽화 부분에서 많은 부분을 담당하며 가족 사업이 되었다.

《북아메리카의 포유류》와 8절판 에디션까지, 이 프로젝트들은 10년 내내 오듀본의 두 아들을 바쁘게 했다. 그리고 포유류 연구는 오듀본을

---

* 이 책의 제목을 직역하면 《북아메리카의 태생적 네발동물*The Viviparous Quadrupeds of North America*》로, 당시는 '포유류mammal'라는 단어가 만들어졌지만 아직 널리 사용되지는 않았던 때였다.

조류 연구에서 (완전히는 아니지만 부분적으로) 주의를 돌리게 했다. 오듀본은 이미 세상을 떠난 알렉산더 윌슨의 유산과 여전히 경쟁하면서, 그를 능가하기 위해 가능한 한 많은 새 종을 저서에 포함하려 애썼다. 8절판 에디션에서는 겨울매와 로스코노랑목솔새 같은, 실존하지 않는 가상의 종으로 판명된 일부 새를 제외해야 했다. 그러니 종의 수를 늘리려면 더 많은 새가 필요했다.

바흐먼의 도움으로 캐롤라이나박새와 큰뜸부기를 명명하여 《북미의 새》와 《조류학 전기》에 포함할 수 있었고, 북방러프윙제비도 본문에 언급되었다. 이제 오듀본은 8절판 에디션에서 지금까지 그의 저서에 등장하지 않았던 새로운 종들을 찾아 소개해야 했다.

하지만 갈색 지빠귀들은 여기에 포함되지 않았다. 마크 케이츠비 이후 모두를 혼란스럽게 했던 이 새들에 관한 지식은 여전히 불명확했기 때문이다. 8절판 에디션에서 오듀본은 갈색지빠귀를 두 종으로 취급했고, 스웨인슨지빠귀나 회색뺨지빠귀는 언급하지 않았다. 이 두 종은 1840년대에 태평양 연안과 남미 월동지에서 발견되어 보고되었지만, 북미 동부의 갈색 등 지빠귀 생태는 1850년대 후반에 이르러서야 비로소 제대로 밝혀졌다. 당시 막 설립된 스미소니언 박물관에서 일하던 조류학자 스펜서 베어드가 여러 표본을 비교하여 분류하기 시작하면서 비로소 명확한 이해가 가능해졌다.

베어드는 일련의 표본을 비교하는 방법으로 또 다른 혼란스러운 그룹인 작은 딱새들에 대한 돌파구도 마련했다. 때마침 8절판 에디션의 발행 시기와도 맞물려 오듀본은 새로운 설명을 실을 수 있었다.

현재 엠피도낙스*Empidonax* 속으로 분류되는 작은 딱새들은 오늘날까지도 탐조가들에게 까다로운 대상이다. 북미 동부의 철새 또는 여름철 나

 모든 새를 보았다고 믿은 남자

그네새로 총 다섯 종이 존재하는데 서로 비슷하게 생겼다. '몸집이 매우 작고 윗부분은 회색에서 녹색, 아랫부분은 흰색에서 노란색이며 두 개의 옅은 익대와 눈 주위에 옅은 고리가 있다'는 설명이 모든 종에 공통으로 적용될 수 있을 정도다. 초기의 설명은 이만큼 상세하지 않아서 설명만으로는 어떤 새를 가리키는지 구별할 수 없었다. 오듀본이 《조류학 전기》를 완성할 당시 북미 동부의 다섯 종 중 두 종에만 이름이 붙어 있었던 것도 놀라운 일이 아니다.

당시의 연구 방법은 이런 새들을 연구하기에는 적합하지 않았다. 1808년 필라델피아의 윌슨, 1820년대 미시시피 강 하류의 오듀본처럼, 미개척 지역을 탐험하던 고독한 자연주의자들은 작고 칙칙한 딱새의 단일 표본을 사냥한 후 기존 문헌의 모호한 설명이나 부실한 그림과 대조해보곤 했다. 설명과 표본 사이에 차이가 있어도 기존 자료의 한계로 여길 수밖에 없었다. 종 사이의 차이점이 아주 미묘한 생물을 한 번에 한 개체씩 연구하는 접근 방식으로는 종을 제대로 구별하기 어려웠다.

스펜서 베어드는 다른 방식을 택했다. 필라델피아에서 서쪽으로 약 160킬로미터 떨어진 펜실베이니아 주 칼라일에서 자란 그는 어릴 때부터 자연에 빠져 지냈다. 10대 중반이던 1830년대 후반부터 존 제임스 오듀본과 서신을 주고받으며 새 표본을 수집하기 시작했다.

스펜서는 동생 윌리엄William Baird과 함께 봄철에 칼라일을 지나가는 작은 딱새들을 관찰하고 각 종을 대표하는 표본을 수집하려고 노력했고, 그 결과 1839년에서 1843년 사이 네 종을 비교하고 주요 차이점을 지적할 수 있게 되었다. 이 중 두 종은 오듀본이 1831년에 묘사한 '트레일딱새 Traill's Flycatcher(현재는 버드나무딱새Willow Flycatcher라고 불린다)'와 윌슨 시대부터 알려졌던 아카디아딱새Acadian Flycatcher였다. 나머지 두 종은 아직 이름이 알려지지 않았다. 베어드 형제는 1843년 필라델피아 자연과학 아카데미의 논문에 이 두 종을 기록하고, 리스트딱새Least Flycatcher와 노랑배딱새로 명명했다. 형제는 단순한 묘사에 그치지 않고 지금까지 알려진 다른 딱새들과의 차이점을 자세히 설명했다. 오랫동안 간과되었던 두 종이 오늘날 개별 종으로 인정받게 된 것은 이들 형제의 노력 덕분이었다.

형제가 두 종의 딱새를 명명했을 때 스펜서 베어드는 겨우 스무 살이었다. 그는 19세기 후반 미국을 대표하는 조류학자(이자 포유류, 파충류, 어류 분야의 권위자)가 되어, 더 많은 종을 기술하고 많은 종의 분류를 명확히 했다. 1850년, 스물일곱 살의 나이에 스미소니언 박물관에 채용된 베어드는 빠르게 표본 컬렉션을 구축했다. 그는 이를 바탕으로 여러 새를 비교하며 유사점과 차이점을 정리하고, 지리적 변화의 패턴을 찾고, 색깔 차이가 연령이나 계절과 어떤 관련이 있는지 알아냈다. 이런 방식을 통해 베어드는 야외에서 한 마리씩 새를 관찰하던 옛 자연주의자들은 결코 알아내지 못했을 새롭고 명확한 관점을 얻을 수 있었다. 현대적이고 분석적인 그의 접근 방식은 조류학 연구의 발전을 잘 보여주었다.

존 제임스 오듀본은 10대 소년 베어드와 편지를 주고받으며 기꺼이 그를 격려해주었다. 훗날 1844년 8절판 에디션의 마지막 권에서 그는 기쁜 마음으로 리스트딱새와 노랑배딱새를 수록하며 어린 친구의 발견을 인정해주었다. 그러나 오듀본은 베어드를 비롯한 후배 학자들이 이끄는 조류학의 변화를 지켜볼 만큼 오래 살지는 못했다. 어쩌면 이 새로운 시대에 적응하지 못했을지도 모른다. 생애 마지막까지, 오듀본은 여전히 자신을 야생의 끝에서 지식을 추구하는 강인한 인간이자 미국의 숲의 남자로 여겼다.

오듀본은 미개척지로 한 번 더 모험을 떠난다. 지금의 다코타 주와 몬

　모든 새를 보았다고 믿은 남자

태나 동부에 걸쳐 있는 루이지애나 매입지의 광활한 북서쪽 지역은 아직 백인 정착민들의 손길은 거의 닿지 않았지만, 미주리 강 상류에서는 선주민들과의 모피 무역이 활발히 이루어지던 곳이었다. 증기선이 미주리 강 상류까지 운항하기 시작하면서 한 세대 전보다 훨씬 쉽게 이 지역을 여행할 수 있게 되었다. 바흐먼은 오듀본에게 이곳을 탐사해서《북아메리카의 포유류》에 포함할 새로운 포유류 종을 찾아보라고 권유했다.

오듀본은 그의 말을 따라 황야로 향했지만, 바흐먼이 바란 만큼 포유류 연구에만 집중할 작정은 아니었다. 스포츠 목적으로 큰 네발 동물들을 사냥하기도 했지만 과학적 탐구의 중심에는 여전히 새가 자리했다. 대평원으로 떠나기 전 오듀본은 고독한 자연주의자가 여전히 위대한 발견을 할 수 있는, 가능성으로 넘쳐나는 젊은 미국 황야의 환상에 젖으며 마지막 모험을 준비했을 것이다.

12장

변화하는 지평

노스다코타의 겨울은 혹독하다. 영하 20도를 오르내리는 북극의 매서운 바람이 캐나다 대초원을 가로질러 거침없이 내려오면 눈보라가 몰아치며 체감 온도가 영하 40~50도까지 떨어지곤 한다.

적어도 내가 듣기로는 그렇다. 하지만 아무리 애써도 그런 모습은 좀처럼 상상하기 어렵다. 내 마음속에서 이 땅은 봄에서 초여름으로 넘어가는 그 시점에 머물러 있다. 푸른 대초원에 꽃과 새가 사방에 가득하며, 대지는 가능성으로 충만하다. 모든 것이 신선하고 새롭고 젊다. 이것이 내가 처음 만난 노스다코타의 모습이고 앞으로도 영원히 그렇게 기억할 것이다.

내가 노스다코타를 처음 찾은 건 10대 때였다. 1973년은 수많은 젊은 이들이 히치하이크로 북미 대륙을 누비던 시절이었고, 열성적이지만 가난한 탐조가였던 나 역시 수만 킬로미터를 돌아다니며 대륙 이곳저곳을 탐험했다. 당시 창립한 지 5년밖에 안 된 신생 단체 전미탐조협회American Birding Association가 6월에 노스다코타 주 켄마레에서 첫 번째 컨벤션을 연다는 소식을 듣고, 나는 꼭 참석해야겠다고 마음먹었다.

켄마레는 지금껏 봐왔던 곳 중 가장 작고 아름다운 마을이었다. 컨벤션 본부로 사용된 깨끗하고 현대적인 고등학교 건물부터 깔끔하게 관리된 정원과 주택까지, 지역 주민들은 마을에 대한 자부심이 대단했다. 마을은 드락스 국립 야생동물 보호구역Des Lacs National Wildlife Refuge의 일부인 긴 습지 호수가 내려다보이는 절벽 위에 자리 잡고 있었다. 우아한 흑백의 서부논병아리Western Grebe들이 호수 위를 유영했고, 갈대밭에서 울어대는 그들의 소리가 여름 저녁의 배경음악처럼 산들바람을 타고 흐르는 듯했다.

조그마한 모텔 두 곳이 전부였던 작은 마을 켄마레에 200여 명의 탐조객이 머물기에는 시설이 턱없이 부족했다. 탐조객들은 마을 주민의 집에 머무르거나 나처럼 고등학교 체육관 바닥에 침낭을 펴고 잠을 자기도 했다. 하지만 컨벤션 장소에 대해 불평하는 사람은 아무도 없었다. 우리가 온 목적은 새를 보는 것이었고 이 지역에는 다양한 토착 조류가 서식하고 있었기 때문이다. 그중에서도 가장 특별한 것은 키 큰 풀숲에서 부드러운 목소리로 우는 베어드참새Baird's Sparrow였다. 지역 주민 앤Ann Gammell과 로버트 갬멀Robert Gammell 부부는 수년 동안 이 흔치 않은 새를 관찰해왔다. 그래서 매년 여름이면 이곳을 찾는 탐조객들이 이 새를 찾기 위해 갬멀 부부에게 도움을 청하곤 했다. 전미탐조협회 지도자들의 요청을 받은 부부는 마을 주민 전체를 동원해 호스트 역할을 맡아주었다.

켄마레에서 보낸 사흘 간의 컨벤션은 내게 결코 잊을 수 없는 강렬한 기억이다. 가장 기대했던 베어드참새는 물론, 세련된 무늬의 작은 밤색목긴발톱멧새Chestnut-collared Longspur, 공중에서 노래하는 스프레이그종다리Sprague's Pipit와 목장도요 등 만난 새들 모두가 정말 멋졌다. 거기에 더해 함께한 다른 많은 탐조가들의 존재가 이 경험을 더욱 빛내주었다. 그때까

모든 새를 보았다고 믿은 남자

지만 해도 나는 주로 혼자 혹은 몇몇 친구들과 새를 관찰하는 게 전부였다. 이 컨벤션은 그때껏 내가 경험한 탐조가 모임 중 가장 큰 규모였고, 열성적인 전문가와 이 분야의 저명인사도 대거 참여했다.

'20세기의 오듀본'이라 불리던 로저 토리 피터슨은 내가 아홉 살일 때부터 나의 우상이었다. 바로 그 피터슨이 소탈한 모습으로 우리와 함께 새를 바라보고 있었다. 그는 소박하고 친근했지만 깊은 경험과 지식으로 자연스럽게 경외심을 불러일으키는 사람이었다. 당시 60대 중반이었던 피터슨은 나처럼 소년 시절부터 새를 관찰해왔기에, 조류학의 역사를 직접 목격한 산 증인이었다. 나는 기회가 있을 때마다 그의 말을 가까이서 들으며 지혜의 조각들을 흡수하려 애썼다. 그는 자신이 태어나기 훨씬 전의 조류 연구에도 해박했기 때문에 그가 들려주는 이야기들은 내 상상력을 자극했다.

나는 피터슨의 말을 듣는 것만으로도 행복했다. 하지만 그의 이야기를 듣기보다 자기 이야기를 더 하고 싶어하는 사람들도 있었다. 고개를 끄덕일 때마다 이마 위로 흰 머리칼이 살랑이던 피터슨은 온화하고 인내심 있게 이야기를 경청했고, 때로는 다른 사람들이 "우수에 찬 조류학적 얼굴"이라 불렀던 표정을 짓기도 했다. 나는 우연히 피터슨이 유난히 수다스러운 두 팬 사이 끼어 나누는 대화를 듣게 되었다.

한 사람은 국립오듀본협회가 조류 보호에만 너무 치중하여 조류 관찰은 소홀히 한다면서 장황하게 불평을 늘어놓았다. 다른 한 사람은 그날 아침 켄마레의 대초원에서 가장 보고 싶었던 두 종, 베어드참새와 초원밭종다리을 보았다며 기뻐하고 있었다.

"둘 다 그 사람이 찾은 거야, 알지?" 로저가 끼어들었다.

"네?"

나중에 나는 피터슨과 연이 이어져 몇 가지 프로젝트에서 함께 작업했는데, 그제서야 겉보기엔 무관해 보이는 주제들에서 연관성을 찾아내는 그의 천재적인 사고의 흐름을 조금이나마 알게 되었다. 하지만 그때는 피터슨이 갑자기 무슨 말을 하는 건지 알 수 없었다. 두 사람이 함께 물었다. "뭐라고 하셨어요?"

"오듀본 말이야." 그가 말했다. "오듀본협회 말고 오듀본 본인. 그가 바로 여기 북부 평원에서 베어드참새와 초원밭종다리를 발견하고 과학계에 설명했지."

존 제임스 오듀본이 현재 우리가 노스다코타라고 부르는 땅에 첫발을 디딘 1843년, 그는 당시 이미 쉰여덟 살의 노인이었다. 1833년 래브라도에서 보낸 마지막 탐험 이후 10년이 지났다. 하지만 그 사이 증기선이 미주리 강 상류를 따라 저 멀리 포트 유니언Fort Union까지 운항하게 되면서, 오듀본은 오랫동안 염원해온 미국 서부를 엿볼 꿈을 마침내 실현할 수 있었다.

오랫동안 미뤄왔던 꿈이었다. 그는 1821년 초 정부 탐사대가 국토를 횡단하여 태평양 연안까지 향한다는 소문을 듣고, 자연주의자이자 예술가로서 탐험대에 합류하기 위해 필사적으로 노력했다. 심지어 제임스 먼로James Monroe 대통령에게 직접 편지를 보내 탐험대에 힘을 보태겠다고 제안하기까지 했다. 당시 뉴올리언스에 살던 오듀본은 재정적으로 어려움을 겪으면서도 위대한 작품을 위한 작업을 본격적으로 시작하고 있었다. 그는 개척되지 않은 광활한 서부에서 미지의 새들을 발견하길 간절히 원했다. 하지만 그 시대에 서부로 여행을 떠나는 것은 몇 년이 걸릴 수도 있는 일인 데다가, 원래 계획했던 프로젝트도 중단하고 루시와 두 아들을 켄터키에 남겨두고 떠나야 하는 큰 희생이 필요한 일이었다. 어쩌면 정부 탐사대 합류가 무산된 것이 그에겐 행운이었는지도 몰랐다.

그 후 몇 년 동안 오듀본은 주로 북미 동부에서 새로운 새를 찾거나, 영국으로 건너가 저서를 출판하는 일을 번갈아 하느라 긴 탐사 여행을 떠날 시간이 없었다. 그는 젊은 자연주의자들이 로키 산맥이나 태평양을 탐사하고 돌아오는 모습을 보며 부러워했다. 존 타운센드 같은 자연주의자들이 가져온 표본을 바탕으로 《북미의 새》에 다양한 서부 조류 종을 추가했지만, 직접 가서 자신의 눈으로 서부의 생태와 풍경을 보지 못하고 고작 말린 새 가죽만을 통해서 힌트를 얻는 정도에 그칠 수밖에 없다는 사실에 안타까워했다.

오듀본은 존 바흐먼에게 보낸 편지에서, 타운센드로부터 받은 편지에 대해 불평했다. "(편지는) 길지만 안타깝게도 내용이 너무 부실해서 대체 몇 년 동안 밴쿠버 요새Fort Vancouver에서 어떻게 하루하루를 보냈는지 전혀 이해가 가지 않았네, 분명히 이곳으로 표본을 보내지 못한 많은 새들을 그곳에서 봤겠지만… 참, 자네나 나 아니면 (에드워드) 해리스가 그곳에 가지 못한 것이 어찌나 안타까운지! 그가 미완성으로 남겨둔 것에 대해 우리가 무엇을 이뤘을지 생각하면 말일세… 하지만 누가 알겠나? 어쩌면 내가 그곳을 찾아가 샅샅이 뒤질 날이 올지도 모르지!"

드디어 오듀본에게 그곳을 샅샅이 뒤질 날이 찾아왔다. 《북미의 새》와 《조류학 전기》는 성공적으로 완성되었고, 그의 아들들은 더 작고 저렴한 버전인 8절판 에디션의 제작을 지휘하고 있었다. 게다가 오듀본에게는 서부로 가야 할 또 다른 이유가 있었다. 바로 바흐먼과 함께 《북아메리카의 포유류》을 집필하고 삽화를 그리는 프로젝트였다. 다양한 포유류를 연구하고 그려야 하는 이 새로운 프로젝트는 서부로 떠날 완벽한 핑계가 되어주었다.

당연히 오듀본은 새로운 지역에서 과학적으로 새로운 새를 찾으려 했다. 그는 세상을 떠난 지 30년도 더 지난 알렉산더 윌슨의 그림자가 여전히 주위에 어른거리고 있다고 느꼈고, 윌슨이 발견한 새 종의 수를 큰 차이로 뛰어넘고자 하는 열망에 사로잡혔다. 오듀본은 미국 서부에 아직 알려지지 않은 새들이 있으리라 확신했고, 그들을 찾아내고 싶어했다.

더는 정부 탐험대 합류를 기대하거나 고된 육로 여행을 할 필요가 없었다. 무역이 서부로의 문을 열고 있었다. 모피 회사들은 (적어도 초기에는) 선주민을 내몰거나 그들의 땅에 정착하기 위해서가 아니라, 그들과 교역하기 위해 서부 지역에 교역소를 세웠다.

호헤Hohe(아시니보인Assiniboine) 부족의 초청으로 아메리칸 퍼 컴퍼니 American Fur Company는 미주리 강과 옐로스톤 강이 합류하는 지점, 오늘날 노스다코타의 서쪽 경계에 교역소 포트 유니언을 세웠다. 호헤 부족과 다른 부족의 대표는 비버, 수달, 밍크, 들소 등의 동물 가죽을 가져와 금속 도구와 조리 도구, 총, 직물, 유리구슬 등과 교환했다. 아메리칸 퍼 컴퍼니는 세인트루이스에서 미주리 강을 거슬러 올라가는 증기선을 운항하여 무역품을 포트 유니언으로 운반하고, 모피를 가져와 미국 동부와 유럽에 팔았다. 1832년부터 무역이 활발하게 이루어지면서 예술가, 자연주의자, 고위 인사 들도 포트 유니언에 정착하기 시작했다. 오듀본에게 큰 어려움 없이 서부를 방문할 완벽한 기회가 찾아온 것이었다.

여행 동반자들은 모두 그보다 훨씬 젊었다. 뉴저지의 부농이자 자연주의자인 절친한 친구 에드워드 해리스는 마흔세 살이었고, 매사추세츠 출신의 예술가 아이작 스프레이그Isaac Sprague와 뉴욕 출신의 박제사 존 G. 벨John G. Bell은 서른 살이었다. 허드슨 강에서 지내던 오듀본 가족의 이웃 루이스 스콰이어스Lewis Squires라는 청년은 탐험대의 총무 역할을 맡았다. 오듀본은 펜실베이니아 출신의 스펜서 베어드도 초대했다. 그는 3년 동안 편지를 주고받으며 베어드에게 조언을 해주었고, 이 젊은 친구에게 서부 여행이라는 절호의 기회를 주고 싶었다. 훗날 최고의 조류학자로 인정받게 되는 베어드는 이 탐험에 합류하지 않았다. 베어드의 가족이 겨우 스무 살이었던 그에게는 서부 여행이 너무 위험하다고 판단해서였다.

오듀본 일행은 동부 해안에서 기차와 마차를 타고 육로로 이동한 다음, 오하이오 강을 따라 증기선을 타고 미시시피 강을 거슬러 세인트루이스로 향했다. 3월 말이었지만 미주리 강은 여전히 얼어붙어 있었고, 오듀본이 탑승권을 예약한 아메리칸 퍼 컴퍼니의 증기선 오메가 호는 한 달 동안 출발하지 못하여 일행은 세인트루이스에 발이 묶이고 말았다. 하지만 4월 25일, 오메가 호는 드디어 닻을 올리고 미주리 강을 따라 서쪽으로 항해를 시작했다.

오듀본에게 이곳은 완전히 새로운 땅이었다. 1837년 봄, 걸프 연안에서 서쪽으로 조금 더 간 적은 있었지만, 세인트루이스 서쪽으로 가본 적은 없었다. 증기선 오메가 호가 강을 거슬러 올라가자 오듀본은 마치 젊은 시절로 돌아간 것 같았고, 새로운 발견에 대한 기대와 흥분으로 벅차올랐다.

세인트루이스를 떠나기 전부터 신문 기자들은 오듀본의 활기찬 모습에 주목하며 이렇게 썼다. "비록 머리가 하얗게 세어 세월의 무게가 느껴지지만 젊음의 신선함과 탄력, 에너지는 여전히 남아 있으며, 젊은 시절과 마찬가지로 자신이 사랑하는 학문을 추구하기 위해 야만적인 야생과 불모지를 통과하는 이 길고 지루한 여정의 고난과 불편까지도 견딜 준비가 되어 있다."

미주리 강을 거슬러 올라갈수록 땅의 모습도 점점 더 젊어지는 것처럼 느껴졌다. 오듀본이 1810년 아내와 함께 켄터키 주로 떠났을 때만 해도 그곳은 여전히 황량한 불모지였다. 그 이후로 그는 많은 변화를 목격했다. 점점 서쪽으로 퍼져 나가는 정착민들, 야생의 모습에서 마을과 농장으로 변한 오하이오 강과 미시시피 강 유역, 문명의 발달에 점점 자취를 감추는 늑대와 곰, 사슴 무리. 하지만 이곳에는 생생한 야생의 모습이 남아 있었다. 지금껏 이차림二次林, 파괴 등 여러 가지 교란 요인에 의해 이차적으로 발달한 삼림-옮긴이주 외에는 본 적이 없었던 북동부 출신의 오듀본 일행은 미주리 강변을 따라 자라는 나무의 웅장한 크기에 놀랐다. 그들은 강변에서 캐롤라이나앵무도 보았다. 오듀본은 1831년 초, "앵무의 개체 수가 매우 빠르게 줄어들고 있으며, 일부 지역에서는 이제 볼 수 없다"고 썼다. 그러나 10여 년이 지난 지금, 노란색과 주황색 머리를 한 화려한 녹색 앵무는 여전히 미주리 강변을 따라 시끄럽게 울며 날아다니고 있었다.

이젠 나이가 들어버린 예술가 오듀본은 변화하는 지평선을 바라보며, 젊은 미국 땅을 누볐던 자신의 젊은 시절을 떠올렸다. 서부로의 탐험은 마치 시간을 거슬러 올라가는 듯한 감정을 느끼게 했다. 가능성으로 가득 찬 개척지로 다시 돌아온 것이다. 물론 북미 동부에서도 이런 가능성이 아예 없어진 건 아니었다. 뉴욕에서도 지나가는 철새들에게 조금만 주의를 기울였다면, 당시 알려지지 않은 여러 종의 새를 발견할 수 있었을지도 모른다. 하지만 어쩌면 그는 이미 잘 알려진 정착지에서 눈을 부릅뜨고 새로운 종을 찾으려고 하는 데 지쳤거나, 아주 미묘하게 다른 새의 표본을 꼼꼼히 비교하고 구분하는 힘든 과정을 거치고 싶지 않았던 것일 수도 있다. 아니면 이런 지역은 이미 모든 서식 종이 알려졌으리라는 안이한 가정을 했을 수도 있다. 그러나 미주리 강은 그런 가정이 적용되지 않

     모든 새를 보았다고 믿은 남자

는 곳이었다. 여기서는 굽이굽이마다 새로움을 마주할 수 있을 거란 기대가 오듀본의 마음을 사로잡았다.

오듀본 일행 이전에도 이 대평원을 탐사한 유럽계 자연주의자들이 있었다. 루이스와 클라크 탐험대가 1803~1806년에 이곳에서 새 표본을 가져왔고, 알렉산더 윌슨이 그중 일부를 설명하고 이름 붙였다. 토머스 세이Thomas Say와 티치아노 필은 1820년 스티븐 롱Stephen Long의 로키 산맥 탐험에 함께해 여러 새로운 새 종을 발견했다. 존 타운센드와 토머스 너탤은 1830년대에 평원을 가로질러 태평양 북서부를 탐험했다(오듀본은 그들이 가져온 새로운 새가 너무 적다고 불평했지만). 오듀본이 이곳에 오기 10년 전, 독일의 자연주의자 막시밀리안 왕자Prince Maximilian of Wied도 같은 경로를 여행하고 유명 인사로는 거의 처음으로 포트 유니언에서 2주간 머물렀다. 막시밀리안 왕자의 표본과 연구 노트는 세인트루이스로 돌아오던 증기선이 폭발하여 침몰하면서 대부분 사라지고 말았다. 연구 결과의 손실에 좌절한 그는 몇 년이 지나서야 그곳의 새들에 대한 글을 발표했다. 이런 불운만 없었다면, 1843년까지 설명되지 않은 채 남아 있었던 몇몇 종에 대해서 막시밀리안 왕자가 최초의 설명자가 되었을 수도 있다.

비록 첫 방문객은 아니었지만, 오듀본은 희망에 부풀어 있었다. 증기선이 연료를 구하기 위해 정박할 때마다 일행은 내륙으로 올라가 새 표본을 수집했다. 5월 초, 오듀본은 집으로 보낸 편지에서 "모두 건강하게 지내고 있고, 강변에 올라갈 때마다 우리의 총이 멋진 이야기를 들려준다"고 썼다. 지금의 캔자스시티 근처에서 존 벨은 아직 설명되지 않은 비레오를 사냥했고, 에드워드 해리스도 새로운 종으로 보이는 참새를 쏘았다. 나중에 새로운 종이 아니라는 것이 밝혀지긴 했지만, 당시에는 위대한 발견의 항해를 하고 있다는 기쁨으로 가득했다.

이들이 조금만 더 주의를 기울였더라면, 훨씬 더 많은 새로운 발견으로 이어졌을 수도 있다. 약 40년 전인 1805년 동료들과 함께 미주리 강을 거슬러 오르던 메리웨더 루이스는 이 지역의 들종다리가 동부 해안의 들종다리와 비슷하지만 동부 사촌 종들의 맑은 휘파람 소리와는 다른 독특한 소리를 낸다는 것을 알아챘다. 하지만 루이스 일행 중 누구도 울음소리 차이에 대해 깊게 연구하지 않았다. 당시에는 눈에 보이는 특징으로 종을 구분했기 때문에, 새의 목소리로 종을 구분한다는 것은 급진적인 발상이었다.

오듀본 일행도 5월 말쯤 오늘날의 사우스다코타 중부 지역에서 이 들종다리를 목격했다. 존 벨이 이 독특한 소리를 가장 먼저 알아채고 에드워드 해리스에게 알렸다. 당시 오듀본도 그 소리를 들었지만 나중에 수집한 표본을 연구하면서 북미 동부의 종과 물리적으로 구별되는 특징을 발견하고 나서야 별개의 종으로 구분했다. 꼬리깃 중앙의 무늬 차이를 제외하고는 거의 차이가 나지 않지만, 이 작은 차이로 충분했다. 오듀본은 이 새의 역사를 반영하여 네글레타neglecta│'간과된'이라는 뜻이 있다-옮긴이주│라는 이름을 붙였다.

여름 내내 오듀본 일행은 광활한 대평원의 조류 합창단 일부를 구성하는 서부초원종다리Western Meadowlark의 목청 큰 울음소리를 계속 들었다. 그러나 일행은 이들보다 더 큰 생물들에 정신을 뺏기고 경외를 느꼈다. 이번 여행의 주요 목적은 《북아메리카의 포유류》 작업을 위해 포유류를 연구하는 것이었는데, 당시 이곳에는 오늘날 우리가 볼 수 있는 것과는 비교할 수 없을 정도로 많은 수의 포유류가 존재했다.

미주리 주를 따라 올라가면서, 그들은 동부에서 보았던 흰꼬리사슴과 비슷하지만 팔다리가 더 길고 커다란 귀를 가진 뮬사슴Mule Deer을 처

음 보았고, 수 에이커의 흙더미와 굴을 연결하고 잽싸게 움직이는 설치류 프레리도그Prairie Dog 무리도 처음 보았쭈. 사방에 엘크|Elk, 몸집이 큰 사슴의 한 종으로 무스라고도 불림-옮긴이주|가 있었고, 그들이 영양Antelope이라 불렀던 조심스럽고 날렵한 가지뿔영양Pronghorn 무리도 있었다. 가파른 절벽이나 바위 언덕이 있는 곳에는 큰뿔야생양 떼가 나타났다. 강둑을 따라 배회하고 밤에는 계곡에서 울부짖는 늑대도 있었다. 6월 12일, 증기선이 포트 유니언에 도착하기 며칠 전에는 거대한 평원의 제왕, 들소 혹은 버펄로들이 몇 마리씩, 아니 수백, 수천 마리씩 나타나기도 했다.

오듀본 일행은 8월 중순에 강을 따라 다시 내려오기 전까지 약 두 달 동안 포트 유니언에 머물렀다. 이 기간 내내 그들은 들소에 매료되었다. 자연주의자로서 단순히 그 장엄한 광경에 감탄했던 것이라면 좋았을 것이다. 구불구불한 풀 언덕 너머로 펼쳐진 어린 들소의 황갈색과 늙은 황소의 불에 탄 듯한 갈색이 대조를 이루고, 거대한 무리가 모두 같은 방향으로 서서 서두르지 않고 평온하게 풀을 뜯는 모습은 장관이었다.

하지만 이들이 매료된 것은 대초원에서의 사냥이었다. 특히 존 벨과 에드워드 해리스는, 말을 타고 들소를 쫓으며 근거리에서 총을 쏘는 포트 유니언 사냥꾼들의 기술을 흉내 내고 싶어했다. 일행은 자주 대초원으로 나가 들소를 대상으로 오락 사격 대회를 벌였다. 이제는 나이가 들어 동료들처럼 날렵하지 않았던 오듀본은 이런 모험은 일부 건너뛰고 구경하기만 했다. 한번은 해리스가 사나운 들소에게 짓밟힐 뻔한 적이 있었다. 해리스는 이 사건을 일기에 자세히 묘사했다. 흥미롭게도 이 일이 일어났을 때 몇 킬로미터 떨어진 곳에서 낚시하고 있었던 오듀본은, 해리스의 기록을 한 글자 한 글자 그대로 베껴 해리스 대신 자신이 주인공인 것처럼 이야기를 재구성했다. 이 에피소드는 나중에 《북아메리카의 포유류》 2권에

《북아메리카의 포유류》의 아메리칸 들소. 1843년 오듀본은 포유류에 관한 연구 자료를 수집하려는 목적으로 미주리 강을 따라 여행했지만, 그와 일행은 새 연구와 버펄로 사냥에 한눈을 팔았다. 이 삽화는 존 제임스 오듀본이 그린 것으로 추정되지만, 《북아메리카의 포유류》의 도판 대부분은 그의 아들 존 우드하우스 오듀본의 작품이다.

실리게 된다. 동료들의 동물 학살을 비난하기는커녕, 거짓일지언정 자신이 직접 현장의 한가운데에 있었다고 주장하고 싶었던 것이다.

오듀본은 언제나 그렇듯 복잡하고 모순적인 모습을 보여준다. 어떤 의미에서 보면 그는 생애 마지막 모험을 하고 싶었던 것 같다. 젊은 청년들과 함께 서부에서 환호를 부르며 황무지를 누비는 모험. 하지만 동시에 새로운 발견과 새에 대한 끝없는 열정 또한 부정할 수 없었다. 오듀본은 처음 보는 미지의 새, 더 나아가 과학적으로도 알려지지 않은 새를 찾고 싶어 했다. 새로운 발견을 공표할 공간도 마련되어 있었다. 8절판 에디션 《북미의 새》의 제7권이자 마지막 권이 다음 해 출판 예정이었고, 새롭게 종을 발견한다면 이 책에서 정식으로 소개하고 이름을 붙일 수 있었다.

 모든 새를 보았다고 믿은 남자

실제로 이 여행에서 이전까지 과학계에 알려지지 않았던 다섯 종의 새를 포함하여 몇 가지 중요한 발견이 이루어졌다. 또한 이들이 미지의 종이라고 생각했던 여섯 종을 추가로 발견했는데, 몇 달 후 집으로 돌아온 후에도 계속해서 새로운 종이라고 믿었다.

오듀본은 동료들과 함께 포트 유니언 근처에서 발견한 브루어찌르레기Brewer's Blackbird, *키스칼루스 브레웨리Quiscalus brewerii*라는 새에 대해 자세히 설명했다. 그는 이 새가 러스티찌르레기와 비슷하지만 수컷의 머리 주변이 더 광택 나는 푸른색이고 날개에 갈색 테두리가 없다는 점을 언급했다. 오듀본은 "이 새는 같은 과의 다른 새들에게서 흔히 보이는 당돌함이 보이지 않고, 현재의 거처에 만족하지 못하며 북쪽으로 더 멀리 떠나기를 갈망하는 것처럼 보인다"고 덧붙였다.

사실 이 새는 1829년에 독일의 동물학자 요한 G. 바글러Johann G. Wagler가 멕시코의 표본을 바탕으로 '푸른 머리'라는 뜻의 *키아노케팔루스cyanocephalus*라는 이름을 붙여 묘사한 적이 있다. 바글러의 설명에 우선권이 있었기 때문에 그가 붙인 학명이 여전히 사용되고 있지만, 오듀본의 영향력이 워낙 커서 영어 이름에는 '브루어'가 계속 사용되고 있다.

이는 조류와 알 전문가인 토머스 브루어Thomas M. Brewer 박사의 이름을 딴 것이었다. 종의 이름에 사람의 이름을 붙이는 일은 아주 흔했다. 오듀본도 《북미의 새》와 《조류학 전기》에서 친구나 동료를 기리기 위해, 누군가에게 호의를 베풀기 위해, 또는 후원자가 되어줄 만한 영향력 있는 사람의 호감을 사기 위해 여러 종에 그들의 이름을 따서 명명했다. 또 잘 알려졌듯이 대중의 관심을 끌기 위해 가상의 독수리에 '(조지) 워싱턴의 새'라고 이름 붙이기도 했다. 하지만 이번 미주리 강 여행에서는 유난히 이름을 딴 명명법에 집착하는 듯 벨비레오Bell's Vireo, 스프레이그종다리, 베어드참새 등 새로 발견한 거의 모든 새에 발견자의 이름을 따서 명명했다.

이러한 예는 이후 새로운 새가 아닌 것으로 판명된 여러 새들에게서도 찾아볼 수 있다. 브루어찌르레기 외에도 스미스긴발톱멧새Smith's Longspur, 해리스참새, 르콩테참새LeConte's Sparrow 등이 포함된다.* 이 종들 모두 이전에 설명된 적이 있음에도, 오듀본의 영어 명칭이 더 널리 사용되었다. 약 200년이 지난 지금도 이들의 공식 영어 이름에는 브루어, 스미스, 해리스, 르콩테가 들어 있다. 거의 모든 사람들이 이미 흰가슴멧새Clay-colored Sparrow로 알고 있었지만 오듀본만이 새로운 새로 착각했던 '섀턱멧새Shattuck's Bunting'라는 이름만이 금방 잊혔다.**

오듀본은 이 탐험에서 서양 과학계에 처음 등장하는 (혹은 처음이라고 착각한) 새들을 발견했을 뿐 아니라, 그동안 죽은 표본으로만 보아왔던 새들을 살아 있는 생생한 모습으로 볼 수 있어 무척 기뻐했다. 그는 존 타운센드, 토머스 너탤 등에게 빌린 표본을 바탕으로 《북미의 새》 속 수십

---

* 현재 르콩테참새로 알려진 이 새는 1790년에 존 레이섬이 조지아에서 채집한 겨울깃 표본을 토대로 다른 이름으로 설명한 바 있다. 그러나 레이섬이 사용한 종명 카우다쿠타*caudacuta*는 현재 염습지참새Saltmarsh Sparrow로 알려진 다른 종에도 붙여졌다. 명칭의 충돌을 해결하기 위해 50년 후 오듀본이 지은 이름이 우선권이 없음에도 불구하고 공식 명칭으로 채택되었고, 이 새는 현재 르콩테참새, 암모스피자 레콘테이*Ammospiza leconteii*로 불린다. 이렇듯 새 이름의 역사를 파헤치다 보면 복잡한 사연을 가진 새들이 여럿 있다.

** 오듀본이 점토색핀치Clay-colored Finch, 엠페리자 팔리다*Emberiza pallida*라고 부른 흰가슴멧새 (스피젤라 팔리다*Spizella pallida*)와 오듀본 사이에는 흥미로운 반전이 있다. 1832년 윌리엄 스웨인슨은 캐나다 대초원에서 채집한 표본을 바탕으로 이 새를 과학계에 보고했다. 오듀본은 《북미의 새》 제398번 판화가 이 새라고 생각했는데, 사실 그가 그린 것은 존 타운센드가 현재의 와이오밍 주에서 가져온 표본을 묘사한 것으로, 그 지역에는 흰가슴멧새가 살지 않는다. 이 표본은 당시 과학계에 알려지지 않았던 브루어참새(스피젤라 브레웨리*Spizella breweri*)로, 1856년 존 캐신에 의해 설명되고 명명된다. 흰가슴멧새와 브루어참새는 비슷하지만 브루어참새가 훨씬 더 칙칙한 색을 띤다. 그래서 오듀본이 미주리 강 여행에서 진짜 흰가슴멧새를 처음 보았을 때, 《북미의 새》에서 그렸던 새보다 훨씬 더 뚜렷한 특징을 가지고 있어 새로운 새일 것이라고 생각하고 '섀턱멧새'로 명명했다. 그러나 탐험대 일행 존 벨이 1843년 6월 20일 그날 사냥한 새를 나열한 리스트를 보면 '점토색을 띤 여러 마리의 참새'라는 언급이 있는데, 이는 의심할 여지없이 현재의 흰가슴멧새를 가리키는 것이 분명했다(흰가슴멧새의 영어 명칭은 Clay-colored Sparrow로 '점토색참새'로 직역된다-옮긴이주). 따라서 미주리 강 상류에서 본 멧새를 잘못 해석한 사람은 오듀본뿐이었을 가능성이 높다.

종의 새를 그렸지만, 직접 보지도 않고 설명을 싣는 것을 괴롭게 여겼다. 야생을 연구하는 '미국의 숲의 남자'라는 자신의 이미지와도 충돌하는 일이었다. 이제야 버드나무에서 노래하는 라줄리멧새Lazuli Bunting, 덤불 아래서 땅을 긁어대는 얼룩검은멧새Spotted Towhee, 평원 위를 날아다니는 밤색목긴발톱멧새 등 서부의 명물들을 직접 보고 제대로 알 수 있게 되었다.

오듀본은 특히 밤색목긴발톱멧새에 매료되어 일기장에 반복해서 언급했다(이 새를 그라운드핀치, 초원멧새, 초원종달새 등 다양한 이름으로 부르긴 했지만). 밤색목긴발톱멧새는 동료들과 함께 초원 사냥을 나가는 날에도 그의 시선을 사로잡을 만큼 아름다웠다. 7월 21일의 일기에는 들소와 가지뿔영양 사냥 전후에 대한 기록이 나오는데, 오듀본은 밤색목긴발톱멧새 둥지를 발견했다고 언급한 후, 수컷이 "종달새처럼 날면서 노래하고 암컷이 초원의 알 위에 앉아 있는 동안 그 위로 빙빙 돌며 땅을 쓸 듯 날아다녔다"고 썼다.

열아홉 살에 노스다코타를 처음 방문하기 전, 나는 밤색목긴발톱멧새를 남서부의 월동지에서 본 적이 있다. 참새 크기의 이 칙칙한 새들은 건조한 초원 위를 무리지어 날아다니며 짹짹 울어댔고 눈에 잘 띄지 않았다. 하지만 이 새들의 짝짓기 시기에 노스다코타에서 밤색목긴발톱멧새를 관찰하는 것은 전혀 다른 경험이었다. 오듀본이 그동안 죽은 표본으로만 보다가 살아 있는 새를 처음 보았을 때 느꼈을 감정과 비슷했을 것이다.

켄마레 근처 대초원에서, 나는 오듀본이 묘사한 대로 "노래하면서 빙빙 돌며 땅을 쓸 듯 날아다니는" 밤색 깃의 수컷 밤색목긴발톱멧새를 볼 수 있었다. 이들이 검은색과 밤색의 무늬를 뽐내며 날아갈 때는 꼬리가 하얗게 빛나며 눈길을 끌었다. 게다가 컨벤션 마지막 날, 밤색목긴발톱멧새의 친척 종인 맥카운긴발톱멧새McCown's Longspur도 관찰할 수 있었다.

엄청난 행운이었다. 가난한 히치하이커였던 나는 컨벤션에 등록할 여유가 없어서 그저 주변을 서성거릴 뿐이었다. 하지만 관대하고 친절한 전미조류협회 사람들이 나를 켄마레에서 세 시간 거리의 시어도어 루스벨트 국립공원Theodore Roosevelt National Park으로 가는 버스 여행에 무료로 데려가 주었다. 여행 리더들은 국립공원으로 가는 길을 일부러 우회해서 맥카운긴발톱멧새의 서식지로 우리를 데려갔다.

수컷 맥카운긴발톱멧새는 밤색 깃의 사촌과 마찬가지로 풀밭 위를 떠 있듯 비행하거나 선회하면서 짧고 경쾌한 울음소리를 내며 날아다녔다. 밤색목긴발톱멧새처럼 검은색과 밤색이 섞인 무늬가 있었고, 날아갈 때 펼쳐진 꼬리가 흰색으로 빛났다. 그때껏 나는 텍사스와 남서부 평원에서 월동하는 맥카운긴발톱멧새를 보며, 칙칙한 겨울깃 때문에 그들을 제대로 식별하지 못해 좌절했었다. 하지만 노스다코타의 맥카운긴발톱멧새들은 개성이 넘치고 찬란했다. 이 새들은 아름다운 노스다코타, 그리고 나를 진심으로 환영하고 받아들여준 탐조 커뮤니티에 대한 따뜻한 인상과 함께 내 마음속에 영원히 남을 기억이 되었다.

우리가 맥카운긴발톱멧새를 관찰한 안가드Arnegard 근처는 1843년 여름 오듀본 일행이 다녀간 포트 유니언에서 불과 65킬로미터 떨어진 곳이었다. 이론적으로는 오듀본 일행도 이 종을 마주쳤을 수 있었다. 하지만 그들은 발견하지 못했다. 약 8년 후 아마추어 조류학자인 미국 육군 존 맥카운John P. McCown 대위가 텍사스 서부의 월동지에서 두 마리의 개체를 채집했다. 그는 표본을 뉴욕의 조지 로런스에게 보냈고, 로런스는 이 새를 새로운 종으로 설명하며 맥카운의 이름을 따서 명명했다.

오듀본 일행은 이 새를 보지 못했던 걸까? 그랬을 수도 있다. 대략적

　　　　　　　　모든 새를 보았다고 믿은 남자

이긴 하지만 수많은 역사적 데이터를 보면 맥카운긴발톱멧새는 1800년대에 노스다코타 전역에 널리 퍼져 있었고 동쪽으로는 미네소타 가장자리까지 뻗어 있었을 것으로 추정된다. 따라서 포트 유니언 근처에도 살고 있었을 것이다. 하지만 오늘날의 서식지 대부분에서 그렇듯이 당시에도 분명 맥카운긴발톱멧새보다 사촌 종의 개체 수가 더 많았으며, 쌍안경도 없이 버펄로 사냥에 푹 빠져 있던 자연주의자들이 그냥 지나칠 만큼 외형이 비슷하니 놓쳤을 법도 하다.

오늘날 노스다코타에서 탐조할 때 맥카운긴발톱멧새를 보지 못하고 놓치기 쉬운 또 다른 이유가 있다. 1800년대 이후 이들의 서식 범위가 매우 줄어들었기 때문이다. 내가 맥카운긴발톱멧새를 처음 본 1970년대에도 이미 아주 한정된 지역에만 서식하고 있었다. 2018년에는 번식지가 노스다코타 주 남서쪽 모퉁이로 축소되었고, 2022년에 다시 방문했을 때는 노스다코타 어디에서도 이 새를 본 사람을 찾을 수 없었다.

우리가 사물에 붙이는 이름과 정의가 우리의 인식을 형성한다. 노스다코타는 내게 아주 특별한 곳이지만, 오듀본에게는 아무런 의미 없는 곳이었을 것이다. 1843년엔 다코타 준주準洲가 아직 존재하지 않았고, 노스다코타 주의 경계는 1889년에야 확정되었다. 마찬가지로, 오듀본 시대 이후 긴발톱멧새에 대한 인식도 크게 변화했다. 긴발톱멧새라는 이름은 고르지 않은 땅을 걷는 데 유리한 긴 뒷발가락에서 유래했다. 이 새는 총 4종이 알려졌으며, 그중 맥카운긴발톱멧새가 1851년에 마지막으로 기술된 종이다. 당시에는 긴발톱멧새가 발 구조가 유사한 북위도의 흰멧새와 관련이 있다는 사실에 대부분 동의했다. 하지만 더 상위 분류에서 이 새가 어디에 속할지 명확하지 않았다. 오듀본과 동시대 학자들은 이 새를 멧새, 참새, 혹은 종달새 중 어디로 분류해야 할지 확신하지 못했고, 그 혼란은 몇 년이 지나도록 지속되었다.

내가 10대였을 때만 해도, 미국참새과 리스트의 끝자락에 긴발톱멧새와 흰멧새가 자리했다. 그 후 수십 년 동안 참새는 다른 그룹으로 이동했지만 미국참새과의 전체적인 분류 체계는 전반적으로 유지되었다. 작고 몸 일부가 갈색이며 참새처럼 씨앗을 부수기에 알맞은 짧은 부리를 가진 긴발톱멧새가 미국참새과에 분류되는 것은 합리적으로 보였다. 나 또한 이를 별다른 의문 없이 받아들였다.

하지만 1990년대 이후 과학자들은 새들의 DNA를 통해 진화적 관계를 자세히 연구하기 시작했고, 이로써 긴발톱멧새와 흰멧새에 관한 놀라운 사실이 발견되었다. 이 새들은 참새와는 전혀 관련이 없는, 완전히 다른 종이었던 것이다. 2011년, 미국 조류학자 연합의 분류 위원회에서 이를 공식화했고, 이후 긴발톱멧새와 흰멧새는 독립적인 과를 구성하는 것으로 인정받게 되었다.

이 분류학적 변화에 대한 소식을 접했을 때, 이 새들에 대한 내 인식도 완전히 바뀌었다. 그제야 이 새들이 얼마나 독특한지 제대로 주목하기 시작했다. 긴발톱멧새는 여느 미국 참새는 보이지 않는 행동 특성을 보인다. 그 어떤 참새도 그렇게 가볍고 빠르게 날아오르지 않으며, 무리를 지어 평원 위를 낮게 쓸 듯이 날거나 머리 위 높이에서 빙글빙글 돌며 마치 유랑자처럼 쉼 없이 떠돌아다니지도 않는다. 번식지 하늘에서 빛나는 깃을 뽐내며 경쾌하고 활기차게 노래하며 비행하지도 않는다. 난 이러한 차이점을 알고 있었지만, 긴발톱멧새가 다른 과로 재분류되기 전까지는 그 중요성을 제대로 인식하지 못했다. 분류의 변화가 새를 바라보는 내 관점도 근본적으로 바꾼 것이다.

그리고 몇 년 후, 맥카운긴발톱멧새에 대한 우리의 인식은 또 다른 방

 모든 새를 보았다고 믿은 남자

식으로 변화를 겪는다. 이번에는 학명이나 분류보다는 '일반 명칭'이 논란의 중심이었다.

조류학 초기에는 종에 대한 '공식적인' 일반 명칭이 없었다. 윌슨, 오듀본, 너탤 등은 같은 새에 대해, 심지어 같은 글이나 저서 내에서도 여러 이름을 아무렇지 않게 혼용했다. 린네의 분류학 규칙이 있었지만 학명과 명칭이 정리되지 않아 종종 논쟁거리가 되기도 했다. 조류학 분야가 점차 발전하면서, 혼란을 막고 명확하게 소통할 수 있도록 표준화된 이름 체계가 필요해졌다.

1883년 미국 조류학자 연합이 결성되고 가장 처음 착수했던 프로젝트 중 하나가 바로 이러한 표준화된 이름 리스트를 작성하는 것이었다. 1886년, 전문가로 구성된 위원회는 북미 조류 종에 대한 〈명명법 및 체크리스트code of nomenclature and check-list〉를 만들었고, 이후 상임 위원회가 이를 계속 갱신해왔다. 비공식적으로 '체크리스트 위원회'로 알려진 이 위원회는 조류 종에 대한 합의된 명칭을 제공하고 있다(이 목록을 직접 확인하는 사람이 아직도 있는지는 의문이지만). 단체의 이름은 '미국 조류학자 연합'에서 전미조류학회American Ornithological Society로 바뀌었지만 체크리스트 위원회의 임무는 유지되고 있다. 예를 들어 최근에 출간된 조류 도감에 '노랑목솔새Yellow-throated Warbler'가 기재되어 있다면, 이는 단순히 목이 노란 솔새 아무 종이 아니라 세토파가 도미니카Setophaga dominica 종을 의미한다. 체크리스트 위원회의 목록을 통해 우리가 항상 같은 이름으로 같은 종에 관해 이야기하고 있다고 확신할 수 있다.

대부분은 위원회가 직접 주도하여 명칭을 수정하기보다는 외부로부터 제안이 있으면 명칭을 의논한다. 예를 들어, 특정 참새 종이 실제로는 두 종의 복합체라거나, 특정 종을 다른 속으로 재분류해야 한다고 주장

켄 코프먼의 굵은부리긴발톱멧새Thick-billed Longspur, 암컷(왼쪽)과 번식깃을 한 수컷(오른쪽). 그림에 묘사된 꽃은 아욱과의 글로브 말로우globe mallow다. 1843년, 오듀본 일행은 이 새가 번식하는 지역인 북부 대평원을 방문했지만, 새를 발견하지 못했다. 첫 번째 표본은 약 8년 후 텍사스의 월동지에서 채집되었다. 2020년까지 이 새는 '맥카운긴발톱멧새'로 불리다가, 새의 이름에 특정 인물의 이름을 붙이지 않으려는 새로운 움직임을 반영하여 명칭이 바뀌었다.

하는 연구자가 제안서를 작성해 제출할 수 있다. 전문가들로 구성된 위원회는 이러한 제안을 검토하여 투표하고 해마다 한 번씩 심의 결과를 발표한다. 2018년에는 로버트 드라이버Robert Driver라는 학생이 맥카운긴발톱멧새의 영어 명칭을 바꿔야 한다는 제안서를 제출했다.

이 시기는 미국 사회가 남북전쟁 당시의 남부연합기와 남부연합군 지도자 동상 같은 상징물의 의미를 두고 격렬히 갈등하던 때였다. 어떤 사람들은 이런 것들을 미국 남부의 역사적 유산으로 당연하게 여겼지만, 다른 사람들은 이를 노예제를 유지하기 위한 피비린내 나는 전쟁의 상징물로서 모든 흑인에 대한 모욕으로 간주했다. 양측의 감정은 오랫동안 서서히 쌓이다가 2015년경 폭발했다. 백인 우월주의자들이 남부연합기를 옹

     모든 새를 보았다고 믿은 남자

호하며 저지른 일련의 폭력 행위는 이 상징에 대한 반발에 더욱 불을 지폈다. 반대 여론이 얼마나 광범위했는지 잘 보여주는 예로, 2020년에는 미국 전역에서 인기가 높지만 특히 남부 지방에서 탄탄한 영향력을 가진 전미스톡자동차경주협회NASCAR, National Association for Stock Car Auto Racing 가 모든 행사에서 남부연합기를 금지하기까지 했다.

로버트 드라이버는 사람의 이름을 딴 조류 종에 관한 이야기를 읽다가, 존 맥카운이 텍사스에서 긴발톱멧새 표본을 잡은 지 10년 후인 1861년, 육군에서 전역하고 남부 연합에 가입했다는 사실을 알게 되었다. 맥카운은 남북전쟁 당시 남부군에서 소장으로 복무했다.

노스캐롤라이나의 대학생이었던 드라이버는 남부 연합에 대해 서로 다른 견해가 팽팽하게 대립하고 있다는 사실을 잘 알고 있었다. 또 그는 여러 조류 관련 단체가 '조류학이 모든 배경을 가진 사람들을 더 포용하고 환영하는 학문이 되기를 원한다'고 공동 성명을 냈다는 사실도 알고 있었다. 드라이버는 남부군의 장군 이름을 딴 긴발톱멧새는 남부 연합의 기념물처럼 받아들여질 수 있다고 생각했다. 이 새의 이름을 바꿈으로써 이 기념물을 철거한다면 어떨까?

모욕감을 줄 수 있는 새 이름을 변경하자는 요청은 이번이 처음이 아니었다. 북쪽에 사는 긴 꼬리를 가진 잠수오리로, 아우-아우들-아우 하며 멀리까지 퍼지는 음악 같은 울음소리로 유명한 새가 있었다. 이 새는 영국과 북미에서 바다꿩Long-tailed Duck으로 불렸다. 오듀본은 바다꿩이라는 이름으로 이 새를 소개하는 글에 "이 새는 반복적으로 울기 때문에 '시끄러운 오리Noisy Duck'라는 이름과 함께 '늙은 아내', '늙은 원주민 여자' 등 다양한 별칭으로 불린다"고 적었다. 1886년 미국 조류학자 연합의 백인들로 구성된 체크리스트 위원회는 이 시끄러운 오리를 올드스쿼|Old-squaw,

스쿼(squaw)는 북미 선주민 여자를 모욕적으로 칭하는 말이다-옮긴이주|라 부르기로 하고, 첫 번째 조류 명칭 목록에 실었다.

이는 "이 오리는 늙은 원주민 여자처럼 시끄럽다"는 뜻으로, 당연히 모욕적인 이름이었다. 하지만 한 세기 동안 아무도 공식적인 방식으로 이 이름에 이의를 제기하지 않았다. 어리숙했던 어린 시절의 나도 이상한 이름이라고만 생각했지 이것이 얼마나 비하적인지는 생각하지 못했다. 마침내 1990년대에 이르러, 알래스카에서 일하던 생물학자들은 이름에 '스쿼squaw'라는 선주민에 대한 혐오 표현이 들어간 오리를 보호하기 위해 선주민 공동체에 협력을 요청해야 하는 자신들의 난처한 처지를 표명했다. 그들은 위원회에 명칭 변경을 청원했고 2000년 7월, 체크리스트 위원회는 이미 유럽에서 널리 사용되고 있던 '바다꿩'이라는 명칭을 공식적으로 채택하겠다고 발표했다. 하지만 위원회는 "오랫동안 받아들여진 새의 영어 명칭을 변경할 때 정치적 올바름|political correctness, 인종, 성별, 장애, 종교, 직업 등에 관한 편견이나 차별이 섞인 언어 또는 정책을 지양하려는 신념, 혹은 그러한 신념을 바탕으로 추진되는 사회운동-옮긴이주|만을 고려할 수는 없다"고 덧붙였다.

그로부터 19년이 지난 시점, 맥카운긴발톱멧새의 이름을 바꾸자는 제안이 위원회에 제출되었다. 제안 이유는 '정치적 올바름'으로 분류되었고, 체크리스트 위원회는 검토를 거부했다. 제안은 7대 1, 기권 1표로 부결되었다. 한 위원은 "우리 위원회의 사명은 윤리 또는 조사위원회 역할이 아니라고 생각한다"고 했다. 다른 위원은 "역사적 인물을 현재의 도덕적 기준으로 판단하는 것은 문제가 있고 다소 불공평하며, 단순히 옳고 그름의 문제로 가르기 어렵다"고 말했다. 또 다른 위원은 "무엇이 적절한 행동인지에 대한 견해는 항상 바뀌기 때문에, (이를 이유로) 명칭을 바꾸는 것은 꺼려진다"고 말했다. 2019년 7월, 드라이브의 제안이 거절되었음

　　　모든 새를 보았다고 믿은 남자

이 발표되었다. 이것으로 영영 끝인 것 같았다.

하지만 그렇지 않았다. 탐조와 조류학의 세계는 변화하고 있었고, 위원회의 결정은 저항에 부딪혔다. 반대의 목소리는 광범위했다. 위원회에 재고를 촉구하는 청원서에 수백 명이 서명했는데, 그중에는 열렬한 탐조가, 갓 박사 학위를 받은 조류학자, 신입 전문가 등 이 분야의 젊은 리더들이 다수 포함되었다. 새로운 세대는 더 이상 남부군의 기념물로 간주될 수 있는 새 이름을 받아들일 수 없었다.

이러한 움직임에 체크리스트 위원회의 위원장 테리 체서 박사Dr. Terry Chesser는 긴발톱멧새에 대한 청원을 진지하게 검토하기로 했다. 박사가 로버트 드라이버와 함께 작성한 새로운 제안서가 결국 2020년에 통과되었고, 공식적으로 맥카운긴발톱멧새는 굵은부리긴발톱멧새Thick-billed Longspur로 이름이 바뀌게 되었다.

이런 변화에 대한 요구는 존 맥카운에서 멈추지 않았다. 젊은 조류학자들은 새의 이름이 유래한 다른 사람들의 배경도 모호하다는 점을 지적하기 시작했다. 예를 들어 타운센드가 아메리카 선주민의 무덤을 도굴했다는 사실을 문제시하며, 개인의 이름을 딴 모든 새들의 명칭을 바꿔야 한다는 의견을 제기했다. '새에게 새 이름을Bird Names for Birds' 운동이 구체화되기 시작했고, 이는 곧 새에 관심이 없는 사람들에 의해 '우파 대 좌파'라는 문화 전쟁에 휘말리게 되었다. (나는 공영 라디오 인터뷰에서 이 주제에 대해 가볍게 언급했다가 우익 성향의 웹사이트에 "이 좌파 미치광이가 모든 새 이름을 없애려 한다!"는 식의 공격을 받았다.) 대부분의 원로 조류학자들은 개인 이름이 사용된 새의 명칭을 바꾸자는 운동을 차가운 시선으로 바라보았지만, 전미조류학회는 자문위원회를 구성하여 이 문제를 어떻게 처리할지 신중하게 고민하기 시작했다.*

이런 상황 속에서 국립오듀본협회 또한 협회 이름의 기원이 된 인물의 역사적 유산에 대해 고민하기 시작했다. 존 제임스와 그의 가족이 노예를 부린 역사는 이미 잘 알려졌고, 환경 보호 운동을 더욱 포용적으로 발전시키려는 노력은 중요하고 시급한 의제였다. 협회의 지도자들은 J. 드류 랜햄 박사Dr. J. Drew Lanham에게 의견을 구했다. 흑인 조류학자이자 탐조가, 작가, 시인, 존경받는 사상가이자 내 소중한 친구인 랜햄은 그만의 독특한 시각으로 〈우리는 존 제임스 오듀본을 어떻게 대해야 할까?*What Do We Do about John James Audubon?*〉라는 명쾌한 에세이를 썼다. 이 글은 협회 잡지와 웹사이트에 크게 실렸으며, 온라인 갤러리에 게재된 오듀본의 간략한 전기에도 연결 문서로 덧붙여졌다. 협회의 지도부는 협회 이름에서 오듀본의 이름을 삭제하는 근본적이자 급진적인 문제를 검토하기 시작했다.

이 질문에 대한 격렬한 논쟁은 이 글을 쓰는 지금도 계속되고 있다. 어떤 사람들은 오듀본보다 더 많은 사람들을 더 오랜 기간 노예로 삼고 아메리카 선주민 문화에 더 부정적인 영향을 미친 조지 워싱턴이나 토머스 제퍼슨을 예로 들며 반박했다. 그들의 기념관도 재검토해야 할까? 안 그러면 우리는 이중 잣대를 적용하게 되는 건 아닌가? 이런 질문에 내가 답을 아는 척할 수는 없다. 하지만 우리 사회가 이러한 중요한 질문을 던지기 시작한 것은 바람직하다고 생각한다.

1843년, 대평원 위의 존 제임스 오듀본은 바로 근처에 아직 이름이 알려지지 않은 긴발톱멧새가 있다는 사실을 몰랐다. 언젠가 노스다코타와 몬태나의 경계가 될 포트 유니언에서, 그는 자신이 시대의 경계에 서

* 2023년 11월, 전미조류학회의 지도부는 북미에서 개인의 이름이 사용된 새의 영어 명칭을 단계적으로 폐지하고 종의 특징을 반영한 이름으로 점차 대체하겠다는 놀라운 발표를 냈다. 이는 격렬한 논쟁을 불러일으켰고, 이 논쟁은 지금도 계속되고 있다.

 모든 새를 보았다고 믿은 남자

있다는 사실도 미처 깨닫지 못했을 것이다.

그 당시, 그곳에서는 백인 유럽계 미국인과 아메리카 선주민 사이에 노골적인 갈등은 없었다.* 물론 그 전후에 두 진영 간에 많은 갈등이 있었지만, 1843년 노스다코타 서부 지역은 비교적 평화로웠다. 당시 존 맥카운은 육군 포병대 중위였고, 훗날 세미놀족을 비롯한 다른 선주민 부족들을 공격하는 데 관여하긴 하지만 선주민과의 직접적인 전투 경험은 거의 없었다. 나중에 라코타Lakota족의 정신적, 군사적 지도자가 되는 시팅불Sitting Bull은 당시 옐로스톤 강 근처에서 가족과 함께 살던 열두 살 소년이었다. 선주민의 지도자가 될 크레이지 호스Crazy Horse와 선주민과의 전투에서 미군을 이끈 조지 커스터George Custer는 아직 세 살밖에 되지 않았고, 이 두 사람이 운명적인 '풍요로운 초원 전투Battle of the Greasy Grass', 다른 말로 '리틀 빅혼 전투Battle of the Little Bighorn'에서 만나기까지는 33년이 더 흘러야 했다.

오듀본은 수 세기 동안 북미 전역에서 벌어진 '인디언 전쟁'의 영향을 거의 받지 않았다. 그는 선주민들이 무력 혹은 속임수로 백인 정착민들에게 땅을 빼앗긴 한참 후에 펜실베이니아 동부와 켄터키 북부에 도착했고, 다른 지역을 여행할 때도 분쟁 지역 근처는 피했다. 쇼니족과 오세이지Osage족과 시간을 보내며 그들의 기술에 감탄하기도 했지만, 그의 삶에서 아메리카 선주민은 전혀 관심 대상이 아니었다.

흑인에 대해서도 마찬가지였다. 1840년대에 이르러 노예제 폐지 요구

---

* 그해 여름 미주리 강 서쪽에서 미국 모피 상인들과 블랙피트Blackfeet족 사이에 분쟁이 발생했다. 오듀본은 로키 산맥에 더 가까이 가기 위해 포트 유니언에서 더 서쪽으로 가려 했지만 분쟁 소식으로 단념했다. 블랙피트족과의 마찰은 몇 년 전부터 시작되었다. 1806년 태평양에서 돌아온 메리웨더 루이스는 지금의 몬태나 주 서부에서 블랙피트족과 마주친 후, 그로서는 이례적으로 잘못된 판단을 내렸다. 이로 인해 그전까지 모피 상인들과 잘 지내던 블랙피트족은 미국에 대한 원한을 품게 되었고, 이는 수십 년 동안 지속된다.

가 무시할 수 없을 만큼 커졌고 20년 후 피비린내 나는 남북전쟁으로 이어졌지만, 오듀본은 이미 오래전 마지막 노예를 팔고 노예제가 불법화된 뉴욕으로 1841년에 이주했다. 그 이후로는 이 문제에 대해 아예 신경을 끈 것 같다. 여성의 평등권은 당시 터무니없는 개념으로 여겨졌고, 양성평등 운동은 몇 년이 지나서야 본격화되었다. 오듀본은 어떤 사회적 변화의 요구에도 영향을 받지 않고, 백인 남성으로서 편안하게 특권을 누리며 새와 포유류, 그리고 자연사 연구에 몰두할 수 있었다.

나는 오듀본이 동부 해안의 문명사회로 돌아가는 긴 여정을 떠나기 전, 서쪽을 향해 오래도록 그리움과 아쉬움의 눈길을 던지는 모습을 상상해본다. 그의 인생 마지막 모험이 끝나가고 있었고, 다시는 로키 산맥이나 태평양을 볼 수 없을 것이었다. 몇 년 뒤 시력이 나빠지기 시작하면서, 오듀본은 붓을 내려놓고 아들과 공동 작업자들에게 삽화 작업을 맡겼다. 그리고 점차 치매가 진행되었다. 새로운 새가 발견되었다는 소식을 전해 들어도 이해하지 못한 채 멍하니 바라볼 수밖에 없었다. 점점 더 많은 사람들이 조류학에 입문하여 조류 연구가 새로운 차원으로 발전하고 있었지만, 오듀본은 그들과 함께 새로운 차원의 연구에 올라설 수 없었다.

우리는 생애 마지막 나날 동안 오듀본의 마음속에서 무슨 일이 일어났는지 알 수 없다. 어쩌면 번잡하던 생각이 고요해지고, 내면의 평화를 얻지 않았을까. 불타오르던 야망과 자부심, 지식에 대한 갈망은 차분한 고요 속에서 하나의 순수한 불꽃으로 남아 있었을 것이다. 그리고 그 고요함 속에서 어쩌면 모든 생명, 특히 인간에 대해 더 깊이 공감하게 되었을지도 모른다. 한 사람 한 사람, 모든 인간에 대해서 말이다. 물론 그저 내 희망 섞인 추측일 뿐이지만, 그래도 나는 오듀본에 대한 실낱같은 구원의 끈을 놓고 싶지 않다.

　모든 새를 보았다고 믿은 남자

막간

새를 그린다는 것

비전 임파서블

처음부터 실패할 수밖에 없는, 터무니없는 생각이었다. 나는 스스로에게 말했다. "새 그림이라면 지금껏 꽤 그려왔잖아? 그냥 역사상 가장 유명한 새 화가의 그림 스타일을 익혀서 그럴듯하게 따라 그리면 되지 않겠어?"

성공했을까? 당연히 아니다. 나는 무슨 기대를 했던 걸까? 천재를 모방한다는 것은 어리석은 목표다. 셰익스피어처럼 글을 쓰려고 하면 미사여구가 가득한 그럴듯한 문장은 나올지 몰라도 《리어왕》을 써낼 수는 없다. 할리우드의 대배우 메릴 스트립Meryl Streep 닮은 꼴 대회에서 우승한다고 해서 갑자기 뛰어난 연기 실력을 갖추지는 못한다. 일렉트릭 기타를 열심히 공부하고 연습하면 스티브 바이|Steve Vai, 일렉트릭 록기타계의 레전드로 불림-옮긴이주|처럼 〈포 더 러브 오브 갓For the Love of God〉을 연주할 수는 있겠지만, 그런 곡을 작곡하지는 못할 것이다. 천재를 따라 하기는 결코 쉬운 일이 아니고, 전설은 절대 쉽게 복제되지 않는다.

아, 물론 노력은 했다. 몇 달 동안 오듀본의 작품을 열심히 연구하고 분석했다. 그동안 익숙하게 사용하던 유화 물감은 치우고, 큰 수채화 용

존 제임스 오듀본이 그린 여섯 마리의 올빼미. 이 작품은 예술적으로나 과학적으로나 오듀본의 작품 중 가장 덜 성공한 작품으로 꼽힌다. 왼쪽의 두 마리 모두 굴올빼미Burrowing Owl이지만, 오듀본은 처음에 서로 다른 종으로 오인했다. 가운데 위의 개체는 유럽산 금눈쇠올빼미Little Owl인데, 오듀본은 이를 캐나다산으로 잘못 알았다. 오른쪽 위의 두 마리는 북방피그미올빼미Northern Pygmy-Owl, 오른쪽 아래의 개체는 쇠부엉이Short-eared Owl다. 그림에서 오듀본은 새만 그렸고, 로버트 하벨 주니어가 마른 나뭇가지와 배경을 덧그렸다.

지를 사서 참고 자료를 찾아가며 새의 깃털을 하나하나 그려보고, 투명한 수채화와 파스텔, 여러 가지 재료를 섞어 사용해보기도 했다. 하지만… 아무 효과가 없었다. 내가 그린 가짜 존 제임스 오듀본 새 그림을 오듀본의 작품으로 착각할 사람은 아마 없을 것이다.

그래서 나는 내 결과물을 오듀본의 가장 덜 성공한 작품과 비교하고 싶은 유혹이 생겼다. 여기 《북미의 새》 432번 판을 살펴보자. 여섯 마리

모든 새를 보았다고 믿은 남자

의 올빼미 중 두 마리는 맨땅에 어색하게 앉아 있고, 네 마리는 죽은 나뭇가지에 올라있으며, 모두 멍한 표정을 짓고 있다. 이 그림에서 오듀본은 멍한 올빼미를, 로버트 하벨 주니어가 땅과 나뭇가지를 그렸다. 내 최고의 그림이라면 이 정도와 비교할 만할까? 어쩌면 그럴지도 모른다.

하지만 이런 비교는 무의미했다. 오듀본의 명성은 최악의 작품이 아니라 최고의 작품으로 세워진 것이다. 그리고 그의 최고의 작품들은 그야말로 경이롭다.

오듀본의 작품 대부분은 시각적 천재성을 보여준다. 발톱에 물고기를 들고 날아가는 물수리Osprey의 초상화를 보자. 하얀 배경에 물고기를 든 한 마리의 새가 있고, 뒤에는 평평한 물과 낮은 언덕이 있는 아주 단순한 그림이다. 한쪽 날개의 아래쪽과 다른 쪽 날개의 윗면이 대부분 보이도록 배치하여 정보 가치를 극대화한 과학적인 일러스트레이션이기도 하다. 그럼에도 전체 디자인은 놀랍도록 세련되고, 세밀한 디테일과 단순함이 조화를 이루는 아름다운 작품이다.

얼마 지나지 않아 오듀본을 분석하고 따라 하려던 나의 시도가 부끄럽게 느껴지기 시작했다. 그동안 마치 그의 작품을 수학 공식으로 환원할 수 있는 것처럼 요소의 간격, 선의 각도, 색의 병치 등 내가 생각할 수 있는 모든 요소로 살펴봤다. 그러다 헤밍웨이가 《파리는 날마다 축제》에서 인용했던, 거트루드 스타인|Gertrude Stein, 미국 소설가, 비평가, 미술 애호가-옮긴이 주|이 마음에 들지 않는 화가에 대해 언급한 한 구절이 떠올랐다.

"난 그 사람을 '자벌레'라고 불러." 그녀가 말했다. "런던 출신인데, 좋은 그림을 보면 호주머니에서 연필을 꺼내 들고 엄지손가락을 쭉 내밀어서 재어보곤 해. 그리고 그림 주위를 왔다 갔다 하면서 마치 자로 재듯이 이

리저리 살피고 뜯어보면서 그 그림이 어떻게 그려졌는지를 정확하게 알
아내려고 애쓰지. 그러고는 런던으로 돌아가서 그 그림을 직접 그려보려
고 안간힘을 쓰지만, 절대로 성공하지 못해. 왜냐면 그 사람은 본질을 놓
치고 있거든."

마찬가지로 나 역시 본질을 놓치고 있었던 것이다. 오듀본의 작품들
은 계산된 디자인 원칙이나 공식이 아니라, 내면의 비전에서 나온 것이었
다. 물론 오듀본은 노예제 찬성론자, 백인 우월주의자, 과학 사기꾼 등 여
러모로 끔찍한 사람이었다. 하지만 그의 내면에는 더 다양한 종류의 새
를 그려 경쟁자들을 이기기 위해 끊임없이 노력하는 와중에도, 진정한 예
술 작품을 만들어낼 수 있는 아름다운 면이 존재했다.

나는 일부 사람들처럼 오듀본을 우상화하지도 않고, 그처럼 되고 싶
지도 않다. 오듀본의 성격적 결함은 그의 거대한 새 초상화처럼 무시하기
에는 너무 크다. 그럼에도 여전히 그의 웅장한 예술 작품에 감탄해도 되
는 걸까? 어떤 영역에서건 예술과 예술가, 또는 제품과 생산자를 분리해
도 되는 걸까? 노예들이 자기의 농장에서 고된 노동을 하고 있을 때 '모든
인간은 평등하게 창조되었고, 모든 인간은 신이 주신 자유를 누릴 권리
가 있다'는 감동적인 글을 쓴 사람을 우리는 어떻게 바라봐야 할까? 우리
는 여전히 독립선언서를 기념할 수 있을까? 위대한 업적을 인정하면서도
그 업적을 남긴 사람들의 결점을 충분히 받아들이려면, 개인적으로나 사
회적으로 어느 정도의 성숙함이 필요하다. 오듀본은 나에게 영웅도, 롤모
델도 아니다. 그렇다고 나는 그의 작품까지 버리자고 주장하지는 않는다.

하지만 그의 예술적 스타일을 모방하려는 시도는 이제 영원히 내려놓
으려고 한다. 흥미로운 실험이긴 했지만 이제는 끝이다. 진정한 예술을 창

     모든 새를 보았다고 믿은 남자

존 제임스 오듀본의 물수리. 이처럼 오듀본의 새 그림에는 구도가 매우 단순한 작품과 복잡한 작품이 골고루 있지만, 거의 모든 작품에서 시각적 구성에 대한 그의 천재적인 재능이 돋보인다.

조하고 싶다면, 다른 사람의 것을 훔치려 하지 말고 내면의 비전을 끌어내야 한다는 사실을 깨달았다. 이제 다시 유화 물감을 꺼내, 깃털의 세세한 묘사는 줄이고 그림자와 빛으로 표현한 독수리, 두루미, 잉꼬, 다른 큰 새의 초상화를 다시 시도해볼 때다. 물론 오듀본의 작품만큼 예술적이지는 않을 것이고, 그만큼 유명해지지도 않겠지만, 적어도 틀림없는 나만의 작품으로 영원히 남을 것이다.

　　모든 새를 보았다고 믿은 남자

13장

탐험에는 끝이 없다

　1843년 8월 16일, 존 제임스 오듀본은 동부 해안으로 다시 돌아가는 긴 여정을 시작하기 위해 작은 탐험대를 이끌고 포트 유니언을 떠났다. 아마 그에겐 아쉬운 순간이었을 것이다.

　물론 그는 몇 달 동안 떨어져 지낸 사랑하는 루시가 그리웠을 것이다. 허드슨 강 부근에서의 안락한 생활이 그리웠을지도 모른다. 하지만 그는 이 탐험이 일생의 마지막 모험이며, 이제 끝이 다가오고 있다는 사실을 깨달았을 것이다. 평저선을 타고 미주리 강을 따라 내려가면서 그는 거친 야생 개척지로부터 점점 멀어져 평범하고 안정된 문명으로 향했다. 그의 발견의 시대가 저물고 있었다.

　탐험대는 강을 따라 내려가던 중 이름 모를 새 한 마리를 발견했다. 9월 7일, 오늘날 사우스다코타 부근에서 그들은 두 개의 음을 내는 낯선 새의 울음소리를 들었다. 존 벨이 잡은 표본을 살핀 뒤 오듀본은 이 깃털이 부드럽고 얼룩덜룩한 갈색 새를 새로운 종으로 판단했다. 그의 친구 토머스 너탤이 서부 지역에서 이런 새를 본 적이 있다고 말한 것을 떠올려, 친구들의 이름을 따서 새를 명명하는 습관을 따라 이 새를 '너탤쏙독새Nuttall's Whip-poor-will'라고 불렀다.* 오늘날 미국 조류학회에서는 이 새를 푸어윌 쏙독새라고 부른다.

너탤쏙독새가 정말 '세상에 처음 알려진' 종이었을까? 글쎄, 그렇지 않다. 이 대륙 서쪽 지역의 다양한 선주민들은 오랫동안 이 새를 알고 있었고, 그들만의 이름을 붙였다. 이 책을 통틀어 그랬듯이, 새로운 새 또는 묘사되지 않은 새의 발견에 대한 언급에는 '서양 과학계에 새로운' 이라는 암시적인 참고 표시가 붙어 있어야 한다. 서양의 과학 기록이나 린네 체계의 엄격한 규범 속에서는 '새로운' 종이지만 다른 문화권에는 이미 잘 알려졌을 수 있기 때문이다.

'너탤쏙독새'의 발견을 새로운 발견으로 보든 뒤늦은 재발견으로 보든, 오듀본이 이런 조류 탐험에 참여한 것은 이번이 마지막이었다. 이 새로운 야행성 새에 대한 공식 설명은 1844년, 미주리 강 탐험에서 발견한 다른 네 종의 새(그리고 새로운 종이라고 생각했지만 그렇지 않았던 여섯 종)와 함께 《북미의 새》 특대 8절판의 제7권이자 마지막 권에 실리게 된다. 이를 끝으로 그는 조류학에 대한 공헌으로서의 책 집필을 마무리했다.

미주리 강 상류를 떠난 탐험대 뒤로, 그들이 미처 발견하지 못했던 아직 묘사되지 않은 새들이 여러 종 남아 있었다. 그중 하나는 앞 장에서 설명한 굵은부리긴발톱멧새였다. 다른 하나는 훨씬 더 크고 눈에 잘 띄는 새, 바로 멀리서 울어대는 화려한 흑백색 물새 서부논병아리다. 내가 열아홉 살에 이 지역을 처음 방문했을 때 깊은 인상을 받은 종이기도 하다. 오

---

* 이상하게도 오듀본은 이미 4년 전에 《조류학 전기》의 마지막 권에서 이미 '너탤쏙독새'라는 이름으로 한 새를 소개하면서 이렇게 썼다. "내 친구 너탤 씨가 말한 바로는, 로키 산맥에는 쏙독새의 절반도 안 되는 크기의 카프리물구스Caprimulgus 종이 존재한다. 그는 가까운 거리에서 이 종을 자주 목격했지만, 총을 들고 다니는 습관이 없어서인지 표본으로 만들지는 못했다."

듀본 일행은 어떻게 이 새를 지나쳤을까? 어쩌면 논병아리가 번식하는 얕은 호수를 방문하지 않았거나, 일행의 이동 경로에 이 새가 나타나지 않았을 수도 있다. 하지만 만약 이들이 이 새를 봤다면, 서부논병아리에 대해 300년 이상 이어진 두 가지 미스터리를 해결하려 노력했을지도 모른다.

이를 이해하려면 다른 큰 종인 뿔논병아리Great Crested Grebe 얘기부터 해야 한다. 중간 크기의 오리만큼 크며, 가늘고 긴 목을 가진 이 논병아리는 습지나 연못에 둥지를 틀고 큰 호수와 연안에서 겨울을 나는 무리로 유럽 전역에서 잘 알려졌다. 1758년 린네가 처음으로 이름을 붙인 친숙한 유럽 새 중 하나로, 이후 탐사를 통해 아시아, 아프리카, 호주에도 널리 퍼져 있다는 사실이 밝혀졌다.

하지만 아메리카 대륙에는 아니었다. 신대륙에서 뿔논병아리가 출현했다는 증거는 아직 없다. 1800년대 중반의 오듀본과 자연주의자들에게 이 사실은 충격일 것이다. 왜냐하면 그들 모두 뿔논병아리가 미국 조류 생태계의 일부라고 '알고' 있었기 때문이다.

이러한 혼란의 씨앗은 프란시스코 에르난데스Francisco Hernandez라는 스페인 사람이 멕시코를 여행하던 1570년대까지 거슬러 올라간다. 당시의 유행과는 달리 그는 금이나 영토 정복이 아닌 동식물에 대한 지식을 갈망했다. 수년 뒤 출간된 그의 탐험 기록에는 '아씨틀리Acitli'라는 물새가 포함되어 있었다. (놀랍게도 그는 선주민에 대한 존중의 표시로 많은 생물에 현지 나와틀Nahuatl족의 이름을 사용했다.) 아씨틀리의 '목이 길고 발에 물갈퀴가 달린 물새'라는 묘사는 사실 어떤 새에든 적용될 만한 흔한 특징이다. 하지만 1678년 프랜시스 윌러비Francis Willughby의 《조류학 *Ornithology*》을 편집하고 출판한 영국의 존 레이는 아씨틀리가 아마도 뿔논병아리일 것으로 추정하며 이 책에 포함했다.

한 세기 후, 대서양 서쪽의 자연은 유럽보다 열등하다고 주장하여 토머스 제퍼슨을 포함한 많은 미국 자연주의자들의 분노를 샀던 프랑스 과학자 뷔퐁도 같은 주장을 펼쳤다. 뷔퐁은 1781년에 쓴 글에서 에르난데스의 아씨틀리가 뿔논병아리이며 유럽과 북미에 서식한다고 자신 있게 주장했다. 물수리부터 청둥오리Mallard까지 다양한 대형 조류가 두 대륙 모두에 서식하는 것으로 알려져 있었기 때문에 이 새 역시 두 대륙에 서식한다고 생각하는 게 어쩌면 당연했다. 그리고 어쨌든 (뷔퐁이 보기에) 미국은 유럽보다 열등한 땅이므로 아마도 이 유럽 논병아리의 열등한 버전이 그곳에 살고 있다고 생각했을 것이다.

1800년대 초, 알렉산더 윌슨은 그가 집필한 《미국 조류학》에 어느 논병아리 종에 관한 내용도 싣지 않았다. 하지만 1820년대에 윌슨의 연구를 이어받은 샤를 보나파르트는 대륙 북부에서 뿔논병아리가 발견되었다면서 "중부 지역에서는 드물고 겨울에만 발견되며, 내륙이나 호수에서 흔히 볼 수 있다"고 썼다. 이후 수십 년 동안 북미 조류에 관한 모든 주요 연구 서적에 이 논병아리가 포함되었다. 1872년 말, 조류학자 엘리엇 쿠스는 뿔논병아리가 "북아메리카 전역, 겨울철에 발견되지만 큰논병아리Red-necked Grebe만큼 흔하지는 않다"고 기록했다. 조류학자들은 1880년대가 되어서야 어느 북미 기록에서도 유효성을 확인할 수 없었다고 인정했다.

뿔논병아리가 이 대륙에 서식한다고 언급한 사람은 많았지만, 오듀본의 기록이 가장 흥미롭다. 오듀본은 1830년대 영국의 자연주의자들로부터 빌린 표본을 바탕으로 뿔논병아리를 그렸는데, 《조류학 전기》에 실린 긴 설명은 그가 이 새에 대해 상당히 잘 알고 있었다는 느낌을 전한다.

이 아름다운 새는 북쪽의 서식지에서 돌아와 9월 초순경에 이곳 서부

　　모든 새를 보았다고 믿은 남자

존 제임스 오듀본의 뿔논병아리, 겨울깃(왼쪽)과 번식깃(오른쪽). 1800년대 초, 자연주의자들은 이 새가 북아메리카에 널리 퍼져 있다고 생각했지만 실은 그렇지 않았고, 오직 구세계에만 서식하고 있었다. 오듀본은 1835년경 영국에 있을 때 빌린 표본을 바탕으로 이 작품을 그렸다.

지방을 지나간다… 그들은 일고여덟 마리에서 쉰 마리 이상의 무리를 지어 약 100야드|약 90미터-옮긴이주| 높이에서 빠르게 날며, 유연하고 느슨한 몸으로 목과 발을 쭉 펴고 날갯짓을 하며 앞으로 나아간다. 나는 몇 년 동안 가을에 오하이오의 여러 지역에서 온종일 이 새들이 계속해서 지나가는 것을 관찰했다… 해안가 근처에서는 이 종을 본 적이 없지만, 큰논병아리를 본 적은 있다.

그는 뿔논병아리가 어떻게 헤엄치고 잠수하는지, 수면에서 어떻게 이륙하는지, 그가 어떻게 낚싯줄로 이들을 잡았는지 설명했다. 실제로 존재하지 않는 새에 대한 세세한 묘사가 놀라울 정도다.

어떤 이들은 이런 세부 묘사가 전부 지어낸 것이라며 그를 비난했다. 그의 이력을 생각하면 충분히 그랬을 수도 있지만, 모조리 지어낸 것은 아닐 수도 있다. 켄터키 서부와 미시시피 강을 따라 탐험하던 연구 초기, 그에게는 참고할 만한 자료가 없었다. 당시 오듀본이 본 수많은 새들은 이름이 아직 없거나, 오듀본이 이름을 몰랐거나, 잠정적으로만 확인된 상태였다. 훗날 낚싯줄에 걸린 물새와 남쪽으로 날아가는 새 떼를 본 기억을 떠올리면서 기억 속의 그 새가 바로 당시 모든 이가 미국에 서식한다고 확신했던 뿔논병아리라고 판단한 것이었을 수도 있다.

큰논병아리, 귀뿔논병아리Horned Grebe, 검은목논병아리Eared Grebe 세 종이 유럽과 북미에 널리 분포하는 논병아리과 새들이다. 큰논병아리는 뿔논병아리보다 약간 작은 정도여서 일부 미국 자연주의자들이 뿔논병아리로 착각했을 가능성이 높다.

그러나 특히 내륙 깊숙한 곳에서 혼동을 일으킬 수 있는 또 다른 잠재적 원인이 있었다. 바로 서부논병아리라는 종으로, 1840년대에는 아직 설명되지 않았던 크고 목이 긴 종이다. 오듀본이 미주리 강 여행에서 이 종을 보았다는 증거는 없지만, 오늘날 여름철에 이 새를 흔히 목격할 수 있는 지역 상당 부분을 통과했고, 그의 기록에는 "논병아리들"을 봤다는 언급이 적어도 한번은 등장한다. 만약 오듀본이 서부논병아리를 봤다면 뿔논병아리라고 생각했을지도 모른다.

큰논병아리, 귀뿔논병아리, 검은목논병아리, 뿔논병아리는 모두 번식기 때 볏과 깃털 술이 있고 머리와 목은 다채로운 색을 띤다. 번식기가 아닌 가을과 겨울에는 모든 장식이 사라지고 턱에서 배까지 아래쪽은 흰색, 위쪽은 짙은 회색에서 검은색을 띤다. 반면 서부논병아리의 경우 사계절 내내 단순한 흑백의 색을 띠고 있다. 오듀본이 미주리 강 상류를 떠난 지

15년 후인 1858년, 조지 로런스가 서부논병아리를 처음 묘사했을 때, 그는 자기가 보고 있는 표본들이 모두 겨울깃의 형태라고 생각했다. 로런스는 다른 논병아리 종들과 마찬가지로 서부논병아리도 봄이 되면 더 화려한 깃털로 탈피할 것이라고 확신하며 "결혼식 복장이 더 웅장한 자태를 뽐낼 것이라고 유추하는 것은 타당해 보인다"고 썼다. 이 논병아리가 사실은 사계절 내내 똑같은 모습을 한다는 사실이 알려지기까지는 몇 년이 더 걸렸다.

같은 출판물에서 로런스는 두 번째 논병아리에 대해 설명했다. 서부논병아리보다 약간 작고 얼굴에 흰색이 조금 더 많았지만, 그 외에는 매우 유사했다. 로런스는 이를 클라크논병아리Clark's Grebe라고 불렀다. 그는 이 개체가 서부논병아리와 "아주 비슷한 친척"이라고 인정했지만, 번식기 때 관찰하면 두 개체가 뚜렷이 구분될 것이라 생각했다. "잘 알려진 것처럼, 논병아리들은 번식기에 목 주변 털과 볏이 두드러진다는 특징이 있다." 그러나 서부논병아리와 그 "아주 비슷한 친척"은 목 주변 털이나 볏이 발달하지 않았고, 1년 내내 똑같이 흑백 색을 유지하는 종이었다. 더 많은 정보가 수집되고 서부논병아리가 서부 전역에서 흔히 서식한다는 사실이 밝혀지면서 과학자들은 로런스의 추론이 틀렸으며 '클라크논병아리'는 단순한 변종일 것이라고 결론 내렸다.

1886년 새로 결성된 미국 조류학자 연합이 북미 조류의 첫 공식 목록을 발표했을 때, 연합은 논병아리에 대해 냉철하게 판단했다. 오래도록 이어진 잘못된 주장 끝에, 뿔논병아리는 결국 북미 조류 목록에서 제외되었다. 클라크논병아리는 '가상의 종 목록'으로 강등되면서, "아마도 (서부논병아리의) 암컷일 것"이라는 설명이 붙었다. 1910년 미국 조류학자 연합이 세 번째 목록집을 냈을 때, 클라크논병아리는 가상의 종 목록에서

조차 사라졌고, 그 후 반세기 이상 잊혀졌다.

오듀본이 사망한 1851년은 북미 동부에서 마지막 남은 새로운 새 몇 몇 종이 발견된 해이기도 하다. 오하이오 주에서 최초의 커틀랜드솔새가 채집되었고, 필라델피아비레오가 정식으로 이름을 얻었다. 하지만 이제 새로운 발견의 땅은 점점 서쪽으로 이동하고 있었다. 같은 해 텍사스에서 존 맥카운은 그의 이름을 딴 긴발톱멧새를 잡았고, 새뮤얼 우드하우스 Samuel Woodhouse는 덤불에 서식하는 검은머리비레오Black-capped Vireo의 첫 표본을 발견했다. 이후 20년 동안 식민지 개척자들이 로키 산맥과 남서부 지역으로 진출하면서 멕시코 국경 북쪽에 남아 있던 대부분의 미기록 조류에 이름이 붙여졌다.

이 분야의 선도자들이 이제 거의 모든 북미 조류가 발견되었다는 사실을 깨닫기까지는 시간이 좀 걸렸다. 1874년, 엘리엇 쿠스는 《현장 조류학 Field Ornithology》이라는 제목의 '지침서'에서 "총을 항상 준비해두어⋯ 미지의 새를 발견하면 바로 쏘아야 한다. 순식간에 놓쳐서 얻을 수 있던 상을 잃을 수도 있다⋯ 과학계에 처음 소개되는 새는 한 달간의 꾸준한 노력에 대한 충분한 보상이 된다"고 했다. 그러나 "처음 소개되는 새"에 대한 문장은 출판 당시 이미 시대에 뒤떨어진 것이었고, 이후 새로운 판본으로 재출간될 때쯤에는 터무니없는 소리가 되었다. 온대 북아메리카의 조류 종은 이미 대부분 발견되어 학계에 보고된 상태였고, 표본을 채집하러 나간 사람이 한 달 안에 새로운 새를 발견할 수 있다고 생각하는 것은 어불성설이었다.

어떤 의미로 보면 1886년은, 북아메리카에서의 조류 발견 시대의 종착점일 수도 있었다. 미국 조류학자 연합이 결성됨으로써 조류학을 위한

      모든 새를 보았다고 믿은 남자

독립적인 전문가 그룹이 생겼고, 이들은 종 분류를 위한 위원회를 운영하며 1886년 최초의 공식 간행물인 '미국 조류학자 연합 체크리스트'에서 미국 내 모든 새에 대한 상세한 개체 종과 수를 발표했다. 결정적인 순간이었다. 이제는 새로운 종을 찾는 시대는 끝났고, 이미 알려진 종에 대해 더 상세히 연구하는 데에 집중해야 할 시대가 온 것 같았다.

하지만 그게 끝이 아니었다. 조류에 관한 정의와 이해의 변화, 연구 방법의 발전이 발견의 시대를 계속 이어나갔다.

린네 이후 100년 동안, 즉 1750년대부터 1850년대까지의 동식물학은 새로운 종을 발견하는 데 초점이 맞춰져 있었다. '새로운 종'이라는 용어는 아주 막연하게만 정의되었다. '자신과 같은 성질의 자손을 낳는, 특징이 뚜렷한 종'으로, 어느 자손이 자라서 부모와 같은 모습과 성질을 띠면 새로운 종으로 볼 수 있었다. 아주 단순했다. 만약 어느 한 새가 다른 새와 다르게 생겼다면 분명 다른 종일 것이다. 그럼 얼마나 달라야 할까? 이름을 붙이는 사람이 만족할 만큼 적당히 달라야 했다. 모든 종이 창조의 산물이며, 결코 변하지 않는다고 가정했던 시대에는 종 안에서의 변이는 중요하지 않은 것처럼 여겨졌다.

1859년 다윈이 《종의 기원》을 출간한 후 종 내의 변이는 연구자들의 관심을 끌게 되었다. 종은 시간이 지남에 따라 그리고 지역에 따라 모습이 변화할 수 있으므로, '지역적 차이'가 새로운 중요성을 갖게 되었다.

1886년, 미국 조류학자 연합의 조류 목록은 처음으로 '아종'이라는 범주를 광범위하게 도입했다. 아종은 한 종 안에서 지역적으로 분화된 집단으로 번식지의 중심부에서는 뚜렷이 구분되지만, 분포 지역이 맞닿는 곳에서는 다른 아종과 서로 섞이기도 한다. 미국 조류학자 연합은 완전한 종으로 간주될 만큼 진화하지는 않았지만 식별 가능한 특징을 띠는 아종이라는 범주를 아주 미묘한 차이만 있는 성가신 새들에 적용했다. 1800년대 중반 대륙의 서부로 진출한 탐험가들은 멧종다리, 여우참새, 갈색지빠귀 등 동부의 새들과는 다소 다른 모습을 한 새들을 발견했고, 이들 중 상당수가 새로운 종으로 명명되었다. 미국 조류학자 연합의 체크리스트 위원회는 검토를 거쳐 이들을 멧종다리 아종 7종, 여우참새 아종 4종, 갈색지빠귀 아종 3종 등으로 재분류했다. 이러한 접근 방식을 통해 생물의 다양성을 조금 더 쉽게 분류하고 관리할 수 있었다.

아종이라는 개념은 지리적 특징이 잘 드러나는 형태에는 유용했지만, 짐작할 수 있듯이 오남용 되기 쉬웠다. 새로운 형태를 발견하고 첫 발견자로서 이름을 붙이고자 하는 탐험가들의 욕구가 너무 강했기 때문이다. 19세기 말에는 이미 샅샅이 탐사되고 연구된 지역에서 새로운 종이 발견되었다고 주장하면 대부분 회의적으로 받아들여졌다. 하지만 새로운 '아종'의 경우는 증명 기준이 좀 더 느슨했다. 아, 대서양 남부 해안 근처에 서식하는 개체군이 평균적으로 조금 더 작고 어두운색을 띠니 당연히 새로운 아종이라 할 수 있겠네. 좋아, 이름 붙이고 또 다른 아종을 찾으러 가자, 하는 식이다.

한 세기 전 새로운 종의 발견에 대한 '골드러시'를 놓친 탐험가들에게 갑자기 정복해야 할 새로운 세계가 열린 것 같았다. 20세기 초 수십 년 동안 새로운 아종들이 찌르레기처럼 전 세계로 번져나갔다. 적어도 52종의 멧종다리 아종에 이름이 붙여졌다. (물론 이 새는 넓은 범위에 서식하며 지역적으로 많은 변이를 보이지만, 현대의 신중한 평가 기준으로 아종의 수는 약 24종으로 추정된다.) 조류학자 해리 오버홀서Harry Oberholser는 텍사스 주에서만, 습지에 서식하는 검은 얼굴의 작은 솔새 노랑목솔새의 아종을 20종이나 확인했다. (최근 연구에 따르면 미국 전체에 걸쳐 노랑목솔새의 아종은 12종 이하로 추정된다.) 다른 넓은 범위에 퍼져 있는 새들도 비슷한 수준의 과도한 세분화를 겪었다.

한동안 탐조가들도 아종이라는 개념을 받아들였고, 이는 1930년대에 정점에 달했다. 조류학이라는 학문과는 별개로, 취미로 조류 관찰을 즐기는 사람이 늘어났다. 탐조 목록을 쌓고자 하는 아마추어 탐조가들은 아종도 모조리 관찰 개체 수에 합산했다. 대부분 아종은 너무 비슷하고 미묘하여 야생에서 곧바로 식별하기 어렵기 때문에, 탐조가들은 각 종족이 번식기에 지리적으로 구분된다는 원칙에 의존하여 판단했다. 여름에 미국 전역을 운전하며 돌아다는 것만으로도, 이론대로라면 수십 종의 뿔종다리 아종을 볼 수 있었다. 흠, 여기 새크라멘토 밸리에 있는 뿔종다리는 어제 산호아킨 밸리에서 본 캘리포니아뿔종다리California Horned Lark랑 똑같이 생겼지만, 이 지역에 사니까 아종 루베아*rubea*, 붉은뿔종다리Ruddy Horned Lark겠네. 확실해. 목록에 넣자. 하지만 이런 식으로 집계하는 건 탐조가로서 그다지 만족스러운 방식이 아니었다. 1950년대에 이르러 많은 탐조가들은 지역적 아종을 집계하는 건 그만두고, 본래 종을 기준으로만 탐조 목록을 작성했다.

조류학자들 사이에서도 역시 1950년대에 이르러 아종에 관한 관심이 줄어들었다. 조류학은 이제 종을 단순히 묘사하는 단계에서 벗어나, 조류의 행동 및 생태학적 요건 등에 초점을 맞추기 시작했다. 새로운 아종을 발견하고 이름을 붙이는 일은 더 이상 큰 명성으로 이어지지 않았다. 정말로 새로운 종이 발견되면 당연히 뉴스의 헤드라인을 장식하겠지만, 적어도 북미나 유럽에서 새로운 종이 발견되리라고는 아무도 예상하지 않았다.

1957년, 미국 조류학자 연합은 북미 조류 체크리스트 제5판을 발표했다. 당시 대부분의 전문가는 멕시코 국경 북쪽에서 발견될 새로운 조류 종은 더 이상 없으리라 예측하면서, 700페이지에 달하는 이 책이 이제 최종판에 이르렀다고 생각했을 것이다. 하지만 그 예측은 틀렸다. 오늘날 미국 조류학자 연합은 전미조류학회로 이름을 바꾸고, 두꺼운 책을 인쇄하는 대신 북미 조류 목록을 온라인에 게시하고 매년 업데이트하고 있다. 글을 쓰고 있는 현재, 이 목록에는 1957년 판에서는 종으로 간주되지 않았던 미국과 캐나다 대륙의 새가 적어도 37종 이상 추가되어 있다.

심지어 이 37종은 다른 이유로 목록에 추가된 많은 새를 포함하지 않은 숫자다. 멕시코에서 북쪽으로 범위를 확장한 담황색목쏙독새Buff-collared Nightjar와 적갈색머리솔새Rufous-capped Warbler와 같은 열대 종이나, 봄이나 가을에 경로를 이탈해 알래스카로 이동하는 수많은 아시아 철새 종, 해양 탐사가 개선되면서 발견된 희귀 바닷새들도 포함되지 않았다. 플로리다에 서식하는 앵무새, 잉꼬 등 우연히 유입된 외래종도 포함되지 않았다. 그렇다. 이 37종은 우리 곁에 계속 있었으나 최근까지 완전한 종으로 인정받지 못했던 새들이다.

37종의 새로운 종이라니! 윌슨, 오듀본, 너탤 등 많은 자연주의자들이 아메리카 대륙을 샅샅이 뒤지고 난 뒤에도 이렇게나 많은 종이 새롭게 등록되다니 놀라운 일이다. 모두 1973년 이후 공식적으로 인정받았다. 1970년대에 10대였던 나는 이미 열렬한 탐조가였기 때문에 이러한 발전 과정을 흥미롭게 지켜보았다. 이 '새로운' 새들은 모두 윌슨이나 오듀본의 시대와는 다른, 새로운 종류의 발견을 상징했다. 현대의 탐험가들은 깃털이 반짝이는 신기한 새를 찾기 위해 야생을 헤매는 대신, '이미 알려진 새'를 새로운 시각으로 바라보는 인지적 모험을 해왔다.

클라크논병아리의 '재발견'을 예로 들어보자. 조금 전 이 새에 대해 언급했을 때 설명했듯이, 이 새는 미지의 새였다. 1858년 서부논병아리와 같은 시기에 묘사되고 이름이 붙여졌지만 곧바로 의심의 대상이 되었다. 미국 조류학자 연합의 초기 조류 목록에서는 클라크논병아리가 '가상의 종 목록'으로 강등되었고, 이후 개정판에서는 아예 삭제되었다. 1957년 미국 조류학자 연합 체크리스트의 700페이지 어디에도 서부논병아리의 변이 종이 있다거나, 클라크논병아리 같은 새가 발견되었다는 언급은 없었다.

1970년대 후반까지만 해도 조류 도감이나 기타 참고 문헌에서 이 새에 대한 단서는 전혀 찾아볼 수 없었다. 어쨌든 서부논병아리와 클라크논병아리는 차이가 아주 미미하기 때문이다. 클라크논병아리는 얼굴의 흰 부분이 조금 더 위로 올라와 있고, 부리가 더 밝은 노란색을 띠는데, 이런 특징은 일부러 찾으려고 자세히 연구하지 않으면 알아볼 수 없을 정도다. 숙련된 탐조가라면 한눈에 서부논병아리를 알아볼 수 있기 때문에 굳이 자세히 살필 이유가 없었다.

1970년대 중반, 10대를 갓 벗어난 열혈 탐조가였던 나는 투손으로 이사했다. 애리조나대학교에 등록하지는 않았지만 그곳의 과학 도서관에서 수많은 시간을 보냈는데, 1977년에 읽었던 두 권의 자료와 이후 현장에서 겪은 어떤 경험으로 논병아리에 관해 새로운 인식을 갖게 되었다.

하나는 조류학계의 천재 테드 파커Ted Parker의 추천으로 읽은 에른스트 마이어Ernst Mayr의 《인구, 종, 그리고 진화Populations, Species, and Evolution》다. 1970년에 출간된 이 책은 종의 진화 방식과 정의 등 생물학적 종의 개념에 관한 당시 최신 지식을 훌륭하게 정리하고 설명했다. 나는 이 책의 내용이 새들에게 어떻게 적용될지 생각하며 주의 깊게 읽었다. 이 책을 접하기 4년 전인 1973년, 미국 조류학자 연합의 체크리스트 위원회는 분류에 대한 몇 가지 변경 사항을 발표했다. 동부에 서식하는 목흰미국솔새

Myrtle Warbler와 서부의 오듀본솔새Audubon's Warbler는 쉽게 눈에 띄는 뚜렷한 차이가 있음에도 노랑배솔새라는 한 종으로 통합되었고, 남동부의 긴꼬리검은찌르레기붙이는 남서부의 큰꼬리검은찌르레기Great-tailed Grackle와 아주 비슷함에도 별도의 종으로 간주한다는 것이었다. 과학자들은 이제 단순한 외형만이 아닌, 개체군이 서식 범위의 경계에서 어떻게 상호작용하는지(또는 그렇지 않은지)를 고려했다. 에른스트 마이어의 책을 통해 이러한 분류 변화의 이유를 제대로 이해할 수 있었다.

두 번째 깨달음은 당시 코넬조류학연구소Cornell Lab of Ornithology에서 연례 간행물로 발행하던 《살아 있는 새Living Bird》라는 잡지에서 얻었다. 진지한 아마추어들이 주요 독자인 이 잡지에는 과학자들이 쓴 다양한 준전문적 기사가 실렸다. 1965년 호에는 논병아리과를 연구하는 조류학자 로버트 스토어러Robert Storer가 쓴 칼럼 〈서부논병아리의 색상 단계The Color Phases of the Western Grebe〉가 실렸다. 글은 이렇게 시작되었다. "서부논병아리처럼 잘 알려진 새에 두 가지 색 단계가 있다는 사실은 많은 사람에게 놀라움을 자아낼 것이다." 실제로 이 기사를 읽은 많은 사람이 크게 놀랐을 것이다. 스토어러는 얼굴에 흰색이 더 많은 새, 즉 조지 로런스가 '클라크논병아리'라고 묘사한 새를 '밝은 단계'로, 전형적인 어두운 얼굴의 개체를 '어두운 단계'라고 불렀다.*

스토어러는 이러한 색상 차이로부터 흥미로운 특성이 나타나며, 이는 같은 '색상 단계'와 짝짓기를 하려는 강한 성향이라고 설명했다. 1963년 유타 주의 베어리버 물새 보호구역Bear River waterfowl refuge에서는 어두운 단계의 새가 밝은 단계 새보다 8대 1로 많았지만, 그가 관찰한 혼합 쌍은 단

---

* 과학의 언어가 변화함에 따라, 이러한 색상 변화에 대한 용어로 오늘날에는 '단계Phase'보다 '형태Morph'라는 표현이 더 많이 쓰인다.

네 쌍뿐이었고, 밝은 새는 열네 쌍, 어두운 새는 백아홉 쌍을 관찰할 수 있었다. 스토어러는 이 기이한 현상을 자세히 설명하면서도 이 두 종이 서로 다른 종일 수 있다고 제안하지는 않았다.

하지만 종과 진화에 관한 마이어의 책을 읽은 직후, 출간된 지 10여 년이 지난 그 기사를 읽으면서 나는 그 수치에 충격을 받았다. 인간이 이 새들을 어떻게 분류하고 이름 붙이든 간에, 그 새들은 분명 별개의 종으로 존재하고 있었던 것이라는 생각이 들었다. 서로 섞이지 않고 따로 번식한다면, 좀 더 파고들 가치가 있지 않을까?

그해 여름 끝자락에 이 사실을 파고들 기회가 있었다. 친구들과 나는 애리조나 주 서쪽 가장자리를 따라 수 킬로미터에 걸쳐 펼쳐진 저수지 하바수 호에서 모터보트 두 대를 빌려 탐조를 떠났다. 그곳 습지에는 서부논병아리가 둥지를 틀고 서식한다고 알려져 있었다. 나는 친구들에게 이 밝고 어두운 형태의 종들을 찾아보자고 제안했다.

함께 간 친구들 역시 예리한 탐조가들이었지만 서부논병아리의 변종에 대해서는 들어본 적이 없고, 내가 농담하는 줄 알았다고 했다. 평소에도 말장난과 농담을 자주 했으니까 말이다. 그 흑백의 단조로운 새에 밝은 형태와 어두운 형태가 있다고? 다들 비웃었다.

하지만 푸른 물과 키 큰 녹색 풀 사이 수변에서 애리조나 햇살에 반짝이는 긴 목의 우아한 서부논병아리가 보였고, 우리는 이들이 뚜렷하게 두 종류로 구분되는 것을 알아챘다. 어떤 것은 머리의 검은 부분이 눈 아래까지 퍼져 있고 부리는 칙칙한 녹색을 띤 노란색이었다. 어떤 것은 흰색이 뺨부터 눈 위로 뻗어 있고 부리는 더 밝은 주황색이었다. 자세히 살펴보니 그 차이가 확연했다. 친구들도 장난기를 거두고 집중하기 시작했다. 로버트 스토어러가 유타 북부에서 관찰했던 때와 달리 이곳에서는 밝은 형태의 새들이 어두운 형태만큼 많았다. 우리 역시 단 두 종류의 쌍만 볼 수 있었다. 어두운 새 두 마리 혹은 밝은 새 두 마리. 늦여름에 둥지를 튼 일부 논병아리에게는 아직 작은 솜털의 새끼들이 있었는데, 밝은 형태 새들의 새끼는 어두운 형태의 새끼보다 더 하얗게 보였다.

흥미진진한 발견이었다. 마치 뭔가 중요하고 새로운 것을 발견한 것 같은 느낌이었다. 정말 그랬을 뻔했다. 하지만 같은 시기 유타주립대 박사 과정 학생 존 라티John Ratti가 이 현상에 관한 3년간의 연구를 마무리하고 있었다. 라티는 여러 주에서 수천 마리의 논병아리를 관찰한 결과, 압도적으로 많은 수의 쌍이 어두운 새 쌍과 밝은 새 쌍 두 종류라는 사실을 확인했다. 혼합 쌍은 극히 드물었고, 새끼가 있는 혼합 쌍은 더더욱 찾기 어려웠다. 1979년 라티는 연구 결과를 발표하면서, 에른스트 마이어의 연구를 인용하며 서부논병아리의 '색 단계'가 생물학적 종의 정의에 부합하는 것으로 보인다고 했다. 그리고 만약 각 형태가 서로 다른 종으로 구별된다면, 조지 로런스가 1858년에 발표한 클라크논병아리에 대한 설명과 일치하기에 밝은 형태의 새는 이미 이름을 가지고 있는 것이라고 썼다.

이 주장은 조류학자들과 탐조가들의 이목을 끌었지만, 바로 받아들여지지는 않았다. 더 많은 연구가 필요했다. 또 다른 대학원생 게리 뉴히터라인Gary Nuechterlein도 이 논병아리들을 연구하고 있었는데, 그는 두 형태의 목소리 차이에 주목했다. 두 새 모두 찢어지는 듯한 거슬리는 고음의 울음소리를 내지만 어두운 형태의 새는 이중음(크르렉 크릭!)을 내는 반면, 밝은 형태의 새는 단음(크르릭!)을 낸다는 것이었다. 각 형태의 논병아리는 자기들이 원하는 유형의 울음소리에 반응했다. 서부 전역에서 관찰과 연구를 통해 두 종류가 모든 곳에서 동종과 우선적으로 짝짓기를 한다는 사실이 확인되었다. 결국 한 연구팀이 이 두 형태의 DNA를 비교

 모든 새를 보았다고 믿은 남자

켄 코프먼의 클라크논병아리(왼쪽)와 서부논병아리(오른쪽). 오듀본의 논병아리 그림들을 보면 모든 깃털이 깔끔하게 정돈되어 있고 윤곽선이 선명하다. 하지만 야생, 혹은 대부분의 시간을 보내는 물속에서 논병아리를 보면 깃털이 흐트러져 있다. 저자는 서부논병아리와 클라크논병아리를 오듀본 스타일로 그리기 위해, 그의 정돈된 깃털 묘사와 실제 모습 사이에서 타협을 시도했다. 이 두 종은 너무 비슷해서 100년이 넘도록 차이가 거의 알려지지 않았다.

한 결과, 유전적으로 밀접하게 관련되었으나 서로 다른 종으로 구분될 만큼 차이가 있다는 사실을 발견했다.

마침내 1985년, 이러한 풍부한 증거를 바탕으로 미국 조류학자 연합의 체크리스트 위원회는 127년 전 조지 로런스가 제안했듯 서부논병아리와 클라크논병아리가 서로 다른 두 종이라는 결론을 내렸다.

이것이 오늘날 북미에서 조류 종의 발견이 이루어지는 방식이다. 개인이 아닌 공동의 노력이다. 특히 1957년 이후 완전한 종의 지위를 부여받은 37종 거의 모두에 적용되는 사실이다. 이 방식은 눈에 보이는 차이점에만 의존하지 않는다. 그 대신 현장에서의 세심한 행동 연구, 짝을 선택하는 방식에 대한 관찰, 울음소리나 다른 새들의 소리에 반응하는 방식에 관한 분석, 그리고 유전자 심층 연구 등 많은 요소를 종합하여 한 단계씩 새로운 발견으로 나아간다.

공동 노력의 결과라 해서 한 사람의 영웅적 활약보다 덜 흥미진진하냐 물으면 나는 그렇지 않다고 생각한다. 더 많은 사람이 직접, 또는 부분적으로 이러한 발견 과정에 참여할 수 있기 때문에 오히려 흥미를 더한다고 하겠다.

19세기 초의 자연주의자들은 목소리만으로 종을 구분하는 것을 고려하지 않았을 것이다. 그래서 그들은 독특한 목소리를 가지고 있으며 서로 지독하게도 비슷하게 생긴 엠피도낙스*Empidonax* 종의 작은 딱새들 때문에 많은 어려움을 겪었다.

오듀본은 그가 '트레일딱새'라고 이름 지은 종에 대해 설명하면서 '아카디아딱새'와 어떻게 다른지 설명했지만, 이후 힘겨운 딱새 연구에 대한 인내심이 바닥났다. 그의 제자 스펜서 베어드는 1840년대에 오랜 기간 표본을 수집하고 비교하여 리스트딱새와 노랑배딱새 두 종을 추가로 설명했다. 그 후 한 세기 동안 트레일딱새, 아카디아딱새, 리스트딱새, 노랑배딱새가 북미 동부 엠피도낙스 종 딱새의 전부라고 받아들여졌다. 서부의 딱새 그룹의 구성원은 더 복잡했지만, 적어도 동쪽의 엠피도낙스 그룹이 네 종이라는 사실은 잘 받아들여졌다.

하지만 정말 그랬을까? 1920년대, 조류학계에서 명성을 떨치고자 열망하던 10대 탐조가 소년 로저 토리 피터슨은 트레일딱새의 노래에 귀를 기울였다. 이 새들은 짧고 재채기 같은 소리를 내는데, 피상적으로는 어떤 딱새나 비슷하게 들린다. 하지만 자세히 들어보면 어떤 새들은 피비오*feeBEEEoh* 하고 두 번째 음절에 악센트가 있는 세 음절의 소리를 내는 반면, 어떤 새들의 소리는 피츠뷰*FITZbew!* 하며 두 음절 중 처음에 악센트가 있었

　모든 새를 보았다고 믿은 남자

다. 피터슨은 첫 번째 유형은 뉴욕 북부에서, 두 번째 유형은 오하이오 인근에서 들었는데, 1931년 뉴욕 주 제임스타운을 다시 방문했을 때 두 유형의 노래를 모두 들을 수 있었다. 번식기에 서로 다른 노래 유형이 같은 지역에서 들린다면 단순한 지역적 변이가 아니라는 것을 추론할 수 있었다.

그 후 수십 년 동안 과학자와 아마추어를 막론하고 많은 사람들이 이 딱새들의 정체를 밝히기 위해 애썼다. 점차 북쪽에는 세 음절 노래 유형의 딱새가, 남쪽에는 두 음절 노래 유형의 딱새가 널리 퍼져 있으며, 둘 다 공존하는 지역도 있다는 사실이 분명해졌다. 연구자들은 두 음절을 내는 새는 더 작고 빽빽한 둥지를 짓는 경향이 있고 세 음절을 내는 새의 둥지는 더 크고 느슨하게 지어지는 경우가 많음을 발견했다. 두 음절의 새들은 종종 더 건조한 서식지를 선택했고, 세 음절의 새들은 약간 더 녹색을 띠었다. 그러나 여러 표본을 두고 비교 연구하는 오래된 '박물관식' 방식을 고수하는 조류학자들은 이러한 차이가 대부분 눈에 띄지 않고 소리의 차이만 분명하다는 점에서 종을 나누려 하지 않았다.

1973년이 되어서야 미국 조류학자 연합의 체크리스트 위원회는 마침내 이 새들이 구별됨을 인정했다. 오듀본이 '트레일딱새'라고 불렀던, 남부의 두 음절 노래 유형의 종은 버드나무딱새라고 불리게 되었고, 북부의 세 음절 노래 유형의 새는 오리나무딱새*Alder Flycatcher*로 이름 지어졌다. 그 후 50년이 지난 지금, 북미의 탐조가들은 이 두 종을 잘 알고 있으며 노랫소리로 종을 구분할 수 있다. 탐조가들은 한 종이 다른 종의 서식 범위로 더 멀리 확장되고 심지어 원래 있던 종을 대체하는 것까지를 포함하여 새들의 지리적 범위를 기록했다. 이제 소리로 딱새를 구별하는 것에 아무도 의문을 제기하지 않는다.

지난 반세기 동안 많은 '종의 분리'는 새의 목소리에 크게 의존해왔다.

모두가 대평원의 동쪽과 서쪽에서 서식하는 종들의 소리가 다르다는 것을 알고 있었지만, 오랫동안 그저 '가면올빼미Screech Owl'라 불렸던 야행성의 작은 올빼미는 1983년에 동부가면올빼미Eastern Screech-Owl와 서부가면올빼미Western Screech-Owl로 나뉘게 되었다. 탐조가들은 오랫동안 남서부의 큰 참새인 갈색토히새Brown Towhee의 노랫소리가 캘리포니아에서 들리는 것과 애리조나에서 텍사스에 이르는 지역에서 들리는 소리가 다르다는 점에 주목해왔다. 결국 이 두 지역의 종은 유전적으로도 다른 것으로 밝혀져 1989년에 캘리포니아토히새California Towhee와 캐넌토히새Canyon Towhee로 나뉘었다. 쏙독새는 밤에 숲에서 쏙독쏙독 하며 울지만, 주의 깊은 탐조가들은 애리조나 남부의 산에 서식하는 새의 소리가 북동부 숲의 새와 다르다는 것을 알아챘다. 추가 연구를 통해 이 두 개체군은 일부 특징, DNA, 심지어 알의 색깔에서도 차이가 있음이 밝혀졌고, 2010년에 두 종, 즉 멕시코쏙독새Mexican Whip-poor-will와 동부쏙독새Eastern Whip-poor-will로 나뉘게 되었다.

들종다리 종도 분리되었다. 1843년 오듀본이 미주리 강을 여행하면서 얻은 성과 중 하나는 루이스와 클라크가 몇 년 전에 지적했듯 그곳의 들종다리가 동부의 친척 종과 다른 소리를 낸다는 것을 확인한 것이었고, 오듀본은 이를 서부초원종다리라는 새로운 종으로 명명했다. 1886년까지만 해도 이 새를 아종으로 간주하는 사람들도 있었지만, 이후 연구를 통해 뚜렷한 차이가 있음이 증명되었다. 하지만 20세기 후반 내가 애리조나에 살던 시절, 남서부 사막 초원에 서식하는 '동부초원종다리' 개체군도 동부의 들종다리와 비교하면 소리가 약간 다를 뿐 아니라 생김새에도 차이가 있다는 사실이 알려졌다. 젊은 조류학자 요한나 빔Johanna Beam이 주도한 유전자와 발성 연구 결과, 남서부 새들은 2022년에 치와와들종다리

　모든 새를 보았다고 믿은 남자

Chihuahuan Meadowlark라는 독립된 종으로 인정받게 되었다.

이 모든 사례는 특정 새에 대한 여러 증거를 교차 검토하는 공동 노력의 산물이다. 충분한 연구를 통해 결국에는 깔끔하게 분리가 이루어졌고 학계에 널리 받아들여졌다. 하지만 항상 이렇게 명확한 것은 아니다. 북미의 붉은솔잣새가 현재 논란이 진행 중인 흥미로운 예다.

솔잣새는 작고 사교적인 참새목 되새과의 새로, 아래턱뼈 끝이 특이하게 엇갈린 모양을 하고 있다. 이 독특한 모양의 부리 덕분에 소나무, 가문비나무, 기타 침엽수의 방울 모양 열매를 뜯어 대부분의 새들은 꺼내기 어려운 씨앗을 빼낼 수 있다. 침엽수는 번식이 불규칙하여 어떤 해에는 잘 자라다가 다른 해에는 자라지 않기도 해, 솔잣새는 유목 생활을 하는 경향이 있다. 상록수림 지역에 무리를 지어 살면서 신선한 침엽수 열매가 풍부한 곳이면 어디로든 이동하며, 먹이가 충분하면 연중 둥지를 짓고 새끼를 키운다.

붉은솔잣새는 북반구 대부분의 침엽수림에서 불규칙적이지만 흔하게 볼 수 있는, 가장 널리 퍼진 종 중 하나로 여겨져 왔다. 나는 어렸을 때 캔자스에서 처음으로 붉은솔잣새를 보았는데, 공원의 나무 꼭대기 솔방울 위에서 작은 앵무새처럼 기어오르는 모습이었다. 이 새 무리가 한 숲에서 다른 숲으로 날아가도 클립-클립-클립 하는 날카로운 울음소리로 쉽게 찾을 수 있었다. 어느 겨울에는 흔하게 보였는데 이듬해에는 전혀 나타나지 않았던 게 놀라웠지만 그게 그들의 서식 방식이었다.

그 후 몇 년 동안 나는 메인 주와 캐나다 동부에서 알래스카 남동부에 이르는 숲, 로키 산맥과 애팔래치아 산맥의 고지대, 애리조나 남부와 멕시코 남부의 산 등 여러 곳에서 붉은솔잣새들을 보았다. 수컷은 벽돌색이며 암컷은 황록색이고, 이들의 뭉툭한 생김새와 무리지어 다니는 행동, 특히 날카로운 음색은 탐조가들에게 언제나 이들을 쉽게 식별할 수 있을 것 같은 자신감을 안겼다.

하지만 아종을 분류하려는 과학자들에게 북미의 붉은솔잣새는 까다로운 존재였다. 크기, 부리 모양, 전체적인 색깔에 따라 여러 그룹으로 나눌 수 있었지만 이러한 그룹은 지리적 특성과 일치하지 않았다. 아종은 고유한 번식 범위를 가지며, 번식기가 아닌 시기에만 다른 종과 서식 범위가 겹친다. 하지만 붉은솔잣새의 여러 아종은 계절과 시기에 상관없이 어느 곳에서나 나타났다. 몸집도 부리도 큰 개체, 작고 부리가 얇은 개체들이 번식을 위해 같은 숲에 서로 다른 시기에, 혹은 같은 시기에 찾아왔다. 지역별로 아종을 정의하는 일반적인 접근 방식은 효과가 없었다.

여러 전문가들이 이 문제에 도전했다. 나는 1980년경 워싱턴의 스미소니언 박물관에 소장된 도요새 표본을 관찰하다가 솔잣새 아종을 구별하려는 노력을 직접 목격한 적이 있다. 당시 '박물관식' 연구 방식의 마지막 세대 조류학자 중 한 명인 앨런 필립스Allan Phillips가 박물관을 찾았다. 필립스는 여러 개의 쟁반에 솔잣새 표본을 늘어놓고 관찰하고 있었다. 그는 열정적으로 한 쟁반에서 다른 쟁반으로 표본을 옮기며 새의 부리와 날개를 측정하고 표본에 달린 태그에 연필로 무언가를 표시하고 있었다. 내가 멈춰서 지켜보자 필립스는 약간 성가신 듯했지만 이내 아종에 대한 짧은 강의를 시작했고, 문장 사이사이에 톡톡 튀는 웃음을 섞어가며 빠르게 말을 이어갔다.

필립스는 자신을 포함해 과거의 모든 조류학자들이 붉은솔잣새에 대해 잘못 알고 있었다고 했다. 지금껏 정의된 아종이 모두 틀렸다면서 말이다. 필립스는 이번에야말로 오류를 바로잡을 작정이었다. 표본 몇 개만 더 확보하면 모든 것이 제자리를 찾을 것이라고 확신했다.

돌이켜보면, 내가 역사의 한 단면을 엿본 것이라는 생각도 든다. 어쩌면 100년 전 같은 박물관의 수장고에서 스펜서 베어드도 필립스처럼 여러 표본에 몰두하고 있었을지도 모른다. 필립스 역시 천재적인 학자였지만 이번에는 성공하지 못했다. 붉은솔잣새의 경우 표본만으로는 충분하지 않았기 때문이다. 더 많은 진전을 이루려면 더 현대적인 방법이 필요했다. 1980년대부터 더 현대적인 방법들이 솔잣새 연구에 적용되면서 이 새에 대한 우리의 이해가 크게 달라졌다.

대학원생 제프리 그로스Jeffrey Groth는 남부 애팔래치아 산맥 고지대에 서식하는 붉은솔잣새를 연구하고 있었다. 사회성이 강한 새에게는 목소리가 중요하다는 점을 이해하고 있던 그는 이들의 울음소리를 녹음해서 분석했다. 새들은 모두 앉거나 날아갈 때 익숙한 킵킵킵 소리를 냈다. 하지만 자세히 들어보니 이 소리 안에 두 가지 음색이 존재한다는 것을 발견했다. 어떤 새들은 딱딱하고 날카로운 소리를 냈고, 어떤 새들은 더 낮고 거칠며 더 길게 울었다. 아주 미묘한 차이였지만 분석 결과 실제로 차이가 존재했다. 그로스는 새장 안에 새들을 한동안 넣어두고 관찰한 결과, 각 개체가 일정한 울음 유형을 유지한다는 사실을 확인했다. 또한 신체적인 차이도 드러났다. 낮고 거친 울음 유형을 가진 솔잣새가 몸집도 부리도 더 컸다.

이들은 생활 속에서도 완전히 분리되어 있었다. 두 유형의 붉은솔잣새 모두 남부 애팔래치아 지방에서 둥지를 틀었지만 따로 무리를 지었고, 두 유형 사이의 중간 형태는 없었다. 마치 서로 다른 종처럼 행동했다.

이 소식은 나와 내 친구들의 마음을 사로잡았다. 이들의 행동이 완전히 구분된다면, 틀림없이 서로 다른 개별 종일 것이라고 확신했다. 붉은솔잣새의 이야기는 여기서 끝이 아니다. 제프리 그로스는 애팔래치아 산맥 너머로 연구를 확장했고, 다른 연구자들도 이 연구에 뛰어들어 각지에서 붉은솔잣새의 목소리를 적극적으로 녹음하기 시작했다. 이를 통해 몇 년 만에 이 새들에 대한 우리의 시각이 급격하게 바뀌게 되었다. 북미 전역에 걸쳐 최소 10종의 다양한 붉은솔잣새 종들이 서식하고 있었고, 이들의 가장 큰 특징인 울음소리는 물론 크기, 특정 나무에 대한 선호도, 분포 등 다양한 요소에서 차이를 보였다.

새롭게 밝혀진 유형들은 기존에 알려진 아종과는 일치하지 않아서 이름 대신 숫자로만 구분되었다. 3번 유형은 작은 부리를 가졌고 주로 태평양 북서부에서 서식하며 독미나리 씨앗을 먹었지만, 가끔 오대호와 뉴잉글랜드 등 동쪽으로 이동하기도 했다. 2번과 5번 유형은 모두 큰 부리를 가졌고 로키 산맥에서 흔히 볼 수 있었지만, 2번 유형은 폰데로사소나무를 선호하면서도 다른 나무에 쉽게 적응해 대륙 전역에 퍼진 반면, 5번 유형은 로지폴소나무와 엥겔만가문비나무만 선호하고 동쪽으로는 이동하지 않았다. 10번 유형은 시트카가문비나무에 관심을 보이고, 4번 유형은 더글러스전나무를 선호한다. 붉은솔잣새가 어느 지역으로 이동할 때마다 진지한 탐조가들은 이들의 울음소리를 기록하기 위해 노력했다.

제프리 그로스가 애팔래치아에서 붉은솔잣새 노래의 비밀을 발견한 후 30년이 지난 지금, 우리는 이 새에 대한 방대한 음성 데이터를 확보했지만, 과학자들은 여전히 이를 어떻게 해석할지를 놓고 고민하고 있다. 지금까지 개별 종으로 공식적인 인정을 받은 것은 딱 한 가지 유형뿐이다. 솔잣새 연구자 크레이그 벤크먼Craig Benkman은 9번 유형이 아이다호 남부의 작은 산맥 두 곳에서만 발견된다는 사실을 알아냈다. 조사 결과, 이 새들은 그 지역에서만 자라는 다양한 로지폴소나무에 적응했음이 밝혀졌

 모든 새를 보았다고 믿은 남자

다. 다른 붉은솔잣새 유형은 그 지역을 통과하더라도 그곳에 머물거나 그 지역의 새들과 교배하지 않았다. 유전자 분석을 포함하여 수년간의 연구 끝에 2017년, 9번 유형의 붉은솔잣새가 카시아솔잣새Cassia Crossbill라는 완전한 종으로 인정받았다.

재밌는 사실은, 2021년 7월 콜로라도 중부에서 이 카시아솔잣새가 목격되었다는 것이다. 탐조가들은 이듬해 콜로라도에서 더 많은 개체를 발견했고, 심지어 2012년의 이전의 목격 기록도 확인되었다. 이 지역은 원래 유일한 서식지로 알려진 아이다호 주변 범위에서 640킬로미터 이상 떨어진 곳으로, 광활한 사막과 평원을 가로질러 있다.

결국 카시아솔잣새도 진정한 개별 종이 아니라는 것일까? 그렇지는 않다. 하지만 여전히 우리가 배워야 할 것이 많다는 점을 시사한다. 이는 또 조류 연구와 분류 작업에는 전문 과학자와 진지한 아마추어 탐조가를 포함한 많은 사람들의 협업이 필요한 오늘날의 상황을 잘 보여준다.

오늘날 발견은 공동의 경험이며, 이 경험이 공유되는 범위는 점점 더 넓어지고 있다. 미국이나 캐나다에서 새로운 조류 종을 정의하려면 유전자 데이터가 필요하고, 이러한 DNA 분석은 실험실의 전문가들만이 실시할 수 있다. 그러나 일단 새로운 종이 정의되면, 진지한 아마추어들, 즉 열정적인 탐조가들은 곳곳의 현장에서 새를 탐사하며 어딘가 특이한 새의 울음소리 같은 것을 감지할 수 있다. 방대한 탐조가 커뮤니티는 조류 종의 서식지를 파악하는 데 아주 중요한 역할을 한다.

100년 전이라면 펜실베이니아에서 발견된 첫 사막딱새Northern Wheatear에 대한 보고는 미국 조류학자 연합에서 발표했을 것이다. 오늘날에는 그런 보고가 전미탐조협회에서 발행될 수도 있다. 전문적인 조류학은 더욱 고도의 기술이 요구되는 연구 분야가 되었고, 종의 지리적 범위를 추적하는 일은 아마추어 탐조가들의 몫이 되었다. 이 주제에 관한 관심은 점점 더 뜨거워지고 있다. 조류 분포는 항상 시간이 지남에 따라 변화해왔지만, 최근에는 변화의 속도가 빨라져 새로운 종들이 광범위한 지역에서 빠르게 나타나거나 사라지고 있기 때문이다.

지난 3월 어느 날, 나는 역사학자 친구 데이비드 머스와 함께 뉴올리언스를 방문하면서 이에 대해 생각하게 되었다. 오듀본이 200년 전에 방문했을 만한 장소들을 돌아보면서, 그가 살던 시대에는 여기에 살지 않았던 많은 새들을 보았다. 그중에는 유럽반점찌르레기European Starling나 집참새House Sparrow처럼 의도적으로 들여온 종들도, 멕시코양진이House Finch나 염주비둘기Eurasian Collared-Dove처럼 우연히 북미 동부로 유입된 종들도 있었다. 스스로 이주해온 종들도 있었다. 1950년대 이전에는 북미에서 발견되지 않았던 황로Cattle Egret는 1800년대 후반 아프리카에서 남아메리카 북동부로 건너간 후 점점 서식지가 북쪽으로 확장되었다. 흰날개비둘기는 과거에는 텍사스와 남서부의 한정된 지역에만 서식했지만, 지금은 걸프 연안에서 플로리다까지, 내륙에서는 네브라스카까지 북쪽에서도 흔히 볼 수 있다. 이러한 변화에 대해 오듀본은 어떻게 생각했을까? 1837년 텍사스에서처럼, 루이지애나 남서부에서 동쪽으로 퍼져 나간 신열대가마우지는 보지 못하고 지나쳤을지도 모른다. 하지만 불과 수십 년 전까지만 해도 텍사스 최남단의 특산종이었던 시끄럽고 화려한 검은배휘파람오리Black-bellied Whistling-Duck 무리는 분명 알아차렸을 것이다.

그리고 아마 나처럼 뉴올리언스의 동쪽 바이우 서비지Bayou Sauvage의 연못에서 날갯짓하는 두루미사촌에 큰 흥미를 느꼈을 것 같다. "이제 완벽히 여기 주민이라고 할 수 있지." 데이비드가 말했다.

 모든 새를 보았다고 믿은 남자

두루미사촌 개체수의 폭발적인 증가는 21세기 북미 탐조계에서 가장 주목할 사건 중 하나로, 북미 대륙의 탐조가들과 자연주의자들을 흥분시키는 소식이었다.

큰 흰색 반점이 있고 작은 갈색 두루미처럼 생긴 이 독특한 새는 플로리다에 서식하는 희귀한 종이었다. 오듀본은 1838년에 두루미사촌이 플로리다 에버글레이즈 지역에만 국한되어 서식하는 것으로 보인다고 썼다. 이는 170년이 지나도록 유효한 설명이었다. 두루미사촌은 아메리카 열대지방에 널리 퍼져 있지만, 미국에서는 2000년대 초반까지 플로리다 반도에만 국한되어 서식하고 있었다. 일부가 조지아 남부까지 날아가기도 했지만, 북쪽으로 더 멀리 이동하는 경우는 매우 드물었다. 이 새의 서식지가 더 널리 퍼지지 않은 것을 이상하다고 여긴 오듀본은 우연하게 서식 범위가 제한적인 이유를 알게 되었다. "에버글레이즈에는 이 새들의 주 먹이인 커다란 녹색 달팽이 종이 풍부하다." 포마케아*Pomacea* 속 토종 왕우렁이에 대한 의존이 두루미사촌의 수와 범위를 제한하고 있었던 것이다.

하지만 7장에서 설명했듯이, 수십 년 전 우연히 플로리다에 방사된 외래종 왕우렁이가 번성하면서 늪의 역학 관계에 변화가 생겼다. 그 덕분에 멸종 위기에 처했던 우렁이솔개의 개체 수가 다시 늘어났고, 두루미사촌의 개체 수도 놀라울 정도로 증가했다.

얼마나 증가했을까? 플로리다 늪새는 무리를 짓지 않아 개체 수를 정확히 조사하기 어렵지만, 게인즈빌에서 매년 실시하는 '크리스마스 조류조사' 결과에서 힌트를 얻을 수 있다. 반도의 북쪽으로, 두루미사촌의 과거 주요 서식지의 북쪽에 위치한 게인즈빌에서 1990년부터 2011년까지 기록된 두루미사촌의 수는 연평균 두 마리 미만이었다. 그러다 그 수가 급증하여 2015년에는 66마리가 기록되었고, 2018년에는 총 540마리가

존 제임스 오듀본의 두루미사촌 성체. 아주 최근까지 이 열대성 새의 미국 내 서식지는 플로리다에만 국한되어 있었다. 오듀본은 1831~1832년에 플로리다를 방문했을 때 이 새를 봤을 수도 있지만, 그의 기록은 아주 모호하다. 1836년경 찰스턴에서 그린 것으로 보이는 이 두루미사촌 그림은 남아메리카 표본을 기반으로 그린 것이다. 플로리다에서 발견되는 두루미사촌은 몸과 날개에 훨씬 더 많은 흰색 점무늬를 띠고 있다.

기록됐다! 그 이후에도 변동 폭은 있었지만 수백 건을 유지하고 있다. 게다가 이는 지름 25킬로미터의 원 하나 정도 지역에 해당하는 이야기다. 플로리다 주 전체로 추산하면 총 증가율은 엄청나게 높았을 것으로 추론할 수 있다.

플로리다의 북쪽과 서쪽에서 관찰 기록이 쏟아져 나왔다는 것도 놀랍다. 개체 수가 아직 적었을 때, 두루미사촌이 가끔 길을 잃으면 멀리까지 이동하기도 한다는 단서는 있었다. 메릴랜드와 버지니아, 심지어 캐나다 동부의 섬까지 한두 마리의 길 잃은 새가 도착한 적이 있었다. 하지만 이런 일은 극히 드물게 일어났다. 2000년부터 2010년까지 10년 동안 플로

모든 새를 보았다고 믿은 남자

리다 북쪽에서 발견된 두루미사촌은 딱 한 마리뿐이었다. 대부분의 탐조가들은 플로리다의 주요 서식 범위 밖에서는 이 새를 절대로 볼 수 없을 것이라 생각했다.

그런 가정은 2017년 말부터 빠르게 바뀌기 시작했다. 그 해에 두루미사촌은 사우스캐롤라이나, 조지아, 앨라배마의 몇몇 지역에서 발견되었다. 12월 말에는 뉴올리언스 남쪽에서 네 마리의 새가 관찰되었고, 2018년에는 한 해 동안 뉴올리언스 근처에 몇 마리가 머물렀다. 같은 해 메릴랜드에서는 47년 만에 처음으로 한 마리가 발견되었다. 2019년에는 두루미사촌의 출현이 더욱 확산되었다. 일리노이 주에서 한 마리가 처음으로 발견되었고, 오하이오 주에서도 최초로 최소 세 마리, 버지니아 주에서는 두 마리가 나타났다. 남부 전역에서는 셀 수 없을 정도로 많은 개체가 목격되었다. 2021년에는 뉴올리언스와 루이지애나 남부 전역, 그리고 텍사스 남동부의 여러 지점에서 번식지가 발견되었다. 그 해의 관찰기록은 메릴랜드, 오클라호마, 아칸소, 일리노이, 그리고 북쪽으로는 미네소타까지 이어졌다.

2022년의 상황은 정말 믿을 수 없었다. 캔자스에서 첫 관찰 기록이 나왔고, 그 이후 최소한 여덟 명이 관찰에 성공했다. 미주리에서도 첫 관찰 기록이 나왔고, 이어서 최소 아홉 명이 목격했다. 위스콘신, 미시간, 아이오와, 인디애나에서도 첫 기록이 나왔고, 켄터키와 뉴욕에서도 기록이 추가되었다. 2023년은 더했다. 콜로라도, 펜실베이니아, 온타리오에서 두루미사촌이 관찰되었고, 이후에도 추가 관찰이 이어졌다. 7월 한 달 동안 루이지애나와 텍사스 동부 전역 예순다섯 곳 이상의 지역에서 두루미사촌이 종종 한 쌍이나 가족 단위로 관찰되었다. 테네시, 아칸소, 미주리 주에서는 개체가 너무 많아 총 개체 수 파악을 포기할 정도였다. 2023년 8월과 9월 동안 위스콘신의 열네 곳, 일리노이의 열세 곳, 오하이오의 열 곳에서 두루미사촌이 발견되었다.

탐조가들은 흥분을 감추지 못했다. '플로리다 특산종'이 나이아가라 폭포 근처나 미니애폴리스 북쪽, 콜로라도 로키 산맥에서 나타난다는 것은 그야말로 충격에 가까운 일이었다. 소셜미디어에서는 "두루미사촌으로 달아오른 여름"이라며 기쁨을 나누고 서로 응원했다. 물이 있는 곳이라면 어디에든 섭금류 새가 나타날 가능성이 있었기 때문에 누구라도 이 두루미사촌 탐색에 참여할 수 있었다. 어느 주의 첫 관찰자가 아니더라도 카운티 최초, 혹은 그 해 최초, 아니면 지역 공원 최초 기록을 세울 기회가 누구에게나 열려 있었다.

이게 오늘날의 방식이다. 진지한 탐조인들은 조류의 움직임을 추적하고, 축적된 데이터에 자신의 관찰 기록을 추가할 수 있는 네트워크망을 갖추고 있다. 최근에 가장 폭발적으로 출현 데이터가 증가한 건 두루미사촌이지만, 다른 새들도 점진적으로 범위를 확장하여 데이터에 축적되었다. 탐조가들은 새들의 예측할 수 없는 비행도 추적하고 있다. 붉은솔잣새의 이주가 시작될 때마다 우리는 즉시 파악하고, 어떤 종인지 확인하기 위해 그들의 울음소리를 녹음한다. 2022년에 치와와들종다리가 동부 초원종다리에서 독립된 종으로 분리되었을 때처럼 새로운 종이 발견되면 우리는 이들의 지리적 범위의 경계를 탐색하기 위해 탐조에 나선다.

거의 모든 지식 추구 과정과 마찬가지로, 조류 연구에서도 발견은 많은 이들이 함께한 모험과 공유된 경험, 공동 노력의 산물이었다. 역사 대부분에서 그러하지 않은가? 우리는 닐 암스트롱Neil Armstrong을 달에 처음 발을 디딘 사람으로 기억하지만, 그가 달에 도달한 것은 수천 명이 함께한 팀워크의 결과였다. 우리는 마젤란이나 쿡과 같은 탐험가들이 마치

　　　　모든 새를 보았다고 믿은 남자

혼자 탐험한 것처럼 이야기하지만, 그들은 부유한 후원자들의 지원을 받았고 많은 승무원들과 함께 항해했으며 그들이 '발견한' 장소 대부분에는 이미 사람이 살고 있었다.

마찬가지로 자연을 탐험하고 연구한 사람들도 정보의 연결망에 속해 있었다. 1720년대 캐롤라이나 야생에서 새로운 새를 찾던 마크 케이츠비는 이전에 출간된 여러 권의 책뿐 아니라 그를 트레킹에 동행하게 해준 체로키와 치카소족 사냥꾼들의 풍부한 지식에 도움을 받았다. 칼 린네는 2천 년 동안 발전해온 식물과 동물에 대한 지식을 토대로 자신의 분류 체계를 확립했다. 1808년 《미국 조류학》의 출간을 준비하던 알렉산더 윌슨은 자신이 정리하고 있던 정보 대부분이 이미 케이츠비, 바트람, 제퍼슨, 필 가문 등이 연구해온 내용임을 알게 된다. 오듀본이 그의 여행에서 혼자 새로운 종을 발견하여 서양 과학계에 소개한 것은 소수에 불과했고, 대부분은 바흐먼, 해리스 등 다른 사람들과의 공동 작업을 통해 이루어졌다.

개개인에게 발견은 달성하기 어려운 신화처럼 느껴지기도 한다. 하지만 나는 그렇게 보지 않는다. 오히려 우리 모두가 매일 새로운 발견을 할 수 있다고 생각한다. '나'에게 새로운 것이 모든 사람에게 새로운 것만큼이나 중요할 수 있다고 진심으로 믿고 있다. 어렸을 때 나는 새로운 새를 처음 볼 때마다 '새를 발견했다'고 말하곤 했다. 요즘 들어 나는 다시 그런 식으로 삶을 바라보기 시작했다.

그리고 얼마 전 이런 의미에서 누군가의 '발견의 순간'을 목격하는 큰 행운을 누렸다. 더운 여름 오후, 필라델피아 외곽에 있는 바트람의 정원을 혼자 걷고 있던 나는 1750년대의 젊은 윌리엄 바트람과 1800년대 초의 열정으로 넘치는 알렉산더 윌슨이 이곳에서 이루어낸 위대한 조류 연구를 생각하고 있었다. 넓은 숲길을 돌아 나오는데 내 앞에 가만히 서서 어딘가를 유심히 지켜보는 사람들이 있어 멈칫했다.

아마도 가족인 것 같았다. 두 명의 젊은 성인과 열 살 아래로 보이는 두 명의 어린 소녀들이었다. 그들의 시선을 사로잡은 것은 불과 몇 미터 떨어진 곳에서 땅 위를 통통 뛰어다니는, 솔새보다 조금 더 작고 날씬한 멧새 한 마리였다.

몸통은 회색이고 머리 위에 검은색 모자를 쓴 듯했으며 꼬리 아래는 약간 녹슨 갈색으로 화려하지는 않았지만, 이리저리 살피고 긴 꼬리를 위아래로 까딱이며 가까이 다가와 깡충거리는 것이 개성 넘치고 당당해 보였다. 그러고는 잠시 멈춰서 고개를 숙이고 검은 눈동자로 두 소녀를 똑바로 바라보더니 *미이유우* 하고 작은 고양이 같은 소리를 냈다. 두 소녀는 놀라움에 입을 벌리고 숨을 죽이며 서로를 마주 봤다. 작은 소녀는 손뼉을 치며 작게 킥킥 웃었다.

이 아이들은 방금 회색개똥지빠귀라는 놀라운 발견을 한 것이었다. 나중에 그 이름을 알게 될지도 모르지만, 그렇지 않더라도 지금 이 순간만큼은 소녀들에게 기쁨과 경이로움의 원천이었다. 나도 그 나이쯤에 이 새를 처음 발견했던 기억이 떠오르며 감동의 물결이 밀려왔다. "처음 시작하는 초심자의 마음에는 많은 가능성이 있지만, 숙련된 사람의 마음에는 그 가능성이 거의 없다." 그러니 할 수만 있다면 우리는 이 초심자의 마음을 영원히 간직해야 한다.

나는 이 젊은 가족이 모험의 순간을 만끽하도록 뒤돌아 다른 길로 향했다. "이런 게 중요한 거지"라고 나는 속으로 중얼거렸다. 사람들이 기억하는 건 과학적으로 새로운 생물을 발견한 사람들일지 모르지만, 각자의 기억에 남는 마법 같은 순간은 자기에게 새로운 것을 발견했을 때, 바로

 모든 새를 보았다고 믿은 남자

개인적인 차원에서 일어난다. 그리고 그러한 발견의 가능성은 언제 어디서나 존재한다. 기적은 곳곳에서 우리를 기다리고 있다.

그날의 고요한 오후는 가능성으로 가득 차 있는 것 같았다. 나는 나만의 새로운 발견을 기대하며 눈을 크게 뜨고 다시 길을 떠났다.

감사의 글

내 오랜 에이전트이자 친구인 웬디 스트로스먼에게 이 책의 아이디어를 처음 이야기했을 때, 웬디는 내가 상상한 것보다 더 큰 잠재력이 이 책에 있을 것 같다고 말해주었다. 그 후 5년 동안 주기적으로 논의를 이어가며 프로젝트는 내가 처음 상상했던 것보다 훨씬 더 큰 도전이 되었지만, 결과적으로 훨씬 흥미롭고 보람 있는 작업이었다.

이 책을 위해 나는 1700~1800년대에 나온 수천 페이지 분량의 출판물을 모조리 읽었다. 몇 년 전만 해도 대학이나 박물관의 도서관 또는 희귀 문헌 보관실을 찾아야 했겠지만, 그 대신 스미소니언협회가 운영하는 생물다양성유산 도서관이라는 놀라운 온라인 자료를 통해 필요한 모든 것을 찾을 수 있었다. 예를 들어 1744년에 린네가 출판한 책이나 1828년에 보나파르트가 출판한 책을 단 몇 번의 클릭만으로 실제 스캔본을 확인할 수 있었다. 자연과학에 관심 있는 모든 이들에게 이 온라인 자료가 갖는 중요성과 가치는 아무리 강조해도 지나치지 않을 것이다.

또 매슈 핼리의 최근 연구도 주목할 만하다. 조류학, 역사학 등 여러

모든 새를 보았다고 믿은 남자

분야에서 탁월한 학자인 그가 2010년경부터 시작한 연구는 오듀본, 윌슨, 필 등에 대한 우리의 이해를 새롭게 정립했다. 그의 많은 논문은 이들에 대한 나의 관점을 모든 면에서 바꿔놓았으며, 이 책을 위해 미공개 자료를 아낌없이 공유하고 몇 개의 챕터를 검토해주기까지 했다. 물론, 그럼에도 불구하고 남은 오류는 전적으로 내 책임이다.

뉴욕역사학회는 오듀본의 《북미의 새》에 실린 수채화 원본 대부분을 소장하고 있다. 원본은 보존을 위해 비공개 상태이지만, 웹사이트에 스캔본과 설명이 올라와 있어 이 책에도 그 자료를 많이 활용했다. 학회 박물관 직원이 친절하게도 고해상도 스캔본을 몇 점 보내주어 원본과 판화 버전 간의 미세한 차이를 비교할 수 있었다. 하버드대학교의 휴튼 도서관도 오듀본의 초기 그림과 다른 자연주의자들의 자료를 소장하고 있어서 그 스캔본도 자주 참고했다.

조류학자이자 언어학자, 그리고 역사학자인 릭 라이트가 그의 블로그 '뉴저지 탐조기록Birding New Jersey'에 올리는 짧은 에세이들도 아주 유용했다. 라이트는 조류 연구 역사를 자주 다루는데, 이 글들을 통해 다른 방법으로는 놓쳤을지도 모를 여러 중요한 자료들을 발견할 수 있었다.

본문에 언급된 인물들 외에도, 여러 현장을 방문했을 때 귀중한 정보를 공유해준 분들이 많았다. 노스다코타 포트유니언교역지국립사적지의 데이브 파인더스와 소여 핀, 오하이오 톨레도 미술관의 폴라 라이히, 필라델피아 와이크하우스 유적지의 킴 스터브, 켄터키 헨더슨 존 제임스 오듀본 주립공원 박물관의 하이디 테일러-카우딜, 필라델피아 드렉셀대학교 자연과학 아카데미의 제이슨 웨크스타인 등이 그 예다.

그 외에도 폴 바이치, 에디슨 부에나뇨, 제프 콕스, 빅터 L. 에마뉘엘, 가브리엘 폴리, 더글러스 웨인 그레이, 스티브 카 햄튼, 브라이언 케네디,

J. 드류 랜햄, 데이비드 머스, 리 넬리스, 제인 패터슨, 이안 폴슨, 조던 러터, 데이비드 시블리, 마기 트럼불, 에이바 밸런티노, 카렌 제크, 제프리 W. 지프킨 등 수많은 동료들이 다양한 방식으로 정보와 지원을 아낌없이 제공해주었다. 또한 오하이오 주 오크하버에 있는 와일드브루 커피숍 직원들에게 감사를 전한다.

이 책을 완성하는 과정에서 출판사 아비드 리더 프레스/사이먼 앤 슈스터의 전문가들과 함께 일할 수 있어 영광이었다. 벤 로넨은 전설적인 편집자이자 조류 전문가여서 그의 의견과 편집을 통해 이 책의 모든 면이 여러 차원에서 개선되었다. 캐롤린 켈리는 전문적으로 (그리고 엄청난 인내심으로!) 본문과 일러스트레이션의 구성을 도와주었다. 조피 페라리-애들러, 메러디스 빌라렐로, 리나 가르시아, 데이비드 지, 캐롤라인 맥그리거, 카티아 부레쉬, 앨리슨 포너, 클레이 스미스, 제시카 친, 앨리슨 그린, 로버트 스터니츠키, 루스 리-무이, 폴 디폴리토 등 출판사의 다른 분들께도 감사의 인사를 전하고 싶다.

무엇보다도, 내 아내이자 파트너이며 가장 친한 친구인 킴벌리 코프먼에게 깊은 감사를 전한다. 언제나 그렇듯 킴벌리는 자기의 중요한 업무에 몰두하면서도 내게 한결같은 지지를 보내주었다. 지금껏 써온 책 중에 가장 큰 도전이었던 이 책은 킴벌리가 없었다면 결코 완성할 수 없었을 것이다.

　　모든 새를 보았다고 믿은 남자

더 읽어보기

린네, 마크 케이츠비, 알렉산더 윌슨, 샤를 보나파르트 및 기타 중요한 역사적 인물들이 1700~1800년대에 출판한 저작은 생물다양성유산 도서관Biodiversity Heritage Library을 통해 온라인으로 확인할 수 있다. 아래는 최근에 출간 및 발표된 정보의 출처 목록이다.

일반

Farber, Paul Lawrence. 1982. *The Emergence of Ornithology as a Scientific Discipline: 1760–1850*. Dordrecht, Holland: D. Reidel Publishing.

Weidensaul, Scott. 2007. *Of a Feather: A Brief History of American Birding*. New York: Harcourt.

존 제임스 오듀본과 그의 업적에 관한 책들

Butler, Charles T., editor. 2018. *Audubon's Last Wilderness Journey: The Viviparous Quadrupeds of North America*. Auburn: Jule Collins Smith Museum of Fine Art, Auburn University.

Heitman, Danny. 2008. *A Summer of Birds: John James Audubon at Oakley House*. Baton Rouge: Louisiana State University Press.

Herrick, Francis H. 1917. *Audubon the Naturalist: A History of His Life and Time*. New York: Appleton.

Logan, Peter B. 2016. *Audubon: America's Greatest Naturalist and His Voyage of Discovery to Labrador*. San Francisco: Ashbryn Press.

Low, Suzanne M. 2002. *A Guide to Audubon's Birds of America*. New Haven and New York: William Reese Company and Donald A. Heald.

Patterson, Daniel, editor. 2016. *The Missouri River Journals of John James Audubon*.

Lincoln: University of Nebraska Press.

Rhodes, Richard. 2004. *John James Audubon: The Making of an American*. New York: Knopf.

Tyler, Ron. 1993. *Audubon's Great National Work: The Royal Octavo Edition of The Birds of America*. Austin: University of Texas Press.

알렉산더 윌슨

Burtt, Edward H., Jr., and William E. Davis, Jr. 2013. *Alexander Wilson: The Scot Who Founded American Ornithology*. Cambridge, MA: Belknap Press of Harvard University Press.

Cantwell, Robert. 1961. *Alexander Wilson: Naturalist and Pioneer*. Philadelphia and New York: J. B. Lippincott.

Hunter, Clark, editor. 1983. *The Life and Letters of Alexander Wilson*. Philadelphia: American Philosophical Society.

그외 인물들과 주제에 관한 책들

Blunt, Wilfrid. 2001. *Linnaeus: The Compleat Naturalist*. Princeton, NJ: Princeton University Press.

Greenberg, Joel. 2014. *A Feathered River Across the Sky: The Passenger Pigeon&s Flight to Extinction*. New York: Bloomsbury.

Lindsay, Debra J. 2018. *Maria Martin's World: Art&Science, Faith&Family in Audubon's America*. Tuscaloosa: University of Alabama Press.

McBurney, Henrietta. 2021. *Illuminating Natural History: The Art and Science of Mark Catesby*. London: Paul Mellon Centre for Studies in British Art.

McDermott, John Francis. 1951. *Up the Missouri with Audubon: The Journal of Edward Harris*. Norman: University of Oklahoma Press.

Miller, Lillian B., editor. 1983, 1988, 1992, 1996. *The Selected Papers of Charles Willson Peale and his Family. Four volumes*. New Haven: Yale University Press.

Stroud, Patricia Tyson. 2000. *The Emperor of Nature: Charles Lucien Bonaparte and His World*. Philadelphia: University of Pennsylvania Press.

Wagner, David J. 2008. *American Wildlife Art*. Seattle: Marquand Books.

이미지 출처

본문에 활용된 역사적 이미지들은 모두 오래된 자료들로 무료로 공개되어 있으며, 특히 오듀본의 판화는 수많은 출처에서 구할 수 있다. 그 외의 이미지들은 스미소니언협회 온라인 생물다양성유산 도서관 및 여러 컬렉션의 자료를 활용했다.

57쪽 (제비갈매기): 스미소니언 도서관 및 기록보관소Smithsonian Libraries and Archives

61쪽 (검독수리): 하버드대학교 비교동물학 박물관, 에른스트마이어 도서관Museum of Comparative Zoology, Ernst Mayr Library

72쪽 (캐롤라이나앵무): 스미소니언 도서관 및 기록보관소

86쪽 (과수원찌르레기): 스미소니언 도서관 및 기록보관소

127쪽 ("작은 지빠귀"): 스미소니언 도서관 및 기록보관소

기타 이미지: 99쪽 아래 쇠백로 그림의 원본은 현재 위스콘신 주 워소에 있는 리요키우드슨 미술관Leigh Yawkey Woodson Art Museum에 영구 소장되어 있으며, 허가를 받아 이 책에 재현했다.

본문에 삽입된 우렁이솔개(286쪽)와 굵은부리긴발톱멧새(410쪽)의 그림은 부분적으로 브라이언 E. 스몰Brian E. Small의 사진을 기반으로 그렸다.(www.briansmallphoto.com)
긴부리참도요(309쪽)와 베어드도요(316쪽) 그림은 브라이언 L. 츠비블Brian L. Zwiebel의 사진을 기반으로 했다.(brianzwiebelphotography.com)
우리 새 일러스트레이터들은 종종 사진을 기반으로 작업하는데, 직접 찍은 사진이 아니라면 항상 출처를 밝히고 사용료를 지불해야 한다고 생각한다.

옮긴이 **조주희**

일본 나고야대학 법학부를 졸업했다. 일본의 IT기업이자 투자회사의 사업개발 부문, 글로벌 광고회사에서 홍보팀 및 다양성 추진팀의 리더를 거친 후 일본의 주요 금융그룹의 지속가능성기획실에서 활약 중이다. 현재 출판번역에이전시 글로하나에서 다양한 분야의 영어와 일본어 도서를 리뷰, 번역하며 번역가로도 활발히 활동하고 있다. 옮긴 책으로《당신이 잠든 사이의 뇌과학》등이 있다.

모든 새를 보았다고 믿은 남자

초판 1쇄 인쇄 2026년 3월 3일
초판 1쇄 발행 2026년 3월 11일

지은이 켄 코프먼
옮긴이 조주희

편집 한나비
마케팅 신희용
디자인 형태와내용사이

펴낸이 한나비
펴낸곳 일레븐
신고번호 제2024-000020호
ISBN 979-11-993277-6-4 (03490)